三维 CAD 基础教程——基于 UG NX 2212

主　编　李福送　林伟健
副主编　吕　勇　秦国华　李　健

北京理工大学出版社
BEIJING INSTITUTE OF TECHNOLOGY PRESS

内 容 简 介

本书是以 Siemens PLM Software 公司于 2022 年 12 月发布的新版本 UG NX 2212 为应用平台所编写的一本三维 CAD 基础教程。本书详细介绍了 UG NX 2212 的操作方法以及三维设计基础及应用技巧，主要内容包括三维 CAD 技术基础、UG NX 2212 基础知识、曲线的创建与操作、草图的绘制、实体建模设计、曲面造型设计、装配图的设计、工程图的设计。

在设计思路上，为了让读者更好地掌握和体验 UG NX 2212 的新功能，本书结合大量的实例对软件中一些抽象的新概念、新命令和新功能进行了详细的讲解，在让读者能畅享软件新版本带来的新体验的同时，能够快速地掌握三维设计的思路、方法和技巧。

在内容安排上，本书采用“先理论后实例”的编写方式，由浅入深，环环相扣，通过大量的工程案例讲述实际产品的设计过程，使读者能够较快地进入设计的“实战”状态。本书所用实例都是实际工程中具有代表性的例子，均源自机械设计与制造行业企业生产实际，具有很强的实用性。本书在每章都安排了习题，以便于读者巩固所学的知识，使读者能够更深入地理解各章的知识点，并能够举一反三地应用。

在写作方式上，本书紧贴 UG NX 2212 软件的实际操作界面，针对其中真实的对话框、操控板和按钮等进行讲解，使初学者能够直观、准确地进行学习，从而尽快上手，提高学习效率。在学习本书后，学生能够迅速地运用类似 UG NX 2212 的三维设计软件完成一般产品的设计工作，并为进一步学习同类软件的高级和专业模块打下坚实的基础。

在适应性上，本书内容丰富，通俗易懂，具有很强的实用性和可操作性，既可作为本科院校的教材，也可作为三维设计的初中级用户的自学用书，还可用作机械、模具及数控加工的技术培训教程。

本书配套有 UG NX 12.0 和 UG NX 2212 两个版本的电子资源，以方便读者学习使用。

图书在版编目（CIP）数据

三维 CAD 基础教程 ：基于 UG NX 2212 / 李福送，林伟健主编. -- 北京 ：北京理工大学出版社，2024. 6.

ISBN 978-7-5763-4217-8

Ⅰ. TP391. 72

中国国家版本馆 CIP 数据核字第 20243H6G89 号

责任编辑：钟　博　　**文案编辑：**钟　博
责任校对：刘亚男　　**责任印制：**李志强

出版发行 / 北京理工大学出版社有限责任公司
社　　址 / 北京市丰台区四合庄路 6 号
邮　　编 / 100070
电　　话 / （010）68914026（教材售后服务热线）
（010）68944437（课件资源服务热线）
网　　址 / http://www.bitpress.com.cn

版 印 次 / 2024 年 6 月第 1 版第 1 次印刷
印　　刷 / 唐山富达印务有限公司
开　　本 / 787 mm×1092 mm　1/16
印　　张 / 21
字　　数 / 506 千字
定　　价 / 90.00 元

图书出现印装质量问题，请拨打售后服务热线，负责调换

前 言

作为三维 CAD 应用的主流软件之一，Siemens PLM Software 公司出品的 Unigraphics NX（简称 UG NX）软件广泛应用于机械、航空、汽车、船舶、通信和电子等领域。

2022 年 12 月，Siemens PLM Software 公司发布了 UG NX 的新版本——UG NX 2212，新版本软件简化了复杂设计的建模和编辑过程，并在人机交互、特征建模等多个方面进行了强化，同时增加了以基础功能为基础的图形定制、自由设计、线路系统和可视化等新功能。

本书以 UG NX 的新版本 UG NX 2212 作为应用平台，结合编者多年的实际工作经验与教学经验编写而成。全书主要包括三维 CAD 技术基础 UG NX 2212 基础知识、曲线的创建与操作、草图的绘制、实体建模设计、曲面造型设计、装配图的设计、工程图的设计等内容。

编者发现，无论是用于教学，还是用于工程人员自学，现有教材都无法满足读者的需求，主要表现为：①教材所依托的三维软件版本较低，很多停留在 10.0 版本前后的旧版本；②配套资源包中视频演示、练习素材等极少，且附加资源不完整；③理论性太强，实例少且不够典型，不能适应个性化教学的需求，特别是线上教学的需求。

本书始终把为党育人、为国育才作为编写的初衷和理念，以二十大报告中提到的“科教兴国”方略为指引，通过本书及同类型学科基础教材的编写，为学科基础建设提供更多的精品教材，从而达到夯实学科基础建设的目的，为培养学科基础扎实、专业技术过硬的工程类人才赋能，为深入实施人才强国战略添砖加瓦。

为此，本书依据新时代教材数字化改革转型的需要，以 UG NX 的新版本 UG NX 2212 为应用平台，进行由浅入深、从易到难的讲解，语言简洁，思路清晰，图文并茂；每个重要知识点都配有具体案例讲解，使读者对知识点有更深的理解；每章都配有多个工程实际案例项目特训及巩固练习题，使读者能够更深入地理解每章的知识点，并能够举一反三地运用；配套各种形式的数字化资源，满足个性化的学习和教学需求。本书是编者的前一本教材《三维 CAD 基础教程——基于 UG NX 12.0》(ISBN：978-7-5682-8792-0，北京理工大学出版社 2020 年出版）的优化升级版本。比较其他同类书籍，本书具有以下特点。

1. 依托平台新，覆盖内容广

本书基于 Siemens PLM Software 公司发布的本书 UG NX 的新版本 UG NX 2212，市面上同类教材较罕见，为读者带来了全新的体验。本书内容覆盖了三维 CAD 入门的曲线画法、草图绘制、实体建模、曲面造型、装配图设计、工程图设计等全部基础模块。

2. 编写真实化，案例丰富经典

本书针对 UG NX 2212 软件中的真实菜单、对话框和按钮进行讲解，使读者能够直观、准确地操作软件，大大提高学习效率。本书所引用的案例均来源于生产实践，具有代表性。本书把 UG NX 2212 软件的命令和功能巧妙、系统地串联在一起，能够使读者在建模过程中自然地掌握所需要的知识点；同时附加了知识点应用点评，强化了各种知识点的综合应用技巧。每个章节后都配套有相应的练习题，能够使读者及时巩固所学知识点，避免了枯燥地学习软件命令和功能，培养和锻炼举一反三的建模设计能力。

3. 配套数字化，附加值超高

本书积极响应国家关于教材数字化改革转型的政策号召，所配资源均为数字化资源，不仅包括书中所有范例模型文件、练习题模型文件，以及相应的实例教学视频，还包括 UG NX 2212 制图配置文件、工程图图框模板等，以方便读者轻松、高效地学习。

4. 兼顾多版本，实用性强

UG NX 12.0 作为 UG NX 最终大版本，也是 UG NX 软件系列中的经典版本。2019 年，Siemens NX 软件采用了全新的版本命名方式，至今较新的版本为 UG NX 2212，其在功能设计、操作方面都比较成熟。本书综合考虑了版本跨度大、功能设计变化大、使用习惯差异大等方面的问题，在配套电子资源时兼顾了 UG NX 12.0 和 UG NX 2212 两个版本，分别针对不同版本进行了录制和设计，因此更加方便读者熟练使用和巩固历史版本，并且轻松掌握新版本，同时享受到两大版本的便利。

本书由柳州工学院李福送老师和林伟健老师担任主编，桂林航天工业学院吕勇老师、桂林信息科技学院秦国华老师和广西科技大学李健老师担任副主编，编者均为长期进行三维 CAD 基础教学的高校教师，具有丰富的设计经验。本书在编写过程中得到了柳州工学院、气体压缩行业企业和相关兄弟院校老师的大力支持；同时参考、借鉴了部分专家和学者的有关著作，具体书目列于参考文献中，在此，谨向相关作者表示感谢。

本书由柳州工学院教材建设基金资助出版。

由于编者水平有限，本书在编写过程中虽已进行多次校对，但难免仍有不足之处，敬请专家和广大读者批评指正。

编　者

2023 年 12 月

目 录

第 1 章 三维 CAD 技术基础

1.1 三维 CAD 技术的发展介绍

三维建模技术是研究在计算机上进行空间形体的表示、存储和处理的技术。实现这项技术的软件称为三维建模工具。三维建模技术是利用计算机系统描述物体形状的技术。利用一组数据表示形体，同时控制与处理这些数据，是几何造型中的关键技术。

在 CAD 技术发展初期，CAD 仅限于计算机辅助绘图，随着三维建模技术的发展，CAD 技术才从二维平面绘图发展到三维产品建模，随之产生了三维线框模型、曲面模型和实体造型技术。如今参数化及变量化设计思想和特征模型则代表了当今 CAD 技术的发展方向。三维建模技术是伴随 CAD 技术的发展而发展的，三维 CAD 技术的发展主要包括以下几个阶段。

1. 线框模型（Wire Frame Model）

人们在 20 世纪 60 年代末开始研究用线框和多边形构造三维实体，这样的模型被称为线框模型。三维物体由它的全部顶点及边的集合描述，线框由此得名。线框模型就像人类的骨骼。

1）优点

有了物体的三维数据，可以产生任意视图，视图间能保持正确的投影关系，这为生产工程图带来了方便，此外还能生成透视图和轴侧图，这在二维系统中是做不到的。构造模型的数据结构简单，节约计算机资源；学习简单，是人工绘图的自然延伸。

2）缺点

因为棱线全部显示，所以物体的真实感可出现二义解释；缺少曲线棱廓，表现圆柱、球体等曲面比较困难；由于数据结构中缺少边与面、面与面之间的关系信息，所以不能构成实体，无法识别面与体，不能区别体内与体外，不能进行剖切，不能进行两个面求交操作，不能自动划分有限元网络，等等。

2. 曲面模型（Surface Model）

曲面模型是在线框模型的数据结构的基础上增加可形成立体面的各相关数据后构成的。与线框模型相比，曲面模型多了一个表面，记录了边与面之间的拓扑关系。曲面模型就像贴附在骨骼上的肌肉。

1）优点

能实现面与面相交、着色、表面积计算、消隐等功能，此外还便于构造复杂的曲面物体，如模具、汽车、飞机等的表面。

2）缺点

只能表示物体的表面及边界，不能进行剖切，不能对模型进行质量、质心、惯性矩等物性的计算。

3. 实体模型（Solid Model）

实体模型在表面看来往往类似经过消除隐藏线的线框模型或经过消除隐藏面的曲面模型，但如果在实体模型上挖一个孔，就会自动生产一个新的表面，同时自动识别内部和外部。实体模型可以使物体的实体特性在计算机中得到定义。它有以下特性：它是一个全封闭（实体）的三维形体的计算机表示；具有完整性和无二义性；保证只对实际上可实现的零件进行造型；零件不会缺少边、面，也不会有一条边穿入零件实体，因此，能避免差错和不可实现的设计；提供高级的整体外形定义方法；可以通过布尔运算从旧模型得到新模型。实体模型就像骨骼+肌肉+内脏的完整人体。

4. 参数化技术

20 世纪 80 年代中晚期，计算机技术迅猛发展，硬件成本大幅降低，CAD 技术的硬件平台成本从二十几万美元降到只需几万美元。很多中小型企业也开始有能力使用 CAD 技术。

1988 年，参数技术公司（Parametric Technology Corporation，PTC）采用面向对象的统一数据库和全参数化造型技术开发了 Pro/Engineer 软件，为三维实体造型提供了一个优良的平台。参数化（Parametric）造型的主体思想是用几何约束、工程方程与关系来说明产品模型的形状特征，从而达到设计一系列在形状或功能上具有相似性的设计方案。目前能处理的几何约束类型基本上是组成产品形体的几何实体公称尺寸关系和尺寸之间的工程关系，因此参数化技术又称为尺寸驱动几何技术。带来了 CAD 发展史上的第三次技术革命。

参数化设计是 CAD 技术在实际应用中提出的课题，它不仅可以使 CAD 系统具有交互式绘图功能，还具有自动绘图功能。

目前参数化技术大致可分为以下三种方法。

（1）基于几何约束的数学方法；

（2）基于几何原理的人工智能方法；

（3）基于特征模型的造型方法（特征工具库，包括标准件库均可采用该项技术）。

其中数学方法又分为初等方法（Primary Approach）和代数方法（Algebraic Approach）。

初等方法利用预先设定的算法，求解一些特定的几何约束。这种方法简单、易于实现，但仅适用于只有水平和竖直方向约束的场合；代数法则将几何约束转换成代数方程，形成一个非线性方程组。该方程组求解较困难，因此实际应用受到限制；人工智能方法是利用专家系统，对图形中的几何关系和约束进行理解，运用几何原理推导出新的约束，这种方法的速度较慢，交互性不好。

参数化系统的指导思想是：只要按照系统规定的方式操作，系统保证生成的设计的正确性及效率，否则拒绝操作。这种思路的副作用如下。

（1）使用者必须遵循软件内在使用机制，如决不允许欠缺尺寸约束、不可以逆序求解等。

（2）当零件截面形状比较复杂时，将所有尺寸表达出来让设计者为难。

（3）只有尺寸驱动这一种修改手段，很难判断改变哪一个（或哪几个）尺寸会导致形状朝着令人满意方向改变呢。

（4）尺寸驱动的范围是有限制的。如果给出了不合理的尺寸参数，使某特征与其他特征干涉，则会引起拓扑关系的改变。

（5）从应用来说，参数化系统特别适用于那些技术已相当稳定成熟的零配件行业。在这类行业中，零件的形状改变很少，经常只需采用类比设计，即形状基本固定，只需改变一些关键尺寸就可以得到新的系列化设计结果。

5. 变量化技术

参数化技术要求全尺寸约束，即设计者在设计初期及设计的全过程，必须将形状和尺寸联合起来考虑，并且通过尺寸约束来控制形状，通过尺寸改变来驱动形状改变，一切以尺寸（即参数）为出发点，这干扰和制约着设计者创造力及想象力的发挥。

一定要求全尺寸约束吗？欠缺尺寸约束能否将设计正确进行下去？沿着这个思路，SDRC 公司的开发人员以参数化技术为蓝本，提出了一种比参数化技术更为先进的变量化技术，并于 1993 年推出全新体系结构的 I-DEAS Msater Series 软件，带来了 CAD 发展史上的第四次技术革命。

在进行机械设计和工艺设计时，人们总是希望能够随心所欲地构建和拆卸零部件，能够在平面的显示器上构造出三维立体的设计作品，而且希望保留每一个中间结果，以备反复设计和优化设计时使用。

超变量化几何（Variational Geometry Extended，VGX；SDRC 公司推出）实现的就是这样一种思想。

变量化系统的指导思想如下。

（1）设计者可以采用先形状后尺寸的设计方式，允许采用不完全尺寸约束，只给出必要的设计条件，在这种情况下仍能保证设计的正确性及效率。

（2）造型过程类似工程师在脑海中思考设计方案的过程，满足设计要求的几何形状是第一位的，尺寸细节可以后续逐步完善。

（3）设计过程相对自由宽松，设计者更多地考虑设计方案，无须过多关心软件的内在机制和设计规则限制，因此变量化系统的应用领域更广阔。

（4）除了一般的系列化零件设计，变量化系统使设计者在进行概念设计时特别得心应手，比较适用于新产品开发、老产品改形设计等创新式设计。

1.2　三维 CAD 及相关概念

CAD 是 Computer Aided Design（计算机辅助设计）的简称。CAD 是将人和计算机的最佳特性结合，辅助进行产品的设计与分析的一种技术，是综合了计算机与工程设计方法的最新发展而形成的一门新兴学科。

狭义片面的 CAD 定义是：用计算机进行科学计算，用计算机控制绘图机绘制工程图纸。

计算机的特点是：速度快、精度高、不疲倦、存储量大、不易出错等。

人的特点是：逻辑思维能力强、具有自我学习完善的智力、可以通过视听产生联想思维、具有创造性、能自我控制情绪和兴趣。

在绝大多数情况下，人和计算机的能力正好互补。通过人机对话，人和计算机可充分进行交流，发挥各自的特性，达到最佳合作效果。

CAD 的基本功能如下。

科学计算与分析功能：如产品常规设计、物理特性计算、优化设计、有限元分析、可靠性分析、动态分析及数字仿真模拟等。

图形处理功能：如二维图形交互、三维几何造型、图形仿真模拟及其图形输入/输出等。

数据管理与数据交换功能：如数据库管理、不同 CAD 系统间的数据交换和接口等。

文档处理功能：如文档制作、编辑及文字处理等。

软件设计功能：如人机接口界面、软件工程规范及其工具系统的使用等。

网络功能：如 Internet/Intranet 和并行、高性能计算及事务处理，异地、协同、虚拟设计及实时仿真等。

1.3 产品数据交换标准

产品数据交换的目的是实现不同 CAD 软件之间、CAD/CAM 内部信息集成以及通用标准化软件之间的数据交换，从而实现信息资源共享。产品数据不仅包括产品模型的几何数据，还包括制造特征、尺寸公差、材料特性、表面处理等非几何数据，具体如下。

（1）产品几何描述，如线框表示、几何表示、实体表示以及拓扑、成形及展开等。

（2）产品特性，即长、宽等体特征，孔、槽等面特征，旋转体等车削件特征等。

（3）公差、尺寸公差与形位公差。

（4）表面处理，如喷涂等。

（5）材料，如类型、品种、强度、硬度等。

（6）说明，如总图说明等。

（7）其他，如加工、工艺装配等。

产品数据交换途径包括借助专用或标准（中性）文件进行交换、借助统一的产品数据模型和工程数据库管理系统进行交换。

常用产品数据交换标准简介如下。

1. 初始图形交换规范（Initial Graphics Exchange Specification，IGES）

IGES 由美国国家标准局（NBS）主持成立的由波音公司和通用电气公司参加的技术委员会于 1980 年编制。它开创了国际性的 CAD/CAM 技术的产品数据交换文件格式标准化工作。我国于 1993 年 9 月将 IGES 3.0 作为国家推荐标准。

IGES 模型指用于定义某产品的实体的集合。定义 IGES 模型就是通过实体，对产品的形状、尺寸以及某些说明产品特性的信息进行描述。

实体是基本的信息单位。它可能是单个的几何元素，也可能是若干个实体的集合。实体可分为几何实体和非几何实体。IGES 在交换产品数据中存在以下问题。

（1）IGES 定义的实体主要是几何图形方面的信息，其他信息交换不充分。

（2）交换复杂图形时容易丢失某些信息（部分语法结构不统一造成）。

（3）交换文件占用的存储空间较大，数据处理时间较长。

2. 产品模型数据交换标准（Standard for the Exchange of Product Model Data，STEP）

STEP 采用统一的产品数据模型以及统一的数据管理软件来管理产品数据，各系统间可直接进行信息交换，它是新一代面向产品数据定义的产品数据交换和表达标准。

STEP 技术提供一种不依赖具体系统的中性机制，它规定了产品设计、开发、制造，以至于产品全部生命周期中所包含的诸如产品形状、解析模型、材料、加工方法、组装分解顺序、检验测试等必要的信息定义和产品数据交换的外部描述。因此，STEP 是基于集成的产品信息模型，其应用范围非常广泛。

3. STL 文件交换格式

STL 文件是 CAD/CAM 中广泛使用的一类三维空间造型存储文件，它最初来源于快速成型技术及反求工程，目前几乎所有的三维造型软件都具有输出此类文件的功能。

尽管 IGES、STEP 类型文件也具有很好的描述空间造型的能力，但在不断变化的空间表面描述上（金属塑性成型过程），目前只能采用三角形或四边形描述，也就是说只能将任意空间表面离散成网格，以三角形网格的形式输出、存储。

利用 STL 数据格式表示立体图形的方式较为简单，对于任何一个独立的空间实体，都可借助其表面信息进行描述，而表面信息则由许多空间小三角面片的逼近体现，通过记录各小三角面片的顶点和法向矢量信息来间接描述原来的立体图形。

1.4　常用三维 CAD 软件介绍

1.4.1　Unigraphics（UG）

在 UG 中，优越的参数化和变量化技术与传统的实体、线框和表面功能结合在一起，并被大多数 CAD/CAM 软件厂商所采用。

UG 最早应用于美国麦道飞机公司。它是从二维绘图、数控加工编程、曲面造型等功能发展起来的软件。20 世纪 90 年代初，美国通用汽车公司选中 UG 作为全公司的 CAD/CAE/CAM/CIM 主导系统，这进一步推动了 UG 的发展。1997 年 10 月，EDS 公司与 Intergraph 公司签约，合并了后者的机械 CAD 产品，将微机版的 SoLid Edge 软件统一到 Parasolid 平台上。2001 年，EDS 公司收购 I-Deas 公司，实力进一步增强，由此形成了一个从低端到高端，兼有 UNIX 工作站版和 Windows NT 微机版的较完善的企业级 CAD/CAE/CAM/PDM 集成系统。2004 年，UGS 公司从 EDS 公司分离出来，并发布 UG NX 的第三个版本——UG NX 3.0。2007 年，西门子公司（Siemens）收购 UGS 公司并成立 Siemens PLM Software 公司。2008 年，Siemens PLM Software 公司发布 UG NX 6.0 版本。

1.4.2 Pro/Engineer（Pro/E）

Pro/E 系统是美国 PTC 公司的产品。PTC 公司提出的单一数据库、参数化、基于特征、全相关的概念改变了机械 CAD/CAE/CAM 的传统观念，利用该概念开发的第三代 Pro/E 软件能将设计至生产全过程集成到一起，让所有用户能够同时进行同一产品的设计制造工作，即实现所谓的并行工程。

Pro/E 系统用户界面简洁，概念清晰，符合工程人员的设计思想与习惯。Pro/E 在我国拥有很大的用户群。

1.4.3 CATIA

CATIA 是法国达索（Dassault）公司的产品，该软件具有很强的曲面造型功能，集成开发环境也别具一格。CATIA 也可以进行有限元分析，特别的是，一般的三维造型软件都是在三维空间内观察零件，但是 CATIA 能够进行四维空间的观察，也就是说该软件能够模拟观察者的视野进入零件内部观察零件，并且它还能够模拟真人进行装配，例如使用者只要输入性别、身高等特征，就会出现一个虚拟装配工人。

1.4.4 SolidWorks

SolidWorks 是达索公司推出的基于 Windows 的机械设计软件。达索公司提倡的“基于 Windows 的 CAD/CAE/CAM/PDM 桌面集成系统”是以 Windows 为平台，以 SolidWorks 为核心的各种应用的集成，包括结构分析、运动分析、工程数据管理和数控加工等。

SolidWorks 是微机版参数化特征造型软件的新秀，该软件价格只有工作站版的相应软件价格的 1/5~1/4。

SolidWorks 是基于 Windows 平台的全参数化特征造型软件，它可以十分方便地实现复杂的三维零件实体造型、复杂装配和工程图生成。SolidWorks 的图形界面友好，用户上手快。SolidWorks 可以应用于以规则几何形体为主的机械产品设计及生产准备工作，其价位适中。

1.4.5 Cimatron

Cimatron CAD/CAM 系统是以色列 Cimatron 公司的 CAD/CAM/PDM 产品。该软件的针对性较强，被更多地应用到模具开发设计中。该软件能够给使用者提供一套全面的标准模架库，方便使用者进行模具设计中的分型面、抽芯等工作，而且在操作过程中可以进行动态检查。可以说该软件在模具设计领域是非常出色的，我国南方的一些模具企业都在使用该软件。但由于针对性和专业性较强，Cimatron 更多地被应用于模具生产制造业，而其他行业的使用者较少，另外该软件的价格相对较高。

1.5 本章小结

本章首先对三维 CAD 技术的发展历史及其发展趋势进行了讲解；其次对三维 CAD 技术以及软件中自由曲线与曲面的构建原理、实体造型原理进行了讲解，为用户合理、正确地使用软件奠定了基础；最后，对目前主流的三维 CAD 软件进行了重点介绍。

1.6　练习题

1. 三维 CAD 技术的发展主要包括哪几个阶段？
2. 三维 CAD 技术中的曲面模型有哪些优、缺点？
3. 三维 CAD 技术中的线框模型有哪些优、缺点？
4. 常用产品数据交换标准有哪些，它们各自有什么特点？
5. 常见三维 CAD 软件各有什么优、缺点？如何选择？

第 2 章
UG NX 2212 基础知识

UG NX 2212 基础知识是应用 UG NX 2212 软件的基础和前提条件。本章遵循 UG NX 2212 界面操作步骤来介绍基本知识点，包括启动和退出、文件操作、工作界面、软件参数设置、对象操作、图层的使用和基本操作等。

2.1 UG NX 2212 的启动和退出

在已经安装好 UG NX 2212 的前提下，启动 UG NX 2212 有两种方式。

（1）双击桌面上的 UG NX 2212 的快捷方式图标，就可以启动 UG NX 2212。

（2）从 Windows 系统“开始”菜单进入 UG NX 2212。在桌面左下角选择【开始】→【所有应用】→【Siemens NX】→【NX】选项，也可以启动 UG NX 2212。

UG NX 2212 启动界面如图 2.1.1 所示。

图 2.1.1 UG NX 2212 启动界面

退出 UG NX 2212 的方法如下。

（1）单击 UG NX 2212 界面右上角的按钮，退出 UG NX 2212。

（2）选择菜单栏中的【文件(F)】→【退出(X)】命令，如图 2.1.2 所示。

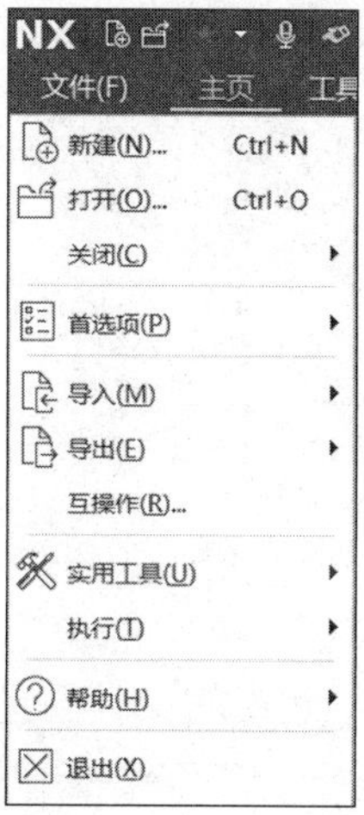

图 2.1.2　“文件”菜单

2.2　文件的操作

启动 UG NX 2212 后进入启动界面，需要先建立新文件或者打开已保存的文件后才能进入工作界面，进行其他相关操作，因此先从文件操作进行介绍。UG NX 2212 的文件操作有新建文件、打开文件、保存文件等内容。

2.2.1　中文文件名和文件路径

在较早 UG NX 版本中，文件名是不允许有中文的，文件所在的路径也不能出现中文字符，否则将无法打开。但是，从 UG NX 12.0 版本开始，已经全面支持中文，无须进行任何设置，就可以使用中文文件名或中文文件路径。

2.2.2　新建文件

新建文件有两种方法。

（1）单击工具栏中的新建按钮。

（2）选择菜单栏中的【文件(F)】→【新建(N)】命令，打开“新建”对话框，如图 2.2.1 所示。

在“新建”对话框中的“名称”文本框中输入文件名称；在“文件夹”文本框中输入文件夹路径或单击按钮指定保存路径。

注意：这里不建议选择默认路径。一般首先在计算机磁盘中先建立好要存放文件的文件夹，然后在“文件夹”文本框中选择所建立文件夹的位置。

对于初学者，其他选项可以采用默认，直接单击确定按钮完成新建文件操作，进入工作主界面。

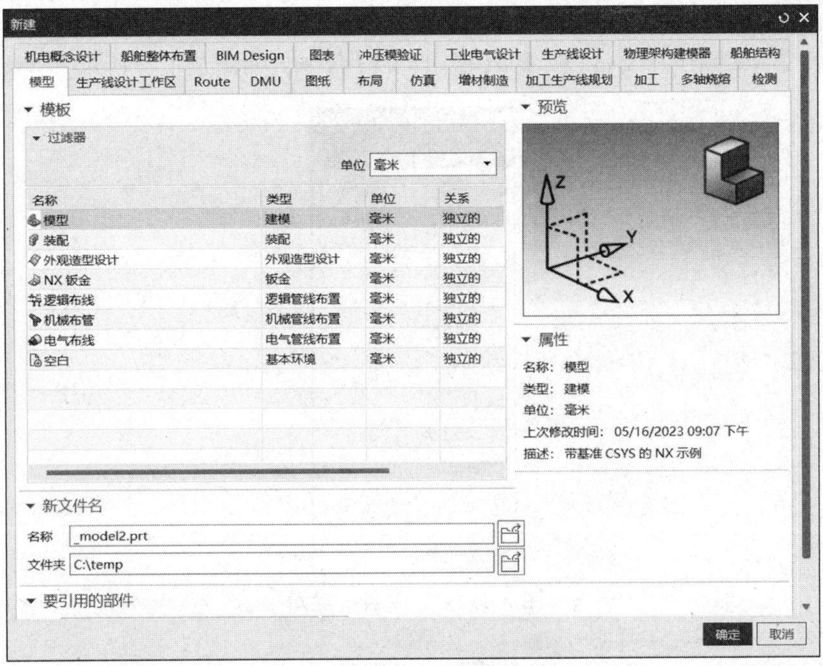

图 2.2.1 “新建”对话框

2.2.3 打开文件

打开文件有两种方法。

（1）单击工具栏中的打开按钮。

（2）选择菜单栏中的【文件(F)】→【打开(O)】命令，打开“打开”对话框，如图 2.2.2 所示，在“查找范围”区域找到文件所在的路径，选中要打开的文件，单击“确定”按钮就可以打开文件。

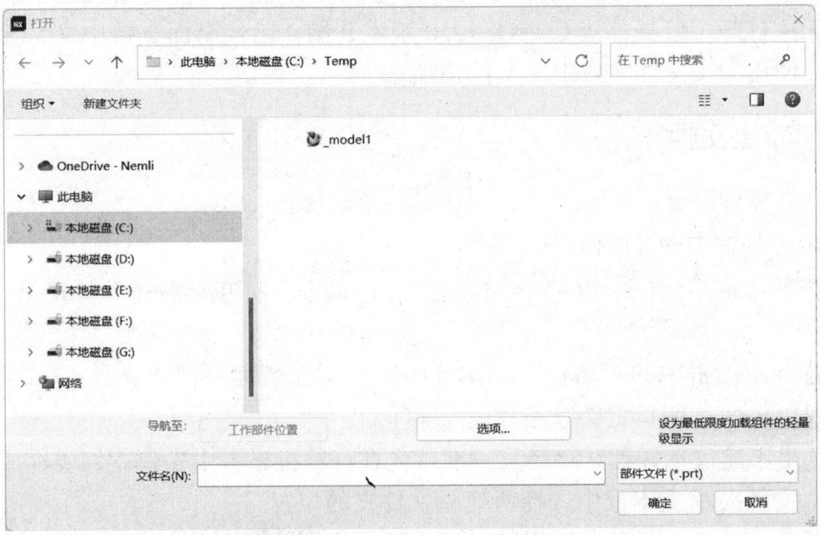

图 2.2.2 “打开”对话框

2.2.4　保存文件

可以在建模的过程中进行保存文件操作，及时保存文件，以防止软件意外关闭。保存文件有以下几种方法。

（1）选择【文件(F)】→【保存(S)】命令：保存工作部件和任何已修改的组件，文件夹路径不变，如图 2.2.3 所示。

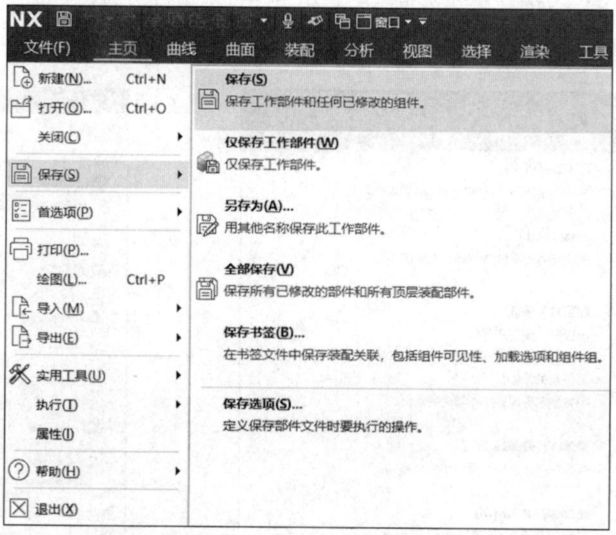

图 2.2.3　“保存”操作

（2）选择【文件(F)】→【仅保存工作部件(W)】命令：仅保存当工作部件，如图 2.2.3 所示。

（3）选择【文件(F)】→【另保存(A)】命令：弹出“另存为”对话框，可以修改文件名和文件夹路径，如图 2.2.4 所示。

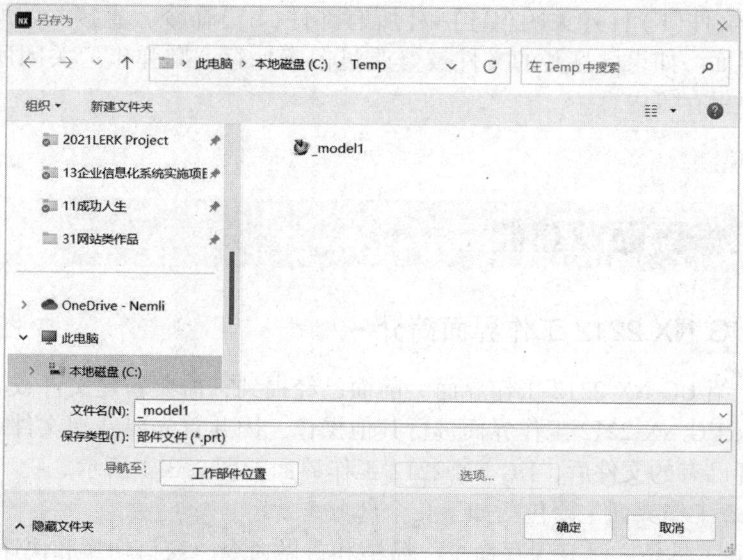

图 2.2.4　“另存为”对话框

在“另存为”对话框中选择要保存的文件夹路径，输入“文件名”，然后单击“确定”按钮完成另存为操作。

2.2.5 关闭文件

关闭文件有以下几种方法。

（1）选择【文件(F)】→【关闭(C)】→【选定的部件(P)】命令，如图 2.2.5 所示，然后弹出“关闭部件”对话框，如图 2.2.6 所示。在“关闭部件”对话框中选择要关闭的文件，单击 确定 按钮，关闭选定的文件，其他已打开的文件还继续运行。

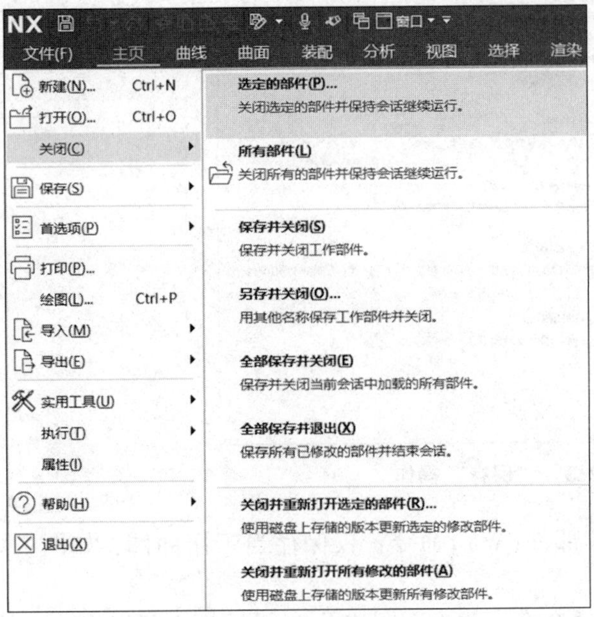

图 2.2.5 “关闭”菜单

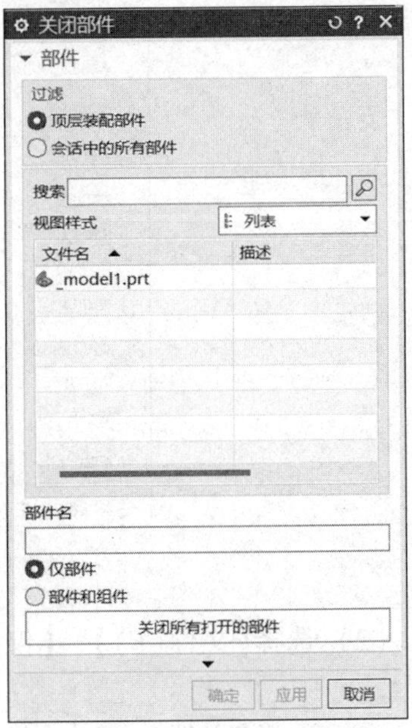

图 2.2.6 “关闭部件”对话框

（2）选择【文件(F)】→【关闭(C)】→【所有部件(L)】命令，直接关闭所有已打开的文件，回到启动界面。如果已打开的文件被修改过但未保存，则弹出“关闭所有文件”对话框，提示是否要保存等内容。

2.3 工作界面的功能

2.3.1 UG NX 2212 工作界面简介

本节主要介绍 UG NX 2212 工作界面。前面已经提到，需要新建文件或者打开已保存的文件后才能进入 UG NX 2212 工作界面进行其他操作，因此首先要新建文件或者打开一个已有的文件。打开已有的文件后，UG NX 2212 工作界面如图 2.3.1 所示。

UG NX 2212 工作界面主要包括如下几个部分。

① 快速访问工具条：具有保存命令、撤销和重做命令、窗口切换和快速访问等功能。

② 功能选项卡：在默认的情况下显示“主页”“曲线”“曲面”“装配”“分析”“视

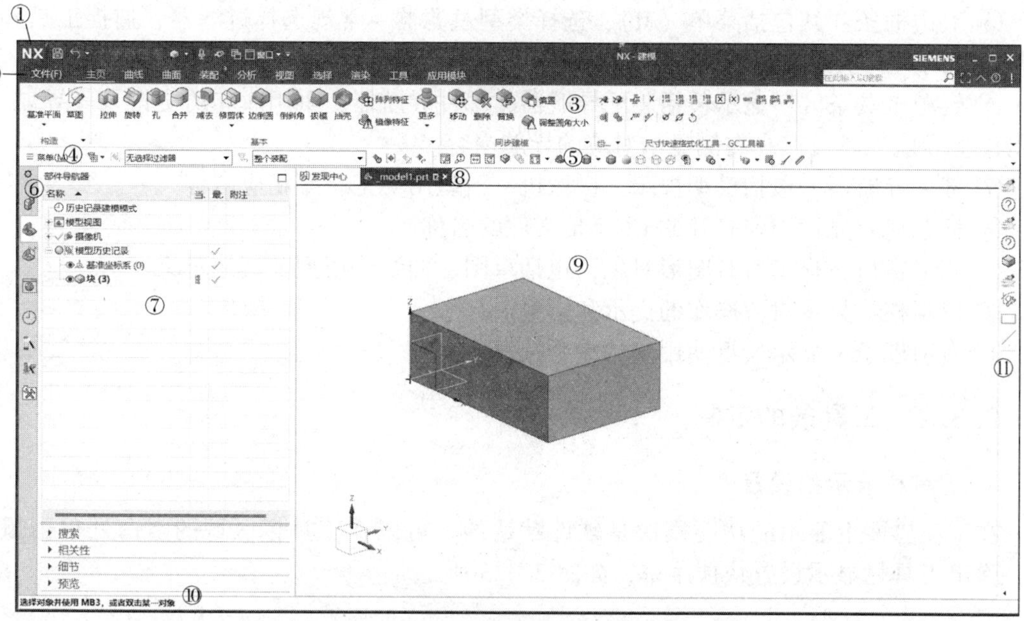

图 2.3.1 UG NX 2212 工作界面

图”“选择”“渲染”“工具”和“应用模块”等功能选项卡，还包含一个“文件(F)”菜单。

③ 功能区：显示每个功能选项卡对应的功能命令，只要选择各种命令，就可以方便地进行各种操作，它们是下拉菜单中相应功能命令的快捷操作命令。

④ 下拉菜单：单击后显示“文件”“编辑”“视图”“插入”“格式”“工具”“装配”“PMI”“信息”“分析”“首选项”“窗口”“GC 工具箱”和“帮助”等的下拉菜单，如图 2.3.2 所示。

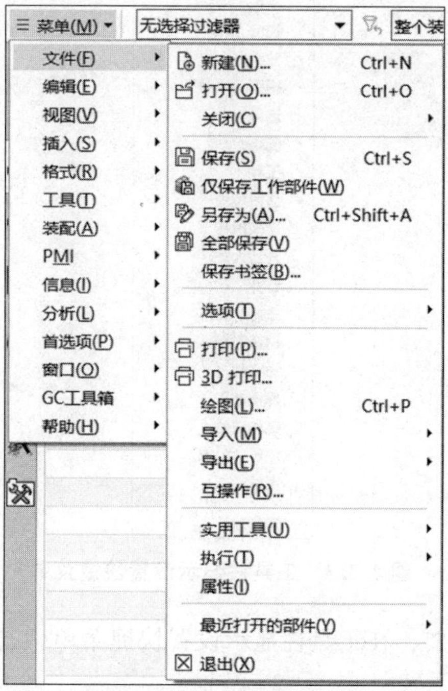

图 2.3.2 下拉菜单

⑤ 上边框条：其包括菜单（M）、选择类型过滤器、常规选择过滤器、捕捉工具和视图操作功能的所有功能按钮。

⑥ 资源工具条区：显示包括装配导航器、部件导航器、重用库和历史记录等导航工具。单击以上导航工具可以在右侧显示对应的导航内容。

⑦ 部件导航器：包括模型视图、摄像机、模型历史记录等相应内容。

⑧ 标题栏：显示当前打开的 UG NX 文件的名称。

⑨ 图形窗口：显示所有图形对象，包括草图、曲线、模型及其他对象。

⑩ 提示栏：显示对应操作的提示和指引。

⑪ 右边框条：显示最近使用过的命令按钮。

2.3.2 工具条的定制

1. 工具栏显示的设置

在工作界面上显示的功能模块是软件默认的。可以在工具栏区域的空白处单击鼠标右键，弹出工具栏显示设置快捷菜单，如图 2.3.3 所示。

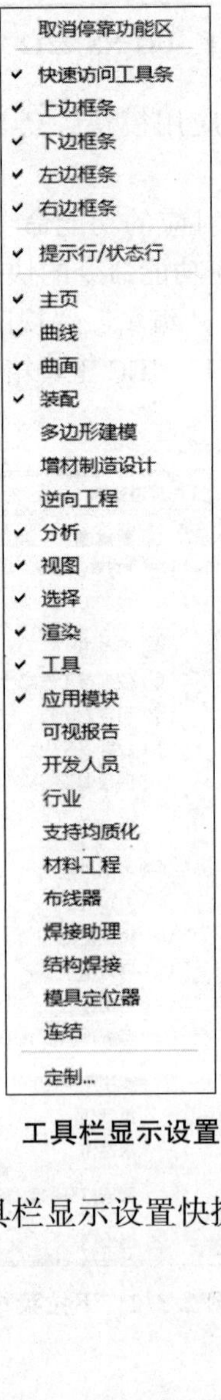

图 2.3.3　工具栏显示设置快捷菜单

用户可以根据自己的需要，在工具栏显示设置快捷菜单中选择所需功能，被选中的功能前面会出现“√”，说明该功能已经在工具栏区域显示。如果不需要某个功能，也可以选择该功能，该功能前面的“√”会被取消，同时该功能在工具栏区域消失。

2. 工具条的定制方法

（1）在工具栏显示设置快捷菜单中，选择最底部的【定制...】命令，弹出“定制”对话框，如图 2. 3. 4 所示。

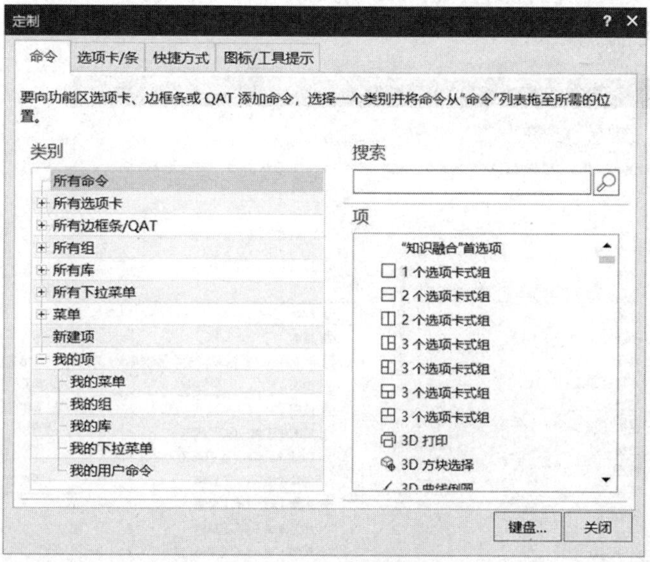

图 2. 3. 4　“定制”对话框

（2）在工作界面中选择【菜单(M)】→【工具(T)】→【定制(Z)】命令，如图 2. 3. 5 所示，弹出“定制”对话框。

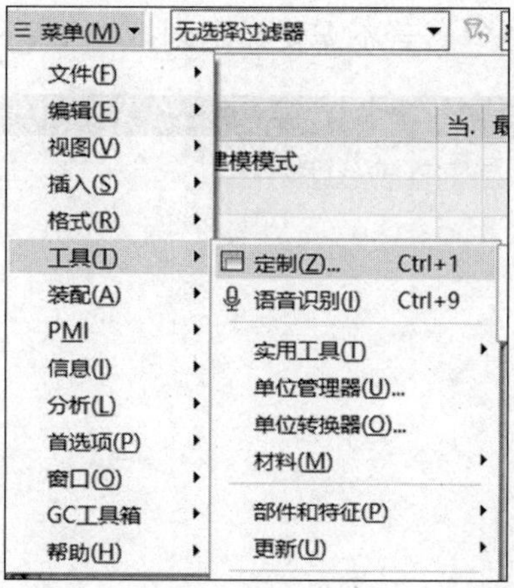

图 2. 3. 5　选择【菜单(M)】→【工具(T)】→【定制(Z)】命令

在“定制”对话框中有“命令”“选项卡/条”“快捷方式”和“图标/工具提示”这 4 种定制内容。

（1）“命令”定制：可以设置所有命令的布局，包括所有选项卡、所有边框条/QAT、所有组、所有库、所有下拉菜单、经典工具条和菜单等。

功能选项的命令定制过程如下。

① 在“定制”对话框中单击“所有选项卡”前面的“+”，展开其中的选项。

如选择“主页”选项，在右边的“项”列表框内显示所有主页功能项目，在有“▶”图标的项目上单击鼠标右键，如图2.3.6所示，然后可以选择相应的选项进行添加和删除，前面有“√”表示选上，没有“√”表示删除。

② 选择某个选项卡，在右侧会显示其工具条和命令，选中某项后可以直接拖动到工作界面中，使其成为定制工具条。

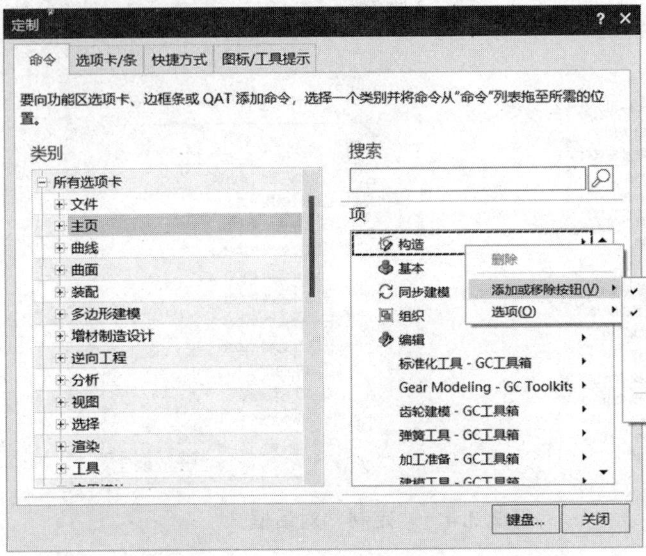

图2.3.6　“定制”对话框—“命令”定制

（2）“选项卡/条”定制：可以设置工作界面上显示的功能模块，如图2.3.7所示。在需要显示的功能模块前面打“√”，若不需要显示则把“√”去掉。

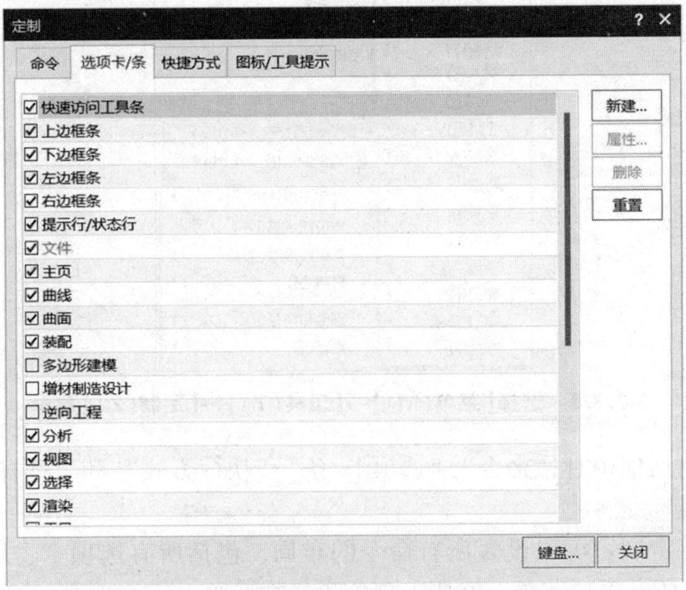

图2.3.7　“定制”对话框—“选项卡/条”定制

3. 上边框条的定制

上边框条的定制方法如图 2. 3. 8 所示。

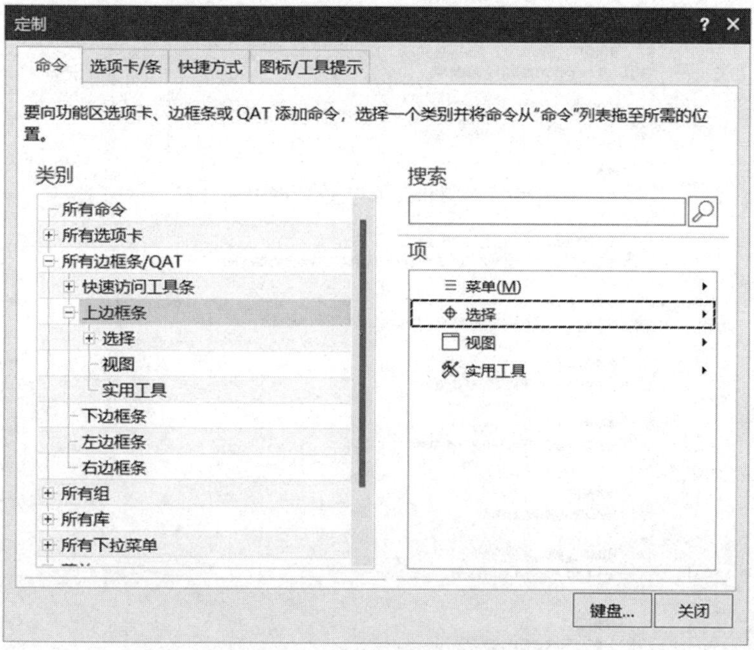

图 2. 3. 8　上边框条的定制方法

2. 4　UG NX 2212 首选项设置

UG NX 2212 首选项设置内容有：建模、草图、装配、PMI、用户界面、可视化等。首选项设置的方法如下。

(1) 选择【文件(F)】→【首选项(P)】命令，如图 2. 4. 1 所示。

(2) 选择【菜单(M)】→【首选项(P)】命令。

2. 4. 1　用户界面设置

选择【菜单(M)】→【首选项(P)】→【用户界面(I)】命令，弹出“用户界面首选项”对话框，如图 2. 4. 2 所示。在该对话框中可以设置用户界面的布局、主题、资源条、角色等，设置好后单击 确定 或 应用 按钮可显示设置效果。本书用户界面采用默认，不进行重新设置。

2. 4. 2　对象参数设置

选择【菜单(M)】→【首选项(P)】→【对象(O)】命令，弹出“对象首选项”对话框，如图 2. 4. 3 所示。主要设置项有常规、分析和线宽，在“常规”选项卡中可以设置对象的工作层、颜色、线型和宽度等。

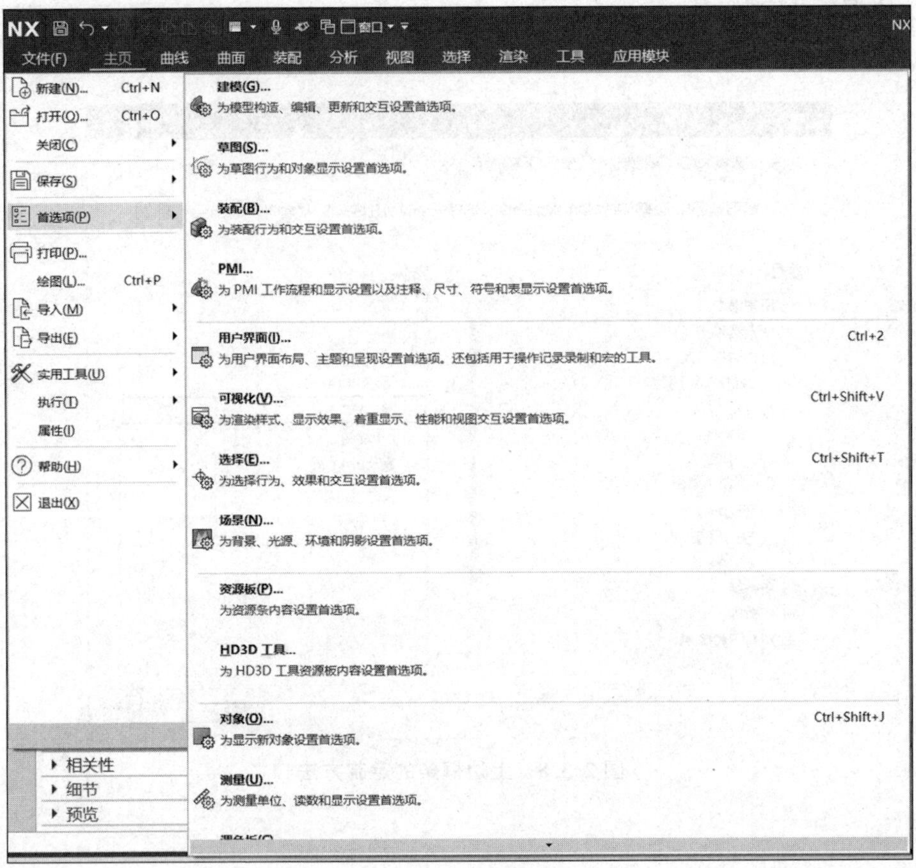

图 2.4.1　首选项设置

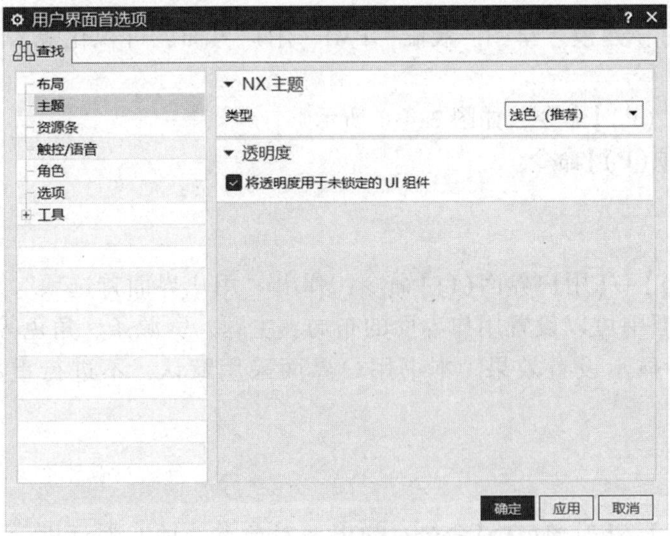

图 2.4.2　“用户界面首选项”对话框

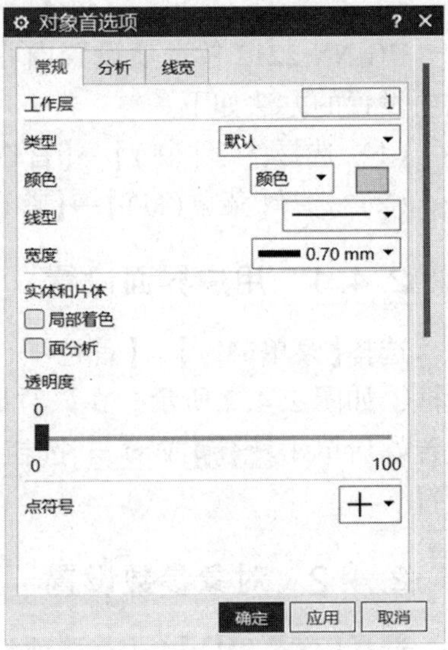

图 2.4.3　“对象首选项”对话框

2.5　对象操作

在三维 CAD 设计过程中，很多时候需要进行对象操作，对象操作包括选择对象、隐藏和显示对象、删除和恢复对象和编辑对象等。对象操作的前提是已经建立好相关对象。

2.5.1　选择对象

可以用鼠标在图形区直接单击对象进行选择，也可以在“部件导航器”中单击对象进行选择，如图 2.5.1 所示。

图 2.5.1　部件导航器

为了更精确地进行选择，可以通过上边条框的“选择过滤器”选择对象，如图 2.5.2 所示。

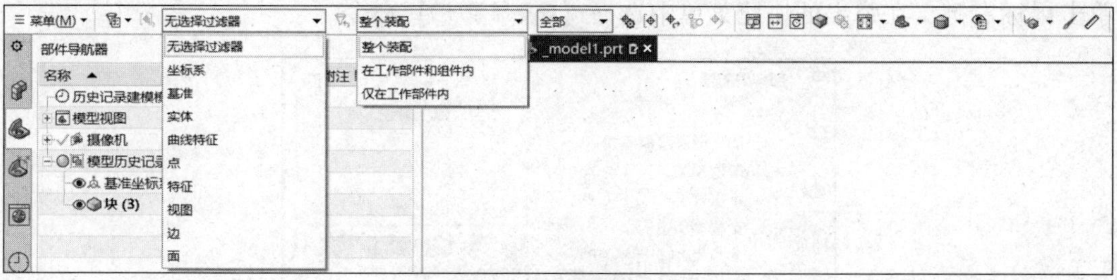

图 2.5.2　选择过滤器

（1）无选择过滤器 ▾ 类型过滤器：将选择范围过滤至特定类型，在下拉菜单中可以选择指定的类型。

（2）整个装配 ▾ 选择范围：将选择范围过滤至特定范围，包括“整个装配”“在工作部件和组件内”“仅在工作部件内”3 种类型。

（3）重置过滤器：将所有过滤器选项（类型、范围和常规选择等）重置为未筛选状态；当未设定过滤器时，图标为灰色，不可选。

（4）常规选择过滤器：允许访问常规的选择过滤器，包括细节过滤、颜色过滤器和图层过滤器。

①“细节过滤...”：“细节过滤”对话框如图 2.5.3 所示；

②“颜色过滤器”：“对象颜色”对话框如图 2.5.4 所示。

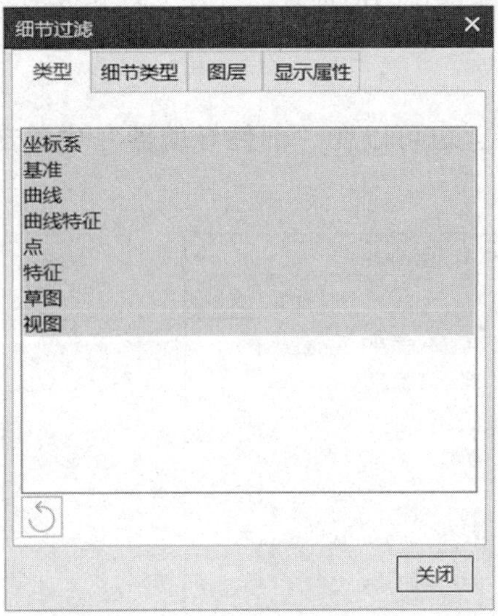

图 2.5.3 “细节过滤”对话框

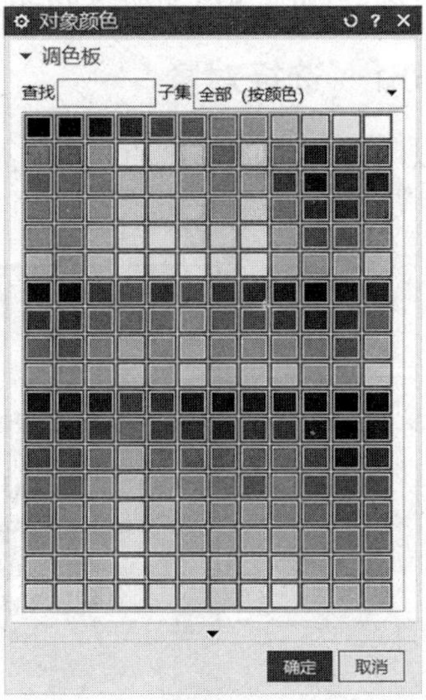

图 2.5.4 “对象颜色”对话框

2.5.2 隐藏和显示对象

当模型或装配比较复杂时，相关对象比较多，为了方便操作和观察，有时需要对某些对象进行隐藏和显示操作。隐藏和显示对象的操作方法如下。

（1）打开“部件导航器”，在选定对象上单击鼠标右键，在弹出的快捷菜单中选择【隐藏(H)】命令，使对象被隐藏，如图 2.5.5 所示。如果要显示对象，则在被隐藏的对象上单击鼠标右键，在弹出的快捷菜单中选择【显示(S)】命令。

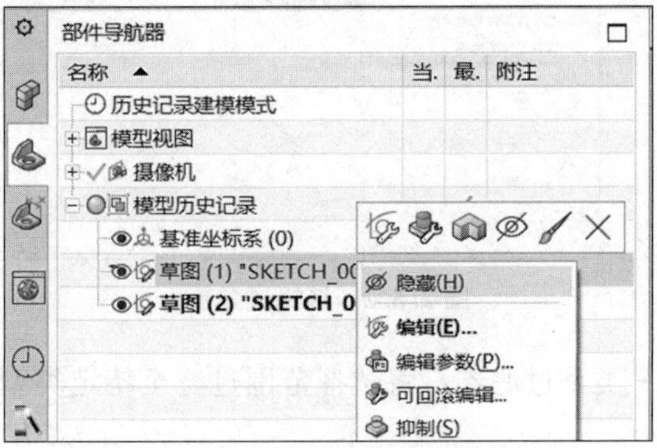

图 2.5.5 隐藏对象

（2）选择【菜单(M)】→【编辑(E)】→【显示和隐藏(H)】命令，也可以隐藏和显示对象。

（3）打开“部件导航器”，单击对象前面的图标“👁”使其变为“⊘”，也可以隐藏该对象；再次单击则切换显示状态。

2.6　图层的使用

图层是在 UG NX 2212 中进行三维 CAD 设计时，为了方便各实体或组件的控制操作以及区分相关辅助图线、面或其他对象所采用的。不同对象放在不同的图层中，用户可以通过对图层的操作来对某一类图素进行共同操作。

每个文件最多可以含有 256 个图层，每个图层中可以包含任意数量的对象。因此，一个图层可以含有部件的所有对象，也可以使不同对象分布在任意一个或多个图层中。为了方便工程设计，建议将不同类型的对象放在不同的图层中。

（1）1~10 图层：放置各种实体特征对象。

（2）31~40 图层：放置草图、曲线和点对象。

（3）61~70 图层：放置基准坐标系、基准平面和基准轴对象。

2.6.1　图层设置

在一个部件的操作过程中，只能有一个图层是工作图层，所有操作只能在当前工作图层上进行，而在其他图层上只能进行可见或可选择操作。在“视图”功能选项卡工具条“层”组中“工作层”列表显示的数字就是当前工作图层号，如图 2.6.1 所示。

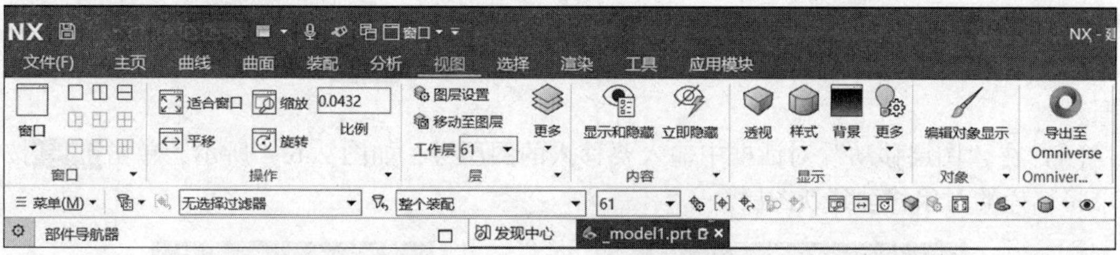

图 2.6.1　“视图”功能选项卡

在新建文件后，所有的图层都已经存在了，用户只需将其调出来即可。

例如，要求基准对象在 61 图层工作，就应该在创建基准之前把 61 图层设置为工作图层。设置工作图层的操作方法有多种，分别如下。

（1）在“视图”功能选项卡工具条“层”组的“工作层”文本框中输入“61”，然后按 Enter 键确定。

（2）在“视图”功能选项卡工具条“层”组中单击 图层设置按钮，弹出“图层设置”对话框，如图 2.6.2 所示。在该对话框的“工作层”文本框中输入“61”，然后按 Enter 键确定。

（3）选择【菜单(M)】→【格式(R)】→【图层设置(S)】命令，也可以弹出“图层设置”对话框。

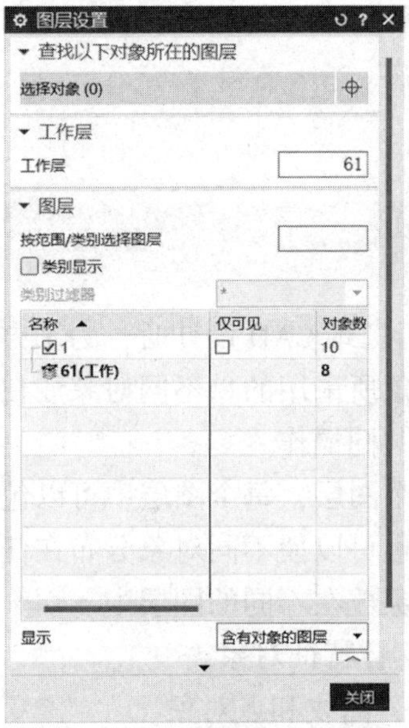

图 2.6.2 “图层设置”对话框

2.6.2 移动至图层

如果在一个图层上已经创建了对象，则将该图层的对象移动到另外图层上的操作方法如下。

(1) 单击“视图”功能选项卡工具条“层”组中的移动至图层按钮或者选择【菜单(M)】→【格式(R)】→【移动至图层(M)】命令，弹出“类选择”对话框，如图 2.6.3 所示。

(2) 在“类选择”对话框中选择要移动的对象，单击确定按钮，返回“图层移动”对话框。

(3) 在“图层移动”对话框中输入要移入的图层号，如图 2.6.4 所示，单击确定按钮即可将选择的对象移动到新图层。

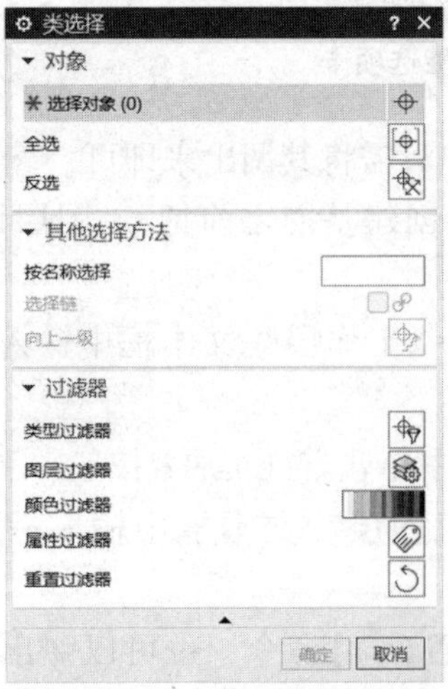

图 2.6.3 “类选择”对话框

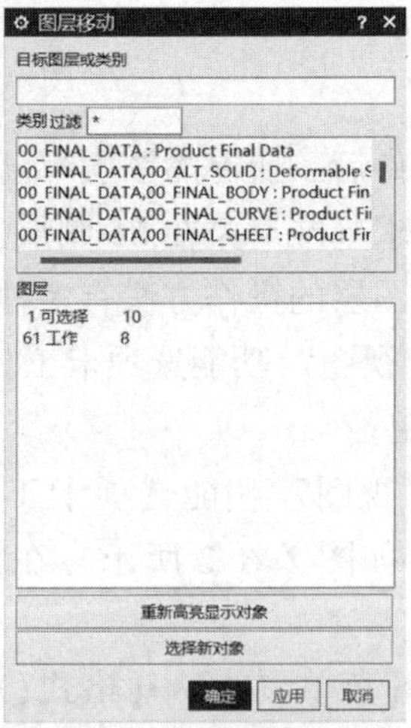

图 2.6.4 “图层移动”对话框

2.7　其他操作及快捷键

2.7.1　鼠标基本操作

在 UG NX 2212 中用鼠标不但可以选择某个命令、选取模型中的几何要素，还可以控制图形区中的模型进行缩放和移动，这些操作只改变模型的显示状态，不能改变模型的真实大小和位置。

（1）鼠标左键：选择和编辑对象。

（2）鼠标中键：缩放/旋转/确认。

（3）鼠标右键：单击弹出快捷菜单，长按弹出快捷操作。

（4）按住鼠标中键不放并移动鼠标，可以旋转图形区中的对象。

（5）滚动鼠标中键，可以缩放图形区中的对象：向前滚，对象变大；向后滚，对象变小。

（6）先按住键盘上的 Shift 键，然后按住鼠标中键并移动鼠标，可以平移图形区中的对象。

2.7.2　快捷键操作

在 UG NX 2212 中，除了使用鼠标操作外，还可以使用快捷键来执行一些常用操作，从而提高绘图效率。UG NX 2212 中的快捷键在下拉菜单对应命令右侧均有显示，常用的快捷键及功能说明如表 2.7.1 所示。

表 2.7.1　常用的快捷键及功能说明

快捷键	功能说明	快捷键	功能说明
Ctrl+N	新建文件	Ctrl+O	打开文件
Ctrl+S	保存文件	Ctrl+B	隐藏对象
Ctrl+P	打印文件	Ctrl+J	编辑对象显示
Ctrl+C	复制	Ctrl+A	全选
Ctrl+X	剪切	Ctrl+W	显示和隐藏管理
Ctrl+V	粘贴	Ctrl+Z	撤销上一步操作
Ctrl+Shift+M	切换到建模模块	Ctrl+Shift+D	切换到制图模块

2.8　本章小结

本章是操作 UG NX 2212 软件的基础，内容包括 UG NX 2212 的启动和退出、文件的操作、UG NX 2212 工作界面的功能、参数的设置、对象的操作、图层的应用和基本操作功能。

本章所涉及内容都是操作 UG NX 2212 软件的一般基本步骤，用户应该熟练掌握，为后面的学习打下坚实的基础。

2.9 练习题

1. 在工作界面方面，UG NX 2212 与之前的版本相比有何变化？
2. UG NX 2212 的启动界面和工作界面有何区别和联系？
3. 什么是图层？如何应用图层？
4. UG NX 2212 的基本操作有哪些？它们有何作用？

第 3 章 曲线的创建与操作

曲线作为创建模型的基础，在特征建模过程中应用非常广泛。可以通过曲线的拉伸、旋转等操作创建特征，也可以用曲线创建曲面进行复杂特征建模。在特征建模过程中，曲线也常用作建模的辅助线（如定位线、中心线等），另外，创建的曲线还可添加到草图中进行参数化设计。利用曲线生成功能，可以创建基本曲线和高级曲线。利用曲线操作功能，可以进行曲线的偏置、桥接、相交、截面和简化等操作。利用曲线编辑功能，可以修剪曲线、编辑曲线参数和拉伸曲线等。

本章主要介绍 UG NX 2212 的曲线创建和操作知识。曲线是创建曲面的框架，是构成曲面的主要途径之一。曲线主要包含直线、圆弧、圆、样条和矩形等，曲面造型设计也是以曲线的创建为基础，因此曲线的创建与操作命令比较重要。

3.1 曲线工具概述

曲线的创建与操作需要在“建模”模块工作界面中进行，因此需要先新建文件或打开已有的文件，并进入“建模”模块。

“曲线”功能选项卡有“构造”组、“基本”组、“派生”组、“高级”组、“编辑”组和“非关联”组，如图 3.1.1 所示。

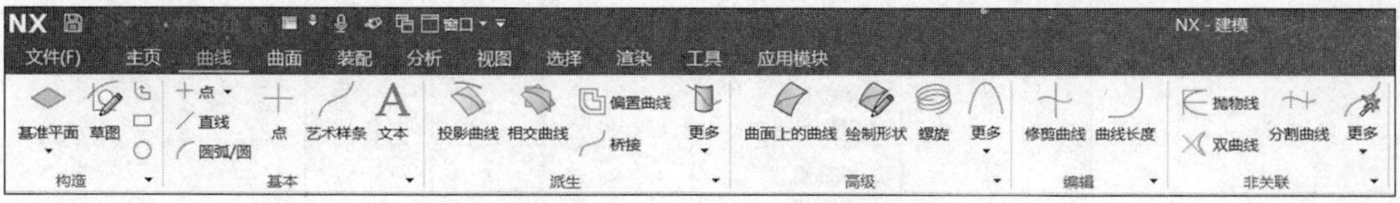

图 3.1.1 “曲线”功能选项卡

在下拉菜单中也可以调出曲线工具命令。选择【菜单(M)】→【插入(S)】→【曲线(C)】命令，如图 3.1.2 所示；选择【菜单(M)】→【编辑(E)】→【曲线(V)】命令，如图 3.1.3 所示。它们和功能选项卡的命令按钮是一样的。

图 3.1.2 “曲线”菜单（1）

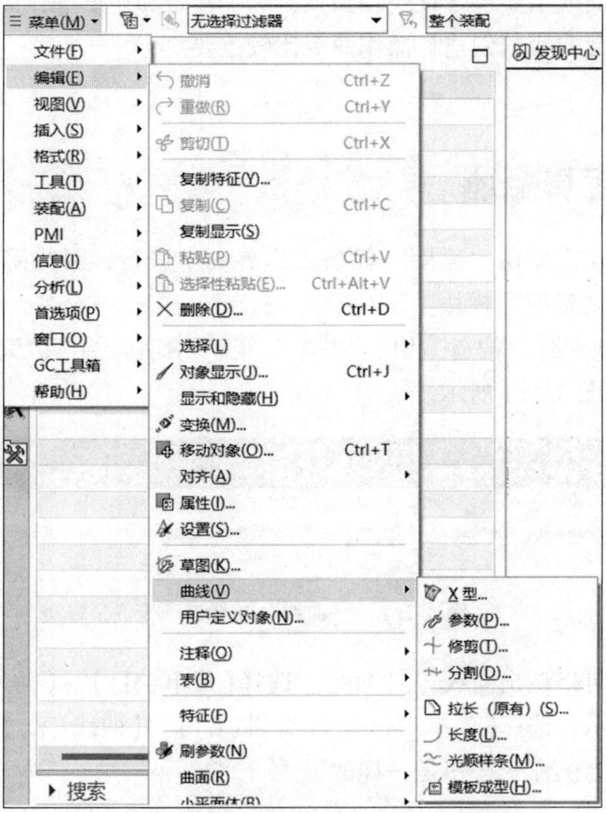

图 3.1.3 “曲线”菜单（2）

3.2 创建点与点集

点是空间上某个位置的标记。创建点命令用于逆向工程，辅助线、面等的创建和特殊场合位置的确定。创建点集命令用于创建一组与现有几何体对应的点，如沿曲线、面和样条曲线生成点。

3.2.1 点的创建

点是最基本的几何特征元素，通过点可以构造曲线。调出“点”对话框的操作方法如下。

（1）选择“曲线”功能选项卡中的【点】命令，弹出“点”对话框，如图3.2.1所示。

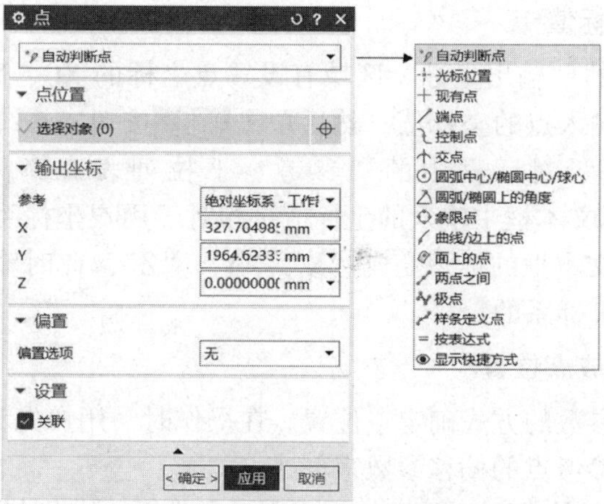

图3.2.1 “点”对话框

（2）选择【菜单(M)】→【插入(S)】→【基准(D)】→【点(P)...】命令，也可以弹出“点”对话框。

创建点命令一次只能创建一个点，如需要创建多个点则需要重复执行创建点命令，创建点时可以通过鼠标捕捉或键盘输入点的位置。

在“点”对话框中有多种构造点的方法，分别如下。

1. 按“类型”捕捉方式生成点

该方式是利用捕捉点的方式生成点，根据捕捉方式在所选对象上生成对应的点对象。在类型下拉列表中有多种捕捉方式，具体如下。

（1）自动判断的点：系统根据选择对象进行自动判断，指定一个点位置，所有自动判断的选项被局限于光标位置、现有点、端点、控制点以及圆弧中/椭圆中心/球心。

（2）光标位置：在光标的位置指定一个点位置。

（3）现有点：通过选择一个现有点对象指定一个点位置。

（4）端点：在现有直线、圆弧、二次曲线以及其他曲线的端点指定一个点位置。

（5）控制点：在几何对象的控制点上指定一个点位置。

(6) 交点：在两条曲线的交点或者一条曲线和一个曲面或平面的交点处指定一个点位置。

(7) 圆弧中心/椭圆中心/球心：在圆弧、椭圆、圆或球的中心点指定一个点位置。

(8) 圆弧/椭圆上的角度：在沿着圆弧或者椭圆的成角度的位置指定一个点位置。XC 轴的正方向作为角度的参考方向，并沿圆弧按逆时针方向测量它。

(9) 象限点：在圆弧或者椭圆的四分之一点指定一个点位置。

(10) 曲线/边上的点：在曲线或者边上指定一个点位置。

(11) 面上的点：在面上指定一个点位置。

(12) 两点之间：在两点之间指定一个点位置。

(13) 样条极点：在样条极点指定一个点位置。

(14) 样条定义点：在样条的定义点指定一个点位置。

(15) 按表达式：按照一个数学表达式指定一个点位置。

2. 输入创建点的坐标值

在“点”对话框中的“输出坐标”区域有设置点坐标的 XC、YC、ZC 三个文本框。用户可以直接在文本框中输入点的坐标值，然后单击 确定 按钮，系统会自动按输入的坐标值生成并定位点。在“点”对话框中的“参考”下拉列表有坐标系选项，当用户选择“WCS”选项时，在坐标文本框中输入的坐标值是相对于用户坐标系的；当用户选择“绝对坐标系”选项时，坐标文本框的标识变成“X”“Y”“Z”，此时输入的坐标值为绝对坐标值，它们是相对于绝对坐标系的。

3. 利用偏移方式生成点位置

可以通过指定偏移参数的方式确定点位置。在操作时，用户先利用捕捉点方式确定偏移参考点，再输入相当于参考点的偏移参数来创建点。

在“点”对话框中“偏置选项”下拉列表有多种选项，分别如下。

(1) 直角坐标系：用于参考点的方向创建一个偏置点，输入值可以选择绝对坐标系或者 WCS 坐标。选定的坐标系及其方位决定偏置的方向，坐标系的原点对偏置无影响。

(2) 圆柱坐标：通过指定圆柱坐标系来偏置一个点，需要指定半径、角度和沿 Z 轴的距离参数。需要注意，指定半径和角度总是在 XC-YC 平面上。

(3) 球坐标：通过球坐标偏置一个点，主要参数包括两个角度和一个半径。角度通过选定参考点测量得出，位于 X-Y 平面上。角度 2 是 X-Y 平面偏置点的提升角。半径定义参考点和偏置点之间的距离。

(4) 沿矢量：通过指定方向和距离来偏置一个点，选择一条直线以定义方向。该点沿最靠近选择端点的直线端点的方向偏置。

(5) 沿曲线：按指定的弧长距离或曲线完整路径长度的百分比沿曲线偏置一个点。

3.2.2 点集的创建

创建点集即创建一组与现有几何体对应的点，如沿曲线、面、样条处生成点。调出“点集”对话框的操作方法如下。

(1) 选择“曲线”功能选项卡中的【点集】命令，弹出“点集”对话框，如图 3.2.2 所示。

（2）选择【菜单(M)】→【插入(S)】→【基准(D)】→【点集(S)】命令，也可以弹出“点集”对话框。

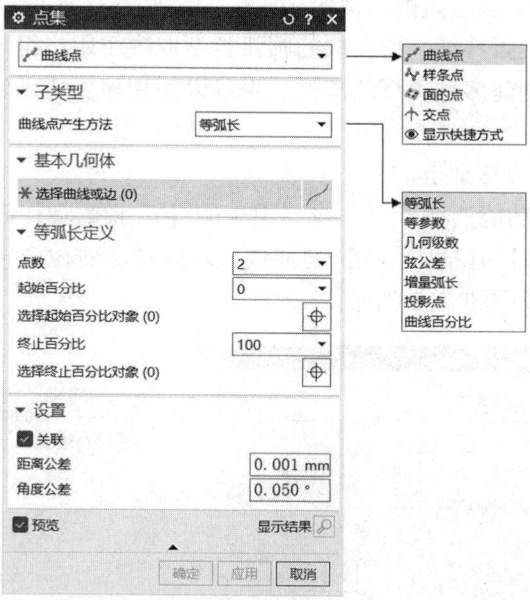

图 3.2.2　“点集”对话框

“点集”对话框中相关选项的功能说明如下。

①“类型”区域：指定要创建的点集方式，下拉列表中包括“曲线点”“样条点”“面的点”等选项。

②“子类型”区域：根据在“类型”下拉列表中选择的内容，自动切换为相应的子类型。

3.3　各种曲线的创建

各种曲线包括直线、圆弧、圆、椭圆等。基本曲线没有关联性和方便的参数驱动，主要用于不需要变动的零件设计、辅助线条创建等。

3.3.1　直线的创建

直线是一个基本的构图元素，例如，两点连线可以生成一条直线、两个平面相交可以生成一条直线等。创建直线的操作方法如下。

（1）选择“曲线”功能选项卡“基本”组中的【╱ 直线】命令。

（2）选择【菜单(M)】→【插入(S)】→【曲线(C)】→【╱ 直线(L)...】命令。

“直线”对话框如图 3.3.1 所示。

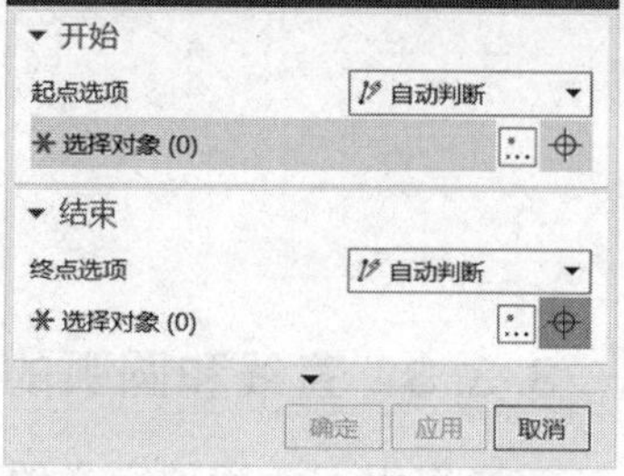

图 3.3.1　“直线”对话框

3.3.2　圆弧/圆的创建

圆弧/圆是指在平面上到定点的距离等于定长的一些点（或所有点）的集合。使用该操作可迅速创建关联圆和圆弧特征。所获取的圆弧类型取决于用户组合的约束类型。通过组合不同类型的约束，可以创建多种类型的圆弧。也可以使用该操作创建非关联圆弧，但是它们是简单曲线，而非特征。

创建圆弧/圆的操作方法如下。

（1）选择“曲线”功能选项卡“曲线”组中的【圆弧/圆】命令。

（2）选择【菜单(M)】→【插入(S)】→【曲线(C)】→【圆弧/圆(C)...】命令。

“圆弧/圆”对话框如图3.3.2所示。

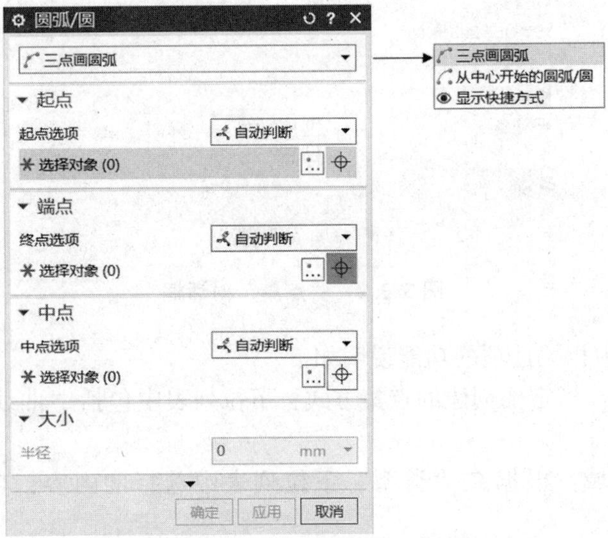

图3.3.2　“圆弧/圆”对话框

在“圆弧/圆”对话框中的“类型”下拉列表中有“三点画圆弧”“从中心开始的圆弧/圆”两个选项，其效果分别如图3.3.3所示。

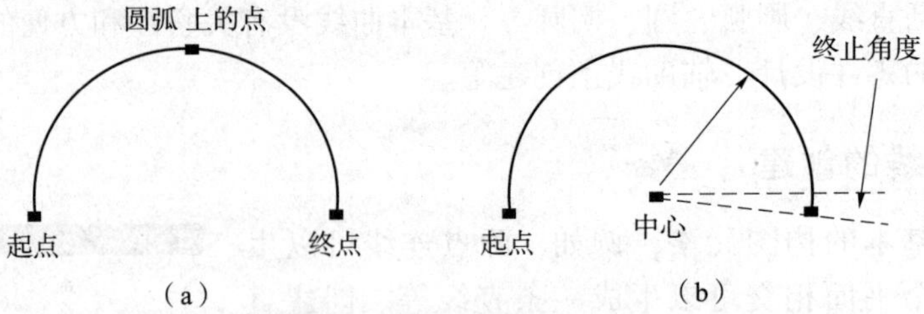

图3.3.3　圆弧/圆的绘制效果

（a）三点画圆弧；（b）从中心开始的圆弧/圆

3.3.3　直线和圆弧的创建

该操作用于使用预定义约束组合方式快速创建关联或非关联直线和曲线。在用户已知直线和曲线的约束关系的条件下，使用该操作比较方便。

选择【菜单(M)】→【插入(S)】→【曲线(C)】→【直线和圆弧(A)】命令，打开“直线和圆弧”菜单，如图 3.3.4 所示。

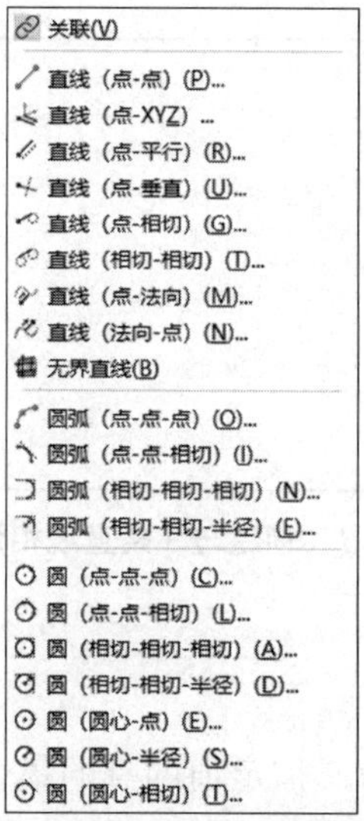

图 3.3.4 “直线和圆弧”菜单

在“直线和圆弧”菜单中有多种创建方法，部分说明如下。

(1)【直线(点-XYZ)...】命令：可以创建与指定参考对象（X 轴、Y 轴、Z 轴）平行的直线，如图 3.3.5 所示。

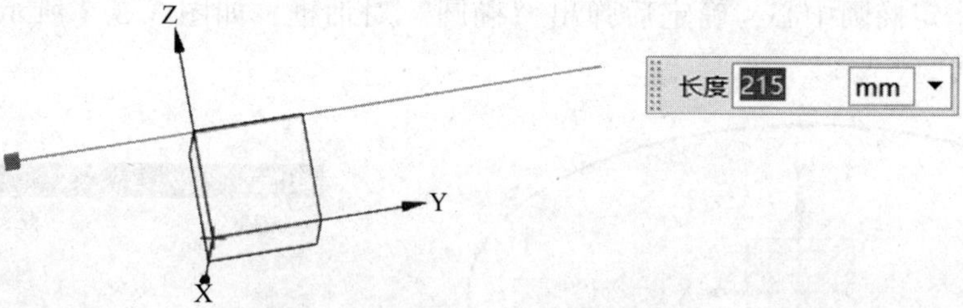

图 3.3.5 创建与 Y 轴平行的直线

(2)【圆弧(相切-相切-相切)】命令：可以创建与 3 个指定对象相切的圆弧，如图 3.3.6 所示。

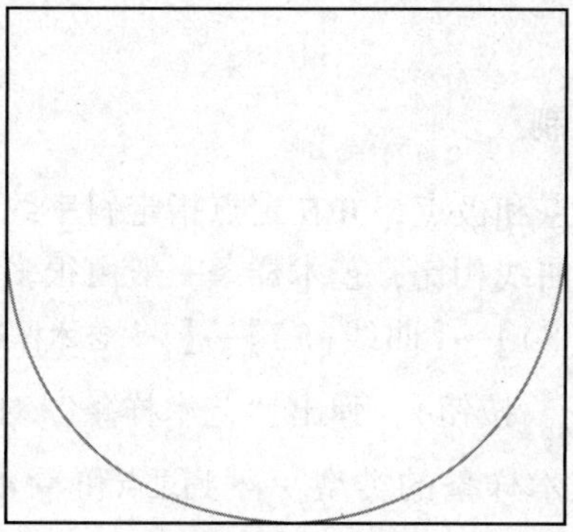

图 3.3.6 创建与 3 条直线相切的圆弧

（3）【圆（相切-相切-相切）】命令：可以创建与3个指定对象相切的圆，如图3.3.7所示。

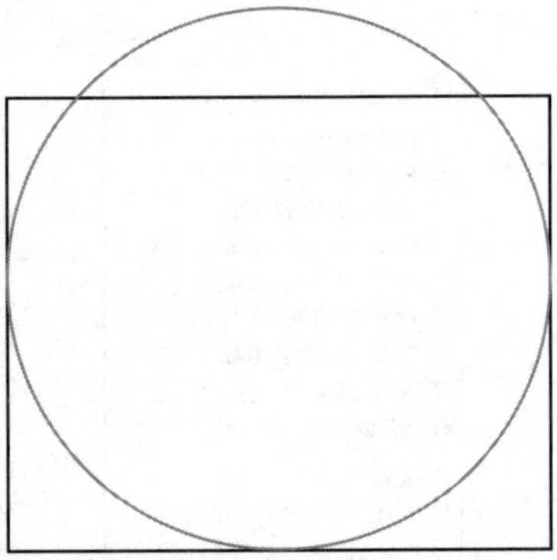

图3.3.7　创建与3条直线相切的圆

3.3.4　椭圆的创建

椭圆是指与两定点的距离之和为一指定值的点的集合，其中两个顶点称为焦点。默认的椭圆会在与工作平面平行的平面上创建，包括长轴和短轴，每根轴的中点都在椭圆的中心。椭圆的最长直径就是长轴，最短直径就是短轴，长半轴和短半轴的值指的是这些轴长度的一半，如图3.3.8所示。

在UG NX 2212中，曲线椭圆命令默认被隐藏。在工具界面右上方搜索框中输入“椭圆”，找到【椭圆(原有)】命令，选择该命令，首先弹出指定椭圆中心的“点”对话框，在该对话框中指定椭圆中心，确定后弹出“椭圆”对话框，如图3.3.9所示，按照提示输入相关参数即可。

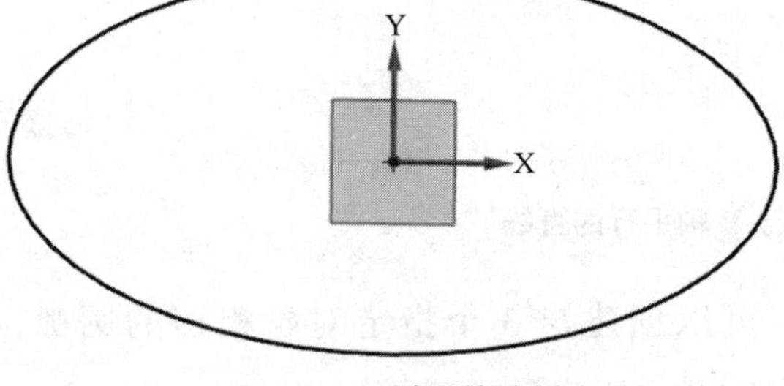

图3.3.8　椭圆的绘制

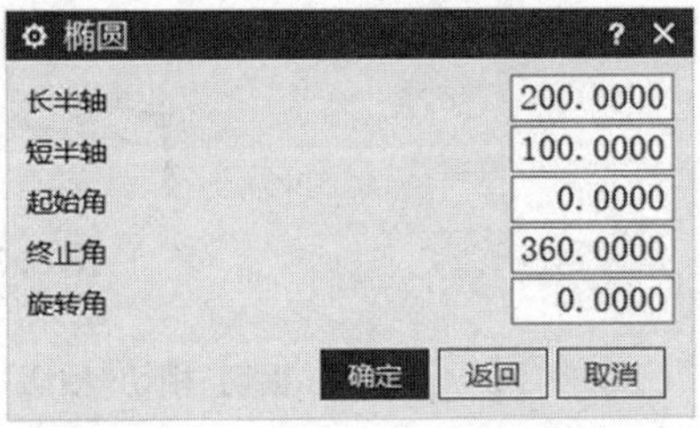

图3.3.9　“椭圆”对话框

3.3.5　艺术样条的绘制

艺术样条是指通过拖放顶点和极点，并在定点指定斜率约束的曲线。艺术样条多用于数字化绘图或动画设计，与样条曲线相比，艺术样条一般由很多点生成，如图3.3.10所示。

选择【菜单(M)】→【插入(S)】→【曲线(S)】→【艺术样条(D)...】命令（或单击“曲线”功能选项卡“基本”组中的艺术样条按钮），弹出“艺术样条”对话框，如图3.3.11所示。

该对话框中有两种创建艺术样条的类型：通过点和根据极点。按照提示在图形区确定相关点后即可生成艺术样条。

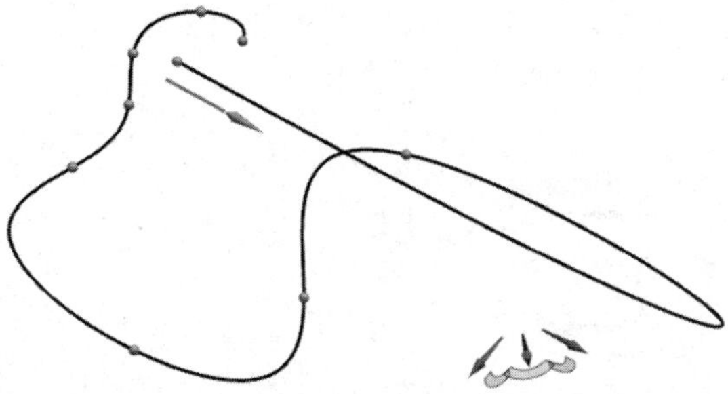

图 3.3.10　艺术样条

图 3.3.11　“艺术样条”对话框

3.3.6　规律曲线的绘制

规律曲线是指 X、Y、Z 坐标值按设定的规则变化的样条曲线。其主要通过改变参数来控制曲线的变化规律，如控制螺旋样条的半径、控制曲线的形状、控制“面倒圆”的横截面、控制扫掠曲面特征定义“角度规律”或“面积规律”等。规律曲线如图 3.3.12 所示。

选择“曲线”功能选项卡“高级”组中的【XYZ 规律曲线】命令，弹出“规律曲线”对话框，如图 3.3.13 所示。

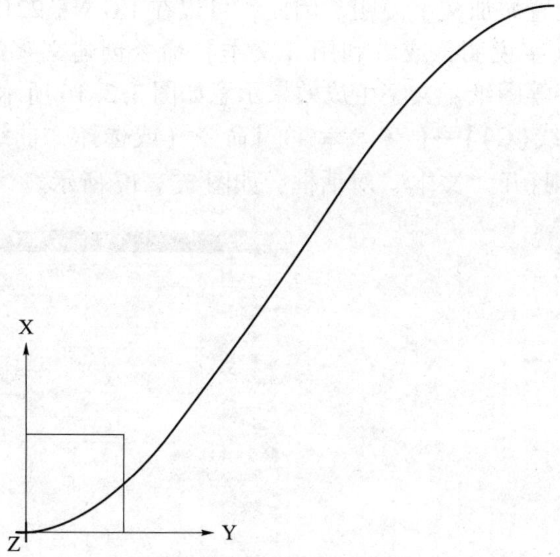

图 3.3.12　规律曲线

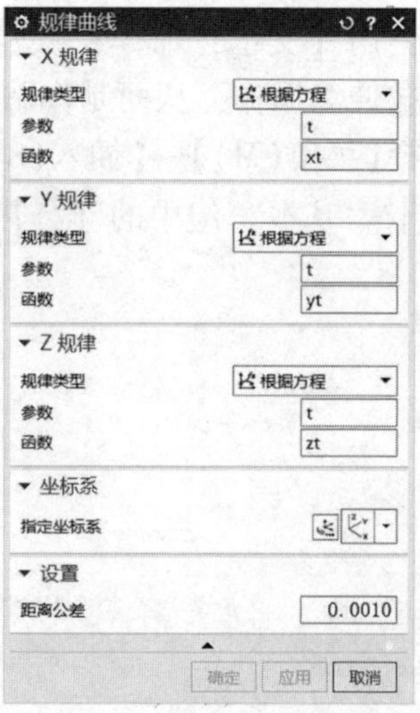

图 3.3.13　“规律曲线”对话框

3.3.7　螺旋线的绘制

螺旋线是指一个固定点向外旋绕而生成的，具有指定圈数、螺距、弧度、旋转方向和方位的曲线，如图 3. 3. 14 所示。螺旋线常作为螺杆、弹簧等特征的基础曲线。

选择“曲线”功能选项卡“高级”组中的【螺旋】命令，弹出“螺旋”对话框，如图 3. 3. 15 所示。

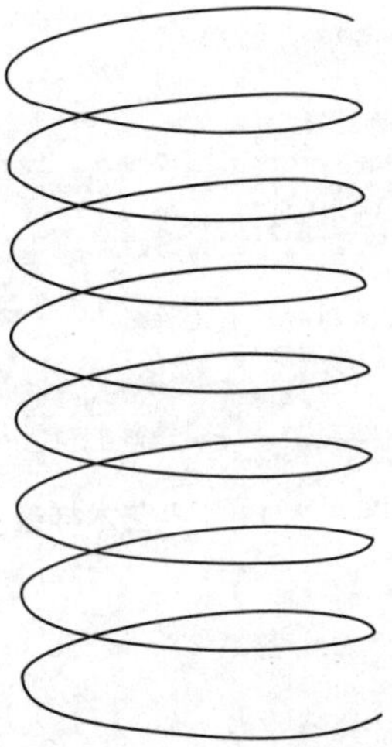

图 3. 3. 14　螺旋线

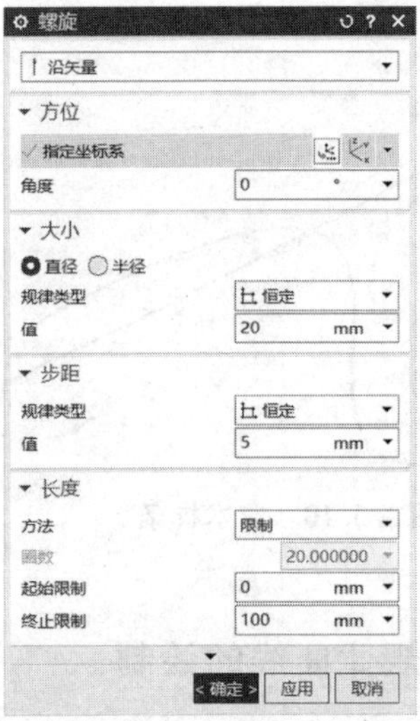

图 3. 3. 15　“螺旋”对话框

3. 3. 8　文本的生成

在工程实际设计过程中，为了便于区分多个不同零件，通常采取对其进行刻印零件编号的方法。另外，对某些需要特殊处理的位置添加文字说明。因此，可以在 UG NX 2212 建模过程中使用【文本】命令在模型上添加文字说明，或者利用【文本】命令创建文字的曲线来进行拉伸等操作，从而制作贴花、标签等图纸。文字生成效果示意如图 3. 3. 16 所示。

选择【菜单(M)】→【插入(S)】→【曲线(C)】→【A 文本(T)...】命令（或选择“曲线”功能选项卡“基本”组中的【文本】命令），打开“文本”对话框，如图 3. 3. 17 所示。

图 3. 3. 16　文字生成效果示意

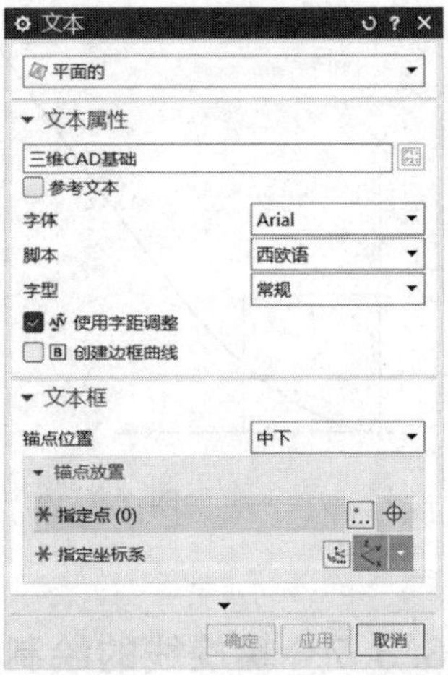

图 3. 3. 17　“文本”对话框

3.4 曲线操作

曲线操作是指对已存在的曲线进行几何运算处理，如曲线的偏置、桥接、投影、合并等。在曲线生成过程中，多数曲线由于属于非参数性曲线类型，所以一般在空间中具有很大的随意性和不确定性。通常创建完曲线后，曲线并不能满足用户要求，往往需要借助各种曲线的操作手段不断调整对曲线做进一步的处理，从而使曲线满足用户要求。本节介绍曲线操作的常用命令。

3.4.1 偏置曲线

偏置曲线是指对已有的二维曲线（如直线、弧、二次曲线、样条曲线以及实体的边缘线等）进行偏置，得到新的曲线。可以选择是否使偏置曲线与原曲线保持关联，如果选择“关联”选项，则当原曲线发生改变时，偏置生成的曲线也会随之改变。曲线可以在选定几何体所定义的平面内偏置，也可以使用“拔模角”和“拔模高度”选项偏置到一个平行平面上，或者沿着指定的“3D 轴向”矢量偏置。多条曲线只有位于连续线串中时才能偏置。生成曲线的对象类型与其输入曲线相同。如果输入线串为线性的，则必须通过定义一个与输入线串不共线的点来定义偏置平面。

选择【菜单(M)】→【插入(S)】→【派生曲线(U)】→【偏置(O)...】命令（或单击“曲线”功能选项卡“派生”组中的偏置曲线按钮），弹出“偏置曲线”对话框，如图 3.4.1 所示。

在“偏置曲线”对话框中先选定要偏置的曲线，然后选定的曲线上出现一个箭头，表示偏置方向，可单击按钮使偏置反向。选择偏置类型，并设定相应的参数，单击确定按钮即可。偏置曲线操作如图 3.4.2 所示。

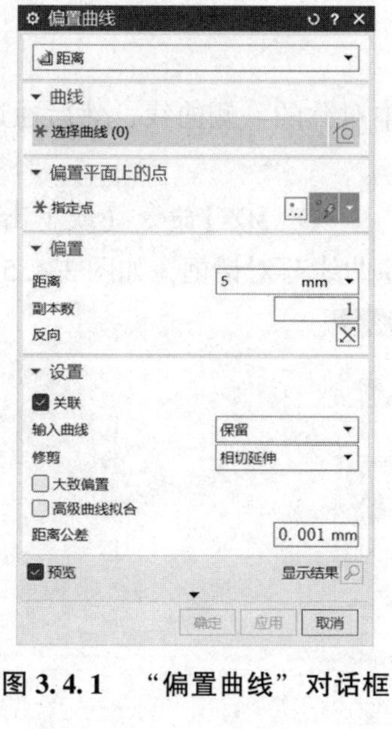

图 3.4.1 “偏置曲线”对话框

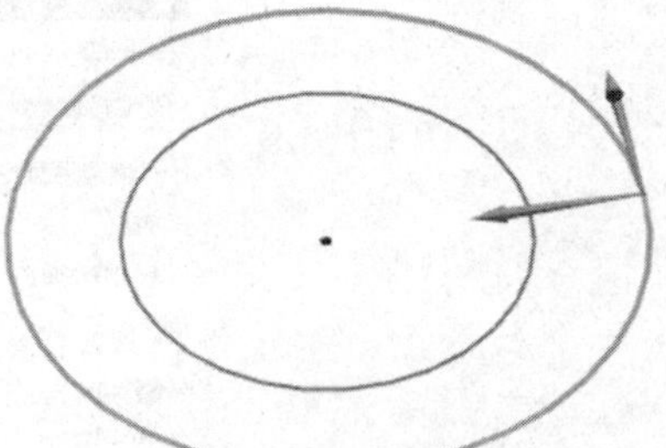

图 3.4.2 偏置曲线操作

3.4.2 桥接曲线

桥接是指在现有几何体之间创建桥接曲线并对其进行约束。桥接可用于光顺连接两条分离的曲线（包括实体、曲面的边缘线）。在桥接过程中，系统实时反馈桥接的信息，如桥接后的曲线形状、曲率梳等，这有助于分析桥接效果。

选择【菜单(M)】→【插入(S)】→【派生曲线(U)】→【桥接(B)...】命令（或单击“曲线”功能选项卡“派生”组中的桥接按钮），弹出“桥接曲线”对话框，如图3.4.3所示。桥接曲线操作如图3.4.4所示。

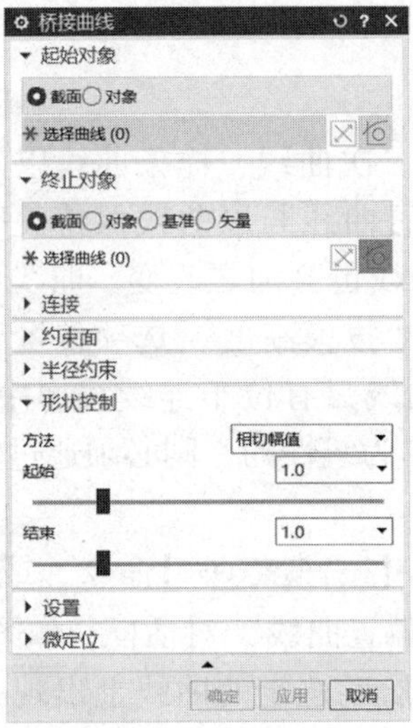

图3.4.3　桥接曲线

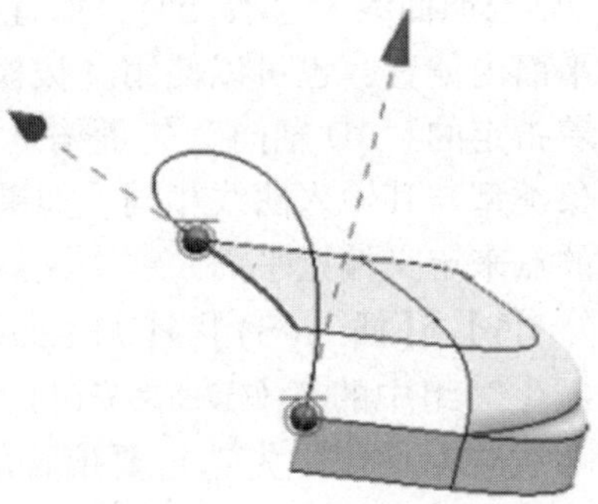

图3.4.4　桥接曲线操作

3.4.3 镜像曲线

如果创建的曲线为对称形式，则通常只需要创建其中对称的一侧曲线，然后通过镜像命令完成另一侧曲线的创建。

选择【菜单(M)】→【插入(S)】→【派生曲线(U)】→【镜像(M)...】命令（或单击“曲线”功能选项卡“派生”组中的镜像曲线按钮），弹出“镜像曲线”对话框，如图3.4.5所示。

图3.4.5　“镜像曲线”对话框

在该对话框中，首先选择需镜像的曲线，然后选择镜像平面，单击 确定 按钮完成镜像曲线操作，如图 3. 4. 6 所示。

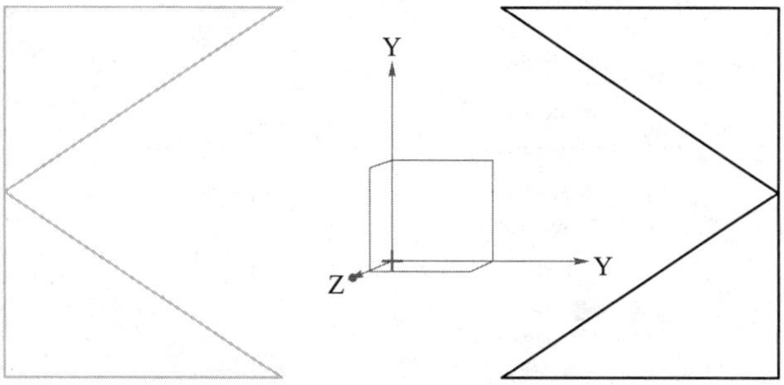

图 3. 4. 6　镜像曲线操作

3. 4. 4　投影曲线

投影是指将曲线或点沿某个方向投影到已有的曲面、平面或参考平面上。投影之后，系统可以自动连结输出的曲线，但是如果投影曲线与面上的孔或边缘相交，则投影曲线会被面上的孔或边缘所修剪。

选择【菜单(M)】→【插入(S)】→【派生曲线(U)】→【投影(P)...】命令（或选择“曲线”功能选项卡“派生”组中的【投影曲线】命令），弹出“投影曲线”对话框，如图 3. 4. 7 所示。投影曲线操作如图 3. 4. 8 所示。

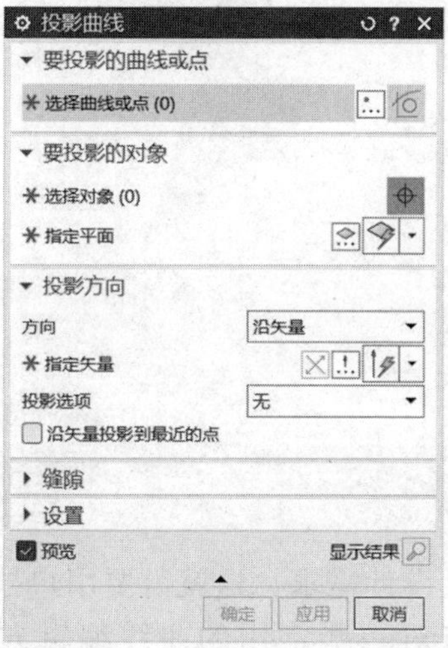

图 3. 4. 7　“投影曲线”对话框

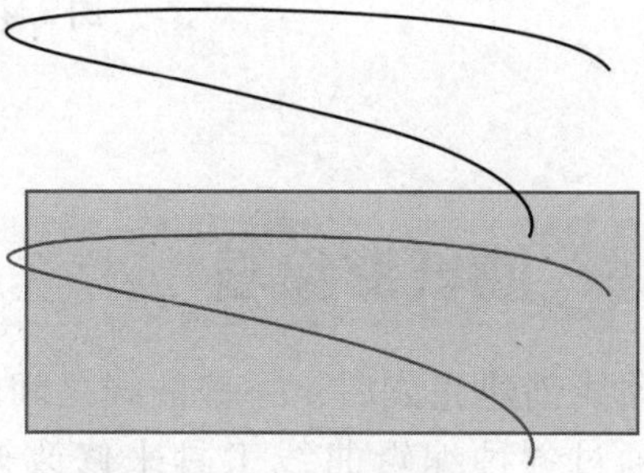

图 3. 4. 8　投影曲线操作

3. 4. 5　相交曲线

该操作是指利用两个几何对象相交，生成相交曲线。

选择【菜单(M)】→【插入(S)】→【派生曲线(U)】→【相交曲线(I)...】命令（或单击“曲线”功能选项卡“派生”组中的【相交曲线】命令），弹出“相交曲线”对话框，如图 3. 4. 9 所示。

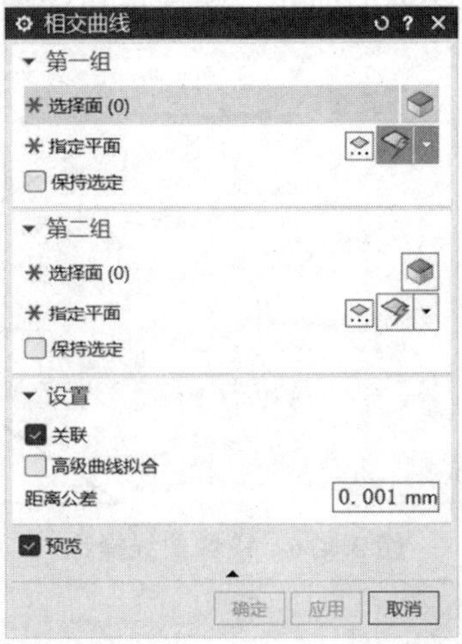

图 3.4.9 “相交曲线”对话框

相交曲线操作如图 3.4.10 所示。

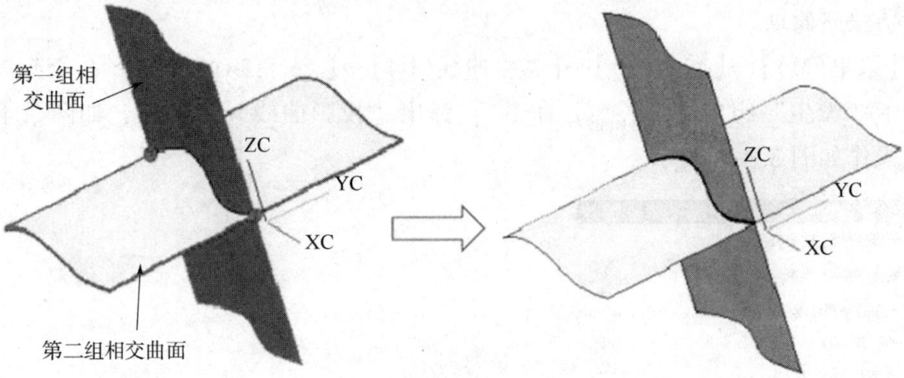

图 3.4.10 相交曲线操作

3.5 曲线的编辑

在曲线创建完成后，一些曲线之间的组合并不满足设计需求，这就需要用户根据设计要求，通过各种编辑曲线工具来修改调整曲线。本节对一些常用的曲线编辑方法进行介绍。

3.5.1 编辑曲线参数

选择【菜单(M)】→【编辑(E)】→【曲线(V)】→【参数(P)...】命令，弹出“编辑曲线参数”对话框，如图 3.5.1 所示。

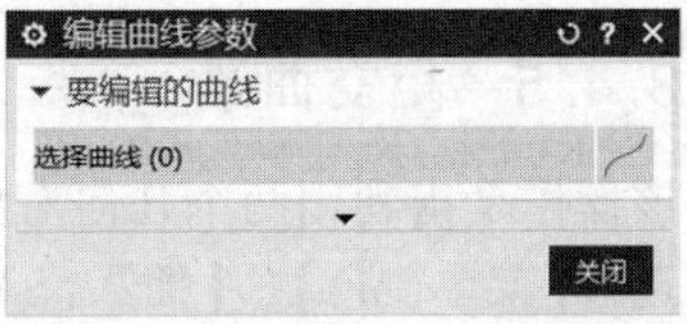

图 3.5.1 “编辑曲线参数”对话框

在该对话框中选定要编辑的曲线后，将根据曲线类型自动弹出相应的对话框，然后进行相应的参数修改即可。

3.5.2 修剪曲线

修剪曲线是指根据指定的用于修剪的边界实体和曲线分段来调整曲线的端点。可以修剪或延伸直线、圆弧、二次曲线或样条，也可以修剪到（或延伸到）曲线、边缘、平面、曲面、点或光标位置，还可以指定修剪过的曲线与其输入参数关联。当修剪曲线时，可以使用体、面、点、曲线、边缘、基准平面和基准轴作为边界对象。

选择【菜单(M)】→【编辑(E)】→【曲线(V)】→【修剪(T)...】（或选择“曲线”功能选项卡“编辑”组中的【修剪曲线】命令），弹出“修剪曲线”对话框，如图 3.5.2 所示。修剪曲线操作如图 3.5.3 所示。

图 3.5.2 “修剪曲线”对话框

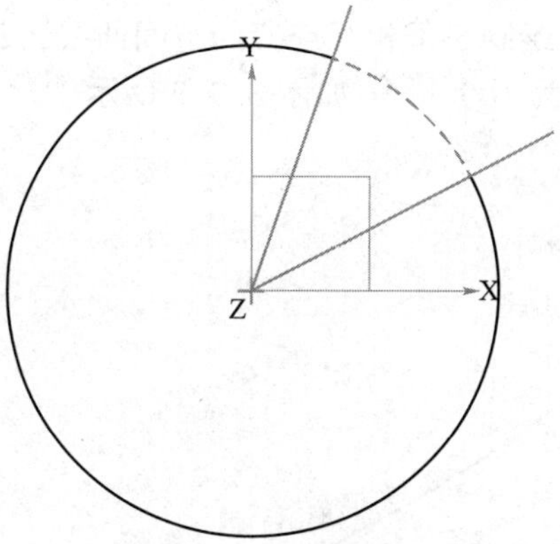

图 3.5.3 修剪曲线操作

3.5.3 曲线长度

【曲线长度】命令可以用于测量曲线的长度，也可以修改曲线的长度参数等。

选择【菜单(M)】→【编辑(E)】→【曲线(V)】→【长度(L)...】命令（或选择“曲线”功能选项卡“编辑”组中的【曲线长度】命令），弹出“曲线长度”对话框，如图 3.5.4 所示。

图 3.5.4 “曲线长度”对话框

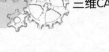

3.6 本章小结

本章主要介绍了各种曲线工具的使用方法、各种曲线的创建方法，各种曲线的操作方法，以及曲线的主要编辑方法。用户通过对本章内容的深入学习，重点掌握常用曲线的创建和编辑方法，以更好地为后续实体建模、曲面造型的学习打好基础。

3.7 练习题

1. 在给定的曲线上均布 10 点，如图 3.7.1 所示。

2. 绘制 3 条相互连接的空间曲线，起点坐标为（0，0，0），分别沿 ZC、YC、XC 方向，长度均为 100 mm，如图 3.7.2 所示。

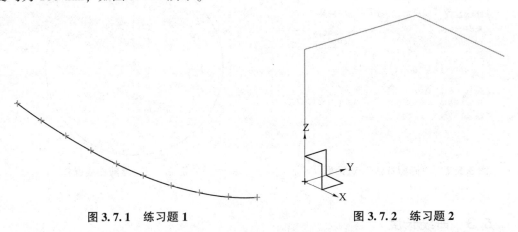

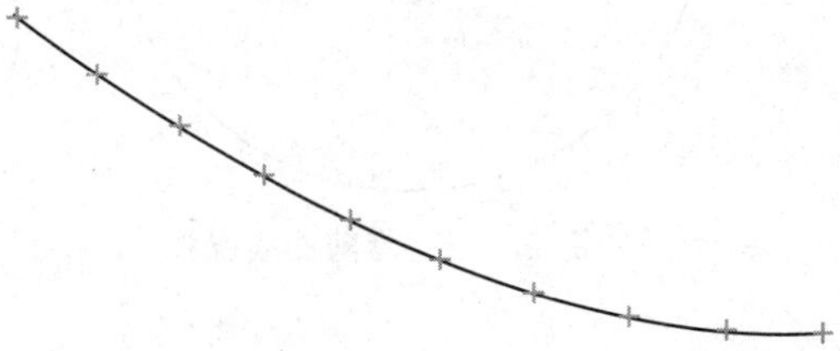

图 3.7.1　练习题 1

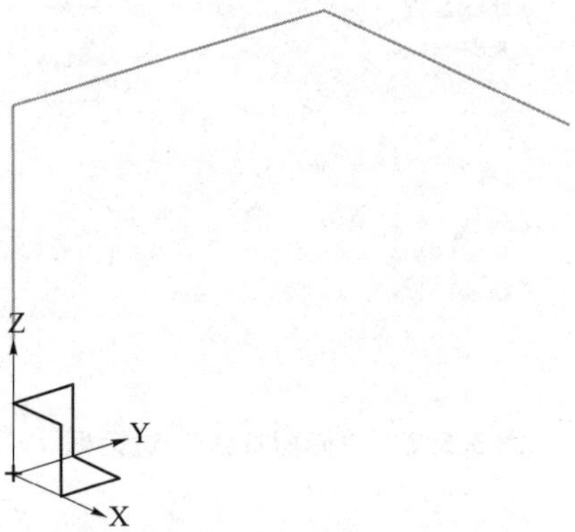

图 3.7.2　练习题 2

3. 首先绘制一条沿 ZC 方向的螺旋线，直径为 100 mm，螺距为 15 mm，圈数为 10，然后创建弹簧模型，线径为 6 mm，如图 3.7.3 所示。

图 3.7.3　练习题 3

本章练习文件

第 4 章 草图的绘制

草图是 UG 建模中建立参数化模型的一个重要工具，也是创建各种拉伸、回转和扫掠等特征的基础。草图和曲线功能相似，不同的是，绘制二维草图时，只需要绘制图形的基本轮廓，然后对图形添加各种尺寸和几何约束，系统可通过尺寸和几何驱动得到精准的图形轮廓。

4.1 草图工作环境

4.1.1 草图的首选项设置

在绘制草图之前，需要对草图工作环境进行设置。草图工作环境的设置是在进入草图工作环境之前进行的。选择【菜单(M)】→【首选项(P)】→【草图(S)...】命令，弹出“草图首选项”对话框，如图 4.1.1 所示。

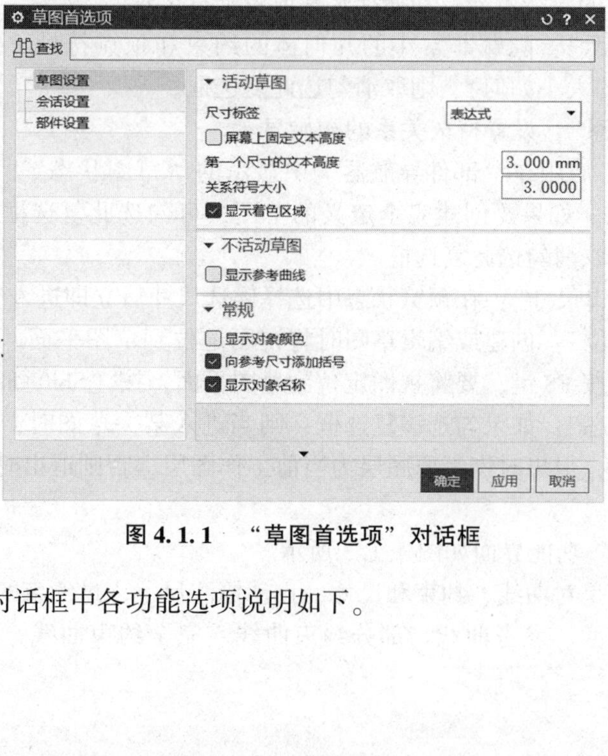

图 4.1.1 “草图首选项”对话框

“草图首选项”对话框中各功能选项说明如下。

（1）“草图设置”功能界面如图 4. 1. 1 所示。

①“尺寸标签”下拉列表：包括“表达式”“名称”和“值”选项，用于控制草图标注文本显示方式。

②“第一个尺寸的文本高度”：在标注尺寸时，控制草图尺寸数值的文本高度。

（2）“会话设置”功能界面如图 4. 1. 2 所示，各选项功能的说明如下。

图 4. 1. 2　“会话设置”功能界面

①“对齐角”：用于指定竖直、水平、平行和垂直直线的捕捉角公差。绘制直线时，如果起点与光标位置连线接近水平或竖直，捕捉功能会自动捕捉水平或竖直的位置。对齐角是自动捕捉的最大角度，例如对齐角为 3，当起点与光标位置连线与水平或竖直工作坐标轴的夹角小于 3°时，绘制的直线就会自动捕捉水平或者竖直位置。

②“动态草图显示”：隐藏非常小的几何体的约束和顶点符号。要显示这些草图对象（而不论关联几何体的大小如何），则取消勾选此复选框。

③“显示持久关系”：设置持久关系的初始显示。

④“评估草图”：启用在“部件导航器”中显示的“草图状态”。它还会在状态行中显示“完全定义”消息。如果要创建完全定义的草图，可勾选此复选框。仅当完全定义的草图对任务不重要时才取消勾选此复选框。

⑤“在创建后编辑尺寸”：在预览状态中选择候选尺寸后立即进入编辑模式。

⑥“更改视图方位”：创建或编辑草图时将视图定位到草图平面。提示：要将视图定位到最近的正交视图，按 F8 键；要将视图定位到草图平面，按“Shift+F8”组合键。

⑦“保持图层状态”：如果勾选该复选框，则当进入某一草图时，该草图所在图层自动设置为当前工作图层，退出时恢复原图层为当前工作图层，否则退出时保持草图所在图层为当前工作层。

（3）“部件设置”功能界面如图 4. 1. 3 所示。

该功能界面主要是对曲线、约束和尺寸、自动标注尺寸、过约束的对象、冲突对象、未解算的曲线、参考尺寸、参考曲线、部分约束曲线、完全约束曲线、过期对象、自由度箭

图 4.1.3　“部件设置”功能界面

头、配方曲线和不活动的草图的颜色进行设置。单击选项后面的颜色方框，就会弹出颜色选项对话框，可以从中选择想要的颜色。

4.1.2　草图的新建

绘制草图操作要在草图工作环境中进行，因此要在 UG NX 2212 软件中新建文件或打开已有的文件，并进入“建模”模块。

新建草图的操作方法具体如下。

(1) 选择“主页”功能选项卡“构造”组中的【草图】命令（或选择【菜单(M)】→【插入(S)】→【草图(S)...】命令），弹出“创建草图”对话框，如图 4.1.4 所示。

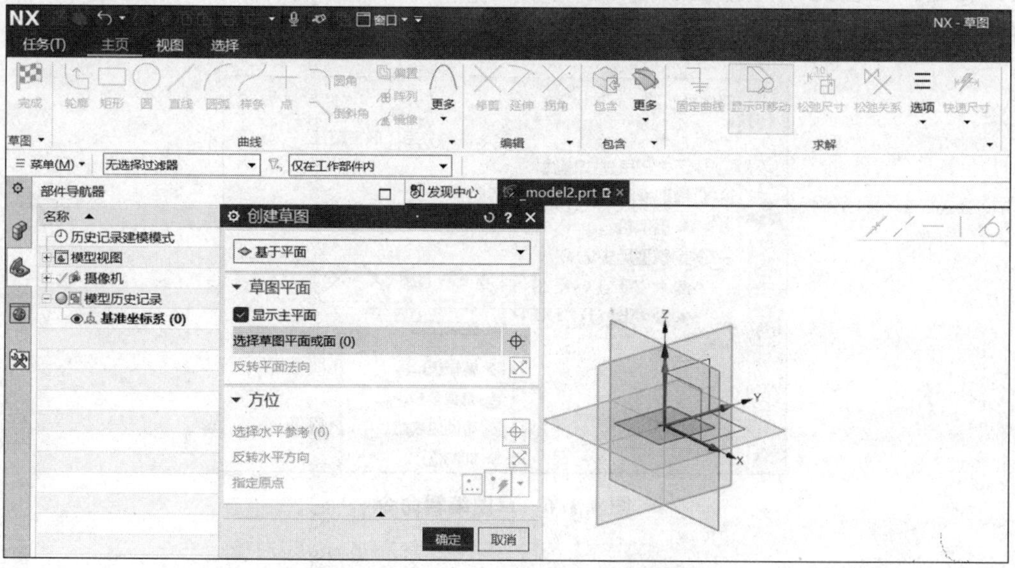

图 4.1.4　“创建草图”对话框

（2）在“创建草图”对话框中，单击图形区中所需的平面作为草图平面，这里选择默认“X-Y 平面”作为草图平面，单击 确定 按钮进入草图工作界面，如图 4.1.5 所示，可以看到各种草图绘制的命令很全面、直观。

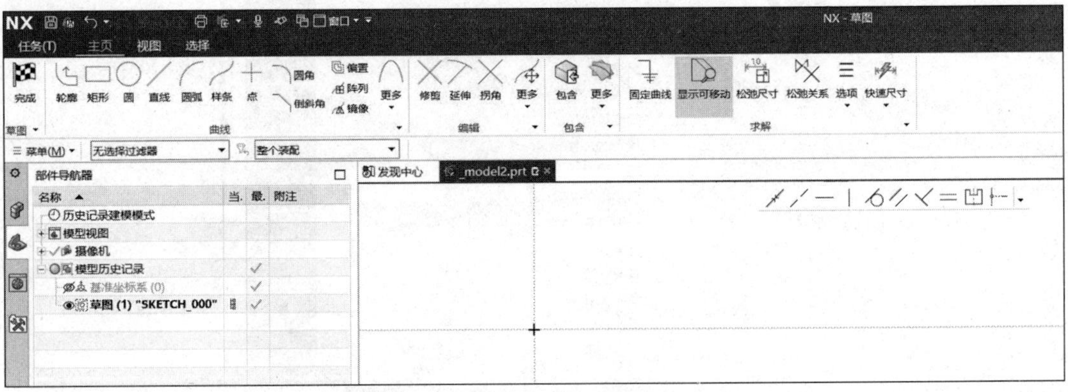

图 4.1.5　草图工作界面

注意：

① 在“创建草图”对话框中，在“选择草图平面或面”的背景变黄色之后，通过单击坐标系平面才生效。如果“选择草图平面或面”没有自动变黄，需要单击使之变黄，才能进行选择，否则选择无效。

② 区别于 UG NX 12.0 版本，在 UG NX 2206 以后的版本，绘制草图时都会自动进入草图工作环境，不需要手动切换。

③ 完成草图绘制后，单击“主页”功能选项卡中的【完成】按钮，退出草图工作界面，完成草图的创建。

④ 如果需要对已经完成的草图进行修改，在“部件导航器”中的“草图（1）”上单击鼠标右键，在快捷菜单中选择【编辑(E)...】命令，如图 4.1.6 所示。或者直接双击“部件导航器”中的“草图（1）”，可以直接进入草图工作界面。

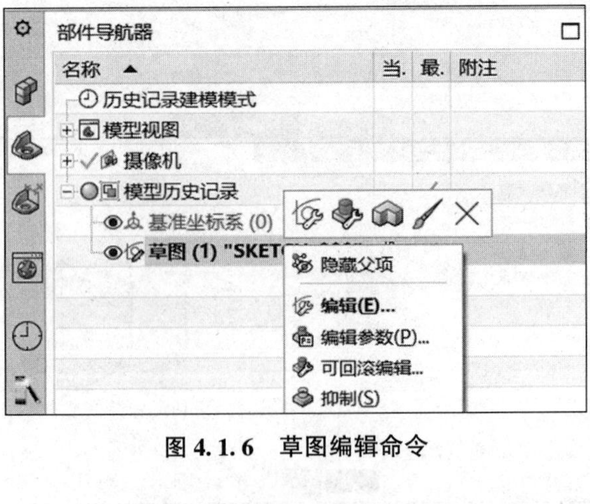

图 4.1.6　草图编辑命令

4.2　草图工作环境及功能介绍

在“主页”功能选项卡中与草图相关的组有“草图”组、“曲线”组、“编辑”组、“包含”组和“求解”组，如图 4.2.1 所示。

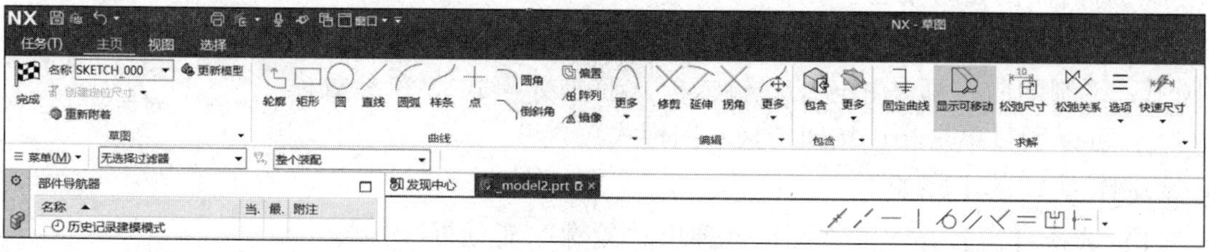

图 4.2.1　“主页”功能选项卡

4.2.1　“草图”组

“草图”组中各功能按钮说明如下。

（1）完成：单击该按钮完成当前草图操作，并退出草图工作环境。

（2）SKETCH_000：显示当前草图的名称，以及现有的草图列表，可从草图列表中选择激活其他草图。

（3）更新模型：更新模型以反映对草图的更改。

（4）重新附着：可移动当前草图到不同的平面上，或调整草图的 X、Y 方向。单击此按钮，弹出“重新附着草图”对话框，如图 4.2.2 所示。

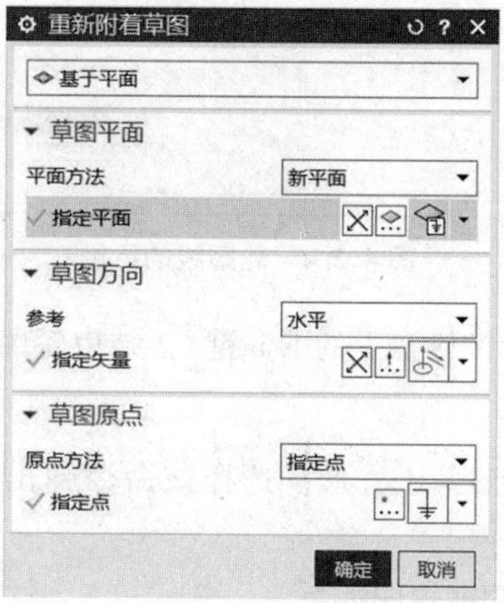

图 4.2.2　“重新附着草图”对话框

注意：草图重新附着的目标平面或方向必须在此草图之前创建。

（5）快捷命令 定向视图到草图：当在图形区作了旋转等操作，而草图不处于正平面时，选择此命令可以使草图定向到草图正平面上。在图形区中单击鼠标右键，在弹出的快捷菜单中选择【定向视图到草图(K)】命令即可。

4.2.2 “曲线”组

“曲线”组主要用于绘制草图曲线，主要包括以下功能按钮。

1. 【轮廓】命令

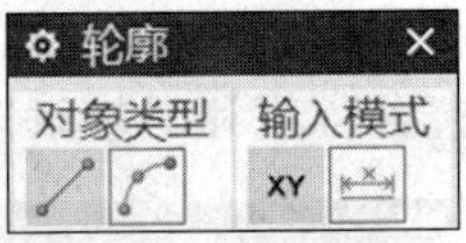

图 4.2.3 “轮廓”对话框

【轮廓】命令用于绘制一系列相连的直线和圆弧。选择该命令弹出“轮廓”对话框，如图 4.2.3 所示。

单击“轮廓”对话框中的按钮，绘制直线；单击按钮，绘制圆弧；绘制的曲线都是相连的。输入模式有坐标模式XY和参数模式，可以通过单击相应按钮切换不同模式。

绘制轮廓线的步骤如下。

(1) 选择【轮廓】命令，在图形区弹出“轮廓”对话框。

(2) 单击“轮廓”对话框中按钮，在图形区中任意位置单击，形成直线的起点。

(3) 在图形区中水平向右移动鼠标，在任意位置单击，形成直线的终点，形成一条水平的直线。

也可以绘制和水平或竖直坐标轴成一定角度的直线，同时可以根据输入模式定义精确的直线长度尺寸及位置。

(4) 单击“轮廓”对话框中的按钮，直线的终点就是圆弧的起点，在直线终点下方任意位置单击，形成圆弧的终点，如图 4.2.4 所示。同时可以根据输入模式定义精确的圆弧尺寸及位置。

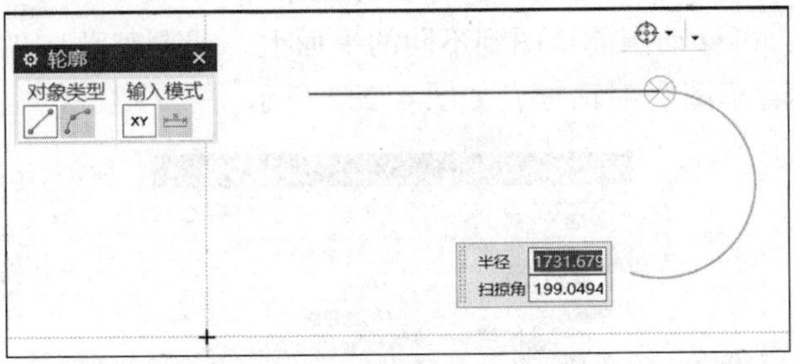

图 4.2.4 轮廓线的绘制

(5) 单击鼠标中键（或者按键盘上的 Esc 键），结束轮廓线的绘制。

2. 【矩形】命令

【矩形】命令用于绘制长方形、正方形。选择该命令弹出“矩形”对话框，如图 4.2.5 所示。

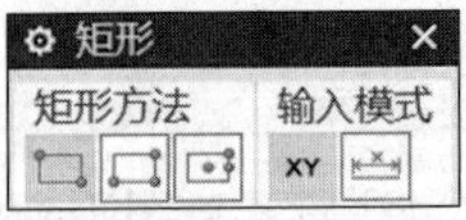

图 4.2.5 “矩形”对话框

“矩形”对话框中各按钮功能说明如下。

(1) “矩形方法”区域提供了多种绘制方法。

①：可以按照对角上的两点创建矩形。

②：可以从起点、决定宽度和高度的第 2 点和决定角度的第 3 点创建矩形。

③：可以从中心点、第 2 点和第 3 点创建矩形。

（2）“输入模式”区域有坐标模式XY和参数模式，可以通过单击模式按钮进行互相转换。绘制矩形的方法示意如下。

①“两点”绘制矩形，如图 4.2.6 所示。

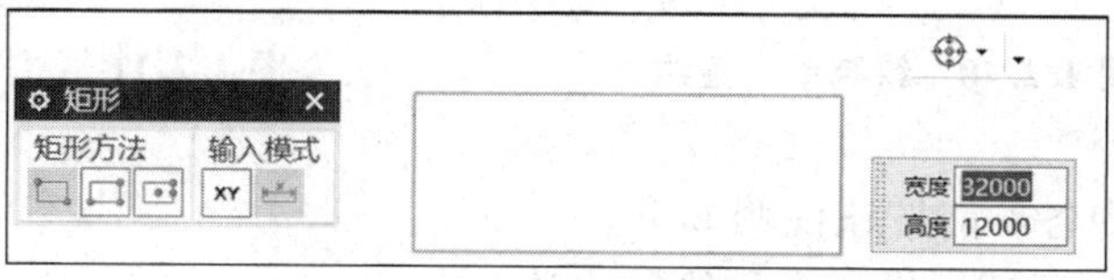

图 4.2.6　“两点”绘制矩形

②“三点”绘制矩形，如图 4.2.7 所示。

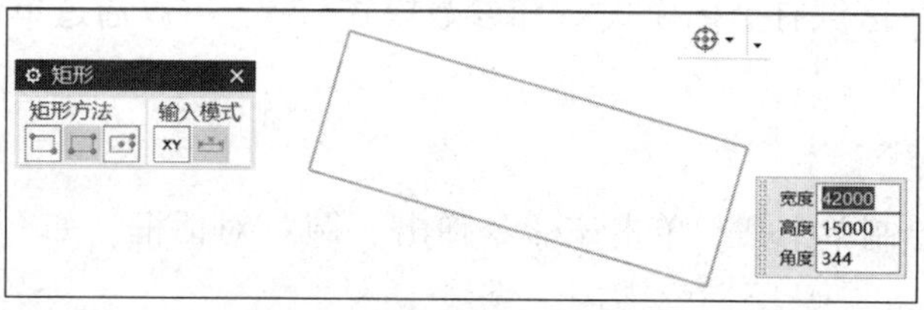

图 4.2.7　“三点”绘制矩形

③“中心+两个点”绘制矩形，如图 4.2.8 所示。

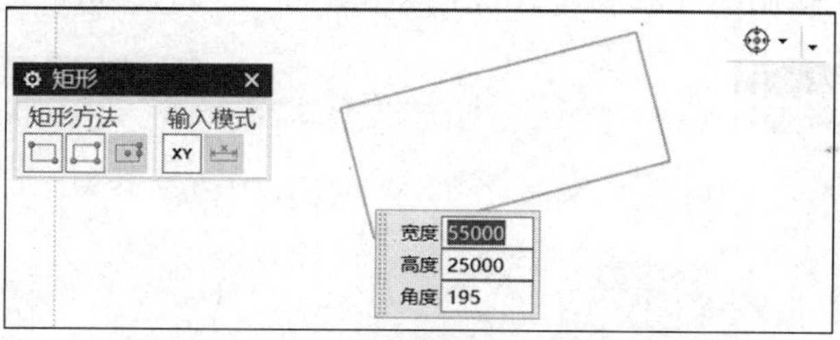

图 4.2.8　“中心点+两个点”绘制矩形

3. 【直线】命令

【直线】命令用于绘制单个直线。选择该命令弹出“直线”对话框，如图 4.2.9 所示。绘制单个直线的步骤如下。

图 4.2.9　“直线”对话框

（1）选择【直线】命令，弹出“直线”对话框。

（2）在图形区中任意位置单击，形成直线的起点。

（3）在图形区中水平向右移动鼠标，在任意位置单击，形成直线的终点，形成一条水平的直线，如图 4.2.10 所示。

也可以绘制和水平或竖直坐标轴成一定角度的直线，同时可以根据输入模式定义精确的直线长度尺寸及位置。

（4）单击鼠标中键（或者按键盘上的 Esc 键），结束直线的绘制。

4. 【圆弧】命令

【圆弧】命令用于绘制单个圆弧。选择该命令弹出“圆弧”对话框，如图 4.2.11 所示。

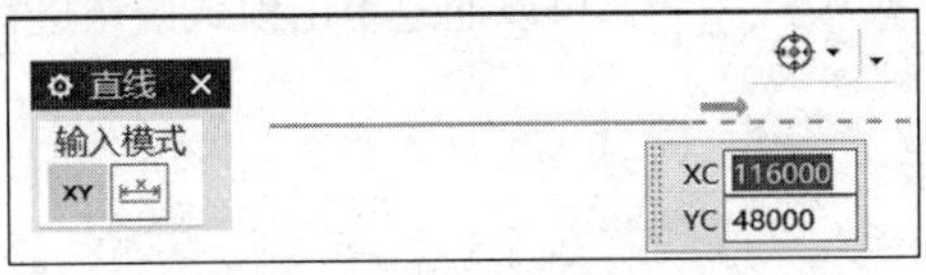

图 4.2.10　绘制单个直线

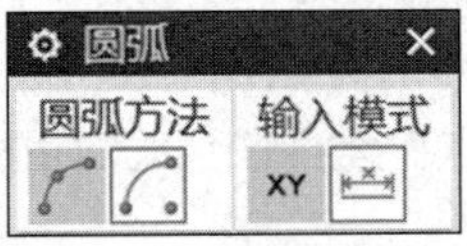

图 4.2.11　“圆弧”对话框

“圆弧”对话框中各功能按钮说明如下。

（1）“圆弧方法”区域提供了多种绘制方法。

：可以“三点”绘制圆弧。

：可以“中心+端点”绘制圆弧。

（2）“输入模式”区域有坐标模式XY和参数模式，可以通过单击模式按钮进行互相转换。

5.【圆】命令

【圆】命令用于绘制单个圆。单击该命令弹出“圆”对话框，如图 4.2.12 所示。

图 4.2.12　“圆”对话框

绘制单个圆的方法示意如下。

（1）“中心+直径”绘制圆如图 4.2.13 所示。

（2）“三点”绘制圆（通过圆上三个点来绘制一个圆）如图 4.2.14 所示。

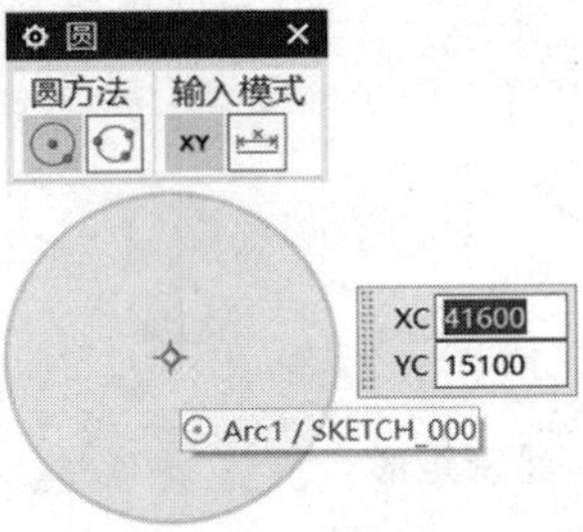

图 4.2.13　“中心+直径”绘制圆

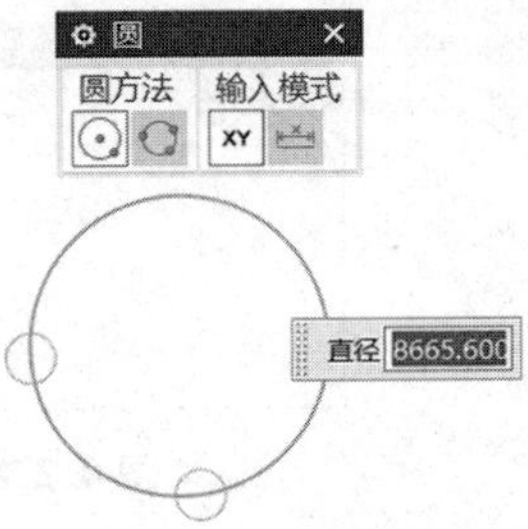

图 4.2.14　“三点”绘制圆

6.【点】命令

【点】命令用于绘制单个点。选择该命令弹出“草图点”对话框，如图 4.2.15 所示。

绘制单个点的步骤如下。

（1）选择【点】命令，弹出“草图点”对话框。

（2）在图形区中任意位置单击，形成一个草图点；或者单击“草图点”对话框中的按钮打开“点”对话框，在该对话框中输入点的坐标来确定其位置。

（3）单击鼠标中键（或者按键盘上的 Esc 键），结束点的绘制。

7.【样条】命令

【样条】命令用于绘制艺术样条。选择该命令弹出“艺术样条”对话框，如图 4.2.16 所示。

绘制艺术样条的步骤如下。

（1）选择【样条(S)...】命令，弹出“艺术样条”对话框。

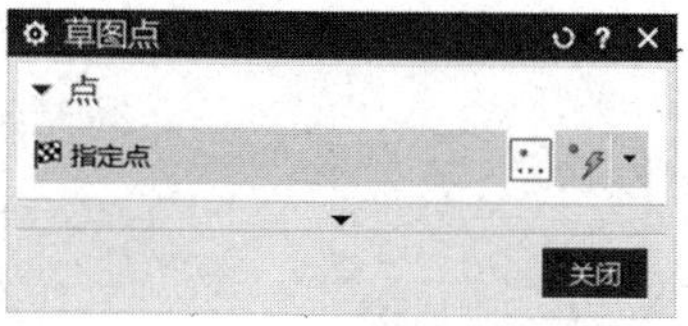

图 4.2.15　“草图点”对话框

图 4.2.16　“艺术样条”对话框

（2）在“艺术样条”对话框中的“类型”下拉列表中有多种创建类型。

① 通过点：创建的艺术样条通过所选择的点。

② 根据极点：创建的艺术样条由所选择点的极点方式来约束。

（3）在图形区中单击各个点，形成艺术样条，如图 4.2.17 所示。

（4）单击“艺术样条”对话框中的确定按钮，结束艺术样条的绘制。

8.【多边形】命令

【多边形】命令用于绘制正多边形。正多边形是指所有内角和棱边都相等的简单多边形，常用于创建螺母、螺钉等外形的草图。选择该命令弹出“多边形”对话框，如图 4.2.18 所示。

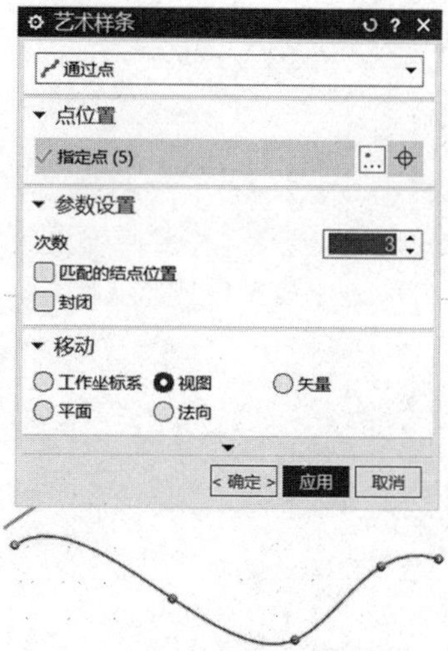

图 4.2.17　绘制艺术样条

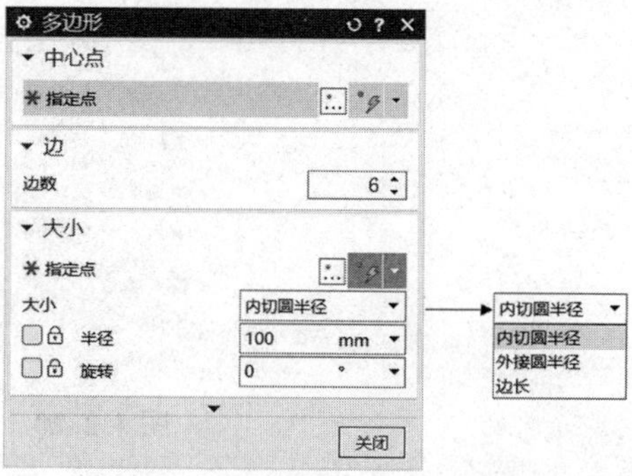

图 4.2.18　“多边形”对话框

绘制多边形的步骤如下。

（1）选择【多边形】命令，弹出“多边形”对话框。在该对话框中输入多边形的边数，在“大小”下拉列表中选择“外接圆半径”“内切圆半径”或“边长”选项。

（2）在图形区中任意位置单击（可以单击⁝按钮创建精准的中心点），形成多边形的中心。

（3）在多边形中心外的任意位置单击（或在“多边形”对话框中输入半径和旋转角度来得到精确的多边形），形成一个多边形，如图 4.2.19 所示。

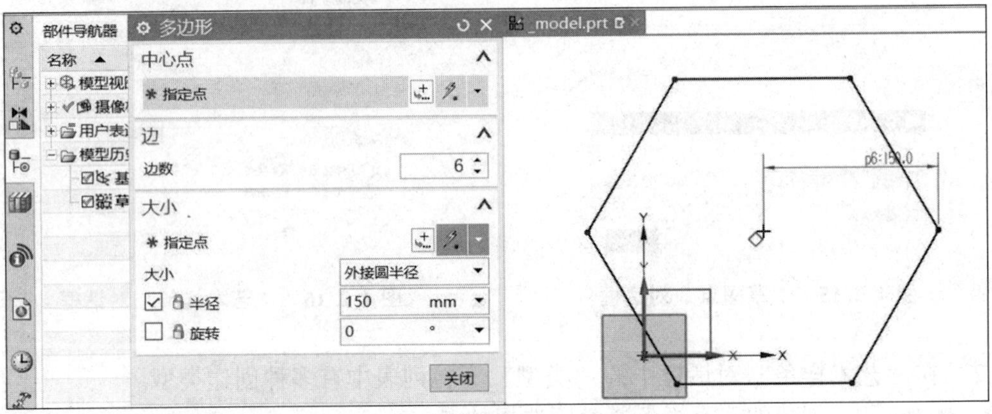

图 4.2.19　多边形的绘制

（4）单击“多边形”对话框中单击 关闭 按钮（或者按键盘上的 Esc 键），结束多边形的绘制。

9. 【椭圆】命令

【◯椭圆】命令用于绘制椭圆。选择该命令弹出“椭圆”对话框，如图 4.2.20 所示。

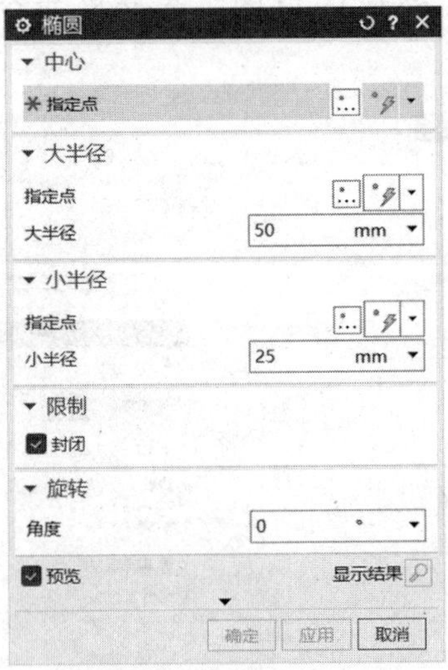

图 4.2.20　“椭圆”对话框

绘制椭圆的步骤如下。

（1）选择【◯椭圆】命令，弹出“椭圆”对话框。在该对话框内输入椭圆的大半径、小半径和旋转角度。

（2）在图形区中任意位置单击（可以单击⁝按钮创建精准的中心点），形成椭圆的中心，形成一个椭圆，如图 4.2.21 所示。

（3）单击“椭圆”对话框中的 确定 按钮，结束椭圆的绘制。

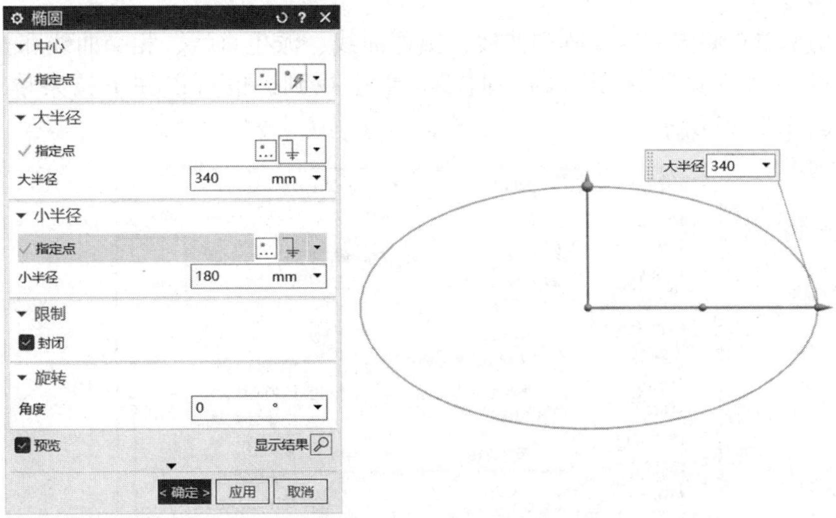

图 4.2.21　椭圆的绘制

10.【二次曲线】命令

【二次曲线】命令用于绘制二次曲线。选择该命令弹出“二次曲线”对话框，如图 4.2.22 所示。

绘制二次曲线的步骤如下。

（1）选择【二次曲线】命令，弹出“二次曲线”对话框。

（2）在图形区中任意位置单击（可以单击按钮创建精准的二次曲线起点），形成二次曲线的起点。

（3）在图形区中另一个任意位置单击，形成二次曲线的终点。

（4）在二次曲线的起点和终点外的位置单击（可以单击按钮创建精准的二次曲线控制点），形成二次曲线的控制点，如图 4.2.23 所示。

图 4.2.22　“二次曲线”对话框

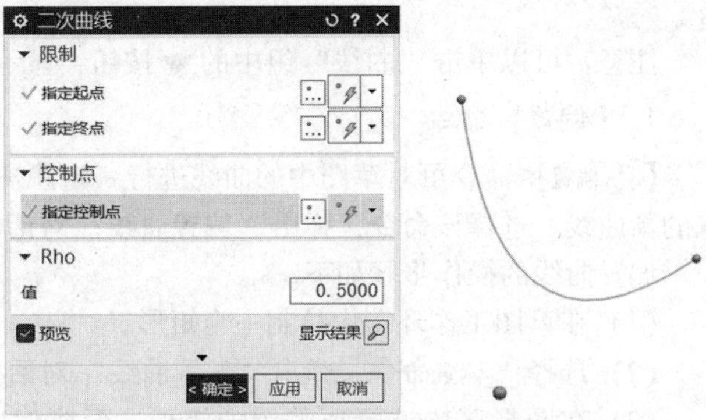

图 4.2.23　二次曲线的绘制

（5）单击“二次曲线”对话框中 确定 按钮，结束二次曲线的绘制。

4.2.3 草图曲线操作

草图曲线操作有偏置曲线、阵列曲线、镜像曲线、派生直线、相交曲线和投影曲线等，相应命令可以在“主页”选项卡的“曲线”组中找到，也可以在下拉菜单中找到，如图 4.2.24、图 4.2.25 所示。

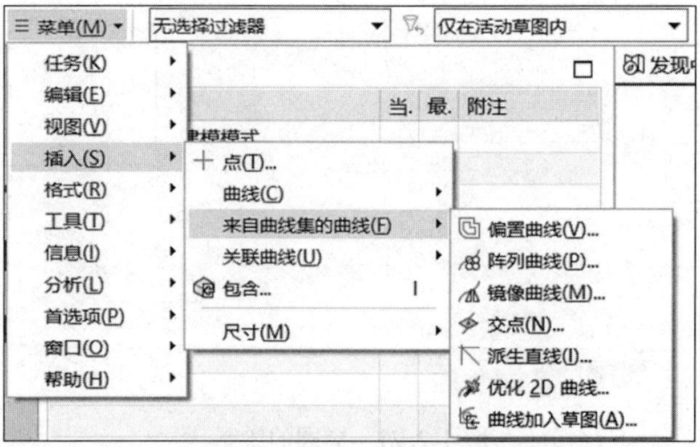

图 4.2.24 “来自曲线集的曲线”菜单

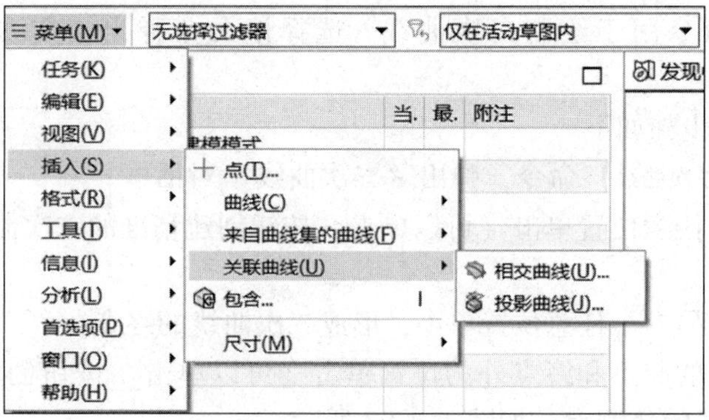

图 4.2.25 “关联曲线”菜单

注意：可以单击“曲线”组中的▼按钮，显示其他曲线操作命令。

1.【偏置】命令

【偏置】命令可对草图中的曲线进行一定距离的偏移，形成与原曲线形状相似、有关联的新曲线。选择该命令，弹出“偏置曲线”对话框，如图 4.2.26 所示。

偏置曲线的操作步骤如下。

（1）在草图工作环境中绘制一个矩形。

（2）选择偏置命令，弹出“偏置曲线”对话框。

（3）在图形区中选择要偏置的矩形，形成偏置曲线。在“偏置曲线”对话框中“距离”文本框输入要偏置的距离，例如 10 mm，如图 4.2.27 所示。可单击按钮控制偏置的方向（向外或向内）。

（4）单击“偏置曲线”对话框中的确定按钮，形成向外偏置 10 mm 的新矩形，并且保持原来的形状。

图 4.2.26　“偏置曲线”对话框

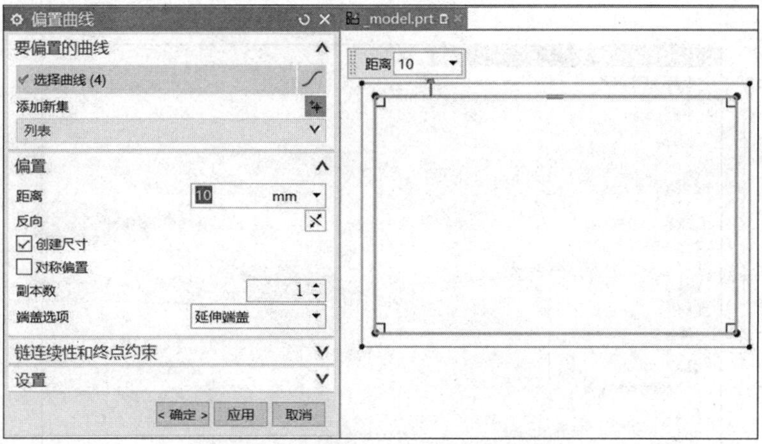

图 4.2.27　偏置曲线操作

2.【阵列】命令

【阵列】命令可对草图中的曲线进行阵列，阵列布局包括线性阵列、圆形阵列和常规阵列。选择该命令弹出“阵列曲线”对话框，如图 4.2.28 所示。

阵列曲线操作有几种方式，分别如下。

(1) 第一种方式：线性阵列。

① 在草图任务工作环境中绘制一个矩形。

② 选择【阵列】命令，弹出“阵列曲线”对话框。在图形区中选择要阵列的矩形。

③ 在“陈列曲线”对话框中“布局”下拉列表中选择线性选项，相关设置如图 4.2.29 所示。如果需要改变阵列方向，可以单击按钮反向。

④ 在“方向 1”区域单击“选择线性方向”使之被选中，再单击基准坐标系的 X 轴作为方向 1。

⑤ 在“方向 2”区域单击“选择线性方向”使之被选中，再单击基准坐标系的 Y 轴作为方向 2。

⑥ 单击“陈列曲线”对话框中的 确定 按钮，形成两行三列的阵列矩形。

图 4.2.28 “阵列曲线”对话框

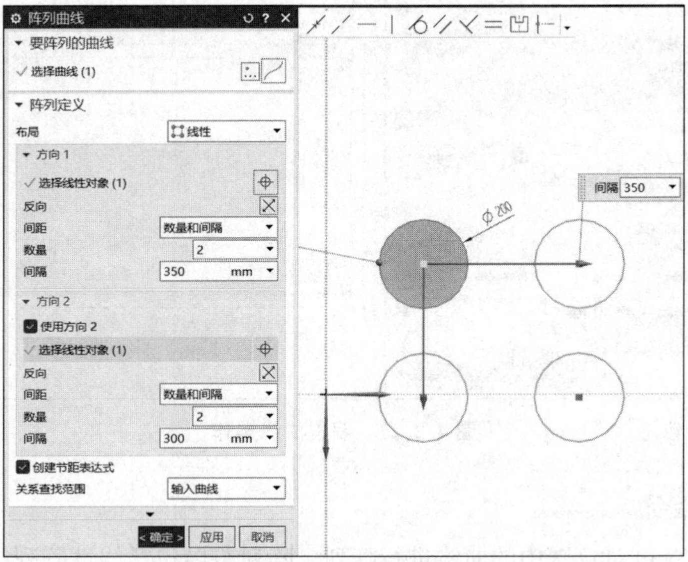

图 4.2.29 阵列曲线—线性阵列

（2）第二种方式：圆形阵列。

① 在草图工作环境中绘制一个圆。

② 选择【阵列】命令，弹出“阵列曲线”对话框。在图形区中选择要阵列的圆。

③ 在“阵列曲线”对话框中的“布局”下拉列表中选择圆形选项。

④ 在“阵列曲线”对话框中的“间距”下拉列表中选择“数量和间隔”选项（其中还有“数量和跨距”和“节距和跨距”选项）。

⑤ 在“阵列曲线”对话框中单击指定点使之被选中，再单击基准坐标系的原点，形成圆形阵列，如图 4.2.30 所示。

⑥ 单击“阵列曲线”对话框中的确定按钮，形成一组环形布置的阵列圆。

3. 【镜像】命令

【镜像】命令可对草图中的曲线进行镜像。镜像是将草图对象以一条直线（中心线或

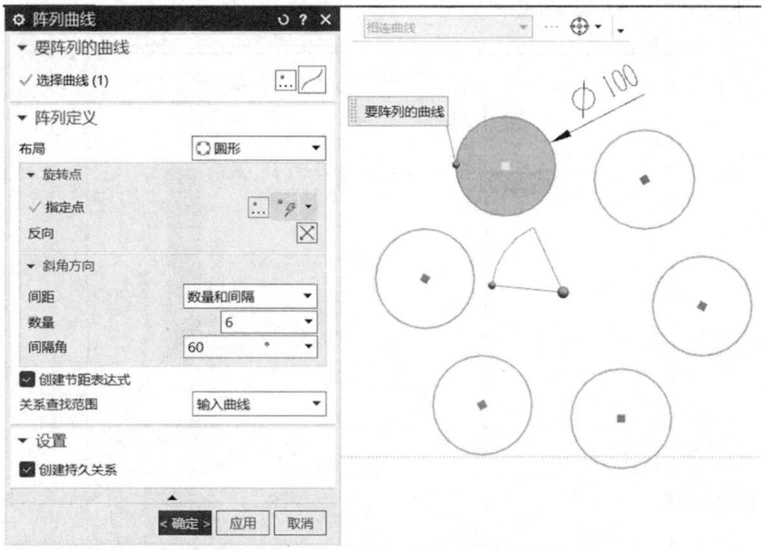

图 4.2.30 阵列曲线—圆形阵列

坐标系的轴）为镜像中心线，将所选取的对象按照这条镜像中心线进行复制，生成新的草图对象。首先要有一条直线（中心线或坐标系的轴）作为对称中心轴。选择该命令，弹出“镜像曲线”对话框，如图 4.2.31 所示。

镜像曲线的操作步骤如下。

（1）在草图工作环境中绘制一个由直线和圆弧组成的曲线。

（2）选择【镜像】命令，弹出“镜像曲线”对话框。

（3）在图形区中选择要镜像的曲线，即之前所绘制的曲线。

（4）单击“镜像曲线”对话框中的选择曲线使之被选中，然后在图形区选择 Y 轴作为镜像中心线，形成镜像曲线，如图 4.2.32 所示。

图 4.2.31 “镜像曲线”对话框

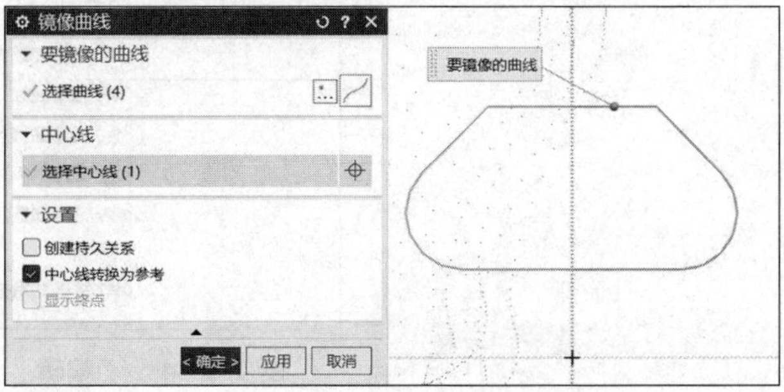

图 4.2.32 镜像曲线操作

（5）单击“镜像曲线”对话框中的 确定 按钮，形成镜像曲线。

4.【派生直线】命令

【派生直线】命令可以基于草图中的现有直线新建直线。【派生直线】命令可以创建如下任意直线：源自基线的任意数量偏置直线、位于平行线中间的直线、非平行线间的平分线。派生直线操作如图 4. 2. 33 所示。

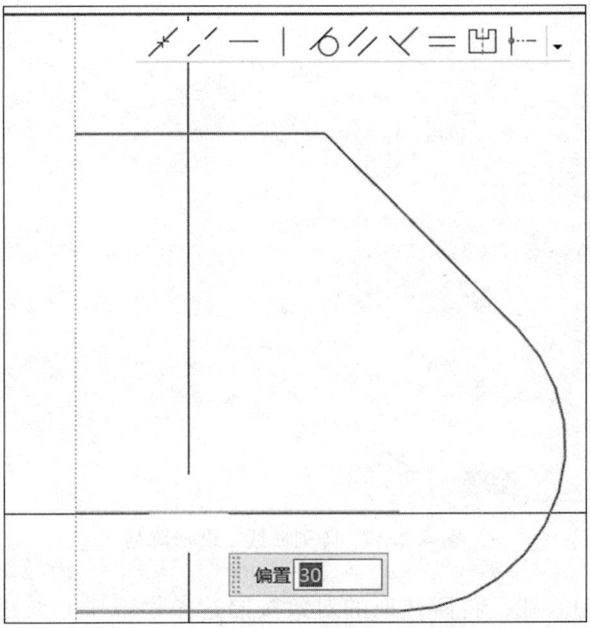

图 4. 2. 33　派生直线操作

4. 2. 4　草图曲线编辑

“编辑”组中有“修剪”“延伸”“拐角”“移动曲线”和“缩放曲线”等命令，如图 4. 2. 34 所示。

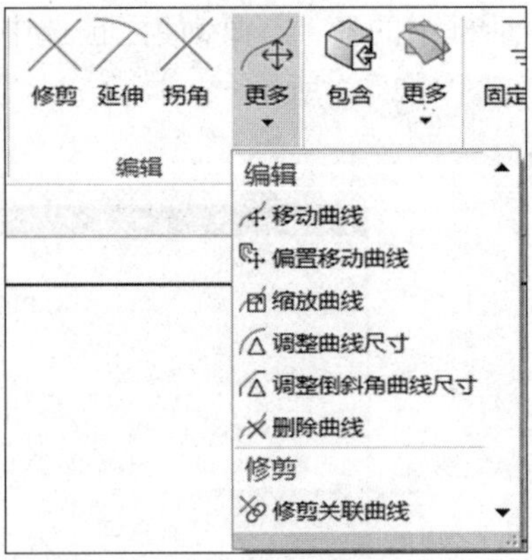

图 4. 2. 34　“编辑”组命令

注意：可以通过单击菜单右边的▼按钮进行上下滚动，显示其他命令。

1. 【修剪】命令

【修剪】命令可对草图中的曲线进行修剪。选择该命令，弹出“修剪”对话框，如图 4. 2. 35 所示。其中“边界曲线”可以不选择曲线，则自动按图形中各对象相互分隔作为边界进行修剪。

修剪曲线的操作步骤如下。

（1）在草图工作环境中绘制一个图形。

（2）选择【修剪】命令，弹出“修剪”对话框。

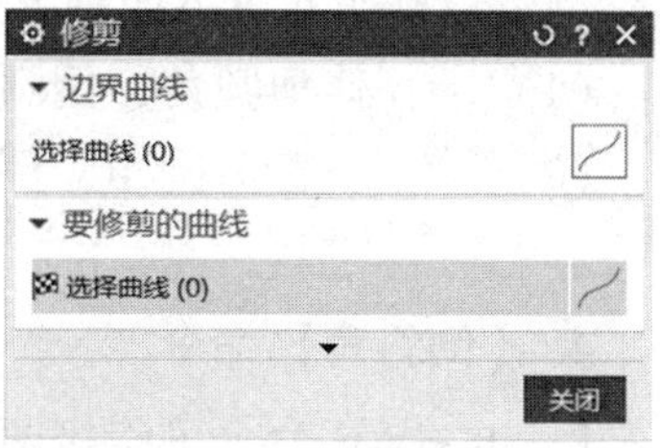

图 4.2.35　“修剪”对话框

（3）单击要修剪的图形对象，如图 4.2.36 所示的直线段右侧，就会修剪掉被其他图形对象所分隔的右段部分；如果单击此直线段左侧，则其左边部分就会被修剪掉。

如果按鼠标左键不放，则可以拉动选择多条曲线，同时进行修剪。

（4）单击“修剪”对话框中的关闭按钮，完成操作。

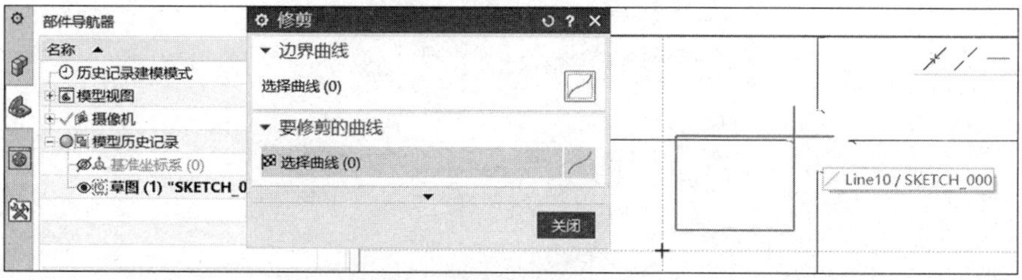

图 4.2.36　修剪操作

2.【延伸】命令

【延伸】命令可对草图中的曲线进行延伸。选择该命令，弹出“延伸”对话框，如图 4.2.37 所示。其中“边界曲线”可以不选择曲线，则自动按图形中各对象相互分隔作为边界进行延伸。

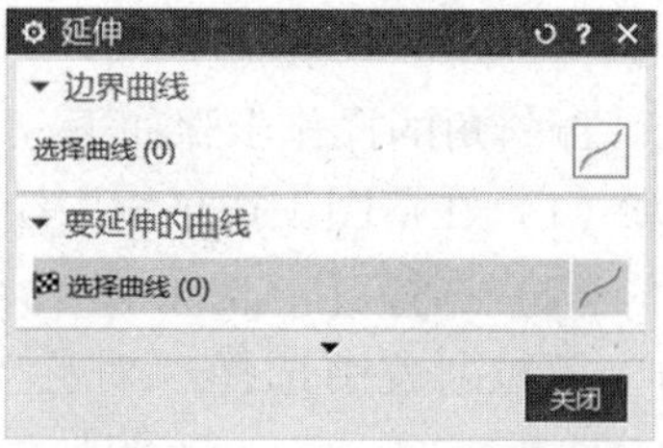

图 4.2.37　“延伸”对话框

延伸曲线的操作步骤如下。

（1）在草图工作环境中绘制图形。

（2）选择【延伸】命令，弹出“延伸”对话框。

（3）单击要延伸的竖直直线上半部分，该曲线就会延伸到上方的边界线，如图 4.2.38 所示；如果单击要延伸的此直线下半部分，该曲线就会延伸到下方的边界线。

（4）单击“延伸”对话框中的关闭按钮，完成操作。

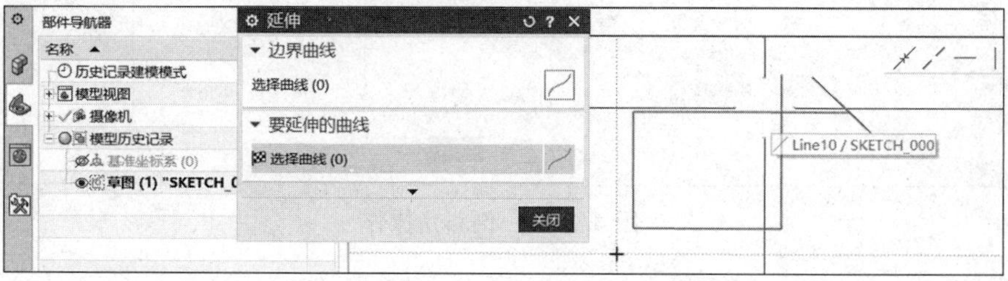

图 4.2.38　曲线延伸操作

3.【圆角】命令

【圆角】命令可以在两条或三条曲线之间创建一个圆角。选择该命令弹出“圆角”对话框，如图 4.2.39 所示。

倒圆角操作有以下两种方式。

（1）：修剪圆角，倒圆角后会自动修剪两条直线的边。

（2）：不修剪圆角，倒圆角后两条直线的边还保留，没有被修剪。

图 4.2.39 “圆角”对话框

4.【倒斜角】命令

【倒斜角】命令可斜接两条草图线之间的尖角。选择该命令，弹出“倒斜角”对话框，如图 4.2.40 所示。其中可创建的倒斜角类型有 3 种：对称、非对称、偏置和角度。也可以按住鼠标左键并在曲线上拖动来创建倒斜角。

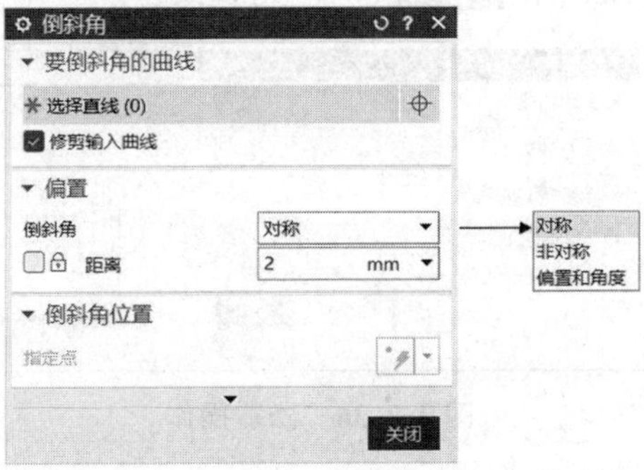

图 4.2.40 “倒斜角”对话框

倒斜角的操作步骤如下。

（1）在草图工作环境中绘制图形。

（2）选择【倒斜角】命令，弹出“倒斜角”对话框。在“倒斜角”对话框中“倒斜角”下拉列表中选择“对称”选项，在“距离”文本框输入倒斜角的距离，按 Enter 键确定。

（3）单击两条垂直的直线，形成倒斜角，如图 4.2.41 所示。

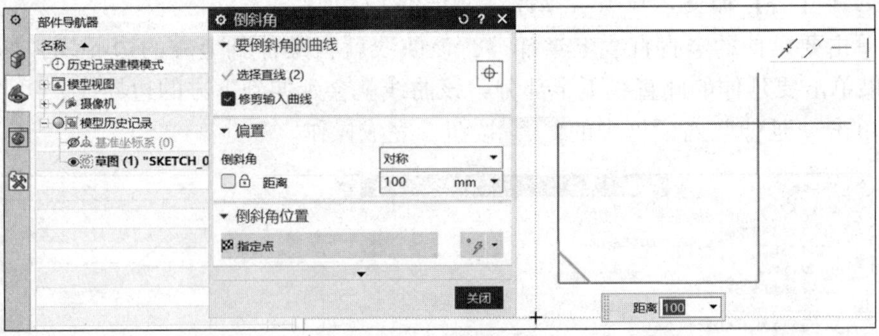

图 4.2.41 倒斜角操作

（4）单击“倒斜角”对话框中的关闭按钮，完成倒斜角操作。

5.【转换为参考】命令

在草图图形绘制过程中，有些草图对象作为构造线起到基准、定位和参考作用，以帮助定位其他曲线或标注草图尺寸。参考曲线显示为虚线，它们支持草图中的尺寸和关系，但是在对草图进行拉伸、旋转等操作时不会成为特征的一部分。

【转换为参考】命令用于将草图中选定对象从活动曲线转换为参考曲线；【转换为活动】命令用于将草图中选定对象从参考曲线转换为活动曲线。

转换为参考对象的操作步骤如下。

（1）在草图中首先选中要设为参考的曲线。

（2）单击鼠标右键，在弹出的快捷菜单中选择【转换为参考】命令，完成转换为参考对象操作，同时该对象形式由实线变成虚线，如图 4.2.42 所示。

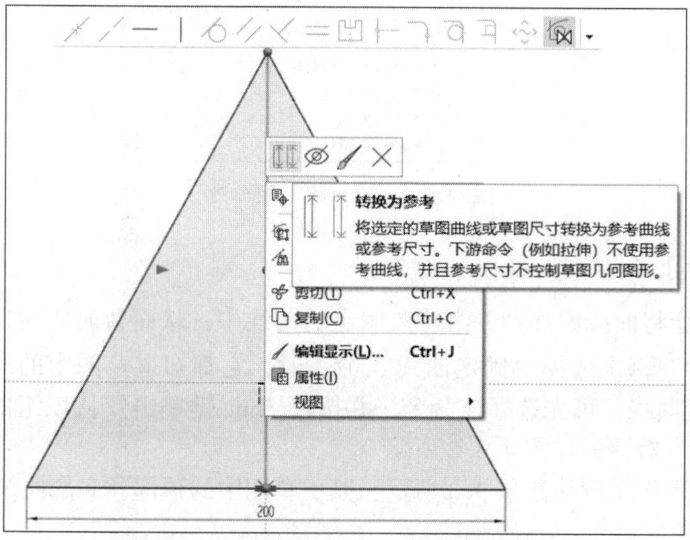

图 4.2.42　转换为参考对象操作

（3）反之，在草图中选中参考曲线，然后单击鼠标右键，在弹出的快捷菜单中选择【转换为活动】命令，则可将参考曲线转换为活动曲线。

4.3　草图关系

从 UG NX 1926 版本开始，UG NX 采用了新的草图解算器，新版本草图在智能推断和操作效率方面都有很大提升，能够使用户更加便利地创建所需的草图形状。

4.3.1　草图关系求解工具条

草图的约束关系主要包括尺寸约束和几何约束两种类型。尺寸约束用于驱动、限制和约束草图几何对象的大小和形状。几何约束用于定位草图对象和确定草图对象之间的相互关系。

草图的约束关系统一放在“主页”功能选项卡的“求解”组中，有【固定曲线】、【显示可移动】、【松弛尺寸】、【松弛关系】、【选项】和【快速尺寸】等命令，如图 4.3.1 所示。

通过单击“求解”组右下角的▼按钮，可以显示所有命令。单击下拉菜单中的某个命令图标，在其前面有打钩或取消打钩，可控制该命令在功能区中显示或隐藏。

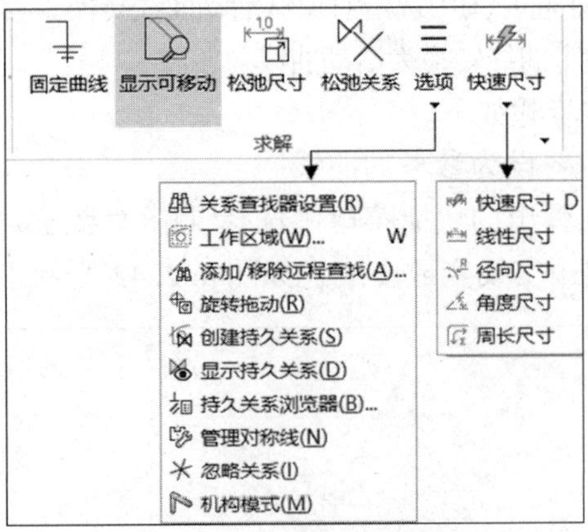

图 4.3.1 “求解”组命令

1.【固定曲线】命令

【固定曲线】命令会将曲线添加到一组持久固定的曲线中，从而暂时固定曲线，使其在编辑草图期间不会移动。每次选择“固定曲线”命令时，它都知道草图中的所有固定曲线。如果要取消某些固定曲线，可先选择该命令，并按住 Shift 键单击要从该组曲线中移除的任何曲线。“固定曲线”对话框如图 4.3.2 所示。

“固定曲线”操作示例如图 4.3.3 所示，其中草图中的顶部和底部曲线为固定的。

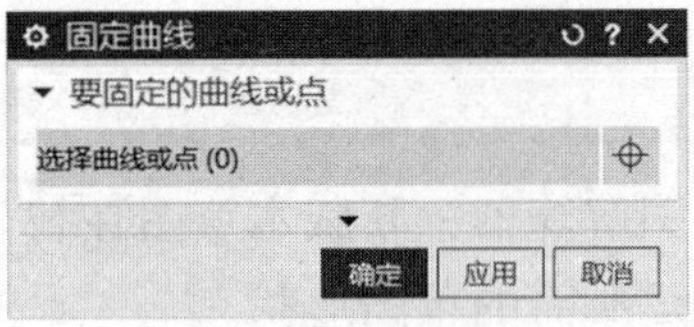

图 4.3.2 “固定曲线”对话框

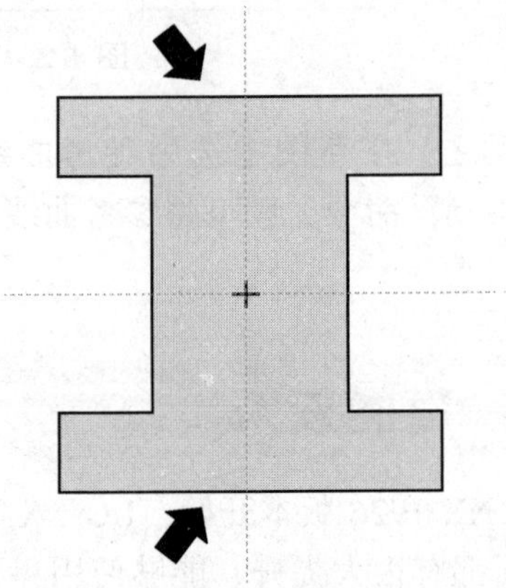

图 4.3.3 “固定曲线”操作示例

2.【显示可移动】命令

【显示可移动】命令会标识草图中可以通过拖动来移动的曲线，并通过颜色叠加来显示它们。选择该命令可以启用或禁用“显示可移动”状态。

“显示可移动”操作示例如图 4.3.4 所示。在图中左侧，可以看到以叠加颜色显示的可移动曲线；在图中右侧，“显示可移动”状态已禁用，此时可移动曲线没有以叠加颜色显示。

3.【松弛尺寸】命令

【松弛尺寸】命令允许尺寸更改值，因此在求解草图时，发现的关系变得比尺寸更重要，即

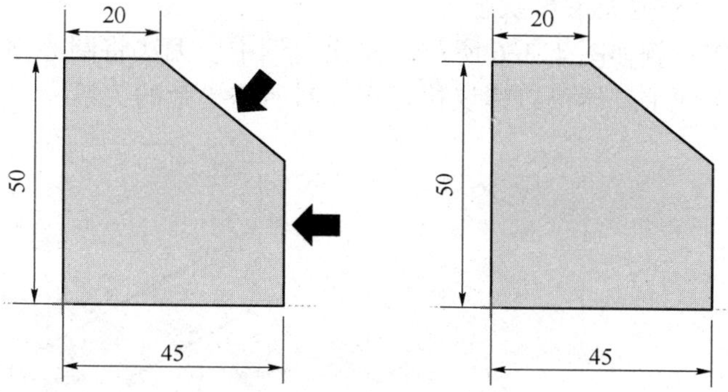

图 4.3.4　“显示可移动”操作示例

使草图暂时不存在尺寸约束，可以自由拖动。选择该命令可以启用或关闭“松弛尺寸”状态。

“松弛尺寸”操作示例如图 4.3.5 所示。在草图中已标注矩形的水平和竖直尺寸，当启用“松弛尺寸”状态，将顶部曲线上下拖到时，竖直尺寸的值可以自动变化，从而适应矩形几何关系。

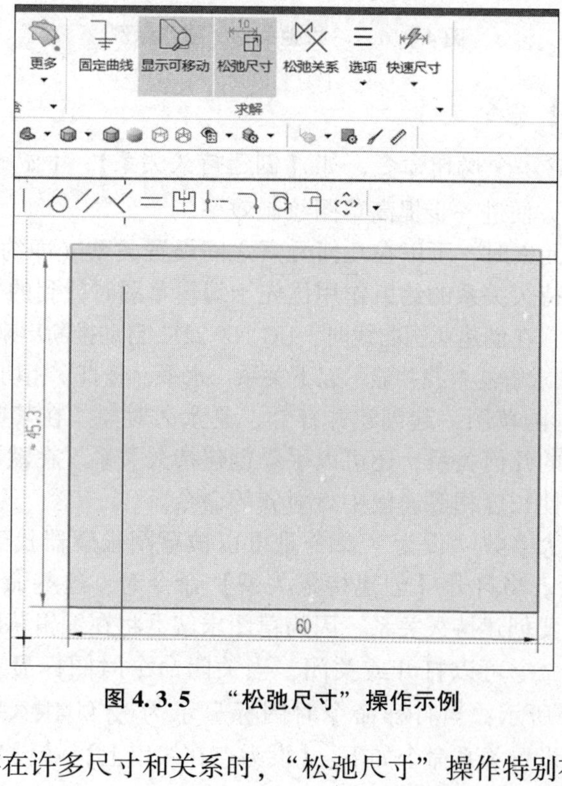

图 4.3.5　“松弛尺寸”操作示例

提示：当草图中存在许多尺寸和关系时，“松弛尺寸”操作特别有用。它允许求解器提出更改建议。

4. 【松弛关系】命令

当绘制的轮廓形状存在许多尺寸或关系时，松弛这些关系后便可更改形状。草图中存在许多关系和尺寸，而更改有可能造成冲突时，“松弛关系”操作特别有用。例如拖动曲线时，此命令特别有用。编辑尺寸时通常不需要这样做，因为尺寸会覆盖找到的关系。单击该按钮可以启用或关闭“松弛关系”状态。

“松弛关系”操作示例如图 4.3.6 所示。在此示例中，无法将圆心拖离轴。为此可开启“松弛关系”状态，以便求解器可以建议执行更改时所需松弛的关系。

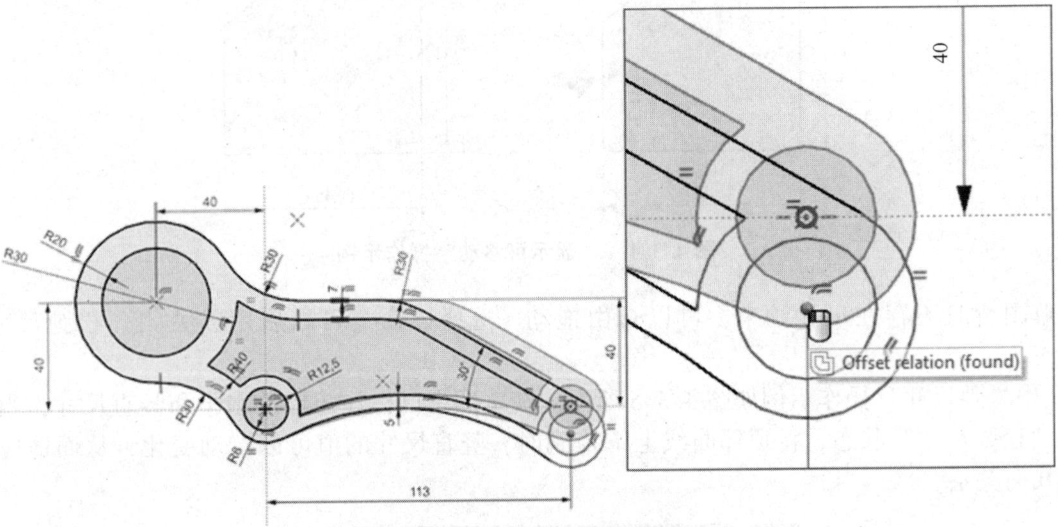

图 4.3.6 “松弛关系”操作示例

5. 【创建持久关系】命令

在☰选项下拉菜单中包含多个操作命令，如【创建持久关系】、【显示持久关系】和【持久关系浏览器】等，用以方便进一步提高草图绘制效率。

在草图中绘制几何元素时，可以在几何元素之间设置关系（即约束），包括找到的关系和持久关系两种类型。持久关系的约束作用优先于编辑草图时找到的关系。

(1)“找到的关系”：在创建草图曲线时，UG NX 2212 自动推断出来的草图约束关系。在选择要编辑的曲线时，草图求解器查找并显示以下关系：水平、竖直、相切和其他几何关系等。

(2)“持久关系”：随草图一起创建并存储，是永久对象。在某些情况下，草图通过创建持久关系来记住特定的几何关系，还可以手动创建持久关系。在默认情况下，只有少数命令会创建持久关系，如使长度相等、使中点对齐的命令。

在草图场景条中的大多数“设为”命令是可以被草图求解器找到的关系，在默认情况下并不会创建持久关系。当打开【创建持久关系】命令时，这些命令才会创建持久关系。在大多数情况下都不需要创建持久关系，因为草图求解器将在编辑草图时找到它们。

【创建持久关系】命令可以打开或关闭，当关闭命令时图标显示为 创建持久关系(S)，草图场景条如图 4.3.7 所示；当打开命令时图标显示为 创建持久关系(S)，草图场景条如图 4.3.8 所示。新增的设置关系命令如下：【设为点在线串上】、【设为与线串相切】、【设为垂直于线串】、【设为均匀比例】。

6. 【显示持久关系】命令

【 显示持久关系(D)】命令用于显示活动草图中的持久关系；升级原有草图时，此命令特别有用。【显示持久关系】命令可以打开或关闭，当打开命令时图标显示为 显示持久关系(D)，当关闭命令时图标显示为 显示持久关系(D)。

图 4.3.7　草图场景条-关闭【创建持久关系】命令

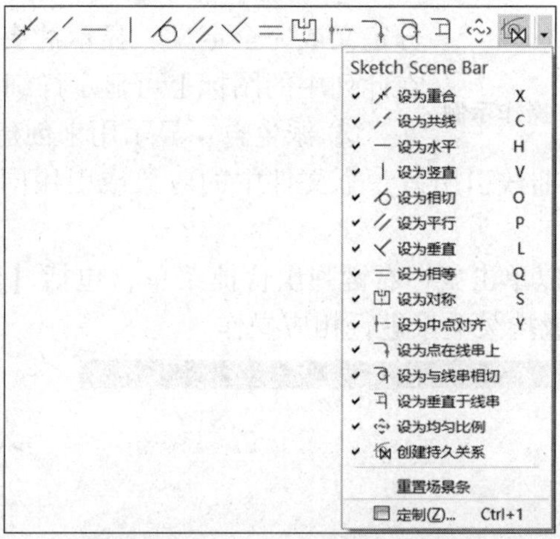

图 4.3.8　草图场景条-打开【创建持久关系】命令

当打开【显示持久关系】命令时，可以看到草图中的竖直、水平和重合等持久关系符号，如图 4.3.9 所示，“持久关系”比“找到的关系”符号显示的颜色略暗。如果要删除持久关系，可以单击显示的关系，直接删除；或者打开“持久关系浏览器”，找到对应元素对象中的持久关系，单击鼠标右键，选择【删除】命令即可。

注意：如果没有持久关系，草图求解器会找到所有几何关系。在这种情况下，可以安全地删除所有持久关系，草图将保持完全定义。

7. 【持久关系浏览器】命令

【持久关系浏览器(B)...】命令可以显示和分析草图中的持久关系和尺寸。选择该命令，弹出“持久关系浏览器”对话框，如图 4.3.10 所示。

“持久关系浏览器”对话框中相关选项的功能说明如下。

(1)“范围”区域：用于选择要分析的对象。下拉列表中包括如下选项。

① 活动草图中的所有对象：显示草图中的所有曲线和持久关系。

② 单个对象：显示与一个选定持久关系关联的曲线，或与一条选定曲线关联的持久关

系。在选择对象时，将替换当前选择。

③ 多个对象：显示与多个选定持久关系关联的曲线，或与多条选定曲线关联的持久关系。在选择对象时，它将添加到所选内容中。

（2）“顶级节点对象”区域：用于将草图组织到浏览器列表中，包括如下单选按钮。

① 曲线：将曲线显示为顶级节点。每个曲线节点包含附着到它的持久关系的节点。

② 关系：将持久关系和尺寸显示为顶层节点。每个持久关系节点包含附着到它的曲线的节点。

（3）“浏览器”区域：“浏览器”列表有 4 列内容，具体如下。

① 对象：显示曲线和持久关系。

② 状态：显示曲线和关系的状态，例如指示曲线部分定义或完全定义、显示冲突关系的状态。将光标悬停在此列中的图标上可显示详细信息。

③ 派生自：显示用来创建关系的命令的图标。

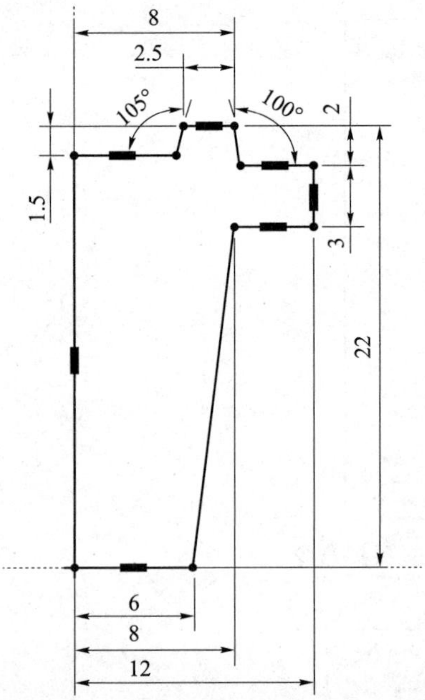

图 4.3.9　“显示持久关系”操作示例

④ 外部引用：当草图曲线引用另一个文件中的对象或引用同一个文件中位于草图外的对象时显示一条消息。

在“浏览器”区域可以单击鼠标右键弹出快捷菜单，包括【隐藏】、【显示】、【删除】等命令，方便对草图曲线或持久关系进行相应操作。

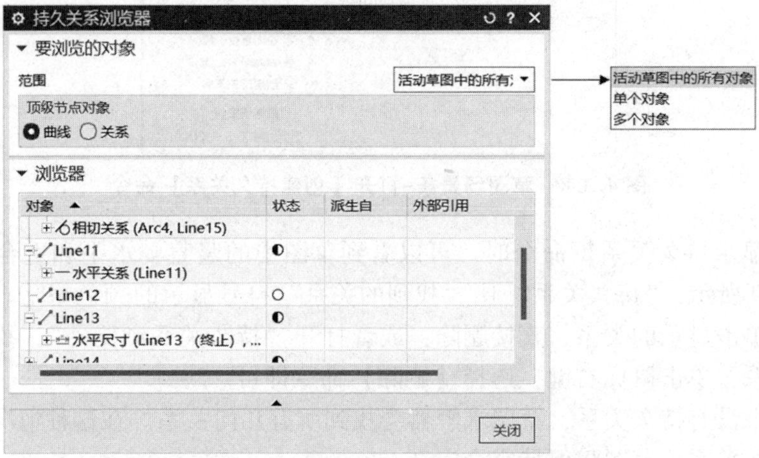

图 4.3.10　“持久关系浏览器”对话框

4.3.2　尺寸约束

尺寸约束是最基本的约束方式，可以在“主页”功能选项卡的“求解”组里找到。在“快速尺寸”下拉菜单中有快速尺寸、线性尺寸、径向尺寸、角度尺寸和周长尺寸 5 种标注尺寸类型。

1. 【快速尺寸】命令

【快速尺寸】命令是一个智能的尺寸标注命令，它通过选定的对象和光标位置自动判断尺寸类型来创建尺寸约束。它可以标注线性尺寸、径向尺寸、角度尺寸等。“快速尺寸”对话框如图 4. 3. 11 所示。

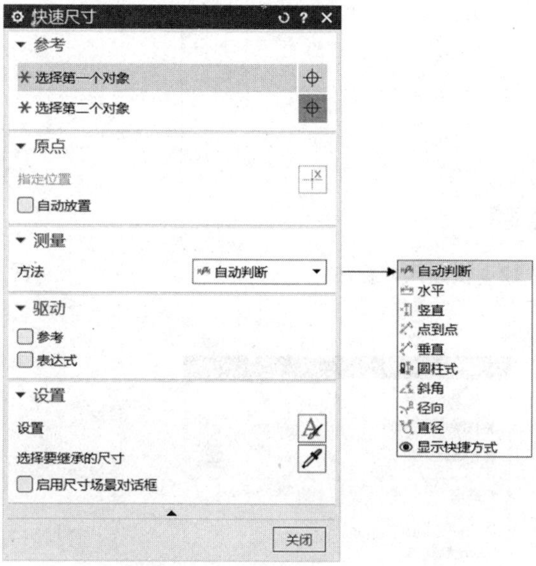

图 4. 3. 11　“快速尺寸”对话框

“快速尺寸”对话框中相关选项的功能说明如下。

（1）“测量”区域。

“方法”下拉列表：默认选择“自动判断”选项，也可以选择准确的标注类型。

（2）“驱动”区域。

①“参考”复选框：如勾选，则创建参考尺寸，不能驱动图形尺寸变化。

②“表达式”复选框：如勾选，则尺寸显示表达式名称和值，且创建后自动弹出“尺寸编辑”文本框，可以直接修改尺寸值。

（3）“设置”区域。

“启用尺寸场景对话框”复选框：如勾选，则弹出尺寸场景设置窗口，可以灵活调整尺寸的类型、内容等。

快速尺寸标注的操作步骤如下。

（1）选择【快速尺寸】命令，弹出“快速尺寸”对话框。

（2）在草图绘制区域单击要标注的圆弧，创建直径尺寸约束，在拉出尺寸后单击形成直径尺寸，如图 4. 3. 12 所示。

（3）单击“快速尺寸”对话框中的关闭按钮，完成快速尺寸标注操作。

编辑尺寸的方法：可以通过更改尺寸值或拖动尺寸上任一箭头来编辑尺寸。双击尺寸可编辑该值，如图 4. 3. 13 所示。草图显示与尺寸相关的关系，以便必要时可以松弛一个或多个关系。

2. 【线性尺寸】命令

在快速尺寸下拉菜单中选择【线性尺寸】命令，弹出“线性尺寸”对话框，如图 4. 3. 14 所示。

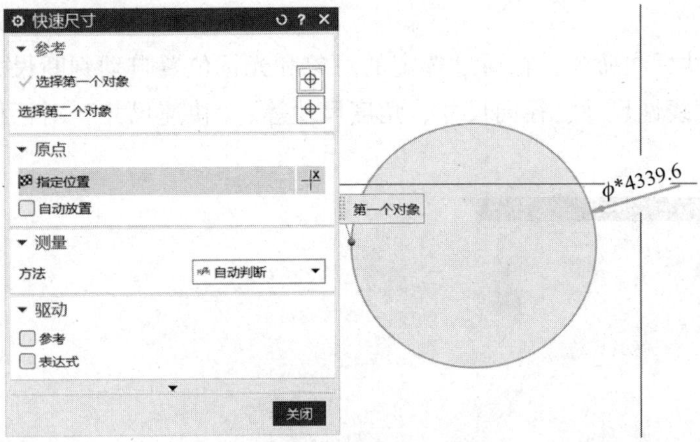

图 4.3.12　快速尺寸标注

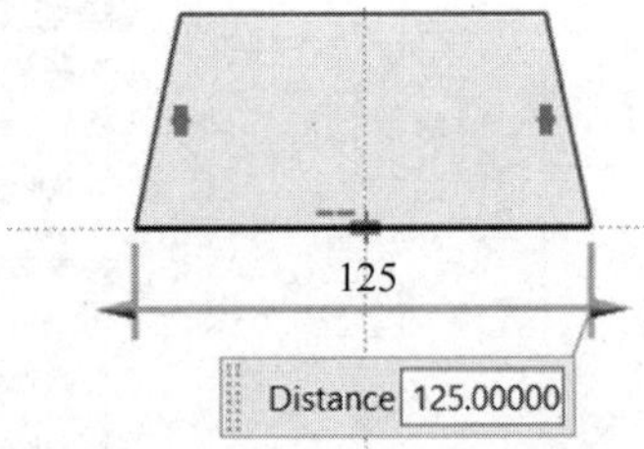

图 4.3.13　编辑尺寸示例

图 4.3.14　“线性尺寸”对话框

在“线性尺寸”对话框的“方法”下拉列表中默认选择“自动判断”选项，也可以选择准确的标注类型，包括水平、竖直、圆柱式等。如选择“圆柱式”选项，则标注出的尺寸数值前带“ϕ”符号。

线性尺寸标注的操作步骤与快速尺寸标注基本一样，其标注出来的各种尺寸样式如图 4.3.15 所示。

3. 【径向尺寸】命令

在快速尺寸下拉菜单中选择【径向尺寸】命令，弹出“径向尺寸”对话框，如图 4.3.16 所示。

【径向尺寸】命令用于标注圆弧/圆的半径或直径尺寸。在“径向尺寸”对话框的“方法”下拉列表中默认选择“自动判断”选项，也可以选择准确的标注类型包括径向、直径等。

径向尺寸标注的操作步骤与快速尺寸标注基本一样，但选择标注的对象必须是圆弧或圆。

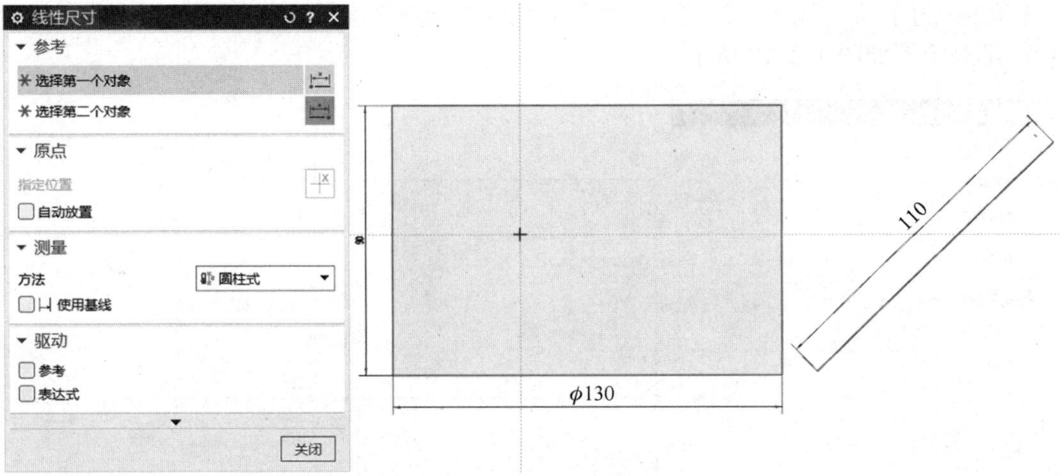

图 4.3.15　线性尺寸标注示例

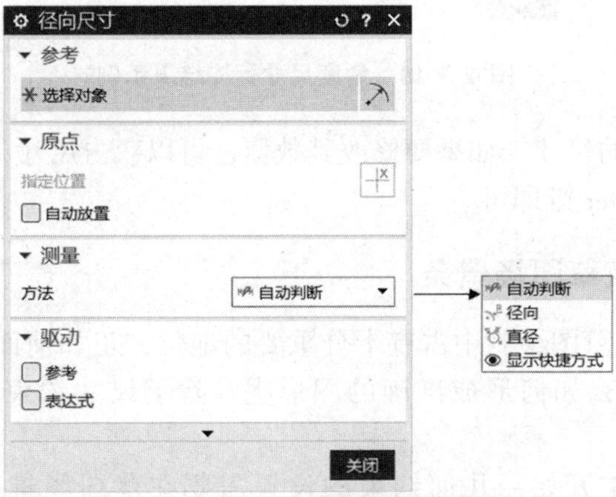

图 4.3.16　“径向尺寸”对话框

4. 【角度尺寸】命令

在快速尺寸下拉菜单中选择【角度尺寸】命令，弹出“角度尺寸”对话框，如图 4.3.17 所示。

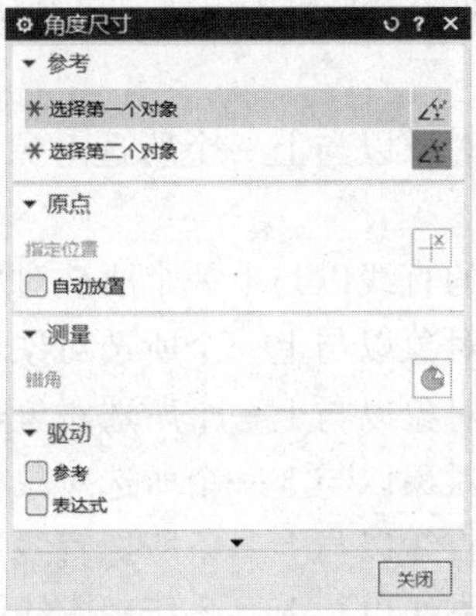

图 4.3.17　“角度尺寸”对话框

【角度尺寸】命令用于标注两个不平行对象（直线或基准轴）之间的角度尺寸。角度尺寸标注结果示例如图 4.3.18 所示。

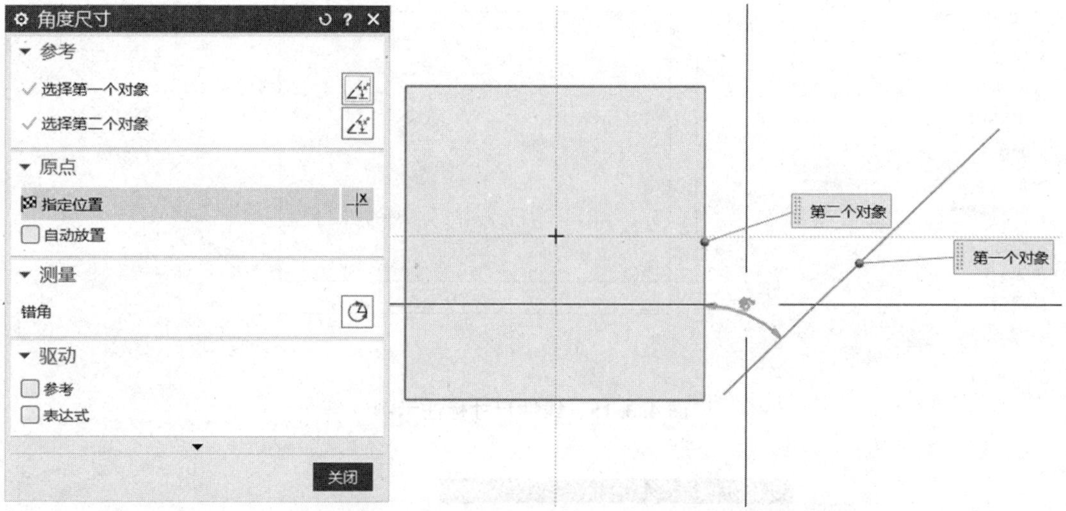

图 4.3.18 角度尺寸标注结果示例

注意：对于标注好的尺寸，如果要修改其数值，可以双击尺寸，在弹出的尺寸数值对话框中输入新数值后按 Enter 键即可。

4.3.3 几何约束草图场景条

几何约束在 UG NX 草图绘制中占有十分重要的地位，正如前面所述，进行草图绘制时首先绘制大致轮廓，那么如何形成准确的图形呢？除了尺寸约束外，还需要几何约束的控制。

从 UG NX 1926 版本开始，几何约束的设置需要在草图场景条中完成，如图 4.3.19 所示。

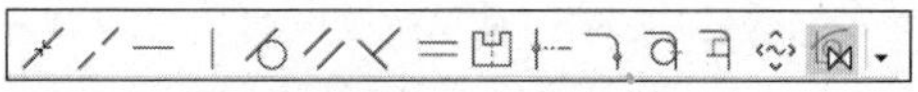

图 4.3.19 草图场景条

草图场景条中包括各种约束类型，如重合、点在曲线上、相切、平行、竖直、水平、垂直等。具体功能说明如下。

（1）设为重合：移动所选对象以与上一个所选对象构成“重合”“同心”或“点在曲线上”关系。快捷键为 X。

（2）设为共线：移动选定的直线以与上一个所选对象共线。快捷键为 C。

（3）—设为水平：移动所选对象以与上一个所选对象水平或水平对齐。快捷键为 H。

（4）|设为竖直：移动所选对象以与上一个所选对象竖直或竖直对齐。快捷键为 V。

（5）设为相切：移动所选对象以与上一个所选对象相切。快捷键为 O。

（6）设为平行：移动所选直线以与上一条所选直线平行。快捷键为 P。

（7）设为垂直：移动所选直线以与上一条所选直线垂直。快捷键为 L。

（8）=设为相等：移动所选曲线以与上一条所选曲线构成“等半径”或“等长”关

系。快捷键为 Q。

(9) 设为对称：移动所选对象以通过对称线与第二个对象构成“对称”关系。快捷键为 S。

(10) 设为中点对齐：将所选点移动至与直线中心对齐的位置。快捷键为 Y。此命令将创建持久关系。

(11) 设为点在线串上：移动所选点以与曲线的关联线串重合，并创建持久关系。

(12) 设为与线串相切：移动所选曲线以与曲线的关联线串相切，并创建持久关系。

(13) 设为垂直于线串：移动所选曲线与曲线的关联线串垂直，并创建持久关系。

(14) 设为均匀比例：使样条均匀缩放，并创建持久关系。

几何约束中所有类型的操作方法基本一样，接下来举例说明。

1. “设为相切”关系

(1) 选择草图场景条中的【】命令，弹出“设为相切”对话框，如图 4.3.20 所示。

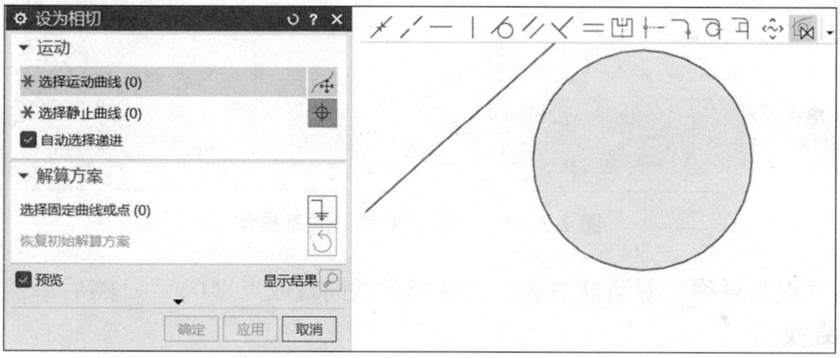

图 4.3.20　“设为相切”关系操作

(2) 在“设为相切”对话框中选中“选择运动曲线 (0)”，然后在图形区中单击直线。

(3) 在“设为相切”对话框中选中“选择静止曲线 (0)”，然后在图形区中单击圆，自动使直线移动至与圆相切，如图 4.3.21 所示。

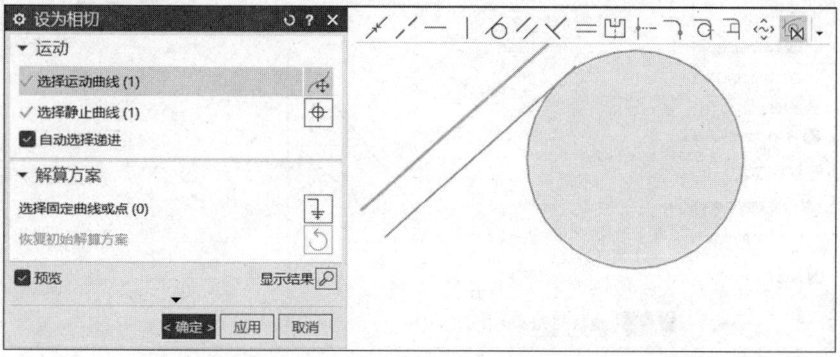

图 4.3.21　“设为相切”关系操作完成

(4) 单击“设为相切”对话框中的 确定 按钮，完成操作。

注意：如果在“设为相切”对话框中“选择运动曲线 (0)”或“选择静止曲线 (0)”没

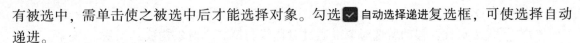

有被选中，需单击使之被选中后才能选择对象。勾选 自动选择递进复选框，可使选择自动递进。

2. “设为对称”关系

【凹】命令可以将两个点或曲线约束为相对于草图上的对称线对称。“设为对称”关系操作步骤如下。

（1）选择单击草图场景条中的【凹】命令，弹出“设为对称”对话框，如图 4. 3. 22 所示。

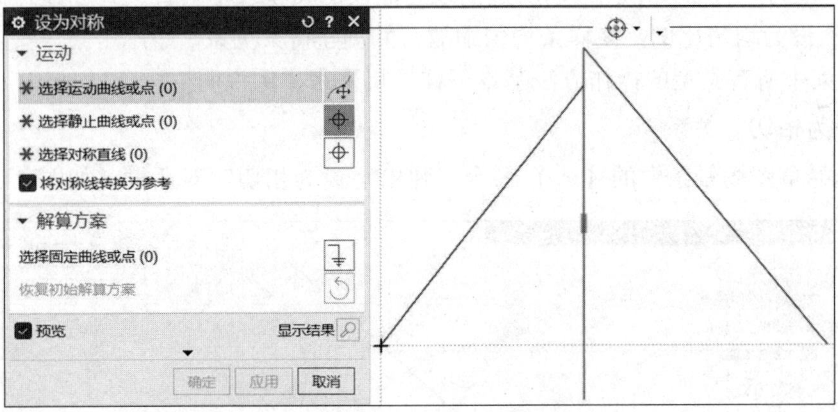

图 4. 3. 22　“设为对称”关系操作

（2）在“设为对称”对话框中选中“选择运动曲线或点（0）”，然后单击图形区中的三角形左侧直线。

（3）在“设为对称”对话框中选中“选择静止曲线或点（0）”，然后单击图形区中的三角形右侧直线。

（4）在“设为对称”对话框中选中“选择对称直线（0）”，然后单击图形区中的三角形中间线，自动使三角形右侧直线移动，从而与左侧直线关于中心线对称，如图 4. 3. 23 所示。

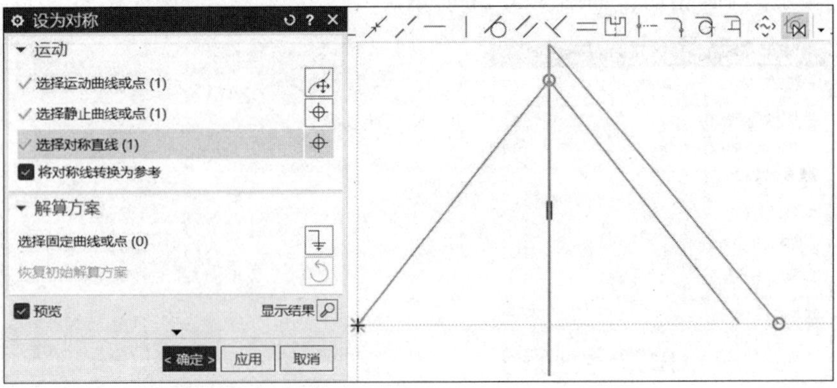

图 4. 3. 23　“设为对称”关系操作完成

（5）单击“设为对称”对话框中的 确定 按钮，完成操作。

4.4　实例特训——草图范例 1

项目任务：使用 UG NX 2212 的草图功能，完成图 4.4.1 所示的草图。

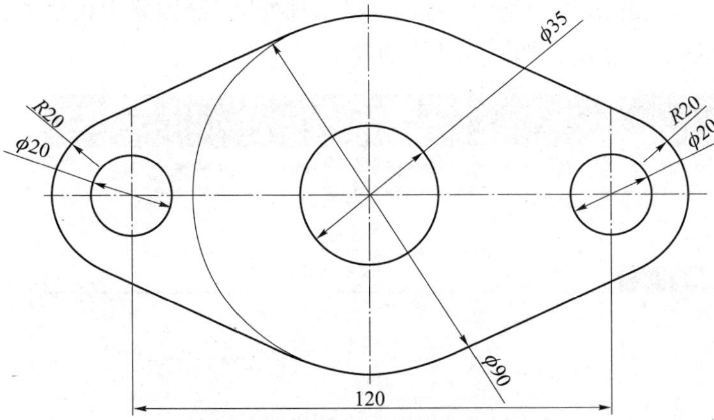

图 4.4.1　实例 1

微课视频——草图实例 1（NX 12.0）　微课视频——草图实例 1（NX 2212）

4.4.1　草图绘制的详细步骤

（1）步骤 1：新建文件，建立基准坐标系。

① 在 UG NX 2212 软件中单击工具条中的新建按钮（或选择菜单栏中的【文件(F)】→【新建(N)】命令），弹出“新建”对话框。新建一个模型文件，单位为毫米，名称为 ch04-04. prt，在“文件夹”框中选择要保存的目录，其他选项选择默认，如图 4.4.2 所示，然后单击确定按钮，进入工作界面。

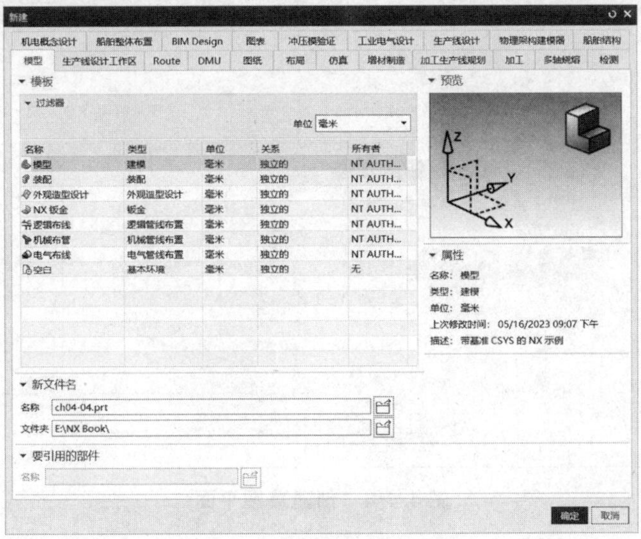

图 4.4.2　新建模型文件

② 新建文件成功后进入“建模”模块，在图形区的左上角可以看到当前文件的信息。

注意：在 UG NX 2212 中同时打开多个文件时，都会在图形区的左上角分别列出来，而对于 UG NX10.0 及以下版本，是在软件的左上角显示。

③ 将 UG NX 2212 工作界面左边的资源栏切换到“部件导航器”，有一个自动创建好的基准坐标系。如果没有，则选择“主页”功能选项卡“构造”组中由【基准坐标系】命令，在弹出的对话框中，类型选择“动态”，参考坐标系为“绝对坐标系-显示部件”，操控器中指定方位的原点为（0，0，0），建立一个基准坐标系，如图 4.4.3 所示。

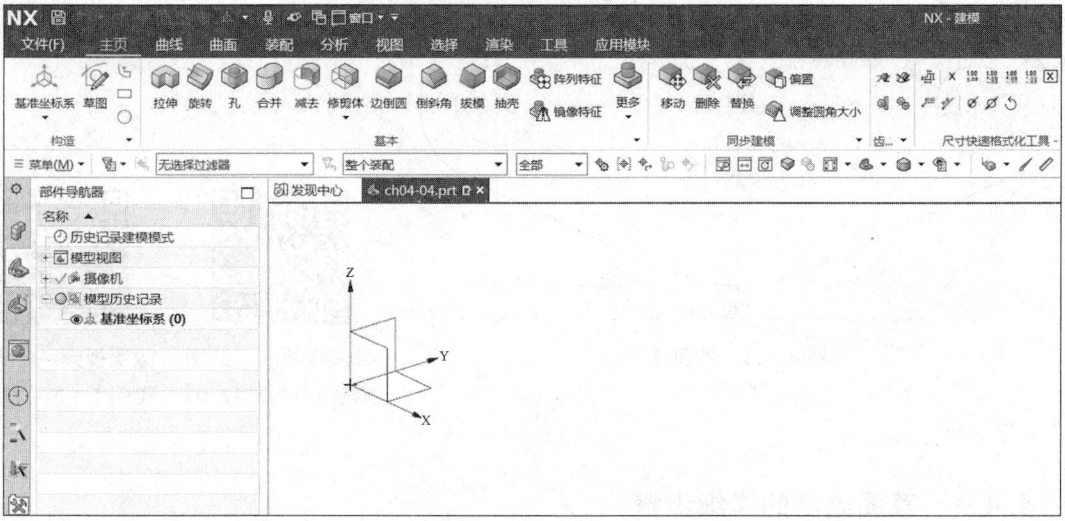

图 4.4.3　创建基准坐标系

（2）步骤 2：新建草图，设置草图平面。

① 选择“主页”功能选项卡中的【草图】命令，弹出“创建草图”对话框，默认选择基准坐标系的“X-Y 平面”为草图平面，如图 4.4.4 所示。

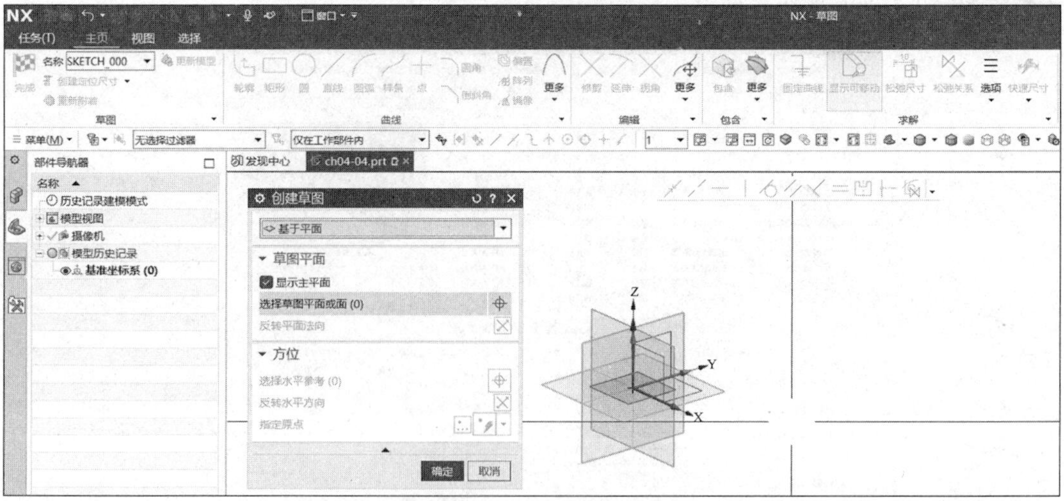

图 4.4.4　创建草图平面

② 单击“创建草图”对话框中的 确定 按钮进入草图工作界面，相当于 UG NX 12.0 版本中的草图任务工作环境，如图 4.4.5 所示。

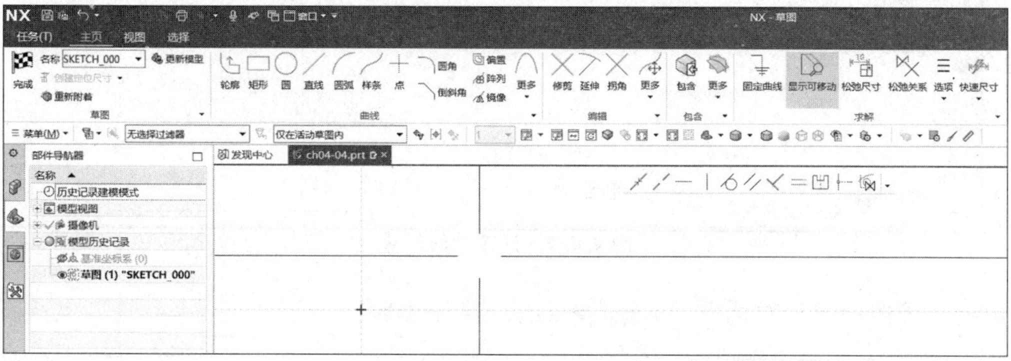

图 4.4.5　进入草图工作界面

注意：对比 UG NX 12.0 版本和 UG NX 2212 版本，草图功能有升级优化。

① 在 UG NX 2212 版本中创建草图后自动进入草图任务工作环境，不需要手动操作。

② 在 UG NX 2212 版本中草图功能中已取消【连续自动标注尺寸】命令，绘制曲线时不会连续自动标注，以避免给设计人员造成困扰。

（3）步骤 3：绘制图形的中心线。

① 选择工具条“曲线”组中【直线】命令，在图形区中绘制一条水平直线和一条竖直直线，如图 4.4.6 所示。

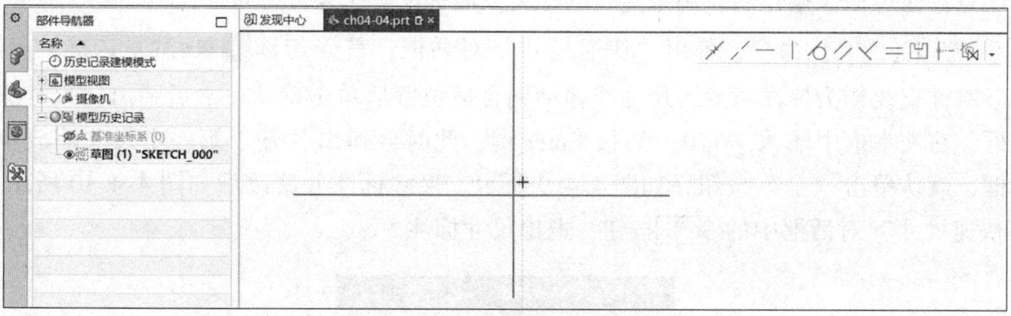

图 4.4.6　绘制图形的中心线

② 选择图形区上草图场景条中【 】命令，弹出“设为共线”对话框。先单击水平直线，再单击基准坐标系的水平轴，单击 应用 按钮，使水平直线与基准坐标系的 X 轴共线。用同样的操作，使竖直直线和 Y 轴共线，如图 4.4.7 所示。

单击“设为共线”对话框中的 确定 按钮，退出此操作。

注意：利用几何约束使中心线与基准坐标系轴共线，在后面标注尺寸的时候，中心线不会发生偏移。也可以在绘制直线时，直接在基准坐标系的水平轴、竖直轴上绘制，从而形成与水平轴、竖直轴重合的直线。

③ 继续选择【直线】命令，绘制与水平直线相交的垂线。

④ 选择【镜像曲线】命令，弹出“镜像曲线”对话框，在图形区中选择要镜像的竖直直线，再单击与 Y 轴共线的竖直直线作为镜像中心线，形成镜像直线，如图 4.4.8 所示。

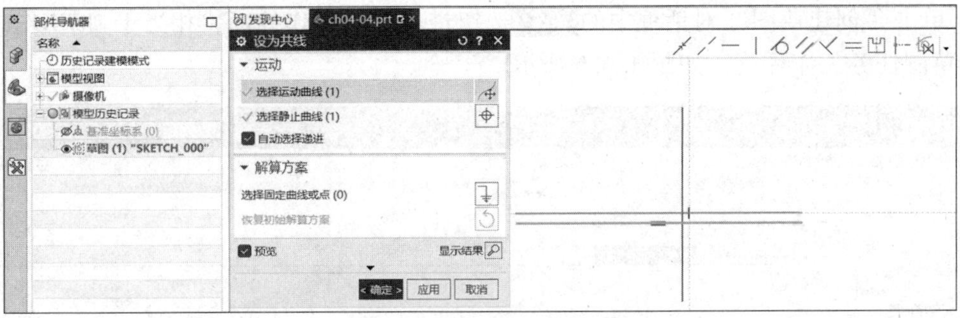

图 4.4.7　设定共线约束

单击“镜像曲线”对话框中的 确定 按钮，退出此操作。

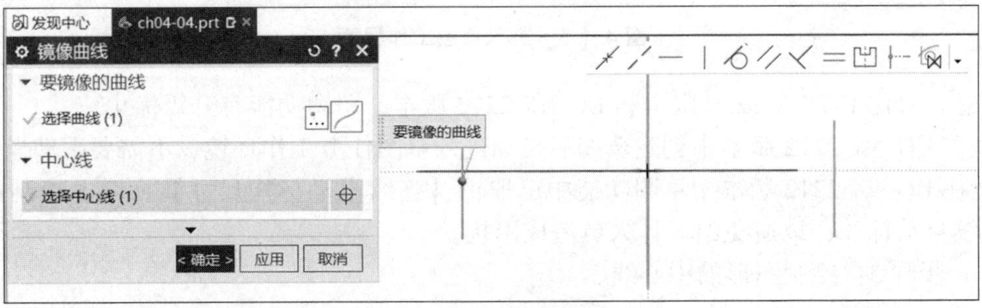

图 4.4.8　镜像直线

注意：通过镜像操作后，两条直线的距离只需标注一个尺寸即可。

⑤ 选择【快速尺寸】命令，弹出“快速尺寸”对话框，首先勾选 表达式复选框，分别选择两条对称直线作为标注对象，尺寸线移动到合适位置后单击确认，之后弹出“尺寸编辑”文本框，在文本框中输入“120”后按 Enter 键，此时会弹出“基于第一个尺寸缩放草图”对话框，默认单击“是”按钮，如图 4.4.9 所示。尺寸标注并修改后如图 4.4.10 所示，单击“快速尺寸”对话框中的 关闭 按钮，退出尺寸标注。

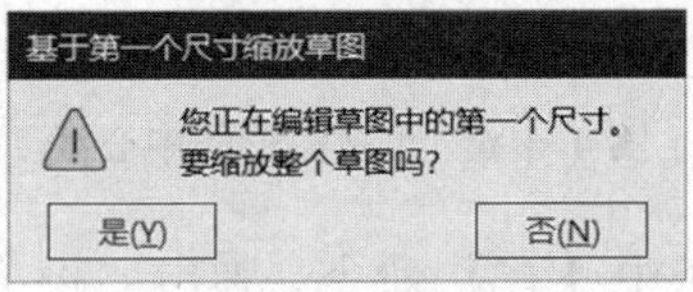

图 4.4.9　“基于第一个尺寸缩放草图”对话框

⑥ 在图形区中选择还未转换为参考对象的 3 条直线，然后单击鼠标右键，在弹出的快捷菜单中选择【转换为参考】命令，使该对象形式由实线变成虚线，完成转换参考对象操作，如图 4.4.11 所示。

（4）步骤 4：绘制图形的 3 个圆。

① 选择【圆】命令，先选择上边框条中的【相交】命令使之变暗色（用于捕捉两条直线的交点作为圆心来绘制圆），在图形区中分别绘制一个直径为 90 mm 的圆和两个直径为 40 mm 的圆，如图 4.4.12 所示。

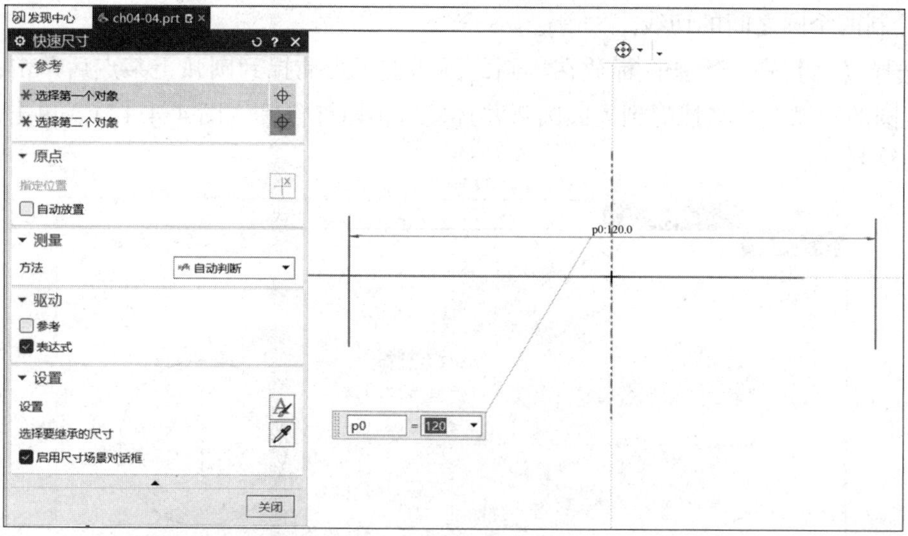

图 4.4.10　快速尺寸标注

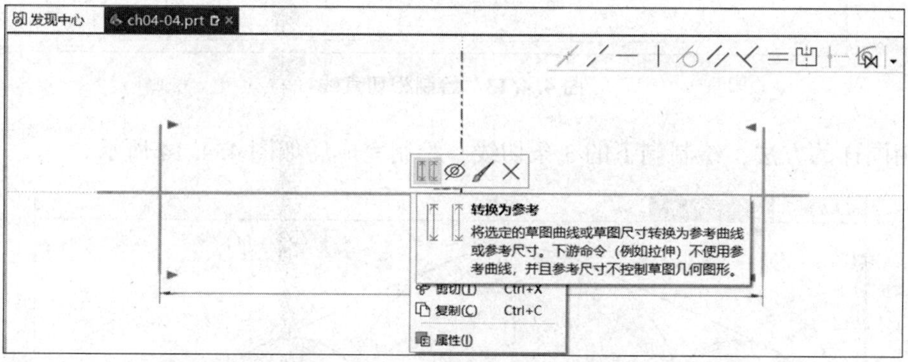

图 4.4.11　转换为参考对象

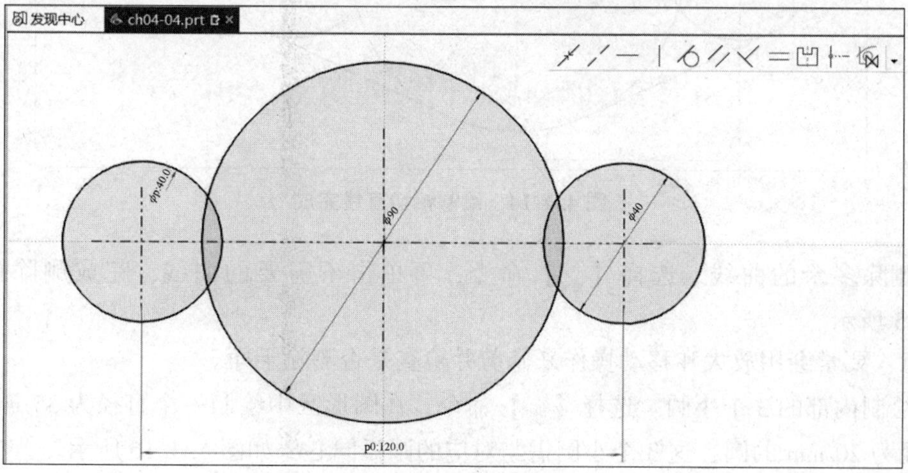

图 4.4.12　绘制 3 个圆

② 绘制两个圆之间的切线。

a. 选择【直线】命令，把鼠标放在小圆的圆弧上，当捕捉到圆弧上某点后单击；再把鼠标移到大圆的圆弧上，当捕捉到大圆圆弧并且显示相切符合后（图 4. 4. 13）。单击，完成相切直线的绘制。

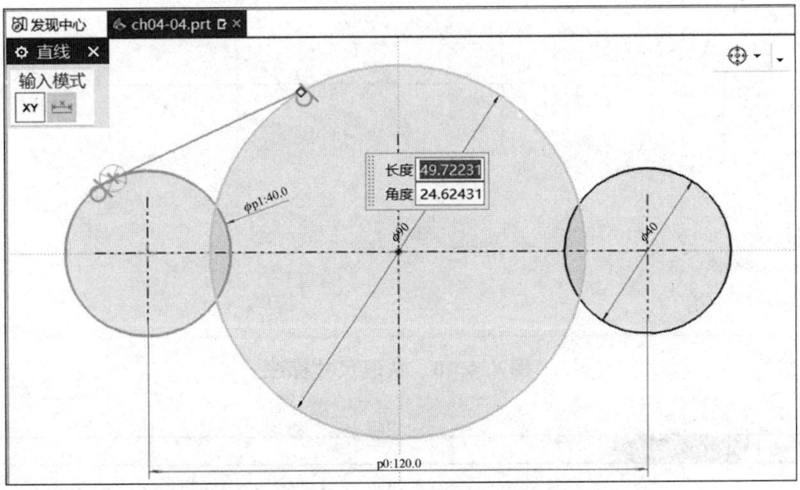

图 4. 4. 13　绘制相切直线

b. 用同样的方法，绘制剩下的 3 条切线，绘制完成后如图 4. 4. 14 所示。

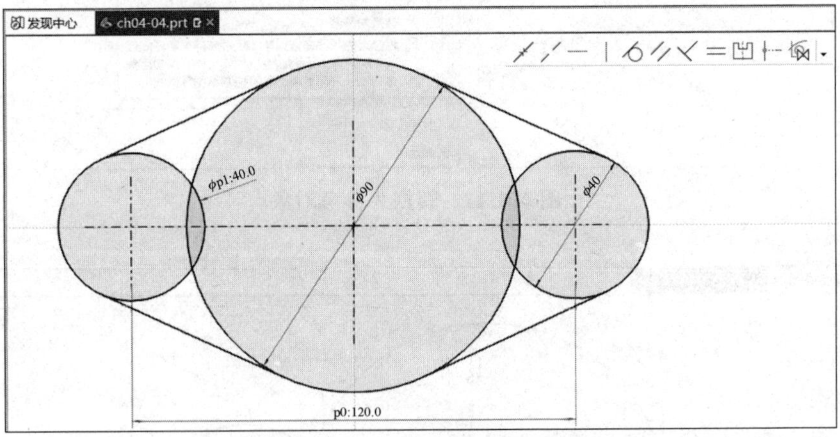

图 4. 4. 14　绘制相切直线完成

③ 删除多余的曲线。选择【修剪】命令，再单击不需要的曲线，完成删除操作，如图 4. 4. 15 所示。

注意：要学会用放大和移动操作来修剪并检查是否删除干净。

④ 绘制内部的 3 个小圆。选择【圆】命令，在图形区中绘制一个直径为 35 mm 的圆和两个直径为 20 mm 的圆，这 3 个小圆需与对应的圆弧同心，如图 4. 4. 16 所示。

（5）步骤 5：设置完全约束，完成草图。

① 检查图形是否完全约束。在绘图区最下方有提示“草图已通过 4 个可移动曲线部分定义”，说明草图还未完全约束，一旦修改某些尺寸可能使部分图形变形。

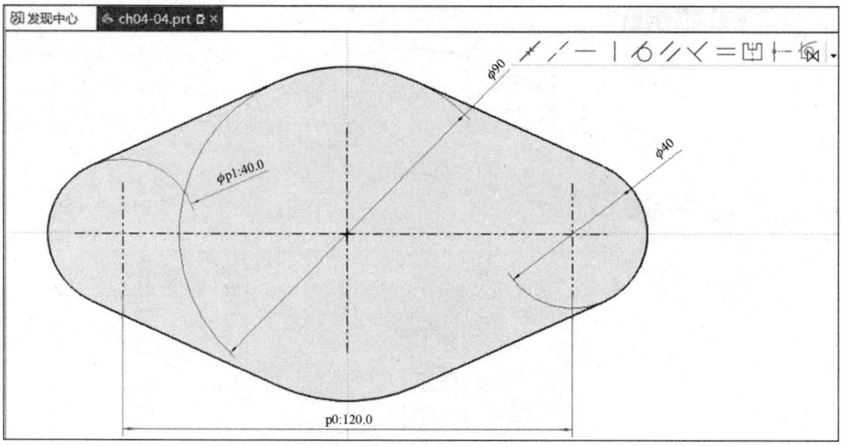

图 4.4.15　删除多余曲线

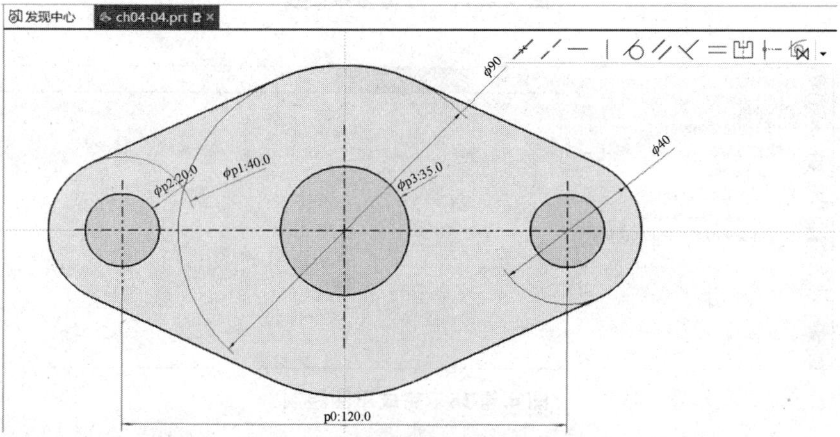

图 4.4.16　绘制内部小圆

对于此图形，主要是中心线的长度、高度没有完全确定，需对其进行修剪或延伸。

选择【修剪】命令，将中心线上超出图形的部分修剪掉。

选择【延伸】命令，将中心线上下、左右都延伸到相应的曲线上。操作后如图 4.4.17 所示。

注意：要学会用放大和移动操作来检查图形细节。在完成草图绘制后，尽量确保草图的图形处于完全约束的状态。

② 单击完成按钮，完成草图绘制并退出草图工作环境，如图 4.4.18 所示。

③ 单击工作界面左上角的按钮，保存整个 UG NX 文件。

建议在每一步操作完成后都及时进行保存，以免异常情况发生而丢失文件。

4.4.2　知识点的应用点评

本范例主要步骤：新建文件→新建草图→设置草图平面→绘制曲线→几何约束→尺寸约束→完成草图绘制。这是草图绘制的一般基本操作，其中草图 R 曲线的绘制、几何约束和尺寸约束是重点，应该熟练掌握。

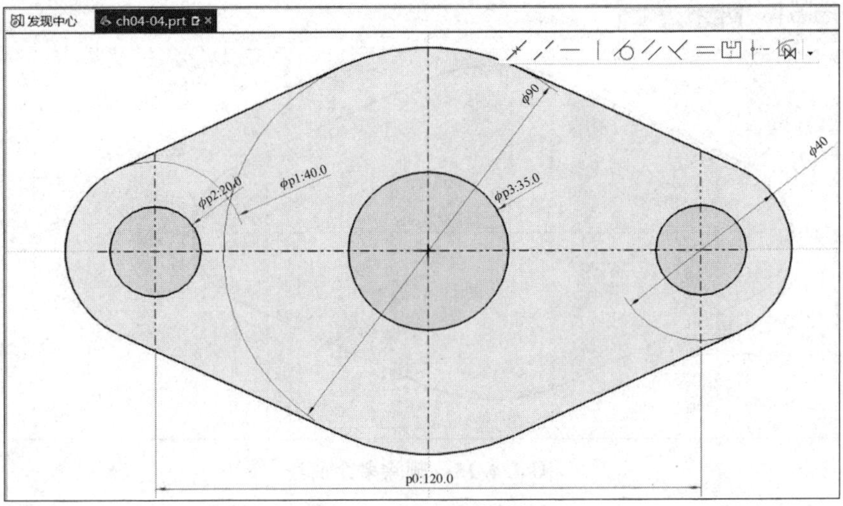

图 4.4.17　修剪多余曲线

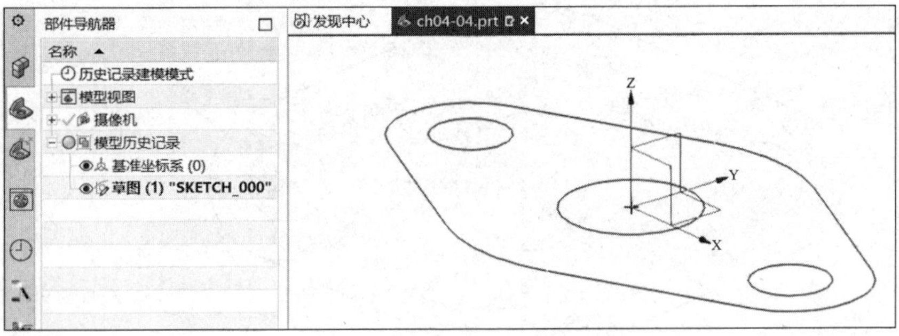

图 4.4.18　完成草图绘制

4.4.3　知识点扩展

在绘制草图的过程中，要充分利用几何约束进行定位约束，如非必要应尽量少用尺寸约束。特别要充分利用基准坐标系进行定位，以使图形在几何约束时不发生变动或大变形。

4.5　实例特训——草图范例 2

项目任务：使用 UG NX 2212 的草图功能，完成图 4.5.1 所示的草图。

4.5.1　草图绘制的详细步骤

(1) 步骤 1：新建文件，建立基准坐标系。

① 在 UG NX 2212 软件中单击工具条中的新建按钮，弹出“新建”对话框。新建一个模型文件，单位为毫米，名称为 ch04-05. prt，在“文件夹”框中选择要保存的目录，其他选项选择默认，然后单击确定按钮，进入 UN NX 2212 工作界面。

② 将 UG NX 2212 工作界面左边的资源栏切换到“部件导航器”，有一个自动创建好的

基准坐标系。如果没有，则通过【基准坐标系】命令建立一个基准坐标系，原点为（0，0，0）。

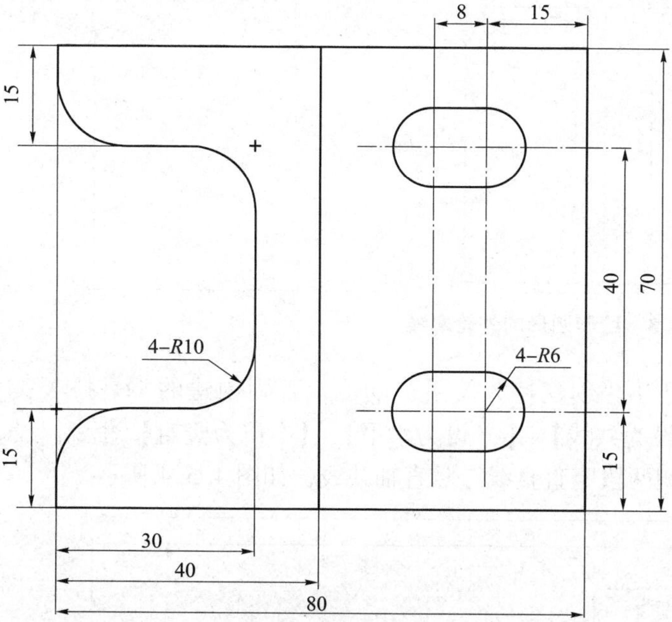

图 4.5.1 实例 2

微课视频——草图实例 2（NX 12.0）

微课视频——草图实例 2（NX 2212）

（2）步骤 2：新建草图，设置草图平面。

①选择“主页”选项卡中的【草图】命令，弹出“创建草图”对话框，单击选择基准坐标系的“Y–Z 平面”为草图平面，如图 4.5.2 所示。

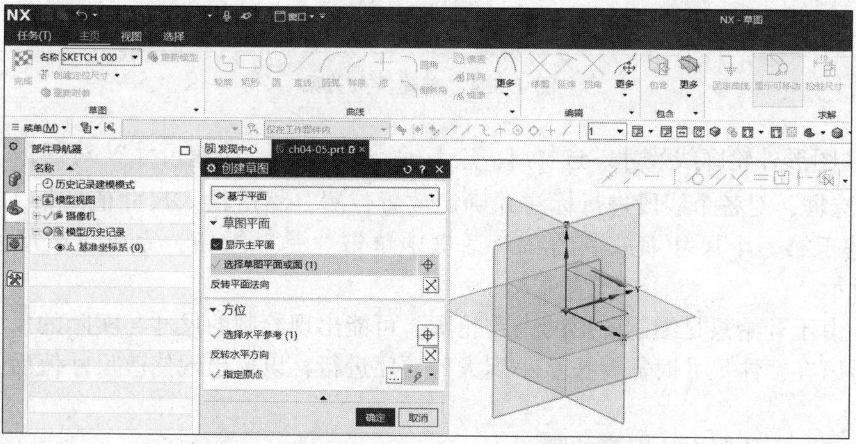

图 4.5.2 创建草图平面

② 单击“创建草图”对话框中的 确定 按钮进入草图工作界面。

（3）步骤 3：绘制图形的外轮廓线。

① 选择“曲线”功能选项卡“基本”组中的【直线】命令，以基准坐标系原点为起点，绘制图形的外轮廓线。只需要大致的轮廓，但是图形的形状必须相同，如图 4.5.3 所示。

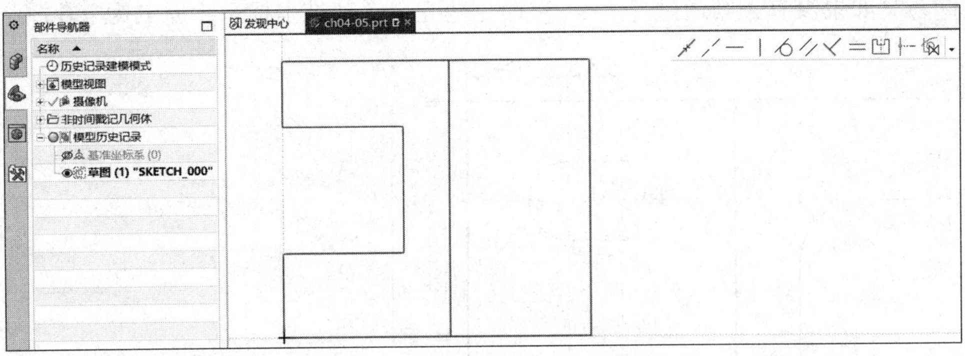

图 4.5.3　绘制圆形的外轮廓线

② 单击草图场景条中的按钮打开“创建持久关系”功能，否则创建的不是持久关系，然后选择相应约束命令，如【设为共线】、【—设为水平】、【|设为竖直】命令，设定底部水平直线与水平轴共线。最左侧两段竖直直线与竖直轴共线，如图 4.5.4 所示。

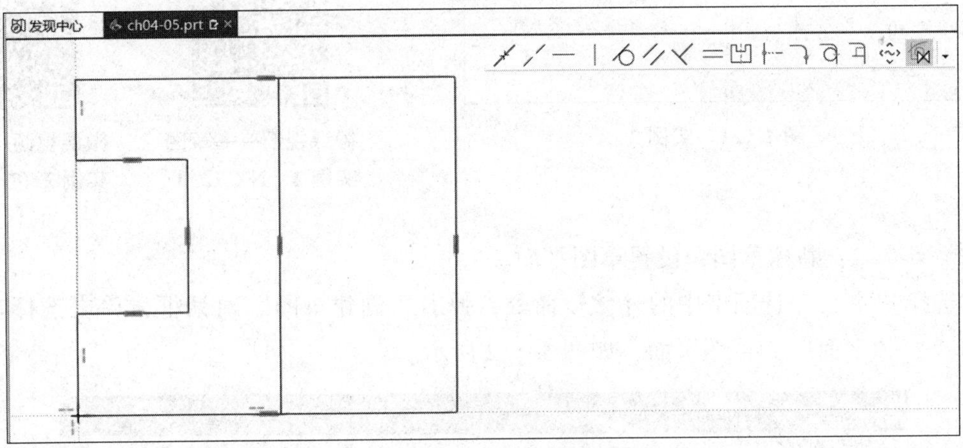

图 4.5.4　创建持久关系

③ 标注图形外轮廓线尺寸。选择【快速尺寸】命令，弹出“快速尺寸”对话框，首先勾选表达式复选框，对各个线段进行标注并确定放置位置，然后输入尺寸值后按 Enter 键，在弹出的“基于第一个尺寸缩放草图”对话框中单击“是”按钮，完成快速尺寸标注，如图 4.5.5 所示。

注意：由于开始只是绘制图形的大致轮廓，可能出现绘制的尺寸与实际的尺寸差别较大的情况，所以在标注尺寸时需要按从小到大的顺序进行，以免出现修改尺寸值后图形变形的问题。

（4）步骤 4：绘制右侧图形的腰孔。

① 选择【直线】命令，绘制水平直线和竖直直线，并标注尺寸，如图 4.5.6 所示。

② 选择【转换为参考】命令，在对话框中选择这 4 条直线将其设为参考对象。

③ 绘制两个圆。选择【圆】命令，先选择上边框条中的【相交】命令使之变暗色，然后在 4 个交点处分别绘制一个直径为 12 mm 的圆。

④ 绘制两个圆之间的切线。选择【直线】命令，分别绘制与两个圆相切的水平线，如

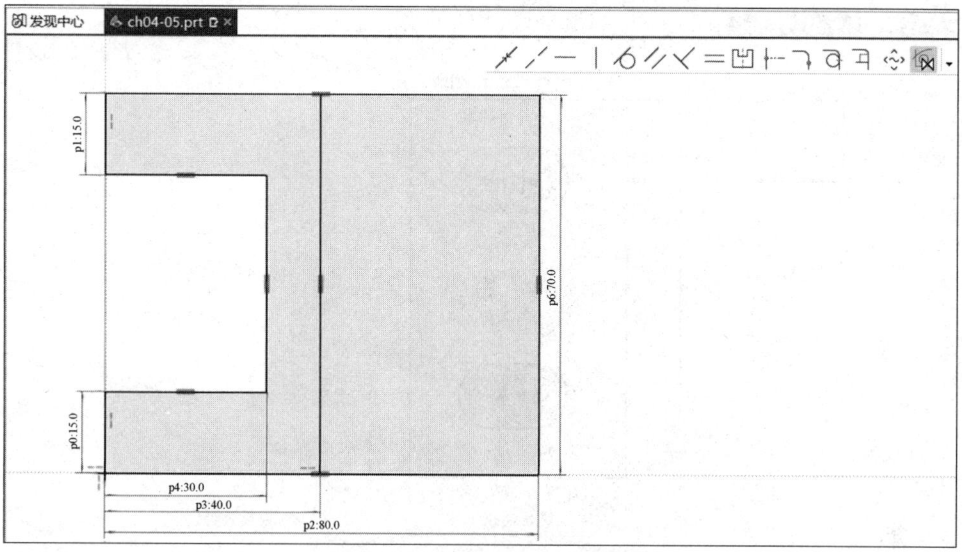

图 4.5.5　快速尺寸标注

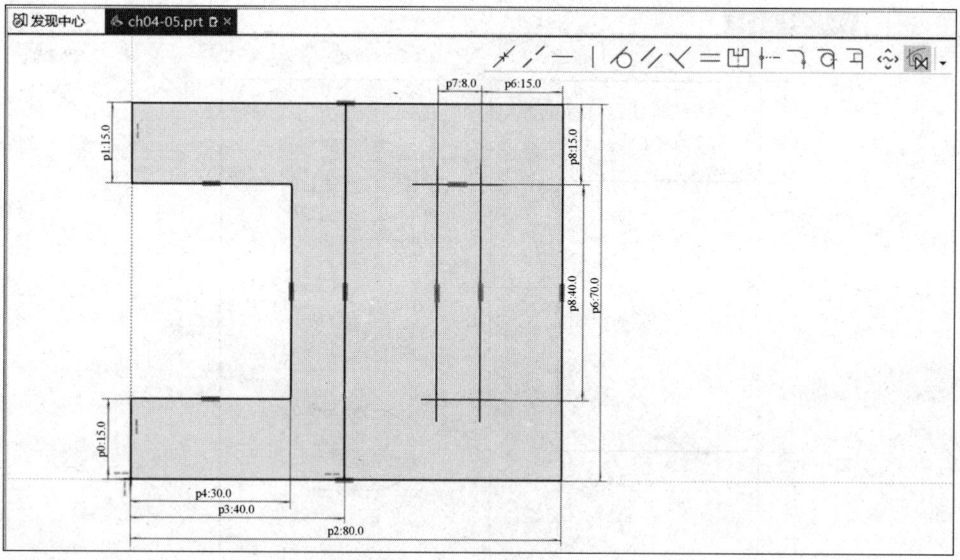

图 4.5.6　绘制腰孔中心线

图 4.5.7 所示。

⑤ 选择【修剪】命令，将腰孔上多余的圆弧线修剪掉。选择【延伸】命令，将中心线上下、左右都延伸到相应的曲线上。注意：在“修剪”或“延伸”对话框中灵活选择边界线，从而快速操作。操作效果如图 4.5.8 所示。

（5）步骤 5：绘制左侧图形的圆角。

① 选择【圆角】命令，将光标移动到左侧图形两条直线交点上单击，然后将圆弧拖放到合适大小后再次单击，创建出 1 个圆角，依次创建另外 3 个圆角，如图 4.5.9 所示。

② 标注圆角尺寸。选择【快速尺寸】命令，对其中 1 个圆角标注半径尺寸 R10。选择草图

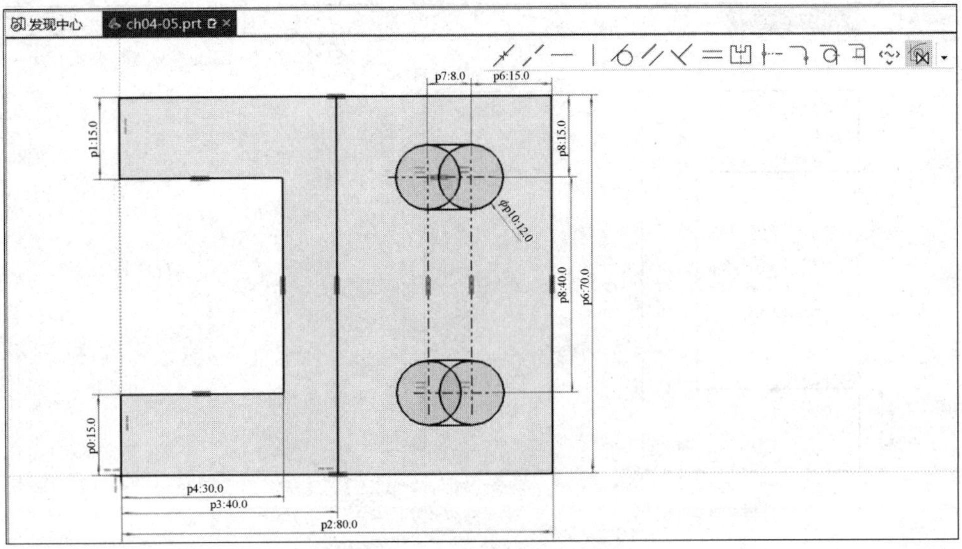

图 4.5.7　绘制圆和相切线

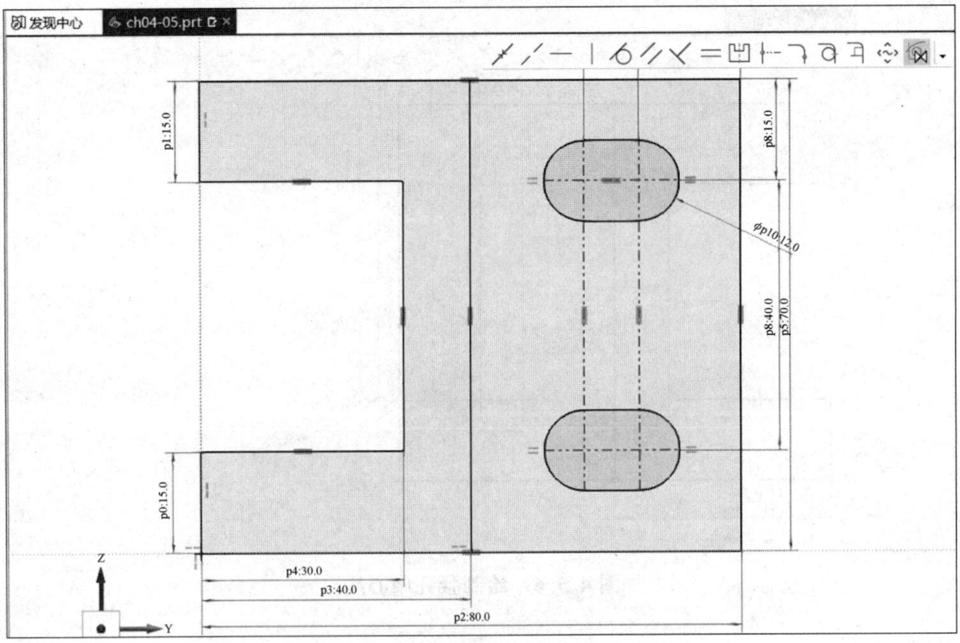

图 4.5.8　修剪、延伸曲线

场景条中的【═设为相等】命令，设定已标注尺寸的圆角半径与另外 3 个圆角半径相等，如图 4.5.10 所示。

③ 检查图形是否完全约束。在绘图区最下方有提示“草图已完全定义”，说明草图已经完全约束，修改某些尺寸不会使图形形状变形。如果提示“草图未完全定义”，则主要有以下问题。

a. 此图形中中心线的长度、高度没有完全确定，需对其进行修剪或延伸。

b. 外部轮廓线的交点未重合，存在超出部分。

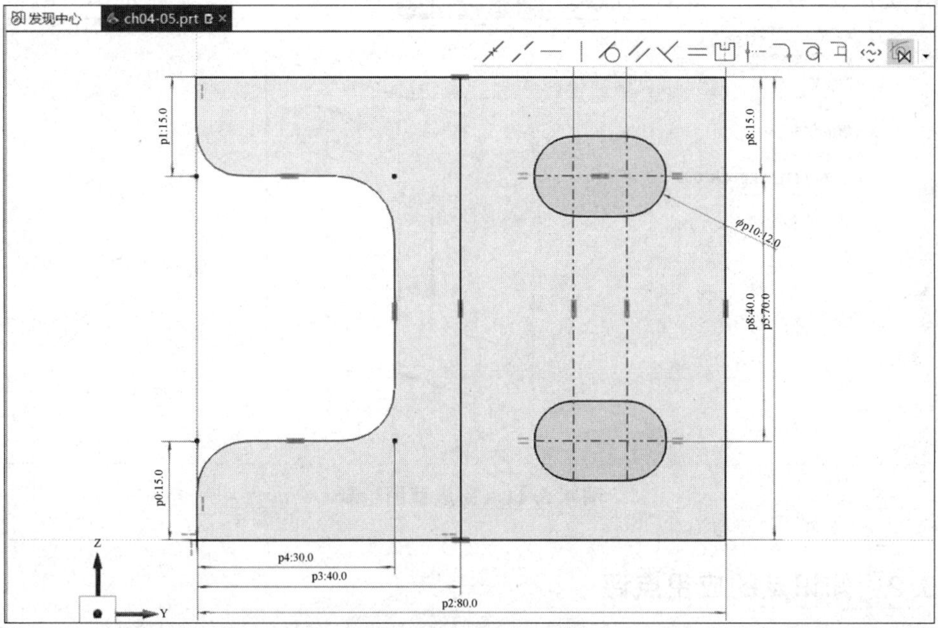

图 4.5.9　绘制圆角

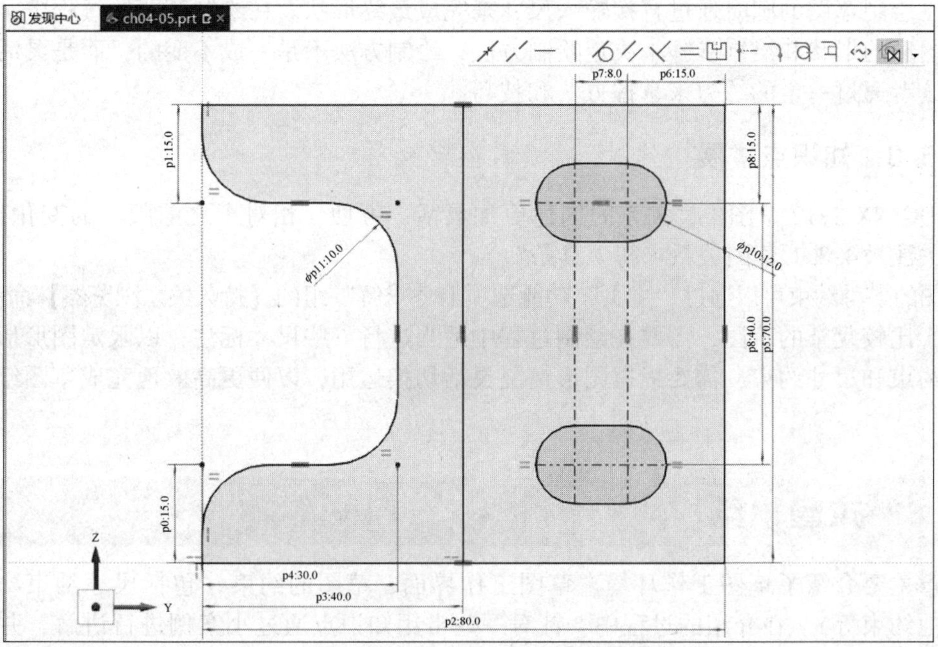

图 4.5.10　设定圆角等半径

注意：要学会用放大和移动操作来检查图形细节。在完成草图绘制后，尽量确保草图的图形处于完全约束的状态。

④ 单击完成按钮，完成草图绘制并退出草图工作环境，如图 4. 5. 11 所示。

⑤ 单击 UG NX 2212 工作界面左上角的按钮，保存整个 UG NX 文件。

建议在每一步操作完成后都及时进行保存，以免异常情况发生而丢失文件。

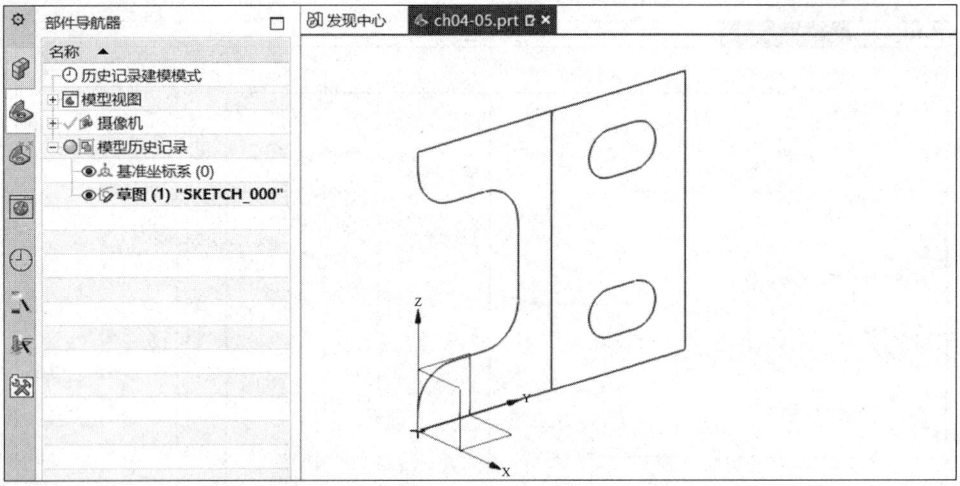

图 4.5.11　完成草图绘制

4.5.2　知识点的应用点评

本范例主要步骤：新建文件→新建草图→设置草图平面→绘制曲线→几何约束→尺寸约束→完成草图绘制。本范例在绘制外轮廓线时采用先绘制大致轮廓后通过尺寸约束来定形的方式，在绘制草图的圆时通过直接输入尺寸来完成最终形状。在绘制草图的过程中，应该根据草图图形的形状和绘制步骤来决定绘制方法，绘制方法不是一成不变的，而是灵活的，因此要求读者通过一定的练习来掌握方法和技巧。

4.5.3　知识点扩展

在 UG NX 2212 草图中，关系的创建更加灵活、方便，相对于之前版本的变化比较大，详细请关注“4.3.1 草图关系求解工具条”。

草图的各种约束可以通过“主页”功能选项卡“求解”组的【持久关系浏览器】命令查看。

对于比较复杂的草图，需要在绘制过程中适当进行一些尺寸标注，以限定图形形状。对于几何约束和尺寸约束，需要根据图形情况灵活切换运用，以便更高效地完成草图绘制。

4.6　本章小结

本章主要介绍了草图工作环境、草图工作界面、草图的约束（包括尺寸约束、几何约束和其他约束等）。在介绍的过程中，针对一些常用知识点通过小案例进行讲解，并且强调一些注意事项和常用技巧，以便读者能够快速掌握相关命令的使用方法。为了让读者掌握草图绘制步骤，本章列举两个经典实例，使读者加深理解并能举一反三。草图是实体建模设计的基础，应该熟练掌握草图绘制方法。

在 UG NX 2212 版本中，创建草图后自动进入草图工作环境，并且在草图工作环境中已经取消“连续自动标注尺寸”这个冗余功能。这是很大的改变，它使用户能够更加灵活、方便地绘制草图。

4.7　练习题

1. 根据图 4.7.1 所示图形尺寸，完成其草图绘制。

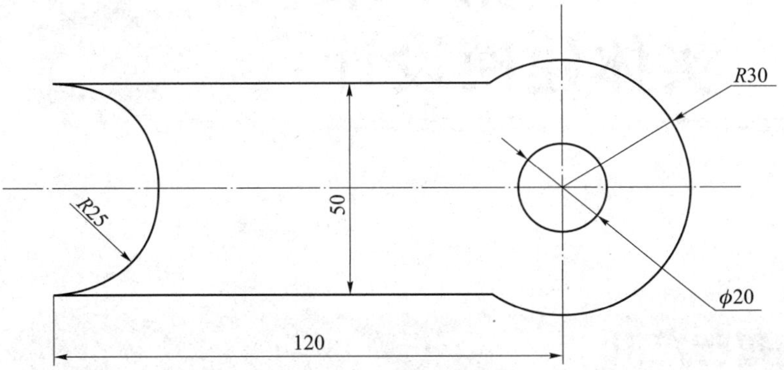

图 4.7.1　练习题 1

本章特训及练习文件

2. 根据图 4.7.2 所示图形尺寸，完成其草图绘制。

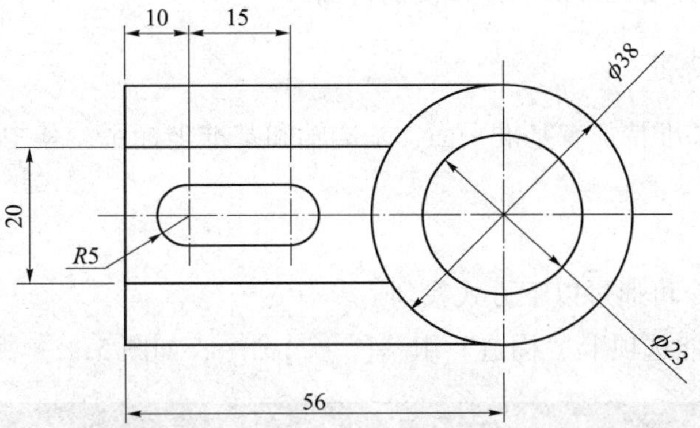

图 4.7.2　练习题 2

3. 根据图 4.7.3 所示图形尺寸，完成其草图绘制。

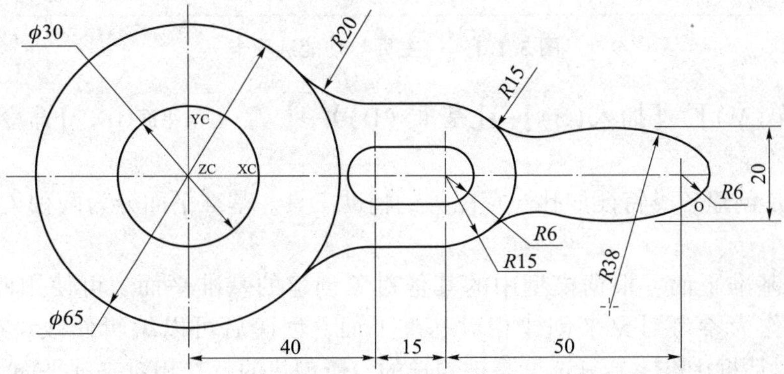

图 4.7.3　练习题 3

第 5 章 实体建模设计

5.1 实体建模基础知识

产品设计是以零件实体建模为基础的，实体建模的基本组成单元是特征。本节主要介绍实体建模基础知识及建模实例特训，包括基准特征、基本体素特征及基本特征的创建和操作等，以及 3 个典型工程实践案例的建模实例特训。

5.1.1 基准特征

UG NX 2212 中基准特征有基准平面、基准轴和基准坐标系，其中基准坐标系包括基准平面和基准轴。

1. 基准平面

【基准平面】命令可通过以下方式找到。

（1）“主页”功能选项卡“构造”组→【基准平面】命令，如图 5.1.1 所示。

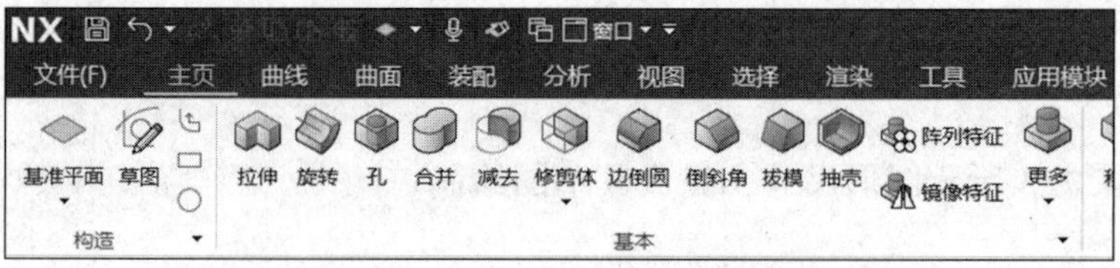

图 5.1.1 “主页”功能选项卡

（2）【菜单(M)】→【插入(S)】→【基准（D）】→【基准平面(D)...】命令，如图 5.1.2 所示。

基准平面是创建各类特征如孔、草图等的辅助工具。基准平面分为两种类型：相对的和固定的。

（1）相对基准平面：根据模型中的其他对象创建的基准平面。可使用曲线、面、边、点及其他基准作为参考对象来创建相对基准平面，创建后可以编辑修改。在默认情况下“基准平面”对话框中关联复选框是被勾选的，所创建的就是相对基准平面。

（2）固定基准平面：创建后不受其他几何对象约束的基准平面。当创建基准平面时取

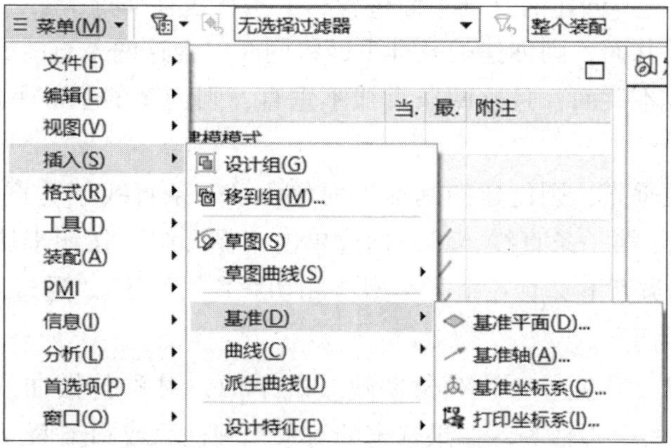

图 5.1.2　下拉菜单

消勾选“基准平面”对话框中的▢关联复选框，所创建的就是固定基准平面。

“基准平面”对话框如图 5.1.3 所示。

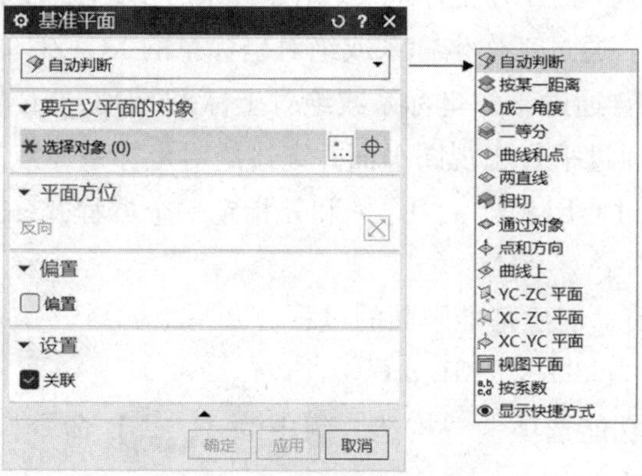

图 5.1.3　“基准平面”对话框

在“基准平面”对话框中选择不同的类型后，对话框中选项内容会相应变化，下拉列表中各类型的功能说明如下：

（1）自动判断：按照选择的对象自动判断约束条件。例如：选取一个表面或基准平面时，系统自动生成一个预览基准平面，可以输入偏置值和数量来创建基准平面。

（2）按某一距离：通过输入偏置值创建与已知平面（基准平面或实体表面）平行的基准平面。先选择一个平面，然后输入偏置值。

（3）成一角度：通过输入角度值创建与已知平面成一定角度的基准平面。先选择一个平面，然后选择一个与所选平面平行的线性曲线或基准轴来定义旋转轴，接着再输入角度值。

（4）二等分：创建与两平行平面距离相等的基准平面，或创建与两相交平面所成角度相等的基准平面。

（5）曲线和点：此类型下又有 6 个子类型“曲线和点”“一点”“两点”“三点”“点和曲线/轴”“点和平面/面”。

（6）两直线：通过选择两条现有直线，或直线与线性边、面的法向向量或基准轴的组合来创建基准平面，所创建的基准平面包含第一条直线且平行于第二条线。

① 如果两条直线共面，则创建的基准平面将同时包含这两条直线。

② 如果两条直线不共面，且这两条直线不垂直，则创建的基准平面包含第二条直线且平行于第一条直线。

③ 如果两条直线垂直，则创建的基准平面包含第一条直线且垂直于第二条直线，或包含第二条直线且垂直于第一条直线，可以通过单击“循环解”按钮来切换实现。

（7）相切：此类型下又有6个子类型“相切”“一个面”“通过点”“通过线条”“两个面”“与平面成一角度”。

（8）通过对象：根据选定的对象创建基准平面，对象包括曲线、边缘、面、基准、圆柱、圆锥或旋转面的中心轴等。如果选定的对象是圆柱面或圆锥面，则通过该面的中心轴线创建基准平面。

（9）点和方向：通过定义一个点和一个方向来创建基准平面。

（10）曲线上：通过与曲线垂直或相切且通过已知点来创建基准平面。

（11）YC-ZC 平面：通过工作坐标系或绝对坐标系的 YC-ZC 轴来创建固定基准平面。

（12）XC-ZC 平面：通过工作坐标系或绝对坐标系的 XC-ZC 轴来创建固定基准平面。

（13）XC-YC 平面：通过工作坐标系或绝对坐标系的 XC-YC 轴来创建固定基准平面。

（14）视图平面：通过平行于视图平面并穿过绝对坐标系原点来创建固定基准平面。

（15）a,b c,d 按系数：通过使用系数 a，b，c 和 d 指定一个方程式 ax+by+cz=d 来创建固定基准平面。

下面以一个范例来演示创建基准平面的过程。

（1）打开范例文件“ch05-01-01. prt”。

（2）选择“主页”功能选项卡“构造”组中的【基准平面】命令，弹出“基准平面”对话框，创建需要的基准平面。

① 在“基准平面”对话框中“类型”下拉列表中选择“成一角度”选项，对话框中的选项内容相应变化。

② 在“平面参考”区域“选择平面对象（0）”中单击选中长方体的上顶面。

③ 在“通过轴”区域“选择线性对象（0）”中单击选中长方体的右侧棱边。

④ 将“角度”区域的“角度选项”设置为“值”，“角度”设置为“45”后按 Enter 键，即可创建一个通过长方体棱边并与其上顶面成45°角的基准平面，如图 5. 1. 4 所示。

（3）单击 确定 按钮完成基准平面的创建，如图 5. 1. 5 所示。

2. 基准轴

【基准轴】命令可通过以下方式找到。

（1）单击“主页”功能选项卡“构造”组中【基准平面】命令的▾按钮，在弹出的其他命令中找到【基准轴】命令。

（2）【菜单（M）】→【插入（S）】→【基准（D）】→【基准轴(A)...】命令。

基准轴是创建各类特征如基准、孔、草图等的辅助工具。基准轴分为两种类型：相对的和固定的。

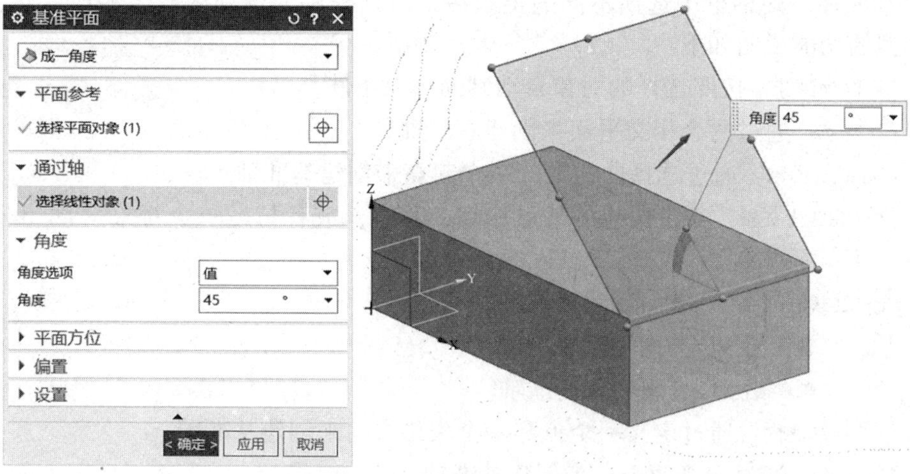

图 5.1.4 基准平面的创建（1）

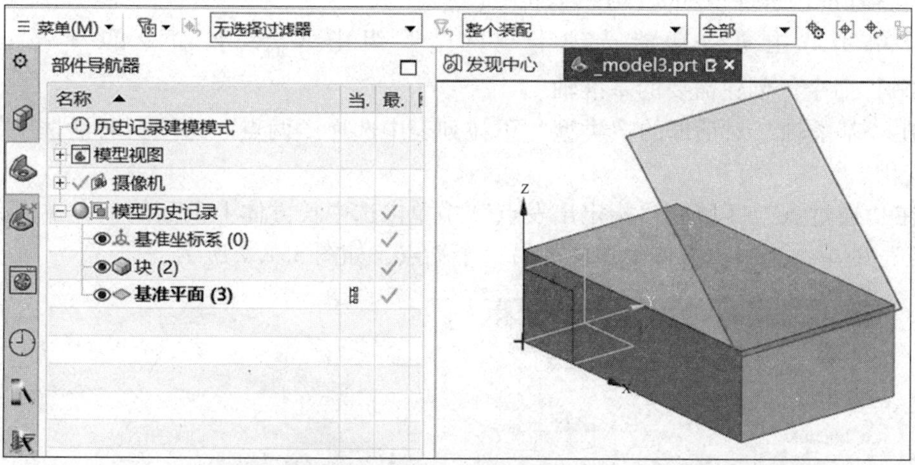

图 5.1.5 基准平面的创建（2）

“基准轴”对话框如图 5.1.6 所示。

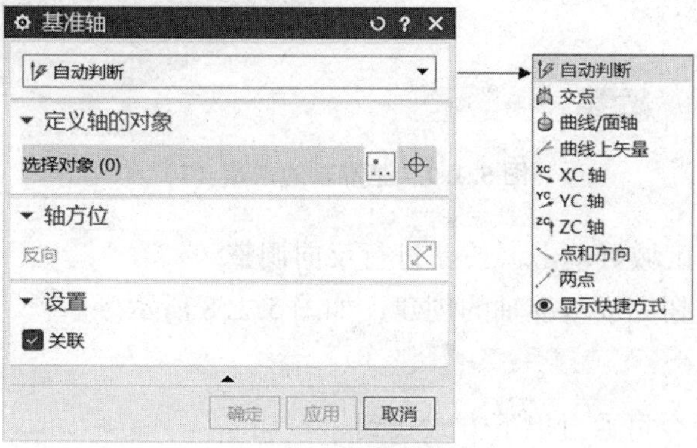

图 5.1.6 “基准轴”对话框

在“基准轴”对话框中选择不同的类型后，对话框中的选项内容会相应变化，下拉列表中各类型的功能说明如下。

（1）自动判断：按照选择的对象自动判断约束条件。

（2）交点：通过两个相交平面来创建基准轴。

（3）曲线/面轴：通过选择曲线上的一个起点来创建基准轴。

（4）曲线上矢量：通过曲线的某点相切、垂直，或者与另一个对象垂直/平行来创建基准轴。

（5）XC 轴：沿 XC 方向创建基准轴。

（6）YC 轴：沿 YC 方向创建基准轴。

（7）ZC 轴：沿 ZC 方向创建基准轴。

（8）点和方向：通过定义一个点和一个矢量方向来创建基准轴。

（9）两点：通过定义两个点来创建基准轴。

下面以一个范例来演示创建基准轴的过程。

（1）打开范例文件“ch05-01-01. prt”。

（2）单击“主页”功能选项卡“构造”组中【基准平面】命令的按钮，选择【基准轴】命令，创建需要的基准轴。

① 在“基准轴”对话框的“类型”下拉列表中选择“两点”选项，对话框中的选项内容相应变化。

② 在“通过点”区域的“指定出发点”中单击选中长方体上顶面的一个端点，在“指定目标点”中单击选中长方体上顶面的另一个端点，如图 5. 1. 7 所示。

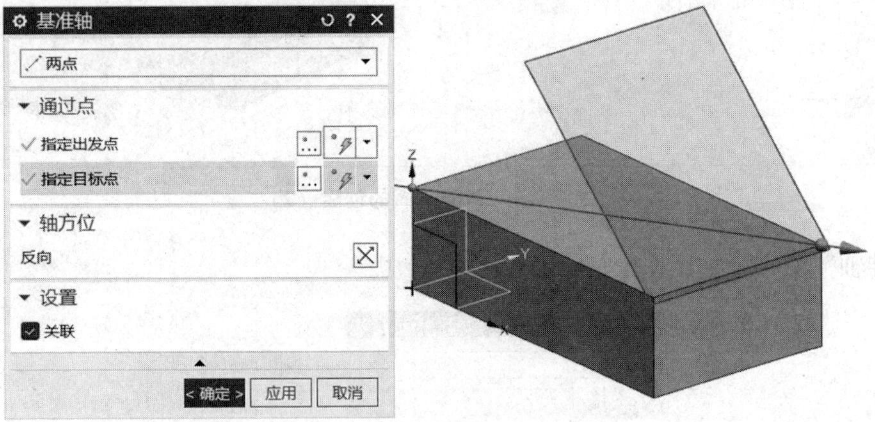

图 5. 1. 7　基准轴的创建（1）

③ 在“轴方位”区域可单击按钮进行反向调整。

（3）单击确定按钮完成基准轴的创建，如图 5. 1. 8 所示。

3. 基准坐标系

【基准坐标系】命令可通过以下方式找到。

（1）单击“主页”功能选项卡“构造”组中【基准平面】命令的按钮，在弹出的其他命令中找到【基准坐标系】命令。

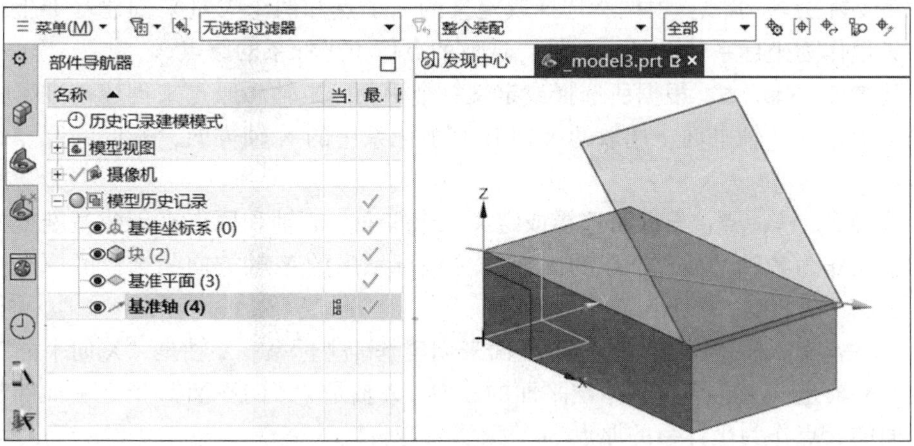

图 5.1.8 基准轴的创建（2）

（2）【菜单(M)】→【插入(S)】→【基准（D)】→“基准坐标系(C)...”命令。

基准坐标系是创建各类特征如基准、孔、草图等的辅助工具，也可作为装配图中各种组件的定位工具。基准坐标系由三个基准平面、三个基准轴和一个原点组成，在基准坐标系中可以选择单个基准平面、基准轴和原点。

“基准坐标系”对话框如图 5.1.9 所示。

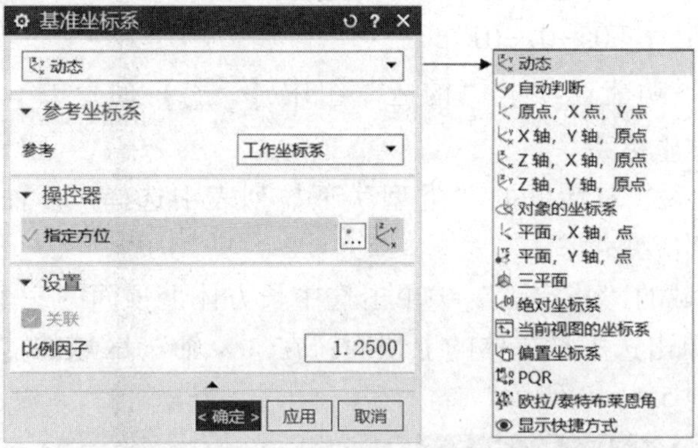

图 5.1.9 “基准坐标系”对话框

在“基准坐标系”对话框中选择不同的类型后，对话框中的选项内容会相应变化，下拉列表中各类型的功能说明如下。

（1）动态：可以手动将坐标系移动至所需的任何位置和方向。

（2）自动判断：按照选择的对象和选项来创建相关的基准坐标系，或通过 X、Y 和 Z 分量的增量来创建基准坐标系。

（3）原点，X点，Y点：根据选择的或定义的三个点来创建基准坐标系。

（4）X轴，Y轴，原点：根据所选择或定义的一个点和两个矢量来创建基准坐标系。选择的两个矢量作为坐标系的 X 轴、Y 轴，选取的点作为坐标系的原点。

（5）Z轴，X轴，原点：根据所选择或定义的一个点和两个矢量来创建基准坐标系。选择的两个矢量作为坐标系的 Z 轴、X 轴，选取的点作为坐标系的原点。

(6) Z轴，Y轴，原点：根据所选择或定义的一个点和两个矢量来创建基准坐标系。选择的两个矢量作为坐标系的Z轴、Y轴，选取的点作为坐标系的原点。

(7) 平面，X轴，点：根据所选择或定义一个平面、X轴和原点来创建基准坐标系。其中选择的平面作为Z轴平面，选取的X轴作为坐标系中的X轴方向，选取的原点作为坐标系原点。

(8) 平面，Y轴，点：根据所选择或定义一个平面、Y轴和原点来创建基准坐标系。其中选择的平面作为Z轴平面，选取的Y轴作为坐标系中的Y轴方向，选取的原点作为坐标系原点。

(9) 三平面：根据所选择的三个平面来创建基准坐标系。X轴是“X向平面”指定平面的法向，Y轴是“Y向平面”指定平面的法向，Z轴是“Z向平面”指定平面的法向，三个指定平面的交点作为坐标系的原点。

(10) 绝对坐标系：指定模型空间中的某个坐标系作为基准坐标系。X轴和Y轴是“绝对坐标系”的X轴和Y轴，原点是“绝对坐标系”的原点。

(11) 当前视图的坐标系：将当前视图的坐标系设置为基准坐标系。X轴平行于视图底部，Y轴平行于视图的侧面，原点是视图的原点（图形平面中间）。

(12) 偏置坐标系：根据所选择的现有基准坐标系的X、Y和Z方向的增量来创建新基准坐标系。X轴和Y轴是现有基准坐标系的X轴和Y轴，原点为指定的点。

下面以一个范例来演示创建基准坐标系的过程。

(1) 打开范例文件“ch05-01-01. prt”。

(2) 单击“主页”功能选项卡“构造”组中【基准平面】命令的▼按钮，选择【基准坐标系】命令，创建需要的基准坐标系。

① 在“基准坐标系”对话框的“类型”下拉列表中选择“Z轴，X轴，原点”选项，对话框中的选项内容相应变化。

② 在“原点”区域的“指定点”中单击选中长方体上顶面的一个端点；在“Z轴”区域的“指定矢量”中单击选中长方体的上顶面；在“X轴”区域的“指定矢量”中单击选择长方体的正面，如图5.1.10所示。

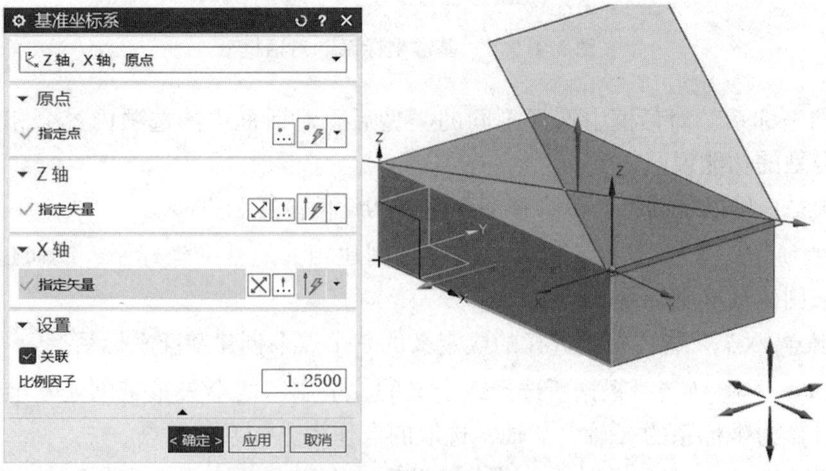

图5.1.10 基准坐标系的创建（1）

(3) 单击确定按钮完成基准坐标系的创建，如图 5.1.11 所示。

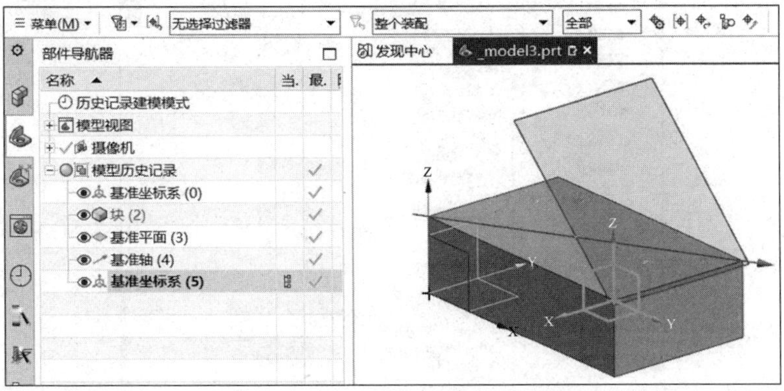

图 5.1.11 基准坐标系的创建（2）

5.1.2 基本体素特征

特征是构成零件模型的基本单元。基本体素常作为零件模型的第一个基本特征使用，然后在基本特征之上通过添加新的特征从而得到所需的模型。因此，体素特征对于零件的设计而言是最基本的特征。在 UG NX 2212 中，基本体素是长方体、圆柱体、圆锥体和球体。下面分别介绍这 4 个基本体素的创建及使用方法。

1. 块（长方体）

原【长方体】命令已改为【块】命令，该命令可通过以下方式找到。

(1) 单击“主页”功能选项卡“基本”组中的按钮，在弹出的其他命令中找到【块】命令，如图 5.1.12 所示。

图 5.1.12 【块】命令（1）

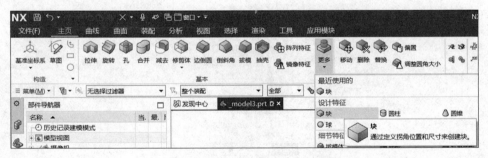

(2)【菜单(M)】→【插入(S)】→【设计特征(E)】→【块(K)...】，如图 5.1.13 所示。

块是基本体素特征中最常用的一个特征，常作为长方体形状特征使用，然后在其基础上生成其他特征。

“块”对话框如图 5.1.14 所示。

在“块”对话框中选择不同类型后，各选项内容会相应变化从而有不同的创建方法。下拉列表中各类型的功能说明如下。

(1) 原点和边长：通过指定长方体的原点、3 个边长（长度、宽度、高度）来创建长方体，原点是长方体的左下角顶点。

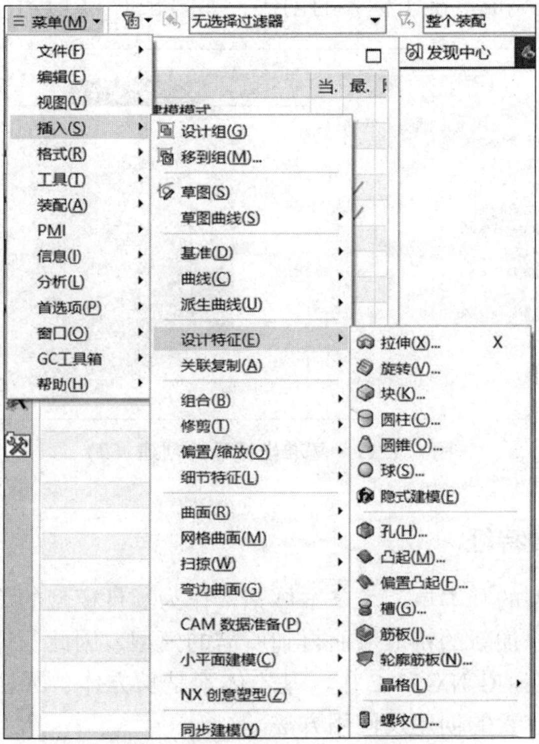

图 5.1.13　【块】命令（2）

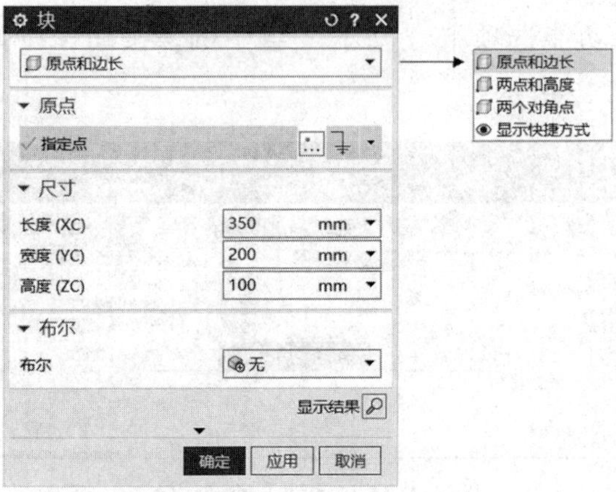

图 5.1.14　“块”对话框

（2）两点和高度：通过指定长方体底面两个对角点的位置、Z 轴方向上的高度来创建长方体，其中一个对角点是长方体的原点，即左下角顶点。

（3）两个对角点：通过指定长方体两个对角点的位置来创建长方体，其中一个对角点是长方体的原点，即左下角顶点。

下面以一个范例来演示创建长方体的过程。

（1）打开范例文件“ch05-01-02. prt”。

（2）选择【块】命令，创建需要的长方体。

① 在“块”对话框的“类型”下拉列表中选择 两点和高度选项，对话框中的选项内容相应变化。

② 在“原点”区域的“指定点”中单击按钮，弹出“点”对话框，在“点”对话框中输入坐标(0,0,0)，单击确定按钮返回“块”对话框。

③ 在“从原点出发的点 XC，YC”区域的“指定点”中单击图形区的某个点，或者单击图标，弹出“点”对话框，在“点”对话框中输入准确坐标(200,100,0)，单击确定按钮返回“块”对话框。

④ 在“维度”区域的“高度（ZC)”文本框中输入“80”，即指定长方体的高度，如图 5.1.15 所示。

图 5.1.15 块的创建

(3) 单击确定按钮完成块即长方体的创建。

2. 圆柱体

【圆柱】命令可通过以下方式找到。

(1) 单击“主页”功能选项卡“基本”组中的按钮，在弹出的其他命令中找到【圆柱】命令；

(2)【菜单(M)】→【插入(S)】→【设计特征(E)】→【圆柱(C)...】命令。

圆柱体是基本体素特征中的一个常用特征，常作为圆柱状特征使用，然后在其基础上生成其他特征。

“圆柱”对话框如图 5.1.16 所示。

在“圆柱”对话框中选择不同类型后，各选项内容会相应变化从而有不同的创建方法。下拉列表中各类型的功能说明如下。

(1) 轴、直径和高度：要求确定一个矢量方向作为圆柱体的轴线方向，再指定圆柱体的直径和高度参数以及圆柱体底面中心的位置来创建圆柱体。

(2) 圆弧和高度：通过指定所选取的圆弧和高度来创建圆柱体。

下面以一个范例来演示创建圆柱体的过程。

图 5.1.16 “圆柱”对话框

（1）打开范例文件“ch05-01-02.prt”。

（2）选择【圆柱】命令，创建需要的圆柱体。

① 在“圆柱”对话框的“类型”下拉列表中选择轴、直径和高度选项，对话框中的选项内容相应变化。

② 定义圆柱体轴线方向。在“轴”区域的“指定矢量”中单击按钮，弹出“矢量”对话框，在该对话框的“类型”下拉列表中选择“ZC 轴”选项，单击确定按钮返回“圆柱”对话框。

③ 定义圆柱底面圆心位置。在“轴”区域的“指定点”中单击按钮，弹出“点”对话框，在该对话框中输入准确坐标(300,0,0)，单击确定按钮返回“圆柱”对话框。

④ 定义圆柱体参数。在“尺寸”区域中的“直径”文本框中输入“100”，在“高度”文本框中输入“130”，如图 5.1.17 所示。

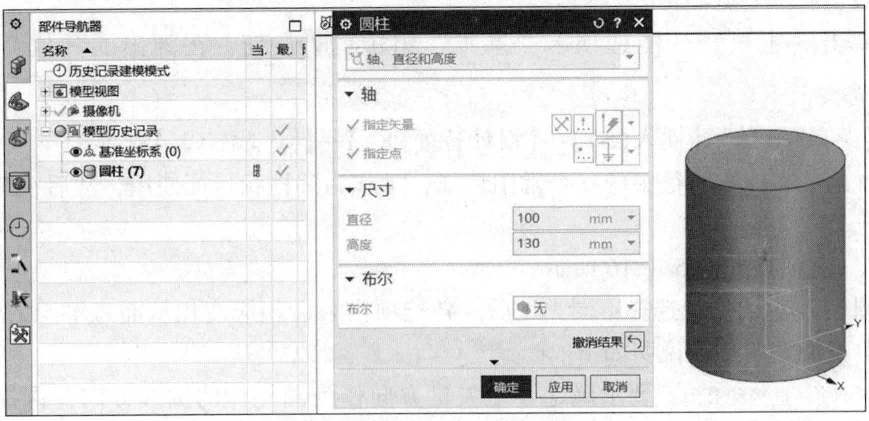

图 5.1.17 圆柱体的创建

（3）单击确定按钮完成圆柱体的创建。

3. 圆锥体

【圆锥】命令可通过以下方式找到。

(1) 单击“主页”功能选项卡“基本”组的更多按钮，在弹出的其他命令中找到【圆锥】命令。

(2)【菜单(M)】→【插入(S)】→【设计特征(E)】→【圆锥(O)...】命令。

圆锥体是基本体素特征中的一个常用特征，常作为圆锥状、圆台状特征使用，然后在其基础上生成其他特征。

“圆锥”对话框如图 5.1.18 所示。

图 5.1.18 “圆锥”对话框

在“圆锥”对话框中选择不同类型后，各选项内容会相应变化从而有不同的创建方法。下拉列表中各类型的功能说明如下。

(1) 直径和高度：要求确定一个矢量方向作为圆锥体的轴线方向、圆锥体中心的位置，再指定圆锥体的底部直径、顶部直径和高度参数来创建圆锥体。

(2) 直径和半角：要求确定一个矢量方向作为圆锥体的轴线方向、圆锥体中心的位置，再指定底部直径、顶部直径和半角参数来创建圆锥体。

(3) 底部直径，高度和半角：要求确定一个矢量方向作为圆锥体的轴线方向、圆锥体中心的位置，再指定底部直径、高度和半角参数来创建圆锥体。

(4) 顶部直径，高度和半角：要求确定一个矢量方向作为圆锥体的轴线方向、圆锥体中心的位置，再指定顶部直径、高度和半角参数来创建圆锥体。

(5) 两个共轴的圆弧：通过指定所选取的两个圆弧对象来创建圆锥体。

下面以一个范例来演示创建圆锥体的过程。

(1) 打开范例文件“ch05-01-02. prt”。

(2) 选择【圆锥】命令，创建需要的圆锥体。

① 在“圆锥”对话框的“类型”下拉列表中选择直径和半角选项，对话框中的选项内容相应变化。

② 定义圆锥体轴线方向。在“轴”区域的“指定矢量”中单击按钮，弹出“矢量”对话框，在该对话框的“类型”下拉列表中选择“ZC 轴”选项，单击确定按钮返回“圆

锥”对话框。

③ 定义圆锥中心位置。在“轴”区域的“指定点”中单击按钮，弹出“点”对话框，在该对话框中输入准确坐标(200,200,0)，单击确定按钮返回“圆锥”对话框。

④ 定义圆锥体参数。在“尺寸”区域的“底部直径”文本框中输入“200”，在“顶部直径”文本框中输入“50”，在“半角”文本框中输入“30”，如图 5.1.19 所示。

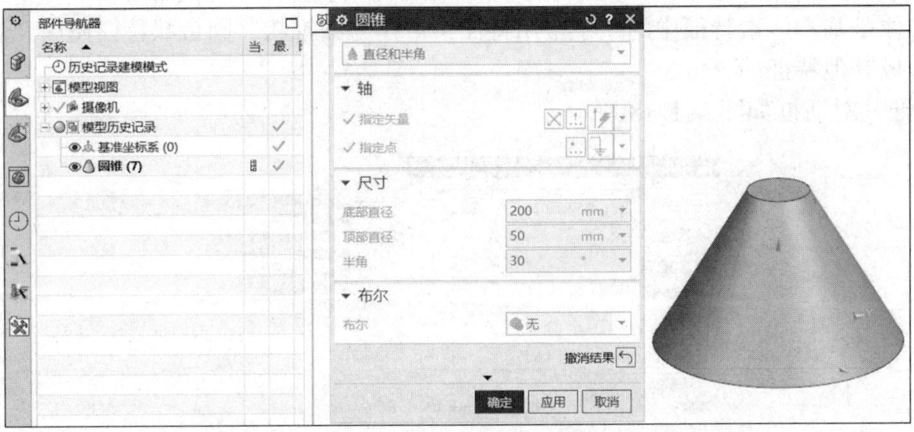

图 5.1.19　圆锥体的创建

(3) 单击确定按钮完成圆锥体的创建。

4. 球体

【球】命令可通过以下方式找到。

(1) 单击“主页”功能选项卡“基本”组中的按钮，在弹出的其他命令中找到【球】命令。

(2)【菜单(M)】→【插入(S)】→【设计特征(E)】→【球(S)...】命令。

球体是基本体素特征中的一个常用特征，常作为球状特征使用，然后在其基础上生成其他特征。

“球”对话框如图 5.1.20 所示。

图 5.1.20　“球”对话框

在“球”对话框中选择不同类型后，各选项内容会相应变化从而有不同的创建方法。下拉列表中各类型的功能说明如下。

（1）中心点和直径：通过确定球体中心的位置，再指定球体的直径来创建球体。

（2）圆弧：通过指定所选取的圆弧对象来创建球体。

下面以一个范例来演示创建球体的过程。

（1）打开范例文件“ch05-01-02. prt”。

（2）选择【球】命令，创建需要的球体。

① 在“球”对话框的“类型”下列表表中选择中心点和直径选项，对话框中的选项内容相应变化。

② 定义球体中心位置。在“中心点”区域的“指定点”中单击按钮，弹出“点”对话框，在该对话框中输入准确坐标(0,300,100)，单击确定按钮返回“球”对话框。

③ 定义球体参数。在“维度”区域的“直径”文本框中输入“150”，如图 5. 1. 21 所示。

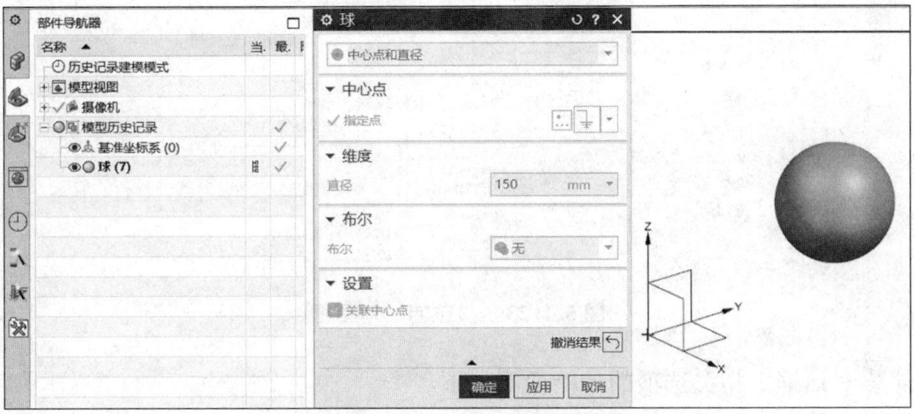

图 5. 1. 21　球体的创建

（3）单击确定按钮完成球体的创建。

5. 1. 3　拉伸特征

拉伸特征是将截面沿着截面所在平面的垂直方向拉伸而成的特征，它是零件建模中最常用的特征。只要实体中某部分的截面相同，都可以通过拉伸操作生成。拉伸特征操作示意如图 5. 1. 22 所示。

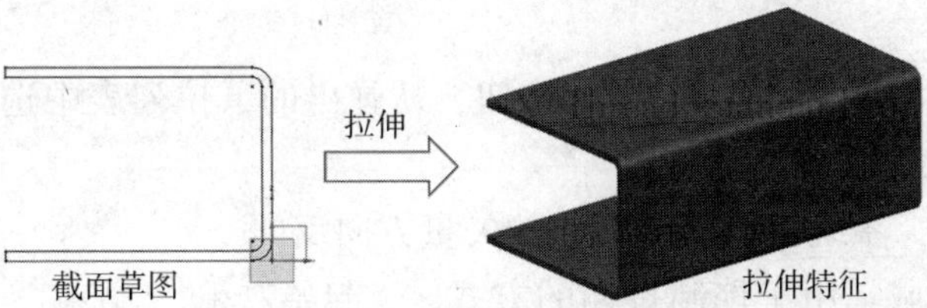

图 5. 1. 22　拉伸特征操作示意

【拉伸】命令可通过以下方式找到。

（1）“主页”功能选项卡“基本”组→【拉伸】命令。

（2）【菜单（M）】→【插入（S）】→【设计特征（E）】→【拉伸（X）...】命令。

“拉伸”对话框如图 5.1.23 所示。

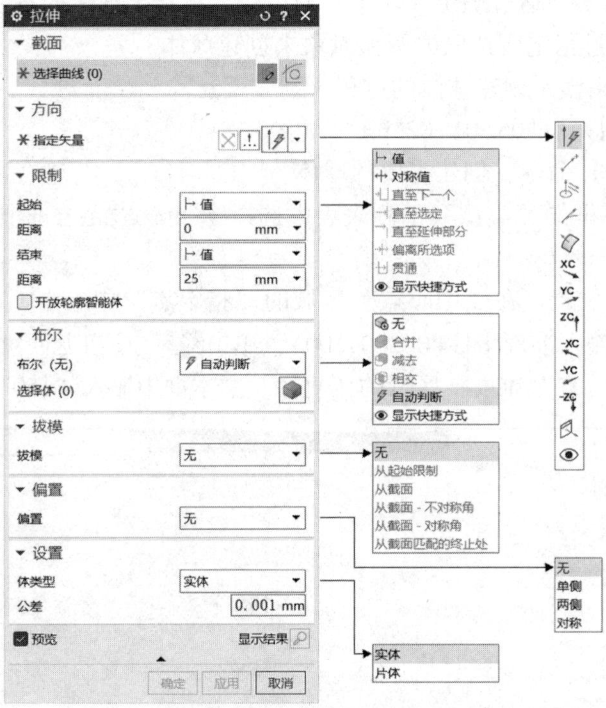

图 5.1.23　“拉伸”对话框

“拉伸”对话框中相关选项的功能说明如下。

（1）“截面”区域：指定要选择的曲线作为截面来进行拉伸，包括两个按钮。

绘制截面：创建一个新草图作为拉伸特征的截面，完成草图并退出草图工作环境后，系统自动选择该草图作为拉伸特征的截面。

选择曲线：选择已有的草图或几何体边缘作为拉伸特征的截面。

注意：假如已选择的曲线不正确，需要取消重新选择时，可以单击上边框条中的“全不选”按钮取消当前所选择的对象。

（2）“方向”区域：通过指定一个矢量方向作为拉伸特征的方向。

：单击此按钮弹出“矢量”对话框，在该对话框中定义矢量。详细说明请参看“矢量定义”内容。

：用于指定拉伸的方向。单击此按钮，从弹出的下拉列表中选择相应的方式，指定矢量方向。

：单击此按钮，系统会自动使当前的矢量方向反向。

（3）“限制”区域：用于控制拉伸的方式。“起始”和“结束”下拉列表都包括 6 个选项。

①“值”：分别在“起始”和“结束”下面的“距离”文本框中输入具体的数值（可以是负数）来确定拉伸的深度，起始值和结束值之差的绝对值就是拉伸的深度。

②“对称值”：将在截面所在平面的两侧同时进行拉伸，且两侧的拉伸深度值相等。

③“直至下一个”：拉伸至下一个障碍物的表面处终止。

④“直至选定”：拉伸到选定的实体、平面、辅助面或曲面为止。

⑤“直至延伸部分”：拉伸到选定的曲面，但是选定曲面不能与拉伸体完全相交，系统会按照选定曲面的边界自动延伸其大小，切除生成的拉伸体。

⑥“贯通”：在拉伸方向上延伸，直至与所有曲面相交。

(4)“布尔”区域：如果图形区在拉伸之前已经创建有其他实体，则可以在拉伸时与这些实体进行布尔操作，包括求和、求差和求交。

(5)“拔模”区域：沿拉伸方向对拉伸体进行拔模。“角度”值大于0时，沿拉伸方向向内拔模；“角度”值小于0时，沿拉伸方向向外拔模。“拔模”下拉列表中有6种方式，具体说明如下。

①“无”：不进行拔模操作。

②“从起始限制”：直接从设置的起始位置开始拔模。

③“从截面”：以拉伸截面作为起始位置开始拔模。

④“从截面-不对称角”：在拉伸截面两侧进行不对称的拔模。

⑤“从截面-对称角”：在拉伸截面两侧进行对称的拔模。

⑥“从截面匹配的终止处”：在拉伸截面两侧进行拔模，所输入的角度为“结束”侧的拔模角度，且起始面与结束面的大小相同。

(6)“偏置”区域：“偏置”下拉列表中有“无”“单侧”“两侧”和“对称”4种方式，默认选择“无”方式。其中“两侧”和“对称”方式可创建拉伸薄壁类型特征，“两侧”方式通过设置起始值与结束值，以两者之差的绝对值为薄壁厚度。

(7)“设置”区域：“体类型”选项用于指定生成的特征是片体（即曲面）还是实体。

(8)“预览”复选框：通过勾选“预览”复选框，可以实时查看所创建的特征。

预览时，可按住鼠标中键进行旋转查看，如果所创建的特征不符合设计意图，可将“拉伸”对话框中的相关选项重新定义或直接修改，无须删除重做。

1. 矢量定义

矢量在建模过程中的应用非常广泛，如上述拉伸操作，还有后面的旋转操作等都需要用到矢量，因此这里专门对矢量进行详细介绍。矢量的设置主要用于定义对象的高度方向、投影方向和旋转中心轴等方面。

在“拉伸”对话框的“方向”区域单击按钮，弹出“矢量”对话框如图5.1.24所示。

图 5.1.24 “矢量”对话框

在“矢量”对话框中选择不同的类型后，对话框中的选项内容会相应变化。下拉列表中各类型的功能说明如下。

（1）自动判断矢量：根据选取的对象自动判断所定义矢量的类型。

（2）两点：通过空间两点创建一个矢量，矢量方向为由第一点指向第二点。

（3）与XC成一角度：在 XC 平面上创建与 XC 轴成一定角度的矢量。

（4）曲线/轴矢量：通过选取曲线上某点的切向矢量来创建一个矢量。

（5）曲线上矢量：通过曲线上任一点创建一个与曲线相切的矢量，可按照圆弧长或圆弧长的百分比指定点的位置。

（6）面/平面法向：创建与实体表面（必须是平面）法线或圆柱面的轴线平行的矢量。

（7）XC 轴：创建与 XC 轴平行的矢量。

注意：这里新创建的矢量只是与 XC 轴平行，但不是 XC 轴，以下 5 项与此相同。

（8）YC 轴：创建与 YC 轴平行的矢量。

（9）ZC 轴：创建与 ZC 轴平行的矢量。

（10）-XC 轴：创建与-XC 轴平行的矢量。

（11）-YC 轴：创建与-YC 轴平行的矢量。

（12）-ZC 轴：创建与-ZC 轴平行的矢量。

（13）视图方向：创建与当前工作视图平行的矢量。

（14）按系数：通过系数创建一个矢量。

（15）按表达式：通过矢量类型的表达式创建矢量。

创建矢量的方法过程如下。

（1）在“矢量”对话框的“类型”下拉列表中选择所需类型，对话框中的选项内容相应变化。

（2）根据“失量”对话框中的各选项内容，选择相应对象后自动生成矢量预览。

（3）检查矢量预览情况，如方向不符合要求，则单击“矢量方位”区域中的按钮进行反向。

（4）设置完成所有参数后，单击 确定 按钮，创建所需的矢量。

2. 创建拉伸实例

关于拉伸特征的具体创建方法，将在后面章节的实例特训中做详细介绍。

5.1.4 旋转特征

旋转特征是将截面绕着一条中心线旋转而成的特征，它是零件建模中最常用的特征。属于回转体类型的实体都可以通过旋转操作来生成。旋转特征操作示意如图 5.1.25 所示。

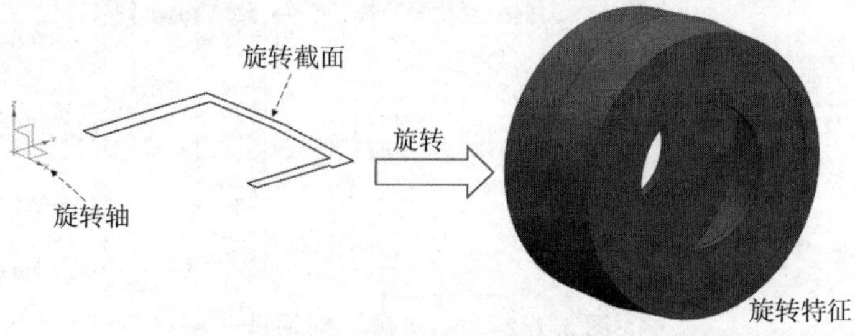

图 5.1.25 旋转特征操作示意

【旋转】命令可通过以下方式找到。

(1) “主页”功能选项卡“基本”组→【旋转】命令。

(2)【菜单(M)】→【插入(S)】→【设计特征(E)】→【旋转(V)...】命令。

“旋转”对话框如图 5.1.26 所示。

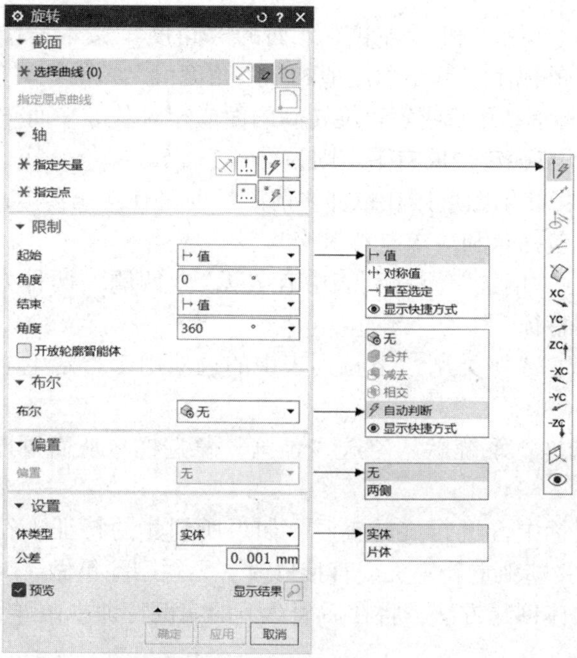

图 5.1.26　“旋转”对话框

“旋转”对话框中相关选项的功能说明如下。

(1) “截面”区域：指定要选择的曲线作为截面进行拉伸，包括 3 个按钮。

① 反向：调整已选择曲线的方向，可单击反向。

② 绘制截面：创建一个新草图作为旋转特征的截面，完成草图并退出草图工作环境后，系统自动选择该草图作为旋转特征的截面。

③ 选择曲线：选择已有的草图或几何体边缘作为旋转特征的截面。

注意：假如已选择的曲线不正确，需要取消重新选择，则可以单击上边框条中的“全不选”按钮取消当前所选择的对象。

(2) “轴”区域：指定一个矢量方向作为旋转特征的方向。

反向：单击此按钮，系统会自动使当前的矢量方向反向。

：单击此按钮，弹出“矢量”对话框，在该对话框中定义矢量。详细说明请参看“矢量定义”内容。

：用于指定旋转的方向。单击此按钮，从弹出的下拉列表中选取相应的方式，指定矢量方向。

：单击此按钮，弹出“点构造器”对话框，可在该对话框中定义一个点，从而完全定义旋转轴。

注意：当创建矢量时所选择的类型为“与 XC 轴平行”“与 YC 轴平行”“与 ZC 轴平

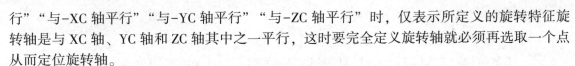

行”“与-XC 轴平行”“与-YC 轴平行”“与-ZC 轴平行”时，仅表示所定义的旋转特征旋转轴是与 XC 轴、YC 轴和 ZC 轴其中之一平行，这时要完全定义旋转轴就必须再选取一个点从而定位旋转轴。

(3)“限制”区域：用于控制旋转的方式。“起始”和“结束”下拉列表都包括两个选项。

①“值”：分别在“起始”和“结束”下面的“角度”文本框中输入具体的数值（可以是负数）来确定旋转的范围，起始角度值和结束角度值之差的绝对值就是旋转的角度。

②“直至选定”：选择要开始或停止旋转到的面或相对基准平面。

③ 旋转的方向：以与旋转轴成右手定则为准。

(4)“布尔”区域：如果图形区在拉伸之前已经创建有其他实体，则可以在旋转时与这些实体进行布尔操作，包括求和、求差和求交。

(5)“偏置”区域：“偏置”下拉列表中有“无”“两侧”两种方式，其中“两侧”方式可创建旋转薄壁类型特征。

(6)“设置”区域：“体类型”下拉列表中的选项用于指定生成的特征是片体（即曲面）还是实体。

(7)“预览”复选框：系统默认勾选“预览”复选框，从而可以实时查看到所创建的特征。

预览时，可按住鼠标中键进行旋转查看，如果所创建的特征不符合设计意图，可以对“旋转”对话框中的相关选项重新定义或直接修改，无须删除重做。

关于旋转特征的具体创建方法，将在后面章节的实例特训中做详细介绍。

5.1.5 扫掠特征

扫掠特征是将一条截面线串沿着一条空间的路径移动而生成的特征。它是含有曲面特征的零件建模中常用的特征，其路径称为引导线。扫掠特征操作示意如图 5.1.27 所示。

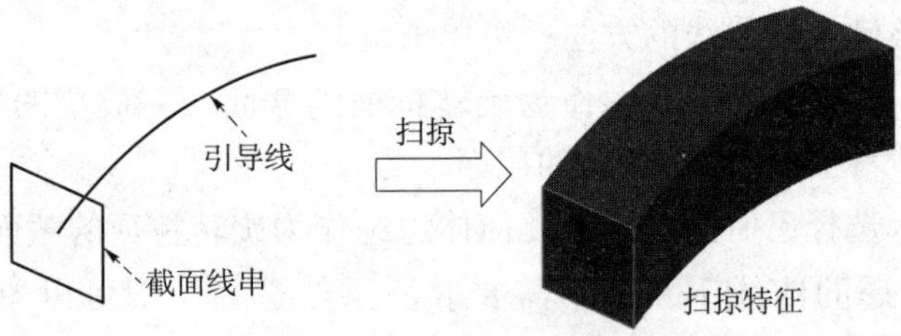

图 5.1.27 扫掠特征操作示意

【扫掠】命令可通过以下方式找到。

(1)“曲面”功能选项卡“基本”组→【扫掠】命令。

(2)【菜单(M)】→【插入(S)】→【扫掠(W)】→【扫掠(S)...】命令。

“扫掠”对话框如图 5.1.28 所示。

“扫掠”对话框中相关选项的功能说明如下。

(1)“截面”区域：指定要选择的曲线作为截面进行扫掠，包括两个按钮。

① 反向：调整已选择曲线的方向，可单击反向。

② 选择曲线：选择已有的草图或几何体边缘作为扫掠特征的截面曲线。

注意：假如已选择的曲线不正确，需要取消重新选择，则可以单击上边框条中的“全不选”按钮取消当前所选择的对象。

（2）“引导线（最多3条）”区域：指定曲线作为扫掠特征的路径。

（3）“设置”区域：“体类型”选项用于指定生成的特征是片体（即曲面）还是实体。

（4）“预览”复选框：系统默认勾选“预览”复选框，从而可以实时查看所创建的特征。

预览时，可按住鼠标中键进行旋转查看，如果所创建的特征不符合设计意图，则可以将“扫掠”对话框中的相关选项重新定义或修改。

下面以一个范例来演示创建扫掠的过程。

（1）打开范例文件“ch05-01-05. prt”。

（2）在此范例文件中已经创建有截面草图、引导线，这里不再重复介绍其创建过程。

（3）选择【扫掠】命令，弹出“扫掠”对话框，创建需要的特征。

图 5.1.28 “扫掠”对话框

① 定义截面线串。在“扫掠”对话框“截面”区域的“选择曲线”选择图形区矩形的4条曲线，如图5.1.29所示。

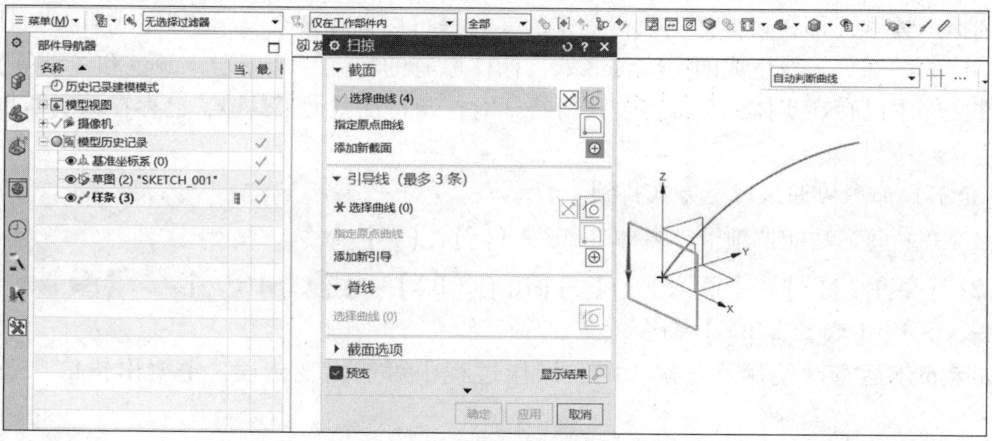

图 5.1.29 扫掠的创建（1）

② 定义引导线。在“扫掠”对话框“引导线（最多3条）”区域的“选择曲线”中选择图形区的样条曲线，如图5.1.30所示。

③“扫掠”对话框中的其他选项默认即可。

（4）单击 确定 按钮完成扫掠的创建。

5.1.6 特征操作

特征操作构建的特征不能单独生成，而只能在其他特征上生成，例如布尔操作、孔特

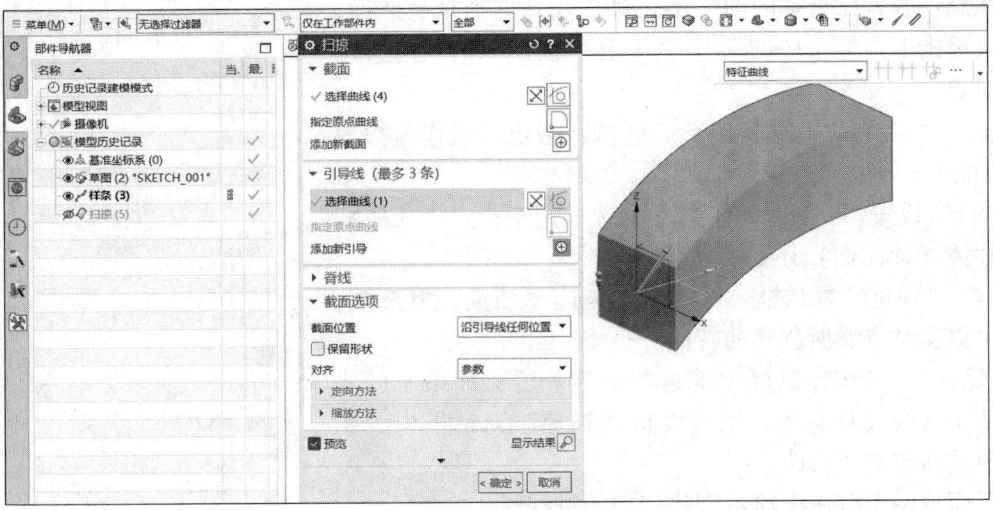

图 5.1.30　扫掠的创建（2）

征、凸起、槽特征、螺纹特征、抽壳、边倒圆和倒斜角这些都是典型的特征操作。下面对这些特征操作分别进行介绍。

1. 布尔操作

布尔操作是对原先存在的多个独立实体进行运算，从而生成新的实体。布尔操作包括 4 种形式：布尔求和（合并）、布尔求差（减去）、布尔求交（相交）、组合。

在进行布尔操作时，首先选择目标体（即对其执行布尔运算的实体，只能选择 1 个），然后选择工具体（即在目标体上执行操作的实体，可以选择多个）；运算完成后，工具体成为目标体的一部分，新生成的实体将继承目标体原有的特性（如图层、颜色和线型等）。如果部件文件中已存在实体，那么当创建新特征时，新特征就是工具体，已存在的实体作为目标体。

【布尔】命令可通过以下方式找到。

（1）“主页”功能选项卡“基本”组→【合并】、【减去】命令。

（2）【菜单（M）】→【插入（S）】→【组合（B）】→【合并(U)...】、【减去(S)...】、【求交(I)...】、【组合(B)...】命令。

如果布尔运算的使用不正确，则在操作过程中可能出现错误，主要出错信息及原因如下。

（1）“工具体完全在目标体外”：所选工具体和目标体在空间上没有接触，则系统报错。

（2）“不能创建任何特征”：在进行操作时，如果使用复制目标，且没有创建一个或多个特征，则系统报错。

（3）“非歧义实体”：将一个片体与另一个片体进行布尔求差操作，则系统报错。

（4）“无法执行布尔运算”：将一个片体与另一个片体进行布尔求交操作，则系统报错。

注意：在 UG NX 建模操作中，如果创建的是第一个特征，则不存在布尔运算，“布尔”列表框为灰色。从创建第二个特征开始，以后加入的特征都可以选择“布尔”列表框中的相关操作，而且对于一个独立的部件，在非特殊情况下，每一个添加的特征都应选择“布尔”列表框中的操作，以确保这个独立部件中只有 1 个实体。

1）布尔求和操作

布尔求和（合并）操作用于将工具体和目标体合并为一体。布尔求和操作示意如图 5. 1. 31 所示。

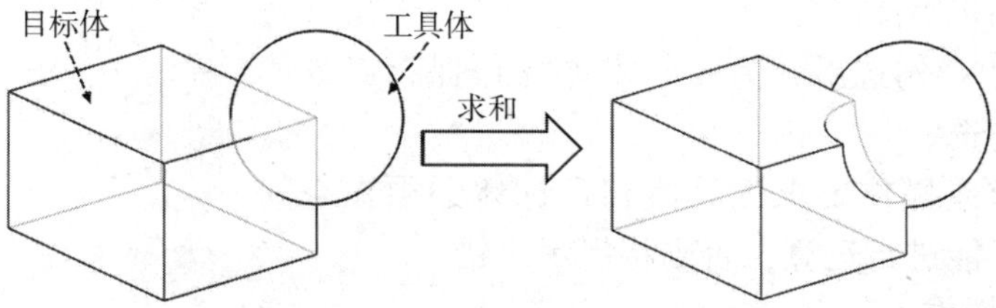

图 5. 1. 31　布尔求和操作示意

选择【合并】命令，弹出“合并”对话框，如图 5. 1. 32 所示。

“合并”对话框中相关选项的功能说明如下。

（1）“目标”区域：选定目标体。

（2）“工具”区域：选定工具体。

（3）“设置”区域：有多个复选框，分别如下。

① □ **保存目标**：勾选后，为布尔求和操作保存目标体的副本。默认不勾选。

② □ **保存工具**：勾选后，为布尔求和操作保存工具体的副本。默认不勾选。

注意：布尔求和操作要求工具体和目标体必须在空间上有接触才能进行运算，否则将提示出错。

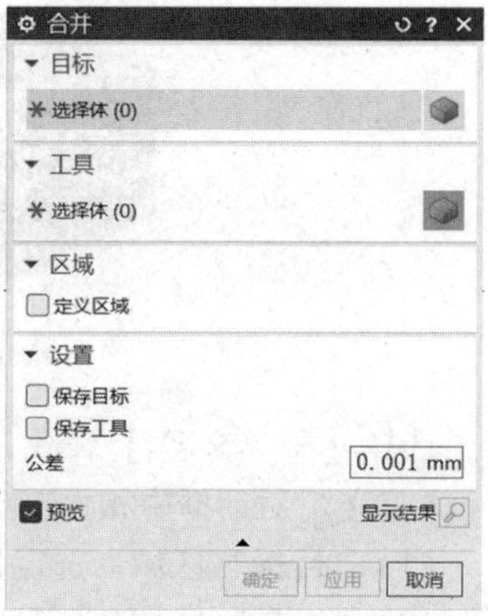

图 5. 1. 32　“合并”对话框

下面以一个范例来演示创建布尔求和操作的过程。

（1）打开范例文件“ch05-01-06-01. prt”。

（2）在此范例文件中已经创建有一个实体特征。

（3）此范例文件中“部件导航器”的“合并（3）”就是合并特征，具体操作过程这里不再介绍。

2）布尔求差操作

布尔求差（减去）操作用于将工具体从目标体中移除。布尔求差操作示意如图 5. 1. 33 所示。

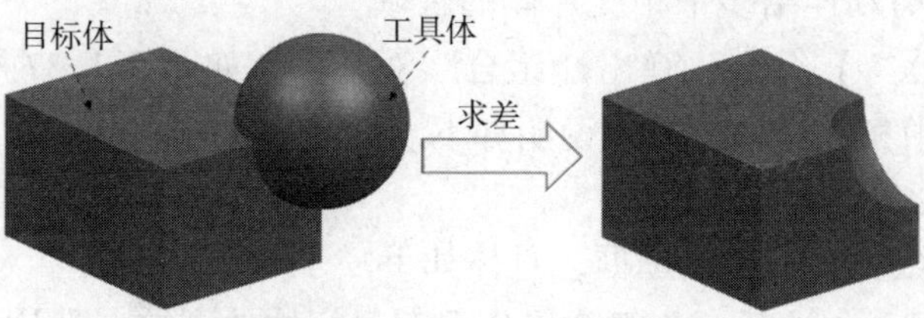

图 5. 1. 33　布尔求差操作示意

选择【减去】命令，弹出“减去”对话框，如图 5. 1. 34 所示。

“减去”对话框中相关选项的功能说明如下。

（1）“目标”区域：选定目标体。

（2）“工具”区域：选定工具体。

（3）“设置”区域：有两个复选框，分别如下。

① □ **保存目标**：勾选后，为布尔求差操作保存目标体的副本。默认不勾选。

② □ **保存工具**：勾选后，为布尔求差操作保存工具体的副本。默认不勾选。

注意：布尔求差操作要求工具体和目标体必须在空间上有接触或重合才能进行运算，否则将提示出错。

3）布尔求交操作

布尔求交（相交）操作用于创建工具体和目标体之间的公共部分。布尔求交操作示意如图 5.1.35 所示。

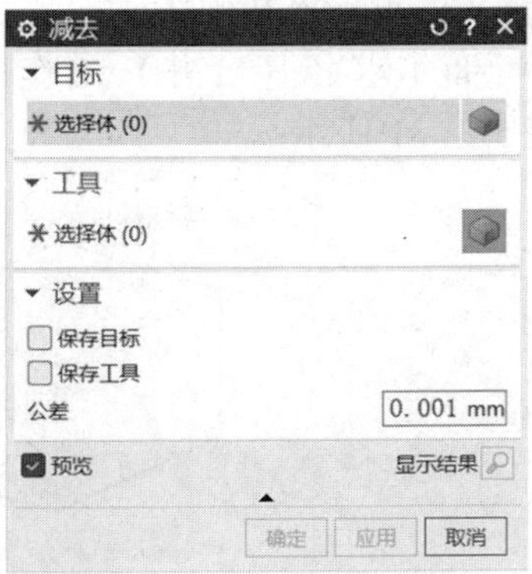

图 5.1.34　“减去”对话框

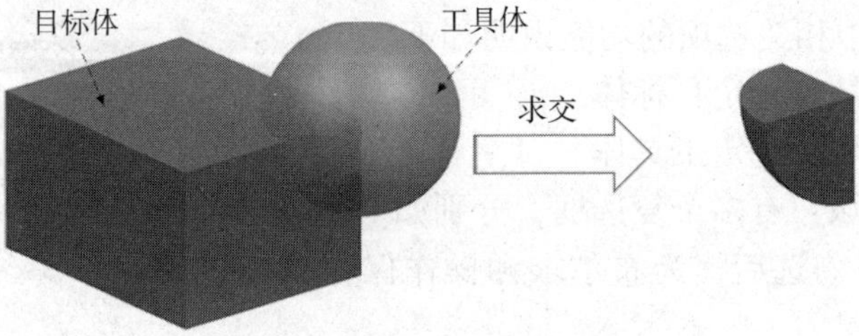

图 5.1.35　布尔求交操作示意

选择【求交(I)...】命令，弹出“求交”对话框，如图 5.1.36 所示。

“求交”对话框中相关选项的功能说明如下。

（1）“目标”区域：选定目标体。

（2）“工具”区域：选定工具体。

（3）“设置”区域：有两个复选框，分别如下。

① □ **保存目标**：勾选后，为布尔求交操作保存目标体的副本。默认不勾选。

② □ **保存工具**：勾选后，为布尔求交操作保存工具体的副本。默认不勾选。

注意：布尔求交操作要求工具体和目标体必须在空间上有接触才能进行运算，否则将提示出错。

4）组合操作

组合操作用于修剪和连结多个相交片体的区域。

选择【组合(B)...】命令，弹出“组合”对话框，如图 5.1.37 所示。

“组合”对话框中相关选项的功能说明如下。

（1）“体”区域：选定目标体。

（2）“区域”区域：有一个复选框，具体如下。

□ **仅允许相连区域**：勾选后，为组合操作保存目标体的副本。默认不勾选。

注意：组合操作要求工具体和目标体必须在空间上有接触才能进行运算，否则将提示出错。

2. 孔特征

【孔】命令可以在实体上创建 3 种类型的孔特征。孔特征操作示意如图 5.1.38 所示。

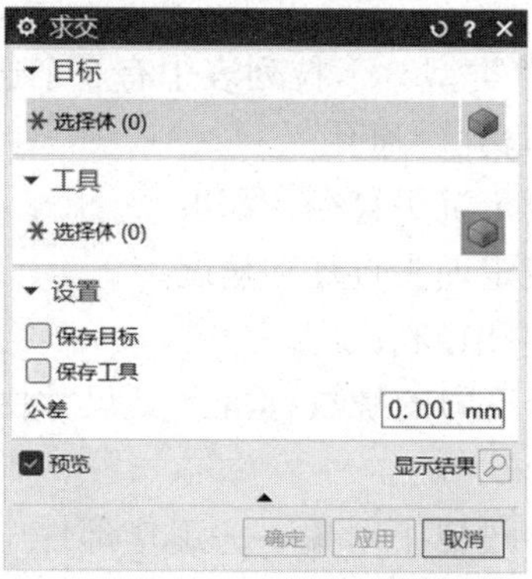

图 5.1.36　“求交”对话框

图 5.1.37　“组合”对话框

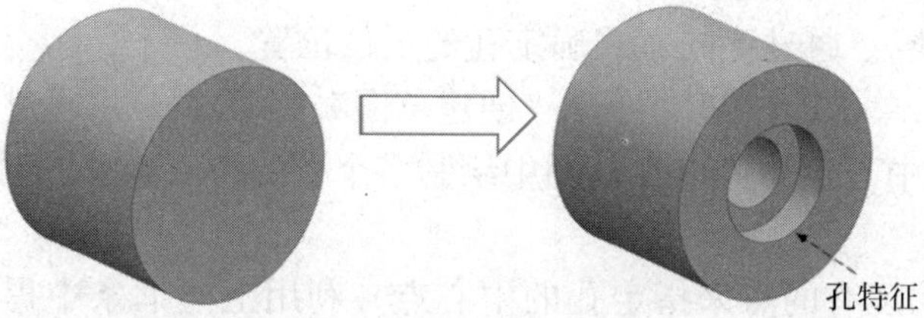

图 5.1.38　孔特征操作示意

【孔】命令可通过以下方式找到。

（1）“主页”功能选项卡“基本”组→【孔】命令。

（2）【菜单(M)】→【插入(S)】→【设计特征(E)】→【孔(H)...】命令。

“孔”对话框如图 5.1.39 所示。

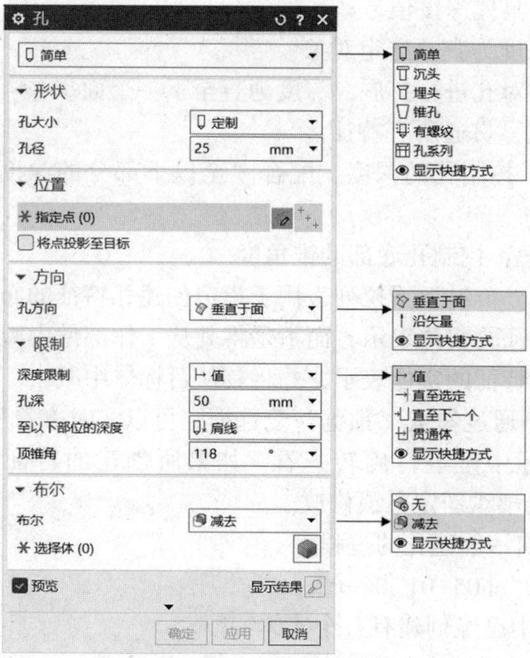

图 5.1.39　“孔”对话框

“孔”对话框中相关选项的功能说明如下。

（1）“类型”下拉列表：指定要创建的孔类型。“类型”下拉列表中有5个选项。

① 简单：创建指定尺寸的常规孔特征，可以是盲孔、通孔。

② 沉头：创建指定尺寸的沉头孔特征，可以设定沉头直径、深度。

③ 埋头：创建指定尺寸的埋头孔特征，可以设定埋头直径和角度。

④ 锥孔：创建指定尺寸的锥形孔特征，可设定孔径和锥度。

⑤ 有螺纹：创建指定尺寸的螺纹孔，可以选择不同的螺纹标准，其尺寸由螺纹尺寸、径向进给等参数控制。

⑥ 孔系列：创建一组相关的孔特征，其可以穿过以下对象——工作部件中的多个体、装配中的多个体。可以使用此类型孔跨多个实体安装紧固件。

（2）“形状”区域：用于控制孔的形式和主要尺寸参数。

“孔径”文本框：控制孔直径的大小。

（3）“位置”区域：通过不同方式确定孔的定位位置。

① 绘制截面：单击此按钮将打开“创建草图”对话框，并通过指定放置面和方位在新建草图中创建孔的中心点。可以在草图中绘制多个孔的中心点，同时创建多个参数相同的孔特征。

② 点：可使用现有的点来指定孔的中心点。利用上边框条中提供的工具按钮来选择现有的点或点特征。

（4）“方向”区域：用于指定创建的孔的方向，“孔方向”下拉列表有两个选项。

①“垂直于面”：沿着每个指定点所在面法向的反向来定义孔的方向。

②“沿矢量”：沿指定的矢量定义孔的方向。

（5）“限制”区域：用于指定孔特征的其他形状和尺寸。

①“深度限制”下拉列表：控制孔深度类型，具体选项如下。

a. “值”：给定孔的具体深度值。

b. “直至选定”：深度为直至选定对象。

c. “直至下一个”：对孔进行扩展，深度为直至下一个面。

d. “贯通体”：通孔，贯通所有特征。

②“孔深”文本框：控制孔的深度，配合“至以下部分的深度”下拉列表中的选项一起控制。

③“顶锥角”文本框：控制孔底部的锥角度。

（6）“布尔”区域：“布尔”下拉列表用于指定创建孔特征的布尔操作，具体选项如下。

①“无”：创建孔特征的实体表示，而不是将其从工作部件中减去。

②“减去”：创建孔特征的实体表示，并将其从目标体中减去。

（7）“预览”区域：通过勾选“预览”复选框，可以实时查看所创建的特征。

预览时，可按住鼠标中键进行旋转查看，如果所创建的特征不符合设计意图，可对“孔”对话框中的相关选项重新定义或修改。

下面以一个范例来演示创建孔的过程。

（1）打开范例文件“ch05-01-06-02. prt”。

（2）在此范例文件中已经创建有一个实体特征。

（3）此范例文件中“部件导航器”的“沉头孔（2）”就是孔特征。

3. 凸起特征

【凸起】命令是 UG NX 12.0 以后的新功能，包括 UG NX 10 以前版本中的【凸台】、【垫块】两个命令。【凸起】命令可以在实体的表面创建一个局部的凸台或凹坑，凸起的形状和范围由封闭的截面草图来定义，凸起的高度可以通过偏移值或平面参照来定义。凸起特征操作示意如图 5.1.40 所示：

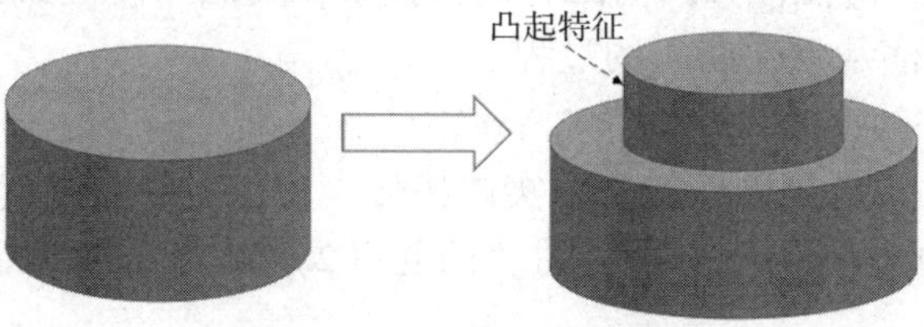

图 5.1.40 凸起特征操作示意

【凸起】命令可通过以下方式找到。

(1)"主页"功能选项卡"基本"组→【更多】→【凸起】命令。

(2)【菜单(M)】→【插入(S)】→【设计特征(E)】→【凸起(M)...】命令。

"凸起"对话框如图 5.1.41 所示。

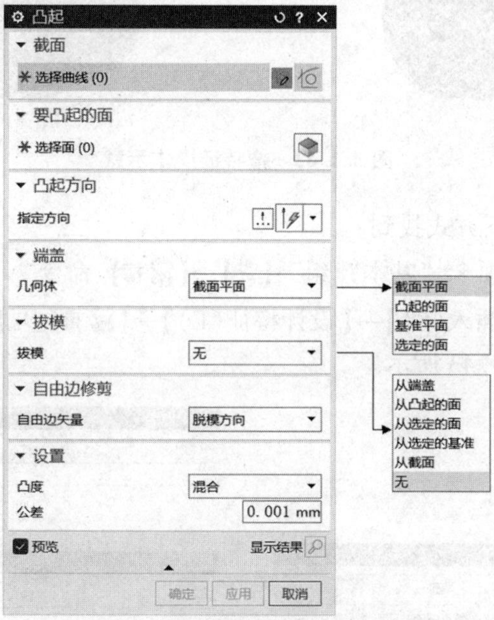

图 5.1.41 "凸起"对话框

"凸起"对话框中相关选项的功能说明如下。

(1)"截面"区域：指定要选择的曲线作为截面来进行凸起，包括有两个按钮。

① 绘制截面：创建一个新草图作为截面曲线，完成草图并退出草图工作环境后，系统自动选择该草图作为截面曲线。

② 选择曲线：选择已有的草图或曲线作为截面曲线。

(2)"要凸起的面"区域：指定要凸起的面。

（3）“凸起方向”区域：指定要凸起的矢量方向。

（4）“端盖”区域：用于控制凸起的方式，涉及几何体、位置和距离的设定。在“几何体”下拉列表选择不同方式时，对应显示相应的设定内容。

注意：当选择“凸起的面”选项时，出现“距离”文本框，单击⊠按钮进行反向，从而创建凸起或凹坑。

（5）“拔模”区域：沿拉伸方向对凸起进行拔模，类似拉伸特征，这里不再重复介绍。

下面以一个范例来演示创建凸起的过程。

（1）打开范例文件“ch05-01-06-03. prt”。

（2）在此范例文件中已经创建有一个实体特征。

（3）此范例文件中“部件导航器”的“凸起（2）”就是凸起特征，具体操作过程比较简单，这里不再介绍。

4. 槽特征

使用【槽】命令可以在实体中创建一个沟槽，可在圆柱面或圆锥形面上向内或向外创建沟槽。槽特征操作示意如图 5. 1. 42 所示。

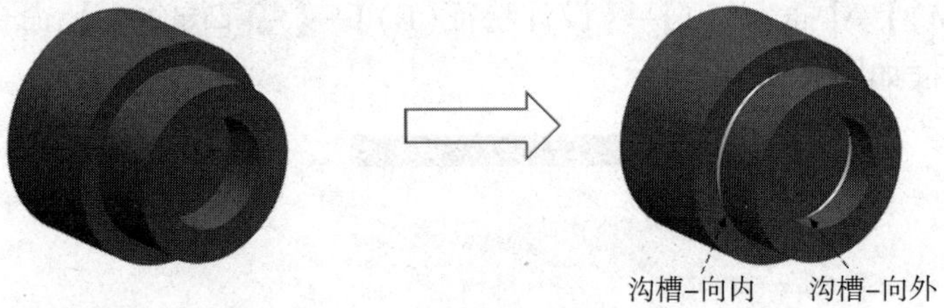

图 5. 1. 42　槽特征操作示意

【槽】命令可通过以下方式找到。

（1）“主页”功能选项卡“基本”组→【更多】→【槽】命令。

（2）【菜单(M)】→【插入(S)】→【设计特征(E)】→【槽(G)...】命令。

“槽”对话框如图 5. 1. 43 所示。

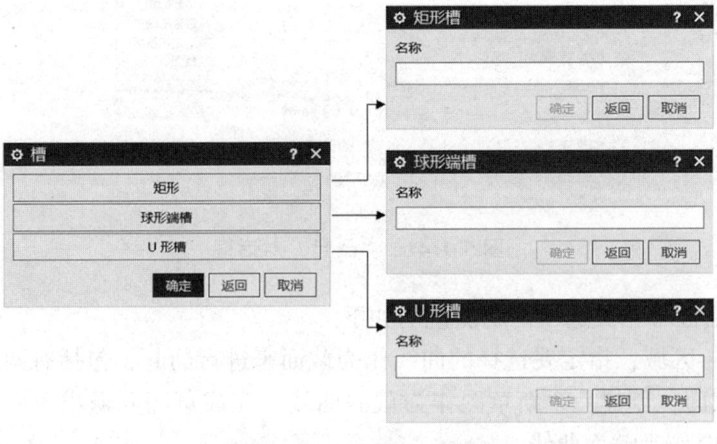

图 5. 1. 43　“槽”对话框

“槽”对话框中相关选项的功能说明如下。

（1）在对话框中有 3 种类型，对应不同截面形状的沟槽：“矩形”“球形端槽”“U 形槽”。

在产品设计中，大多数情况下都是选择“矩形”类型。

选择对应类型的沟槽后，弹出相应的对话框，选择要创建沟槽的圆柱面或圆锥面，输入沟槽尺寸，然后进行定位。

（2）沟槽的定位可以是实体的外表面或内表面。

（3）沟槽的定位和其他成形特征的定位不同，只需在轴向定位即可。通过选定目标实体的一条边及沟槽的边或中心线来定位沟槽。

下面以一个范例来演示创建沟槽的过程。

（1）打开范例文件“ch05-01-06-04. prt”。

（2）范例文件中已提前创建好一个阶梯轴。

（3）选择【槽】命令，弹出“槽”对话框，单击“矩形”按钮，弹出“矩形槽”对话框。

（4）在“矩形槽”对话框中，单击选中图形区小圆柱面，然后设置矩形槽的尺寸。

在“矩形槽”对话框的“名称”文本框中输入名称后，继续在后续界面的“直接”文本框输入“75”，“宽度”文本框输入 10，即可创建一个 ϕ75x10 的矩形槽，如图 5. 1. 44 所示。

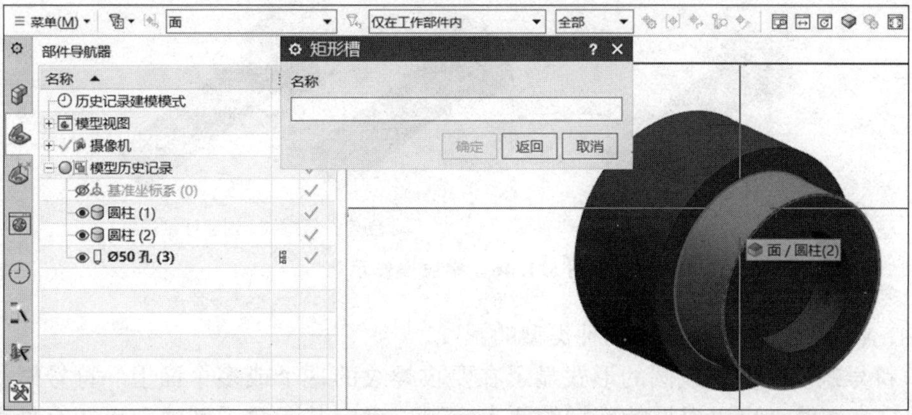

图 5. 1. 44　矩形槽的创建（1）

单击 确定 按钮进行下一步操作。

（5）打开“创建表达式”对话框，在图形区空白处单击鼠标右键，在弹出的快捷菜单中选择【渲染模式(D)】→【静态边框(W)】命令，切换到线框视图模式，以方便选择对象进行定位。

先单击图形区大圆柱右边线，然后单击沟槽左边线，设置这两个边的距离为 0 mm，如图 5. 1. 45 所示。

单击 确定 按钮完成沟槽的定位以及创建。

（6）单击 取消 按钮退出操作，完成矩形槽的创建。

5. 螺纹

使用【螺纹】命令可以在孔中创建内螺纹或在圆柱面上创建外螺纹。螺纹操作示意如图 5. 1. 46 所示。

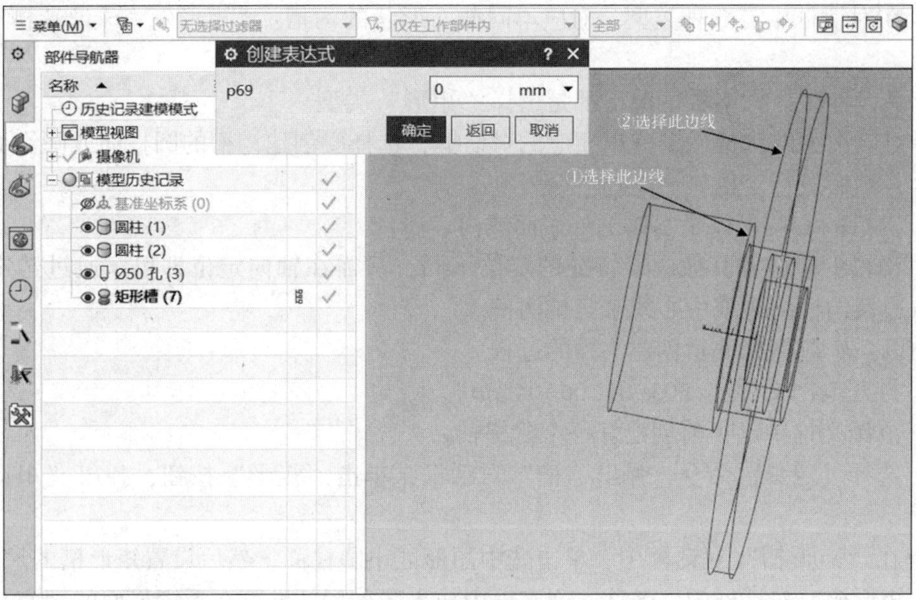

图 5.1.45　矩形槽的创建（2）

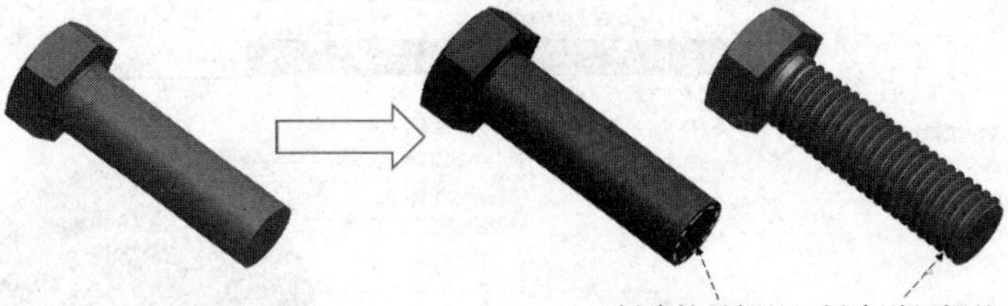

图 5.1.46　螺纹操作示意

在 UG NX 2212 中可以创建两种类型的螺纹。

(1) 符号螺纹：以虚线圆的形式显示在要攻螺纹的一个或多个面上。符号螺纹可以使用外部螺纹表文件（可以根据特殊螺纹要求定制）确定其参数。创建和更新符号螺纹所需要的时间很短，每次可以创建多组相同规格的符号螺纹。如果使用螺纹标准，符号螺纹会从螺纹标准中捕捉信息，并被下游应用模块识别，如制图。

(2) 详细螺纹：其显示效果比符号螺纹更加真实，但由于其几何形状的复杂性，创建和更新都需要较长的时间。它不会捕捉标注信息，并且不能被下游应用模块识别。

在产品设计中，大多数情况下，特别是要生成产品的工程图时，都应选择符号螺纹；如果用于产品的广告图或效果图，想反映产品的真实结构，则选择详细螺纹。

【螺纹】命令可通过以下方式找到。

(1)“主页”功能选项卡“基本”组→【更多】→【螺纹】命令。

(2)【菜单(M)】→【插入(S)】→【设计特征(E)】→【螺纹(T)...】命令。

“螺纹”对话框如图 5.1.47 所示。

“螺纹”对话框中相关选项的功能说明如下。

(1)“类型”下拉列表：选择不同类型后，各选项内容会相应变化从而有不同的创建方法。

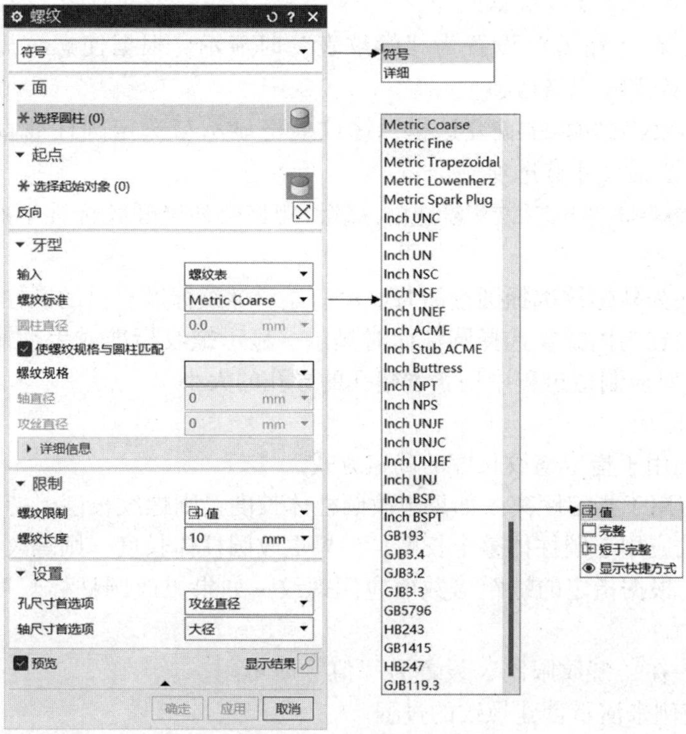

图 5.1.47　“螺纹”对话框

①“符号”类型：创建符号螺纹。

②“详细”类型：创建详细螺纹。

(2)“面”区域：用于选择圆柱面（圆柱或孔）作为螺纹所在的位置。

(3)“起点”区域。

① 选择起始对象：用于选择平面、非平面的面或基准平面来定义螺纹的起始位置。选择起始对象后，会有一个矢量指示新螺纹的起始位置和方向。

② 反向：用于反转螺纹方向，该方向在图形窗口中由与选定圆柱面同轴的临时矢量指示。单击矢量可以反转其方向，但仅沿选定的圆柱面创建螺纹。

(4)“牙型”区域。

① 输入：用于选择要定义螺纹参数的方法。

a. 手动：用于输入螺纹的参数，软件会尝试根据所选圆柱或轴的参数为螺纹提供初始参数，可以修改参数。

b. 螺纹表：用于选择“UG NX”目录下“NX_Thread_Standard. xml”文件中指定的螺纹标准。

② 螺纹标准：在“输入”设置为“螺纹表”时显示，用于为螺纹的创建选择行业标准，如公制粗牙或英制 UNC。螺纹标准用于创建螺纹的螺纹表，可以选择公制、英制、美制，管螺纹、锥螺纹等。如果创建公制 M12 螺纹，则选择“GB193”选项；如果创建美制 NPT 螺纹，则选择“Inch NPT”选项。

③ 圆柱直径：在应用螺纹之前显示所选圆柱面的直径。

④ ✓ 使螺纹规格与圆柱匹配：在“输入”设置为“螺纹表”时显示，将所选圆柱面的

直径与螺纹标准中相应的螺纹规格匹配。

⑤ 螺纹规格：在“输入”设置为“螺纹表”时显示。根据使螺纹规格与圆柱匹配设置，显示螺纹规格或螺纹规格选项。

a. 勾选 使螺纹规格与圆柱匹配复选框，螺纹规格显示与选定圆柱面直径匹配的螺纹规格，具体取决于孔或轴尺寸首选项。

b. 不勾选 使螺纹规格与圆柱匹配复选框，螺纹规格会列出螺纹标准中的所有螺纹规格以供选用。

⑥ 轴直径：在为外螺纹选择圆柱面时显示。显示螺纹标准提供的圆柱的轴径。

⑦ 攻丝直径：在为内螺纹选择圆柱面时显示。显示螺纹标准或手动输入提供的攻丝直径。攻丝直径通常对应制造过程中用于创建孔的导孔的大小。

（5）“限制”区域。

① 螺纹限制：用于指定螺纹长度的确定方式。

a. 值：螺纹应用于指定距离。如果更改圆柱体长度，则螺纹长度保持不变。

b. 完整：螺纹应用于圆柱体整个长度。如果更改圆柱体长度，则螺纹长度也会更新。

c. 短于完整：根据指定的螺距倍数值应用螺纹。如果更改圆柱体长度，则螺纹长度也会更新。

② 螺纹长度：在“螺纹限制”设置为“值”时可用。

下面以一个范例来演示创建螺纹的过程。

（1）打开范例文件“ch05-01-06-05. prt”。

（2）选择【螺纹】命令，弹出“螺纹”对话框。

① 在“螺纹”对话框的“类型”下拉列表中选择“符号”选项。

②“方法”下拉列表默认选定“切削”，“成形”下拉列表选定“GB193”。

③ 单击实体中的圆柱面，因为它的直径是 12 mm，所以自动创建 M12 外螺纹。如果自动创建的螺纹规格或螺距不对，则在“螺纹规格”下拉列表中选择所需的螺纹规格。

（3）此范例文件中“部件导航器”的“符号螺纹（4）”就是符号螺纹特征，“螺纹（5）”就是详细螺纹特征。

6. 抽壳

使用【抽壳】命令可以利用指定的壁厚来抽空实体，或通过指定壁厚来绕实体创建壳体。可以指定不同表面的厚度或移除某个面。抽壳操作示意如图 5. 1. 48 所示。

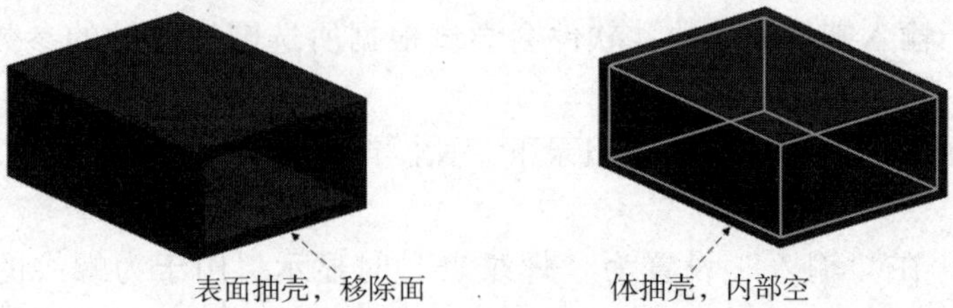

图 5. 1. 48　抽壳操作示意

【抽壳】命令可通过以下方式找到：

（1）“主页”功能选项卡“基本”组→【抽壳】命令。

（2）【菜单(M)】→【插入(S)】→【偏置缩放(O)】→【抽壳(H)...】命令。

“抽壳”对话框如图 5.1.49 所示。

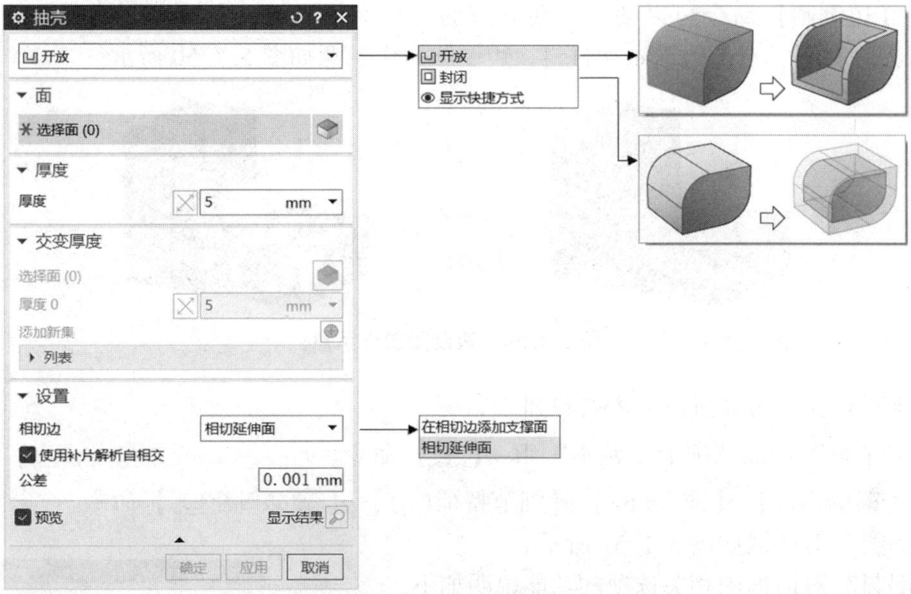

图 5.1.49 “抽壳”对话框

“抽壳”对话框中相关选项的功能说明如下。

(1)“类型”下拉列表：用于选择要创建的抽壳类型。

① 开放：移除体的选定面，然后对体抽壳。

② 封闭：对体的所有面抽壳，不移除任何面。

(2)“面”区域。

① 选择面：仅在将类型设置为“开放”时显示，用于从要抽壳的实体中选择一个或多个面。如果部件有多个体，则所选的第一个面将决定要抽壳的体。

② 选择体：仅在将类型设置为“封闭”时显示，用于选择要抽壳的实体。

(3)“厚度”区域：用于设置壳体的厚度值。

① 厚度：为壳壁指定厚度。

② 反向：单击此按钮使壳体的偏置方向反向，从而更改厚度的方向以抽空体或在其周围创建壳体。

(4)“交变厚度”区域：选择了体时，以下选项可用。

① 选择面：用于选择要包含在厚度集中的面。可以为面集中的所有面指派单个厚度值。

② 厚度 <集编号>：为当前选定的厚度集设置要应用的厚度值。在图形窗口中，还可以拖动厚度集手柄或在厚度 <集编号> 场景对话框中输入值。

③ ⊕添加新集：使用选定的面创建厚度集。

④ 列表——列出厚度集，包括其名称、厚度值和表达式。

下面以一个范例来演示创建抽壳的过程。

(1) 打开范例文件“ch05-01-06-06.prt”。

(2) 在此范例文件中已经创建有一个实体特征。

(3) 此范例文件中“部件导航器”的“壳 (3)”就是抽壳特征。

7. 边倒圆

使用【边倒圆】命令可以使多个面共享的边缘变得光滑，它可以创建圆角的边倒圆，对凸边缘去除材料，对凹边缘添加材料。边倒圆操作示意如图 5. 1. 50 所示。

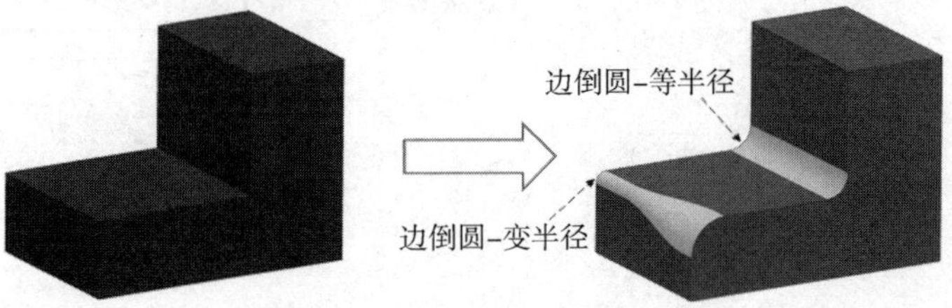

图 5. 1. 50　边倒圆操作示意

【边倒圆】命令可通过以下方式找到。

（1）“主页”功能选项卡“基本”组→【边倒圆】命令。

（2）【菜单(M)】→【插入(S)】→【细节特征(L)】→【边倒圆(E)...】命令。

“边倒圆”对话框如图 5. 1. 51 所示。

“边倒圆”对话框中相关选项的功能说明如下。

（1）“边”区域：用于创建一个恒定半径的圆角，这是最简单、最容易生成的圆角。

①“连续性”下拉列表。

G1（相切）：用于指定始终与相邻面相切的圆角面。

G2（曲率）：用于指定与相邻面曲率连续的圆角面。

②选择边：用于指定要创建圆角集的边缘，可以选择多个边。

③“形状”下拉列表：用于指定圆角横截面的基础形状。从以下形状选项中选择。

圆形：使用单个手柄集控制圆形倒圆。

二次曲线：可控制对称边界边半径、中心半径和 Rho 值的组合，以创建二次曲线倒圆。

图 5. 1. 51　“边倒圆”对话框

④“半径 1”文本框：用于为边集中的所有边设置半径值。

（2）“变半径”区域：用于创建一个有不同半径的圆角。可定义选定边缘上的点，然后输入各点位置的圆角半径值，沿边缘的长度方向改变倒圆半径。必须先指定一个半径恒定的边缘，然后才能用该选项对它添加可变半径点。

（3）“拐角倒角”区域：添加回切点到一倒圆拐角，通过调整每一个回切点到顶点的距离，对拐角应用其他变形。在一般情况下，不需要设置此选项。

（4）“拐角突然停止”区域：通过添加突然停止点，可以在非边缘端点处停止倒圆，进行局部边缘段倒圆。在一般情况下，不需要设置此选项。

下面以一个范例来演示创建变半径边倒圆的过程。

（1）打开范例文件“ch05-01-06-07. prt”。

（2）在此范例文件中已经创建有一个实体。

（3）选择【边倒圆】命令，弹出“边倒圆”对话框，创建需要的特征。

① 选取要倒圆的边缘。单击选中图形中的一条棱边。

② 定义圆角形状。在“边倒圆”对话框的“形状”下拉列表中选择“圆形”选项，在“半径 1”文本框的值不做考虑。

③ 定义第一个变半径点。在“边倒圆”对话框“变半径”区域的“指定半径点”中单击倒圆边缘上任意一点，对话框中出现多个选项，设置“V 半径 1”为“5 mm”，“位置”为“弧长百分比”，“弧长百分比”为“30”，按 Enter 键即设置完成第一个点的倒圆参数，如图 5. 1. 52 所示。

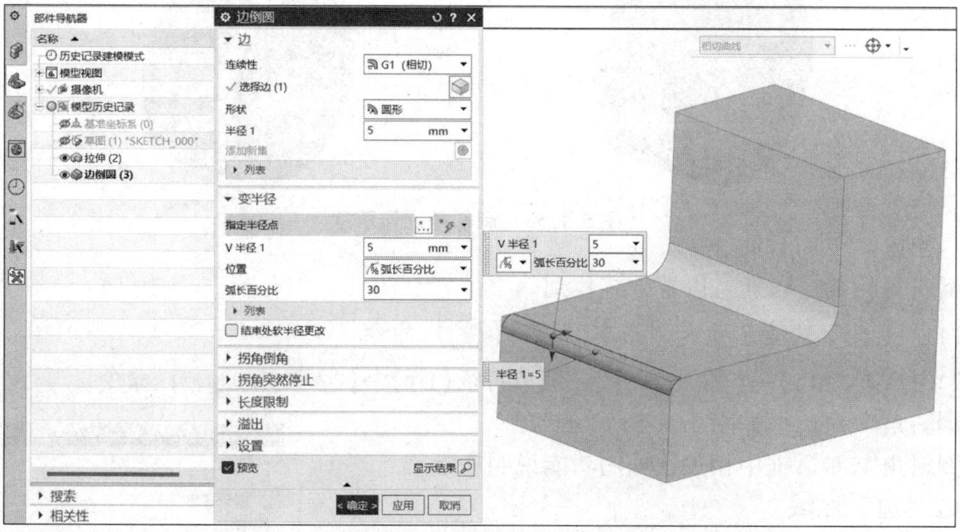

图 5. 1. 52 边倒圆的创建（1）

④定义第二个变半径点。在“倒边圆”对话框“变半径”区域的“指定半径点”中单击倒圆边缘上第二个点，对话框中出现多个选项，设置“V 半径 2”为 10 mm，“位置”为“弧长百分比”，“弧长百分比”为“65”，按 Enter 键即设置完成第二个点的倒圆参数，如图 5. 1. 53 所示。

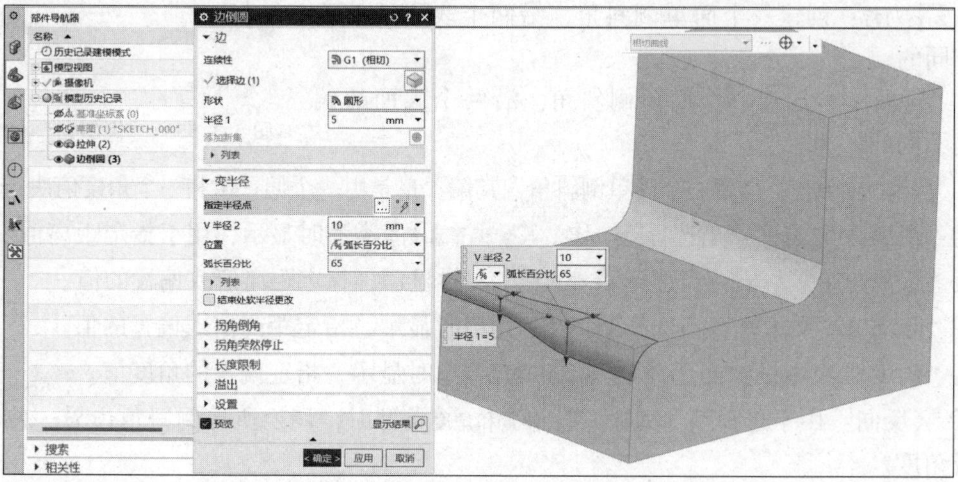

图 5. 1. 53 边倒圆的创建（2）

⑤ 根据需要，可重复以上步骤继续创建多个变半径点。

(4) 单击 确定 按钮完成变半径边倒圆的创建。

8. 倒斜角

使用【倒斜角】命令可以斜接一个或多个体的边，根据要倒斜角的边的方向，它可以添加或去除材料。倒斜角操作示意如图 5.1.54 所示。

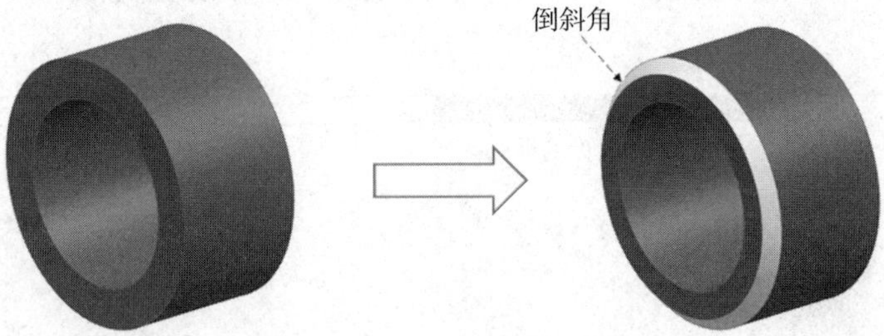

图 5.1.54　倒斜角操作示意

【倒斜角】命令可通过以下方式找到。

(1)“主页”功能选项卡“基本”组→【倒斜角】命令。

(2)【菜单(M)】→【插入(S)】→【细节特征(L)】→【倒斜角(M)...】命令。

“倒斜角”对话框如图 5.1.55 所示。

“倒斜角”对话框中相关选项的功能说明如下。

(1)“边”区域。

①“选择边”：用于选择要倒斜角的一条或多条边。

注释：UG NX 2212 软件在以下情况下可能近似创建一个倒斜角——选定的边不是直线或圆、所选边的相邻面互不垂直。

②“横截面”下拉列表：用于定义倒斜角的形状，包括以下 3 种形状。

a. 对称：创建一个简单倒斜角，沿两个表面的偏置值是相同的。

b. 非对称：创建一个简单倒斜角，沿两个表面的偏置值是不同的。

图 5.1.55　“倒斜角”对话框

c. 偏置和角度：创建一个简单倒斜角，其偏置量是由一个偏置值和一个角度值决定的。

③“距离”文本框：当选择 对称、 偏置和角度类型时显示，用于指定距离值。

④“距离 1”文本框：当选择 非对称类型时显示，指定距离值或偏置的值。

⑤“距离 2”文本框：当选择 非对称类型时显示，指定距离值或偏置的值。

⑥“角度”文本框：当选择 偏置和角度类型时显示，指定偏置的角度值。

⑦ 反向：用于选择 非对称、 偏置和角度类型时，调换所选倒斜角边另一侧的偏置距离或角度。

⑧ ⊕添加新集：当选择要倒斜角的一条或多条边时可用。可以使用边集在单个倒斜角特征中定义具有不同尺寸和横截面的多个倒斜角。

（2）“长度限制”区域。

“限制对象”下拉列表：用于选择对象以限制倒斜角的长度。选择对象包括“点”“平面”“面和边”。

（3）“设置”区域。

①公差：指定用于查找最近的面的公差值，然后使用该面定义倒斜角的偏置距离。

②偏置法：用于对称与非对称横截面类型。指定一种方法以使用偏置距离值来定义倒斜角面的边。

5.1.7　模型关联复制

模型关联复制可以对已有的模型特征进行操作，创建与已有模型特征关联的目标特征，从而减少许多重复的操作，提高建模效率。模型关联复制命令如图5.1.56所示，主要包括【抽取几何特征】、【阵列特征】、【阵列几何特征】、【镜像特征】等。

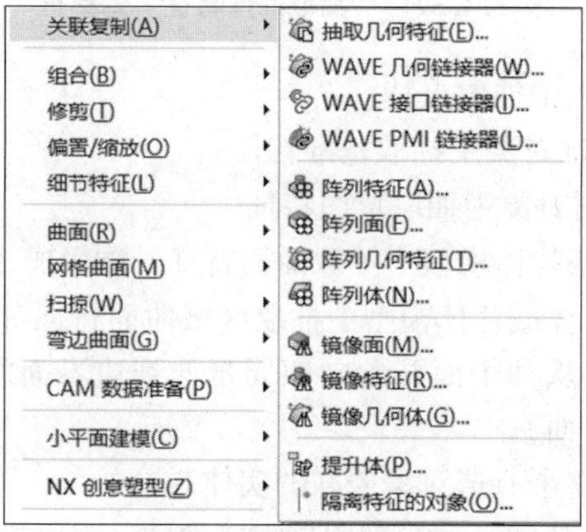

图5.1.56　模型关联复制命令

1. 抽取几何特征

在产品设计过程中，常常会用到抽取模型特征的功能，以充分利用已有的模型，大大提高设计建模效率。抽取几何特征用于创建所选取几何的关联副本，操作的对象包括复合曲线、点、基准、面、面区域和体。如果抽取一条曲线，则创建的是曲线特征；如果抽取一个面或一个区域，则创建的是片体特征；如果抽取一个体，则创建的是体特征。在抽取时可以设置是否关联原有特征，若关联原有特征，则原有特征有修改时，抽取后的特征也会得到更新。

【抽取几何特征】命令可通过以下方式找到。

（1）主页功能选项卡“基本”组→【更多】→“复制”组→【抽取几何特征】命令。

（2）【菜单（M）】→【插入（S）】→【关联复制（A）】→【抽取几何特征(E)...】命令。

“抽取几何特征”对话框如图5.1.57所示。

“抽取几何特性”对话框中相关选项的功能说明如下。

（1）“类型”下拉列表：选择不同类型后，各选项内容会相应变化，从而有不同的创建方法。“类型”下拉列表中各选项功能说明如下。

①复合曲线：用于从实体或片体模型中抽取曲线特征。其中按钮可以反转复合曲线的方向。

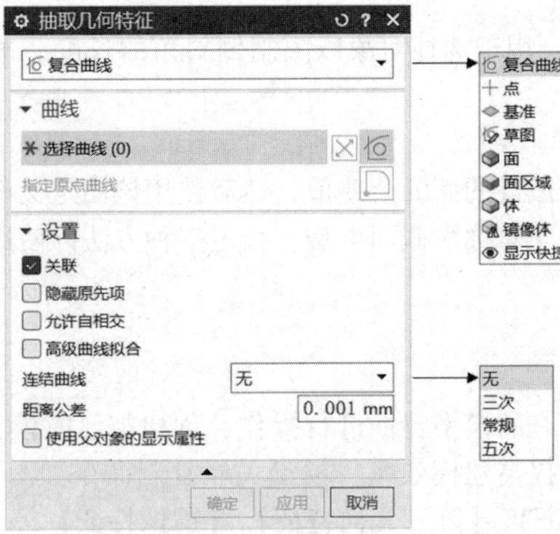

图 5.1.57 “抽取几何特征”对话框

② 点：用于从点对象中抽取点特征。

③ 基准：用于从基准对象中抽取基准特征。

④ 草图：用于从草图对象中抽取草图特征。

⑤ 面：用于从实体或片体模型中抽取曲面特征，能生成 3 种类型的曲面。

⑥ 面区域：用于从实体或片体模型中抽取区域曲面特征（片体）。需定义种子面和边界面来创建片体，此片体是从种子面开始向四周延伸到边界面的所有曲面而形成的（其中包括种子面，但不包括边界面）。

⑦ 体：用于创建与整个所选对象关联的实体。

⑧ 镜像体：用于从实体或片体模型中创建镜像体，需要指定镜像平面。

(2)“设置”区域：有多个复选框。

其中，勾选关联复选框后，抽取后的几何特征与原有特征保持关联。

为了进一步介绍抽取几何特征操作，以下对常用的抽取类型进行详细介绍。

1）抽取面特征

抽取面特征操作是从实体或片体中抽取曲面特征。抽取面特征操作示意如图 5.1.58 所示。

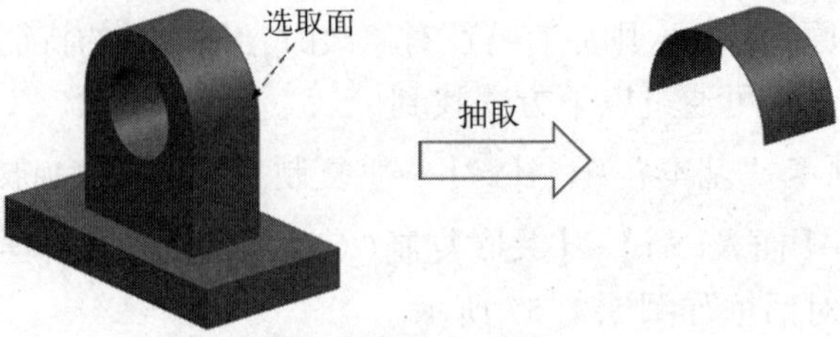

图 5.1.58 抽取面特征操作示意

在“抽取几何特征”对话框中的“类型”下拉列表中选择面选项，各相关选项相应变化，如图 5.1.59 所示。

“抽取几何特征”对话框中“曲面类型”下拉列表用于设置抽取后的曲面类型，有 3 个

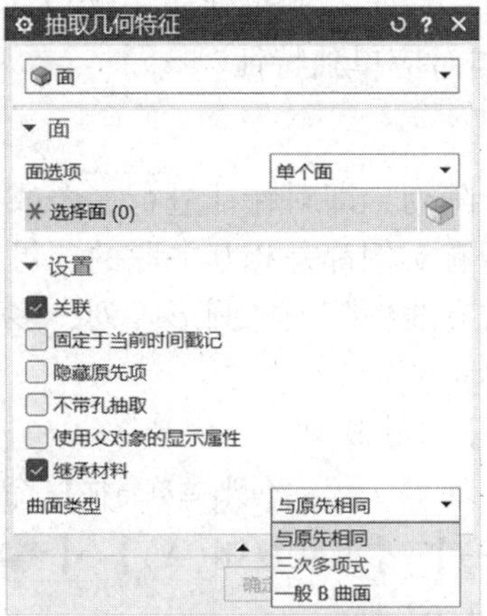

图 5.1.59　“抽取几何特征”对话框——抽取面特征

选项，具体如下。

(1)“与原先相同”：从模型中抽取的曲面特征保留原来的曲面类型。

(2)“三次多项式”：从模型中抽取的曲面特征改为三次多项式 B 曲面类型。

(3)“一般 B 曲面”：从模型中抽取的曲面特征改为一般 B 曲面类型。

2) 抽取体特征

抽取体特征操作是创建与整个所选对象关联的实体。抽取体特征操作示意如图 5.1.60 所示。

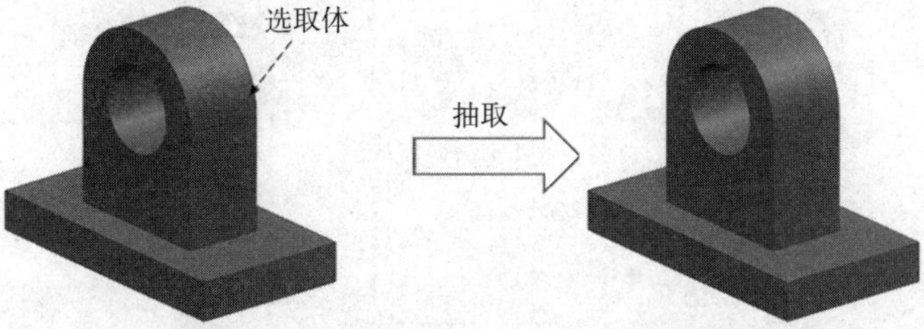

图 5.1.60　抽取体特征操作示意

在“抽取几何特征”对话框的“类型”下拉列表中选择 体选项，各相关选项相应变化，如图 5.1.61 所示。

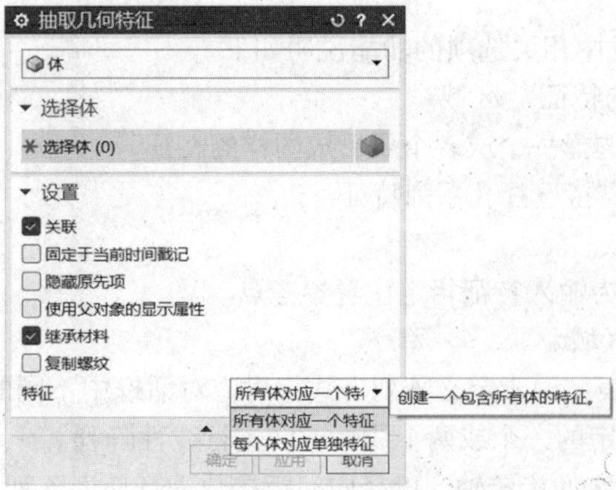

图 5.1.61　“抽取几何特征”对话框—抽取体特征

“抽取几何特征”对话框中“特征”下拉列表用于设置抽取后的体形式，有两个选项：“所有体对应一个特征”“每个体对应单独特征”。

2. 阵列特征

阵列特征操作是对特征进行阵列，即对特征进行一个或多个的关联复制，并按照一定的规律排列复制的特征。阵列的所有实例都是相互关联的，可以通过编辑原特征的参数来改变其所有的实例。常用的阵列方式有线性阵列、圆形阵列、多边形阵列、螺旋式阵列、沿曲线阵列、常规阵列和参考阵列等。

【阵列特征】命令可通过以下方式找到。

(1)“主页”功能选项卡“基本”组→【阵列特征】命令。

(2)【菜单(M)】→【插入(S)】→【关联复制(A)】→【阵列特征(A)...】命令。

“阵列特征”对话框如图 5.1.62 所示。

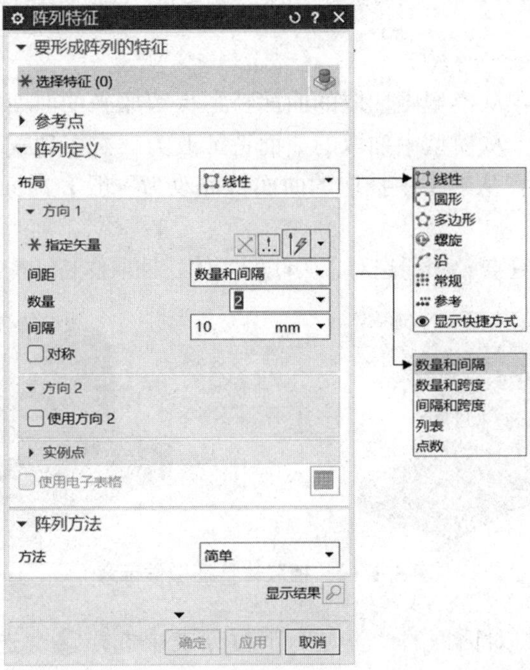

图 5.1.62 “阵列特征”对话框

“阵列特征”对话框中相关选项的功能说明如下。

(1)“要形成阵列的特征”区域。

选择特征：用于选择一个或多个要形成图样的特征。

注意：阵列特征不支持选择孔系列特征。

(2)“参考点”区域。

指定点：用于为输入特征指定位置参考点。

(3)“阵列定义”区域。

①“布局”下拉列表：用于定义阵列方式，对应对话框中不同的创建方法。

a. 线性：沿着指定的一个或两个线性方向进行线性阵列。

b. 圆形：绕着指定的旋转轴，以径向间距参数进行环形阵列、圆周分布。

c. 多边形：使用一个正多边形和可选径向间距参数进行阵列。

d. 螺旋：沿着平面螺旋线路径进行阵列。

e. 沿：沿着一条曲线路径进行阵列。

f. 常规：根据空间的点或由坐标系定义的位置点进行阵列。

g. 参考：参考使用现有的阵列方式进行阵列。

h：螺旋式：沿着空间螺旋线路径进行阵列。

②“方向 1”“方向 2”等区域：用于定义各种阵列布局的方向、数量和间距形式等，对应设置即可。

（4）“阵列方法”区域。

①“方法”下拉列表中的选项说明如下。

a. “单个”：支持单个特征作为输入来创建阵列特征对象。

b. “变化”：支持将多个特征作为输入来创建阵列特征对象，并评估每个实例位置处的输入。

c. “简单”：支持将多个特征作为输入来创建阵列特征对象，只对输入特征进行有限评估。

② 编辑阵列特征时，可以按以下方式转换阵列特征方法。

a. 可以将单个阵列特征转换为简单阵列特征。

b. 可以将单个阵列特征转换为变化阵列特征。

c. 可以将简单阵列特征转换为单个阵列特征。

d. 可以将简单阵列特征转换为变化阵列特征。

如果阵列特征的使用不正确，则在操作过程中可能出现错误，主要出错信息如下。

“父特征更新失败”：阵列实例必须在相应的实体上，即阵列参数的设置必须确保阵列后所有实例还是在相应实体上而不能超出其范围，否则系统报错。

为了进一步介绍阵列特征操作，以下对常用的阵列布局进行详细介绍。

1）线性阵列

线性阵列特征操作是沿着指定的一个或两个线性方向对指定特征进行线性阵列。线性阵列操作示意如图 5.1.63 所示。

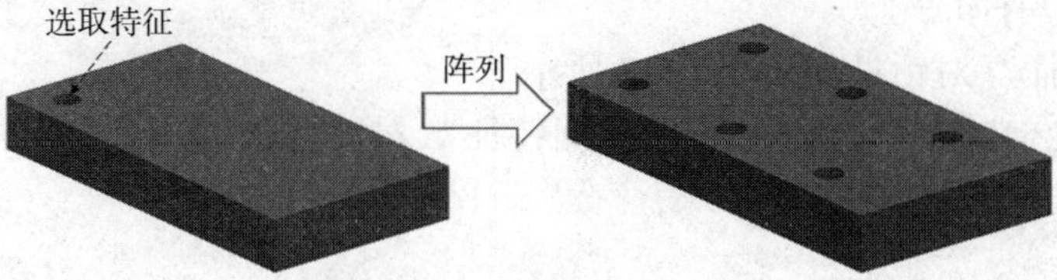

图 5.1.63 线性阵列操作示意

在“阵列特征”对话框的“布局”下拉列表中选择线性选项后，“阵列特征”对话框如图 5.1.62 所示。

在“阵列特征”对话框的“方向 1”和“方向 2”区域，分别指定一个或两个方向，定义其矢量，输入阵列参数值即可阵列。

“间距”下拉列表：用于定义各阵列方向的数量和间隔形式。

（1）“数量和间隔”：通过输入阵列的数量和每两个实例的中心距离进行阵列。

（2）“数量和跨度”：通过输入阵列的数量和每两个实例的跨度进行阵列。

（3）“间隔和跨度”：通过输入阵列的间隔和每两个实例的跨度进行阵列。

（4）“列表”：通过定义的列表数据进行阵列。

2）圆形阵列

圆形阵列操作是绕着一根指定的旋转轴对指定特征进行环形阵列。圆形阵列操作示意如图 5.1.64 所示。

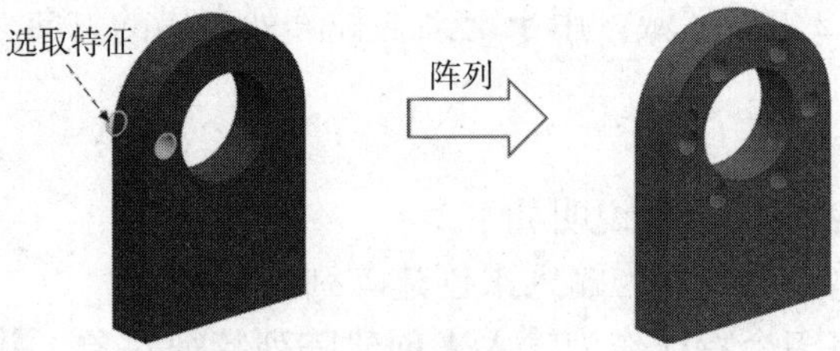

图 5.1.64　圆形阵列操作示意

在“阵列特征”对话框的“布局”下拉列表中选择圆形选项后，“阵列特征”对话框如图 5.1.65 所示。

在“阵列特征”对话框的“旋转轴”区域，指定旋转轴的矢量和通过点从而完全定位旋转轴，输入阵列参数值即可阵列。

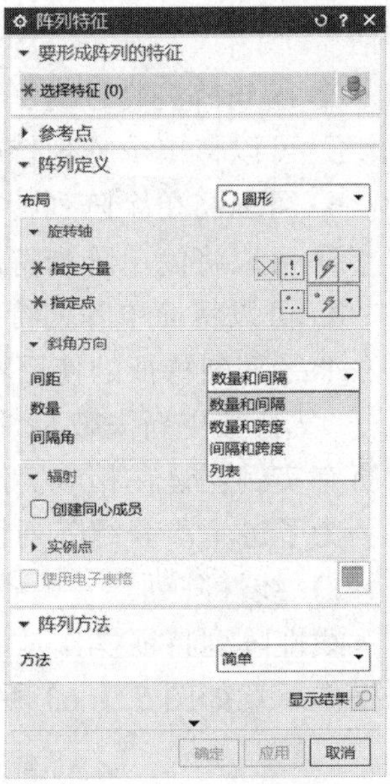

图 5.1.65　“阵列特征”对话框—圆形阵列

3. 阵列几何特征

阵列几何特征操作能创建对象的副本，轻松地复制几何体、面、边、曲线、点、基准平面和基准轴等，并保持实例特征与其原始特征之间的关联性。阵列几何特征操作示意如图 5.1.66 所示。

【阵列几何特征】命令可通过以下方式找到。

（1）“主页”功能选项卡“基本”组→【更多】→【阵列几何特征】命令。

（2）【菜单（M）】→【插入（S）】→【关联复制（A）】→【阵列几何特征(T)...】命令。

“阵列几何特征”对话框如图 5.1.67 所示。

对比“阵列几何特征”对话框和“阵列特征”对话框，可以发现两者有很多相同点。

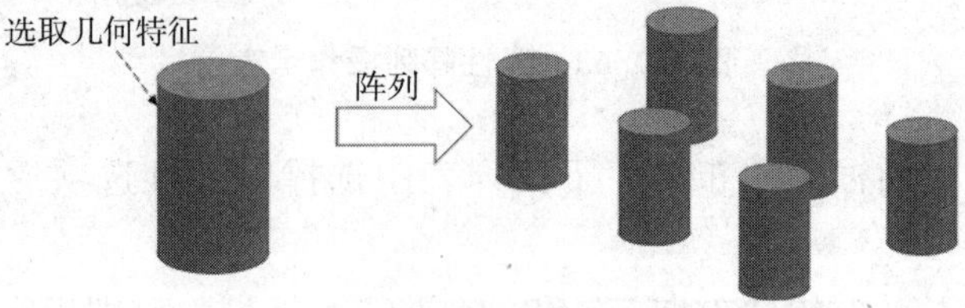

图 5.1.66　阵列几何特征操作示意

【阵列几何特征】命令与【阵列特征】命令的区别如下。

（1）【阵列几何特征】命令针对不同实体的几何对象包括几何体、面、边、曲线、点、基准平面和基准轴等，各几何对象不需要存在于同一个实体上，阵列后的几何特征不用在相应实体上。

（2）【阵列特征】命令针对同一个实体中的特征，且阵列实例也必须在相应的实体上，不能超出对应实体范围。

4. 镜像特征

镜像特征操作可以将指定特征相对于一个平面（镜像中心平面）进行对称的复制，从而得到所选特征的一个副本，镜像中心平面可以是部件平面或基准平面。镜像特征操作示意如图 5.1.68 所示。

【镜像特征】命令可通过以下方式找到。

（1）“主页”功能选项卡“基本”组→【镜像特征】命令。

（2）【菜单（M）】→【插入（S）】→【关联复制（A）】→【镜像特征(R)...】命令。

“镜像特征”对话框如图 5.1.69 所示。

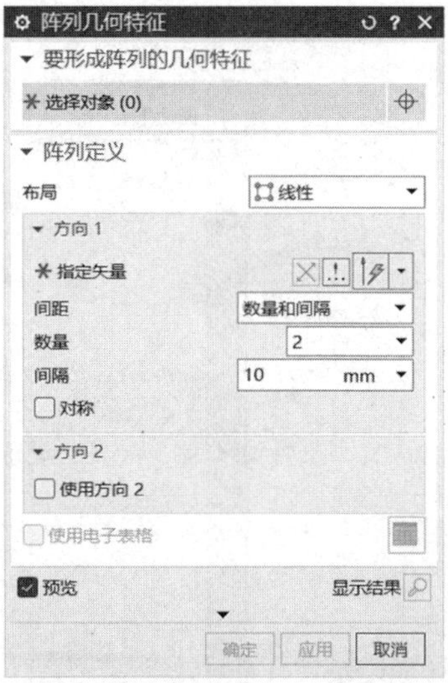

图 5.1.67　“阵列几何特征”对话框

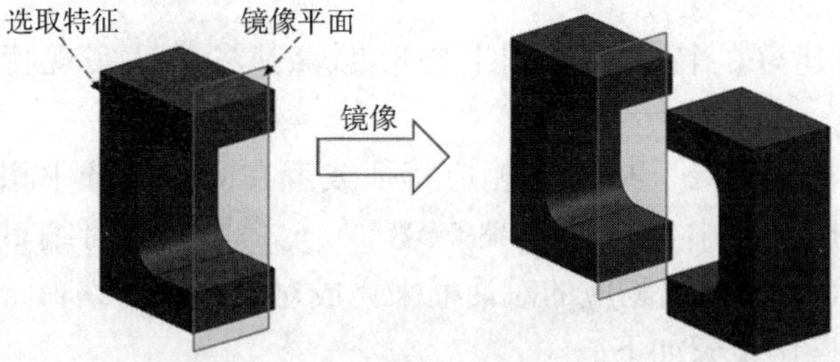

图 5.1.68　镜像特征操作示意

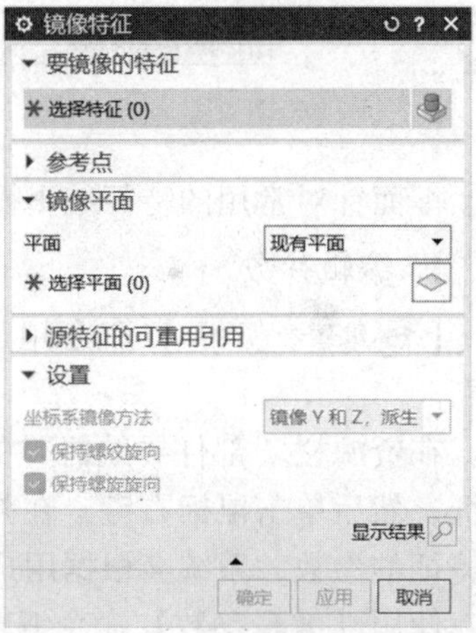

图 5.1.69　“镜像特征”对话框

“镜像特征”对话框中相关选项的功能说明如下。

（1）“要镜像的特征”区域：选定要进行镜像的特征。

（2）“镜像平面”区域：选定镜像中心平面，此平面可以是现有的实体平面或基准平面，也可以新建平面。

5.1.8　特征编辑

特征编辑是指在特征创建完成后对其中的一些参数进行修改的操作。特征编辑可以对特征的尺寸、位置和先后次序等参数进行重新编辑，并在大多数情况下能保留其与相关特征的关联关系。特征编辑包括编辑参数、定位编辑、特征移动及取消、特征重排序、特征替换、特征抑制等多方面内容。

特征编辑的命令在【菜单（M）】→【编辑（E）】→【特征（F）】命令的下拉菜单中，如

图 5.1.70 所示。

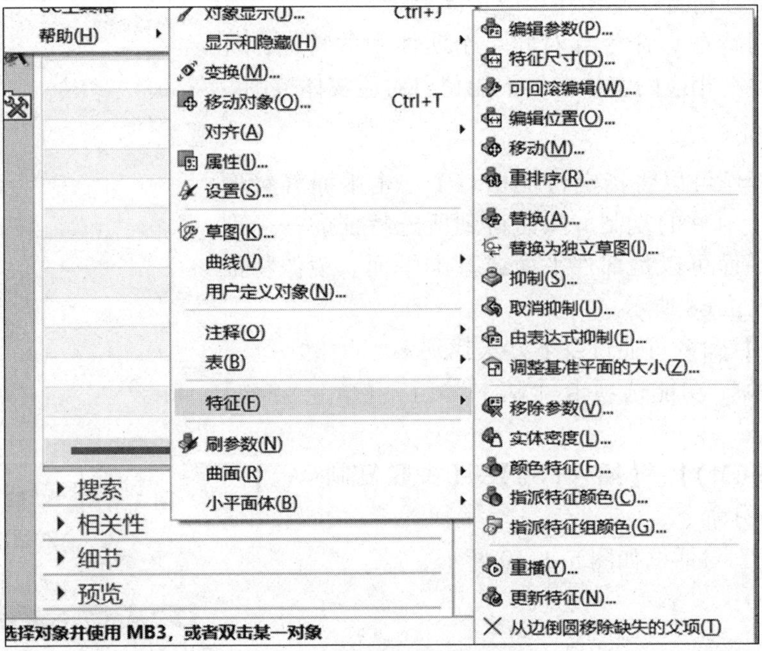

图 5.1.70　特征编辑的命令

下面针对常用的特征编辑操作进行详细介绍。

1. 编辑参数

【编辑参数(P)...】命令用于在已创建好的特征的基础上修改编辑其参数，实现特征更新。

在资源栏“部件导航器”的“模型历史记录”中选定相应特征或者在图形区选中相应特征，然后单击鼠标右键，在弹出的快捷菜单中选择【编辑参数(P)...】命令，即可编辑相应特征的参数。系统会根据用户所选择的特征弹出相应的对话框来完成对该特征的编辑。

使用【编辑参数】命令编辑特征的操作步骤如下。

(1) 在图形窗口或“部件导航器”中，用鼠标右键单击要编辑的特征并选择【编辑参数】命令，执行以下操作之一。

① 如果显示用于创建特征的对话框，则使用其选项更改该特征的参数。

② 如果打开“编辑参数”对话框选项列表，则选择一个选项，并输入新的值，然后单击“确定”按钮。

③ 如果特征的参数值作为尺寸显示在图形窗口中，则可以选择它们，然后在“编辑参数”对话框中将其更改为新值，并单击“确定”按钮。

(2) 在接下来的任何对话框中继续单击“确定”按钮。在关闭最后一个对话框后，特征会随着更改进行自动更新。

使用【编辑参数】命令对模型中的特征进行更改的场合如下。

(1) 可以在部件显示其当前状态的情况下编辑参数，部件上的原始特征选择被叠加。

(2) 对于具有许多特征的复杂模型，【编辑参数】命令可能比【可回滚编辑】命令的操作速度更快。

(3) 可以在用于创建特征的同一个对话框中编辑该特征的许多参数值、输入对象及参考对象。

(4) 在编辑某些特征时，会显示编辑选项而非创建对话框。这包括在较早的 UG NX 版本中创建的特征，以及在仍使用先前编辑方法的当前发行版本中创建的特征（例如键槽和槽特征等)。

(5) 使用【编辑参数】命令选择多个特征时，通常可以同时更改所有选定特征的表达式与参考。

2. 特征重排序

特征重排序操作可以改变模型中特征的次序，即将重定位特征移至选定的参考特征之前或之后。对具有关联性的特征重排序以后，与其关联的特征也将被自动重排序。特征重排序操作示意如图 5. 1. 71 所示。

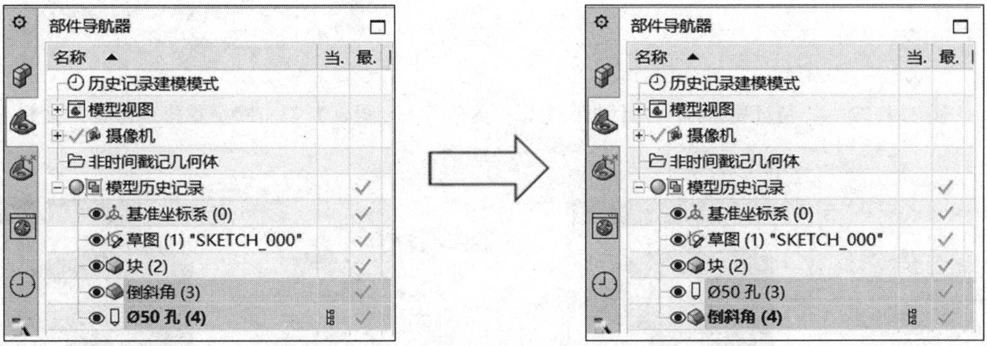

图 5. 1. 71 特征重排序操作示意

特征重排序可通过以下方式实现。

(1) 选择【菜单(M)】→【编辑(E)】→【特征(F)】→【重排序(R)...】命令。

(2) 在左侧资源栏"部件导航器"的"模型历史记录"中选中某个特征，然后按住鼠标左键不动，将其拖动到相应特征之前或之后即可实现特征重排序。

选择【重排序(R)...】命令，弹出"特征重排序"对话框，如图 5. 1. 72 所示。

"特征重排序"对话框中相关选项的功能说明如下。

"选择方法"区域有两个单选按钮。

(1) "之前"：选中的重排序特征被移动到参考特征之前。

(2) "之后"：选中的重排序特征被移动到参考特征之后。

注意：对于关联的特征，不能将放在它放在其基础特征之前，否则系统会报错，如图 5. 1. 73 所示。

3. 特征抑制及取消

特征抑制操作可以从模型中移除一个或多个特征，同时与它关联的相关特征也将被抑制。当取消特征抑制后，特征及与它关联的特征也将显示在图形区。特征抑制操作示意如图 5. 1. 74 所示。

特征被抑制后，在"部件导航器"的"模型历史记录"中相应特征前的复选框被取消勾选，并变为虚线框。

特征抑制及取消操作可通过以下方式实现。

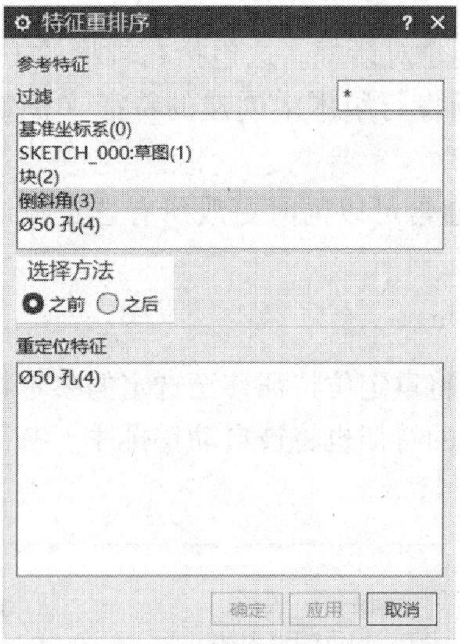

图 5.1.72 “特征重排序”对话框

图 5.1.73 特征重排序报错对话框

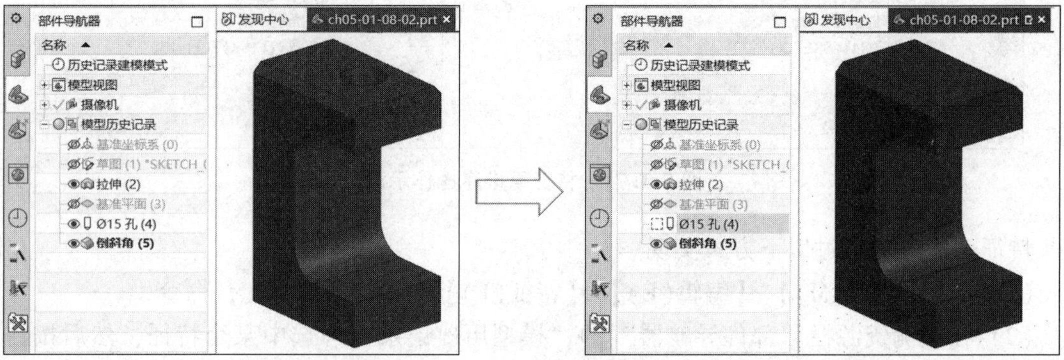

图 5.1.74 特征抑制操作示意

(1) 选择【菜单(M)】→【编辑(E)】→【特征(F)】→【抑制(S)...】和【取消抑制(U)...】命令。

(2) 在左侧资源栏“部件导航器”的“模型历史记录”中用鼠标右键单击相应特征，在弹出的快捷菜单中选择【抑制(S)】或【取消抑制(U)...】命令，即可实现特征的抑制及取消操作。

5.2 实例特训——油压泵体的实体建模

项目任务：使用 UG NX 建模方法，完成图 5.2.1 所示工程图中产品的三维建模，如图 5.2.2 所示。

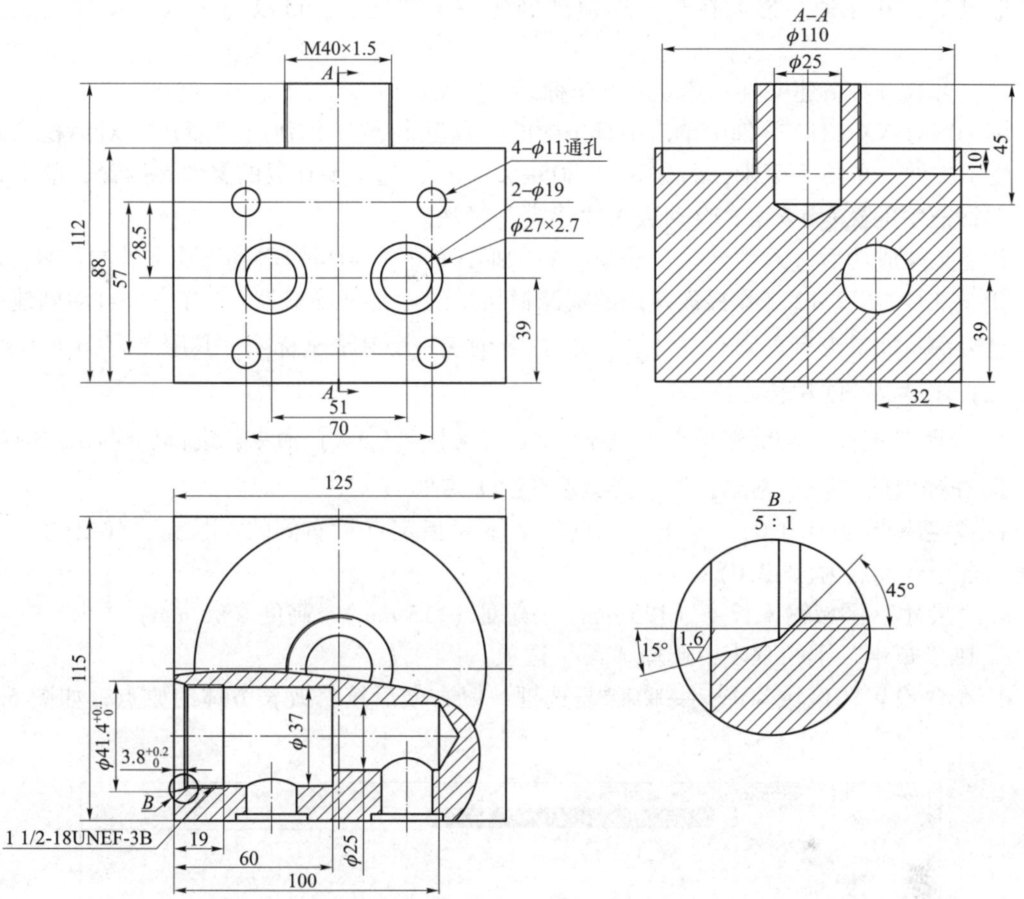

图 5.2.1　工程图

图 5.2.2　三维模型

微课视频——实体建模实例 1（NX 12.0）

微课视频——实体建模实例 1（NX 2212）

5.2.1　产品实体建模的详细步骤

分析产品实体的工程图及三维模型，可知其主要由一个长方体和圆台组成，在长方体上加工形成多个孔相通，然后在长方体顶部创建一个圆柱台。可以通过以下步骤完成三维建模。

（1）步骤1：新建文件，建立基准坐标系。

① 在UG NX 2212软件中单击工具条中的“新建”按钮，弹出“新建”对话框。新建一个模型文件，单位为毫米，名称为“ch05-02. prt”，选定要存放的文件夹位置。单击“新建”对话框中的 确定 按钮，自动进入“建模”模块。

新建文件成功后进入“建模”模块，在图形区的左上角可以看到当前文件的信息。

② 将UG NX 2212工作界面左边的资源栏切换到“部件导航器”，有一个自动创建好的基准坐标系。如果没有，则通过【基准坐标系】命令创建一个基准坐标系，其原点为(0,0,0)。

（2）步骤2：创建长方体。

① 选择“主页”功能选项卡“基本”组→【更多】→【块】命令，进行创建长方体操作。

② 在弹出的“块”对话框中，类型选择 原点和边长。

a. 指定原点为(0,0,0)。单击“原点”区域“指定点”右侧的按钮，弹出“点”对话框，指定坐标点为(0,0,0)。

b. “尺寸”区域输入长度（125 mm）、宽度（115 mm）、高度（88 mm）。

c. 在“布尔”下拉列表中选择“无”选项。

d. 在“设置”区域勾选 关联原点复选框，以方便后续修改长方体的原点，如图5.2.3所示。

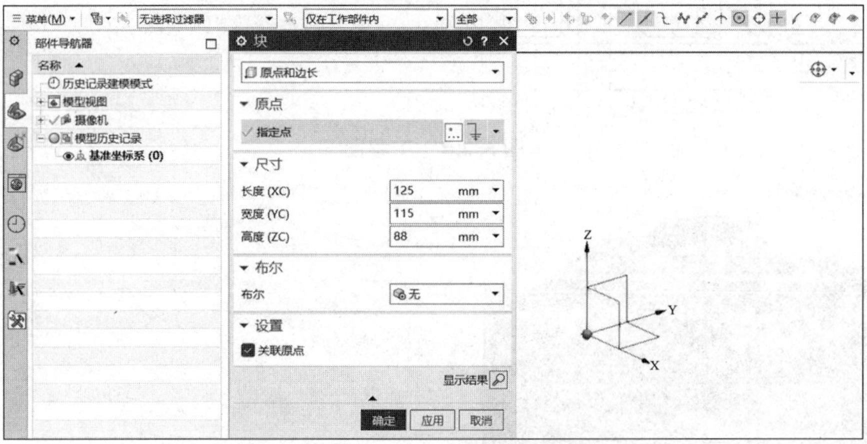

图5.2.3　创建长方体

③ 单击“块”对话框中的 确定 按钮，完成长方体的创建。

（3）步骤3：创建长方体正面的2个沉孔和4个通孔。

① 选择“主页”功能选项卡“基本”组→【孔】孔命令，弹出“孔”对话框。

② 在“孔”对话框“位置”区域的“指定点”中将鼠标移到长方体的正面（即X-Z面），自动出现创建草图的坐标系，草图坐标系的X和Y方位如图5.2.4所示。

在选定平面上单击确定草图工作平面，然后单击“孔”对话框“位置”区域的按钮，进入到草图工作环境。

③ 在草图工作环境中，绘制图形，确定2个沉孔的圆心位置。

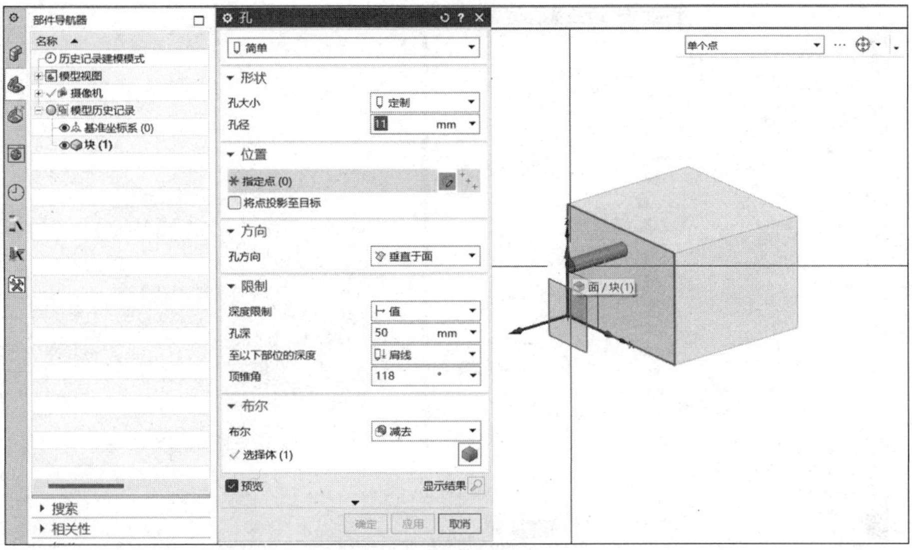

图 5.2.4　创建沉孔（1）

a. 在草图中已经自动创建有 1 个点，选择【点】命令创建第 2 个点。选择【直线】命令将 2 个点连接。单击鼠标右键将新建的直线设置为“转换为参考”并创建水平约束。

b. 选择【快速尺寸】命令，标注好正确的尺寸，如图 5.2.5 所示。

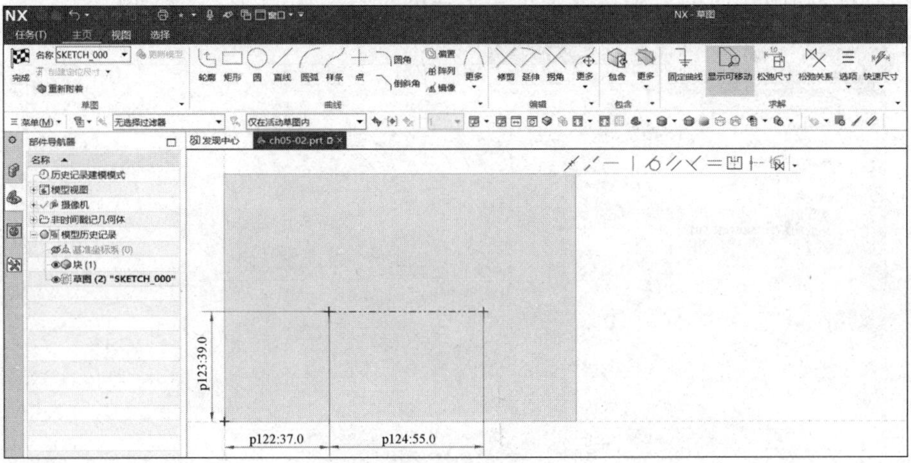

图 5.2.5　创建沉孔（2）

c. 单击草图工作环境中的【完成】按钮，完成草图绘制并退出草图工作环境。

④ 退出草图工作环境后回到“孔”对话框，此时“位置”区域中出现“指定点（2）”，表示已经创建好 2 个沉孔的中心点。接着设置沉孔的形状和尺寸等。

a. 在“类型”下拉列表中选择沉头类型。

b. 在“形状”区域输入正确的尺寸（沉头直径 27 mm、沉头深度 2.7 mm，孔径 19 mm），在“限制”区域设置“深度限制”为“值”，孔深为 30 mm，其他为默认。

c. 在“布尔”下拉列表中默认选择“减去”选项，“选择体”默认是长方体，如图 5.2.6 所示。

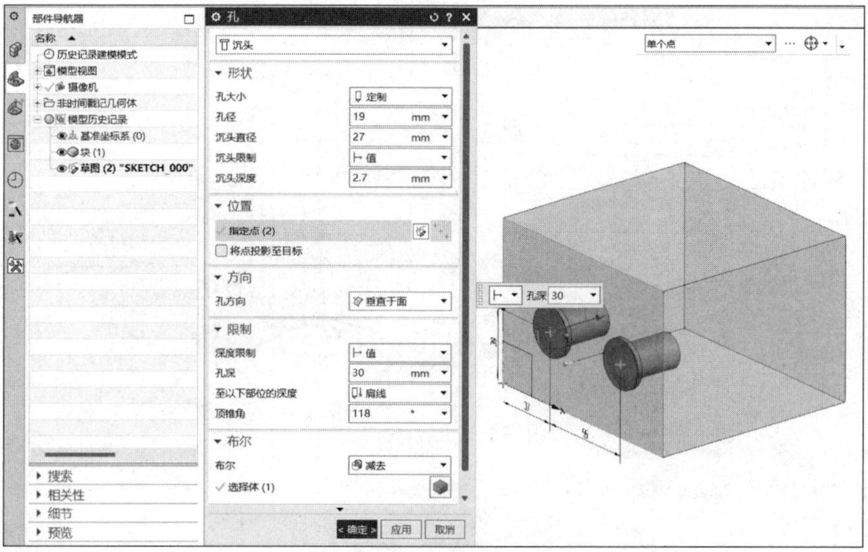

图 5.2.6 创建沉孔（3）

d. 单击确定按钮，完成 2 个沉孔的创建，即“部件导航器”中的“沉头孔（2）”特征。

⑤ 参照以上步骤④，在长方体正面创建 4 个 ϕ11 mm 通孔。

a. 选择【孔】命令，选择长方体的正面（即 X–Z 面），进入草图工作环境，创建 4 个通孔的圆心点。利用几何约束和尺寸确定 4 个点的位置，如图 5.2.7 所示。

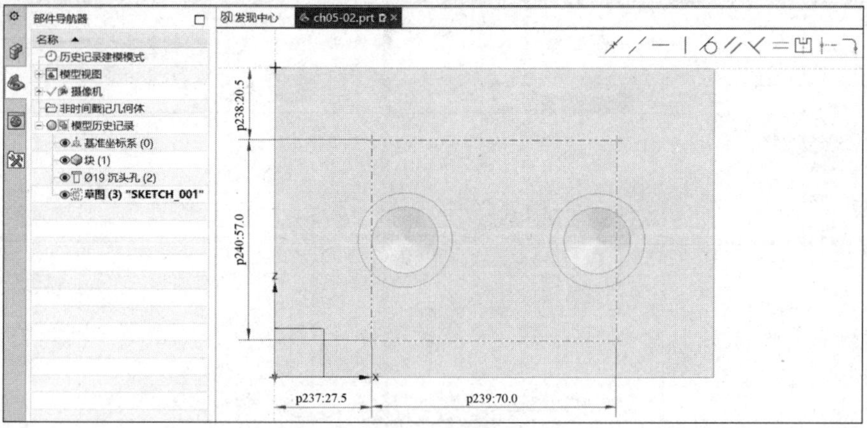

图 5.2.7 创建通孔（1）

b. 完成草图后退回“孔”对话框，设置“类型”为“简单孔”，在“方向”区域的“孔方向”下拉列表中选择“垂直于面”选项，在“形状”区域设置“孔径”为 11 mm，在“限制”区域的“深度限制”下拉列表中选择“贯通体”选项，如图 5.2.8 所示。

c. 单击确定按钮，完成 4 个通孔的创建，即“部件导航器”中的“孔（3）”特征。

（4）步骤 4：创建左侧的复杂孔。

① 选择【孔】孔命令，弹出“孔”对话框。

a. 在“孔”对话框“位置”区域的“指定点”中将鼠标移到长方体的左侧面上，自动

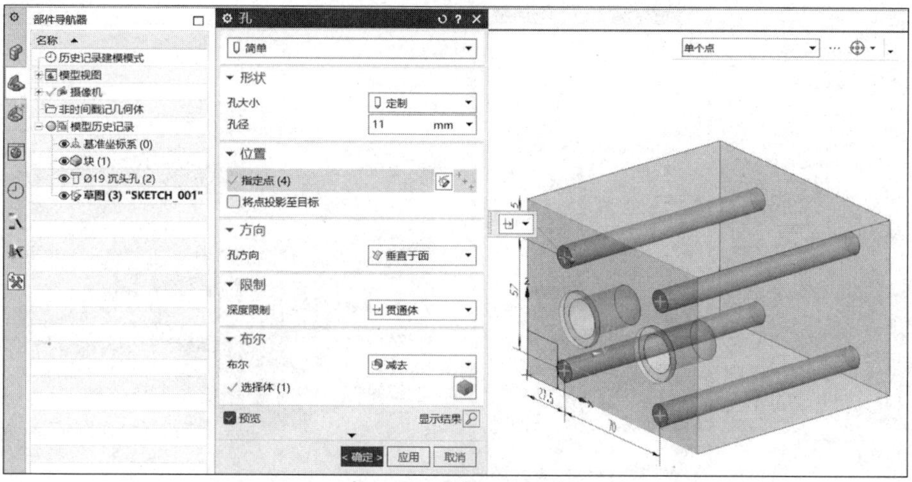

图 5.2.8 创建通孔（2）

出现创建草图的坐标系，单击选定平面后进入到草图工作环境。

b. 在草图工作环境中指定复杂孔的圆心位置，通过尺寸完全约束其位置，如图 5.2.9 所示。

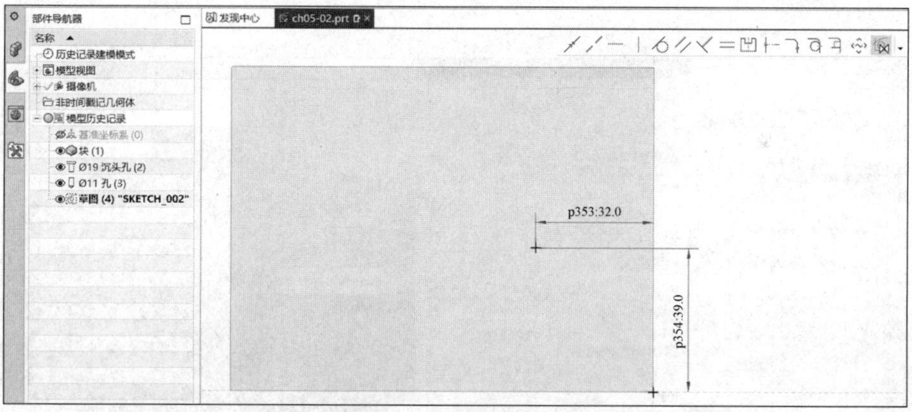

图 5.2.9 创建左侧孔（1）

c. 单击草图工作环境中的完成按钮，完成草图绘制并退出草图工作环境。

② 回到“孔”对话框，定义“形状”区域的相关参数，如图 5.2.10 所示。

③ 孔参数定义完成后，单击确定按钮，生成一个沉头孔，即“部件导航器”中的“沉头孔（4）”特征。

④ 在沉头孔上创建螺纹。

a. 选择“主页”功能选项卡→【更多】→【螺纹】命令，弹出“螺纹”对话框。在“螺纹”对话框中“类型”默认选择“符号”，在正常情况下都应选择“符号”类型。

b. 单击要创建螺纹的圆柱面，此处选择沉头直径为 ϕ37 mm 的圆柱面后，软件将根据“牙型”区域中的螺纹标准自动计算出相应的螺纹参数并填入“螺纹”对话框。此处的“螺纹规格”是“1_1/2-18_UNEF”，因此修改“螺纹标准”为“Inch UNEF”，即可获得正确的螺纹。

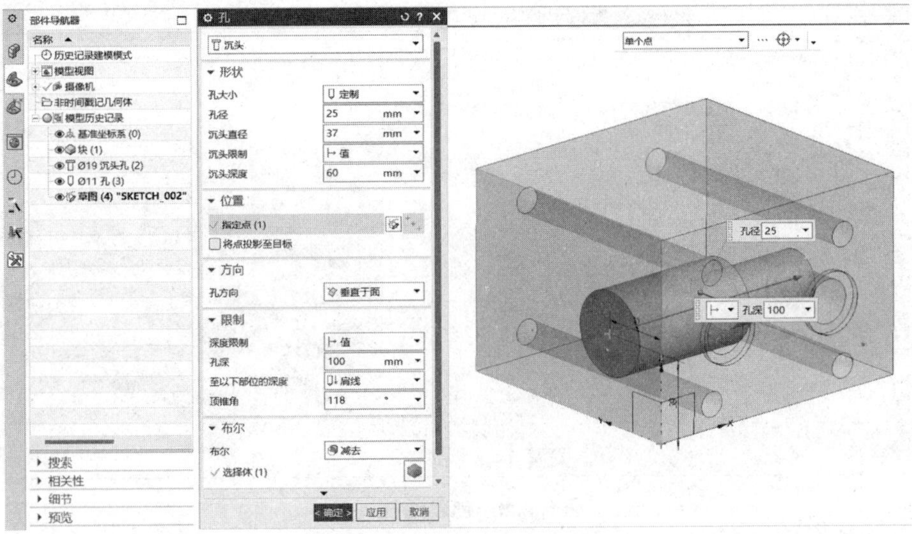

图 5.2.10　创建左侧孔（2）

c. 在“螺纹”对话框中的“螺纹长度”文本框中输入“0.748 in”（约等于 19 mm，因为“螺纹标准”为“Inch UNEF”，所以此处长度单位为 in），其他默认即可，如图 5.2.11 所示。

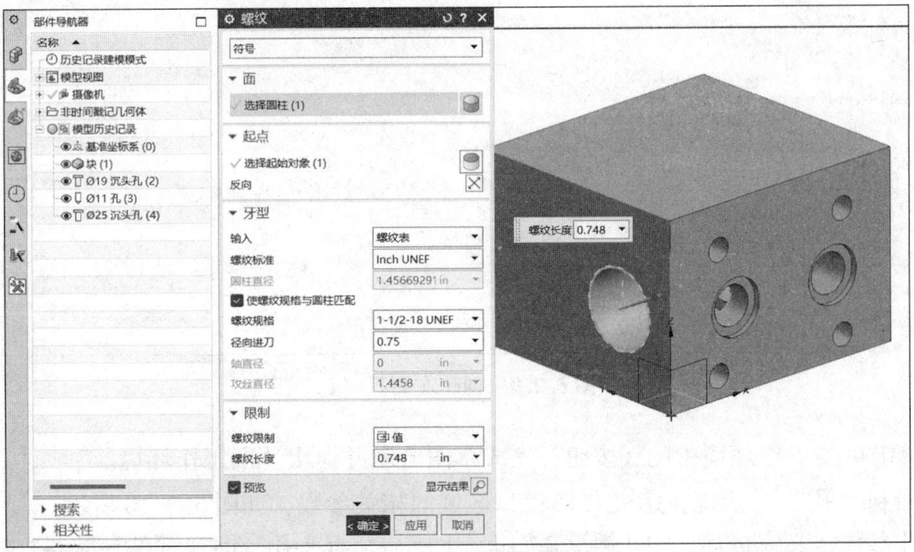

图 5.2.11　创建螺纹（1）

d. 单击 确定 按钮完成螺纹的创建。

⑤ 在沉头孔上创建密封斜面 ϕ41.4。选择“主页”功能选项卡“基本”组中的【拉伸】命令，弹出“拉伸”对话框。

a. 在“截面”区域的“选择曲线”中选择实体右侧的沉头孔 ϕ37 的圆边线。选择时根据情况可滚动鼠标滚轮进行放大，以便选择正确的边线。切不可选择某个平面，否则就会进入草图工作环境。

b. 在“方向”区域根据所选的曲线自动获得矢量方向（垂直于右侧面并向里），如矢量方向不对可单击右侧☒按钮反向。

c. 在“限制”区域设置“起始”为“值”，“距离”为 0 mm，“终止”为“值”，“距离”为 3.8 mm。

d. 在“布尔”下拉列表中选择“减去”选项，“选择体”默认为长方体。

e. 在“拔模”下拉列表中选择“从起始限制”选项，“角度”为 15°。

f. 在“偏置”下拉列表中选择“单侧”选项，“结束为”2.2 mm。因为密封斜面直径是 ϕ41.4 mm，选定的拉伸曲线直径是 ϕ37 mm，所以两者之间的单边距离为（41.4－37）/2＝2.2（mm），即将沉头孔外圆向外部延伸 2.2 mm，斜面角度为 15°，拉伸距离为 3.8 mm，如图 5.2.12 所示。

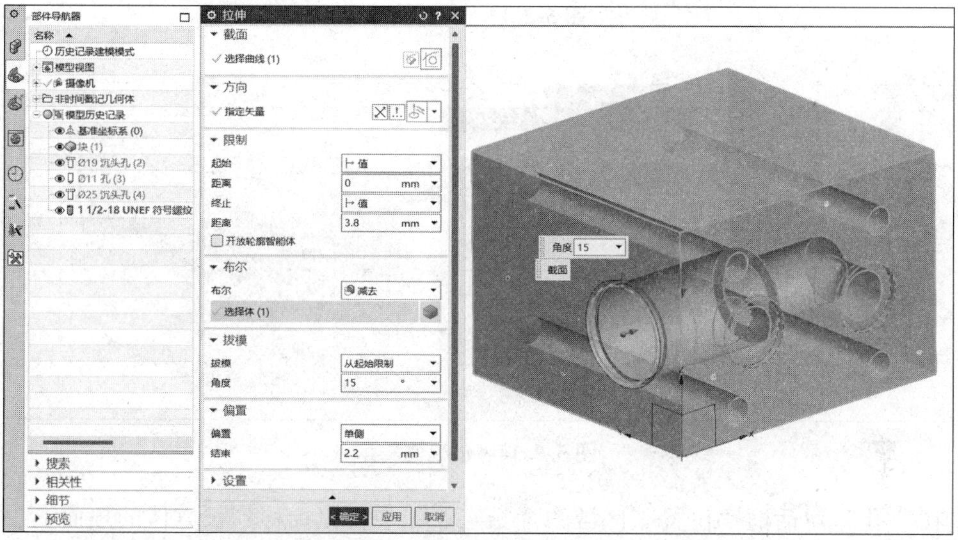

图 5.2.12 创建密封斜面

g. 设置好参数后，单击确定按钮，完成密封斜面的创建，即“部件导航器”中的“拉伸（6）”特征。

⑥ 在沉头孔上创建密封斜面与内孔的过渡倒角。

a. 选择“分析”功能选项卡“测量”组中的【测量】命令，弹出“测量”对话框，在“要测量的对象”区域单击对象单选按钮，然后选择密封斜面内侧圆边线，自动弹出报告窗口，其半径值为 19.681 8 mm，如图 5.2.13 所示，之后关闭“测量”对话框。

由此计算出沉头孔 ϕ37 与密封斜面内侧圆的单边距离为（ϕ39.3636－ϕ37）/2＝1.181 8（mm）。

b. 选择“主页”功能选项卡“基本”组中的【倒斜角】命令，弹出“倒斜角”对话框。在“倒斜角”对话框的“选择边”中选中沉头孔 ϕ37 的圆边线，在“横截面”下拉列表中选择“对称”选项，“距离”为 1.181 8 mm，其他默认。如图 5.2.14 所示。

c. 设置好参数后，单击确定按钮，完成倒斜角的创建，即“部件导航器”中的“倒斜角（7）”特征。

（5）步骤 5：创建顶面的大圆孔 ϕ110 和凸台 ϕ40

① 选择【孔】孔命令，弹出“孔”对话框。

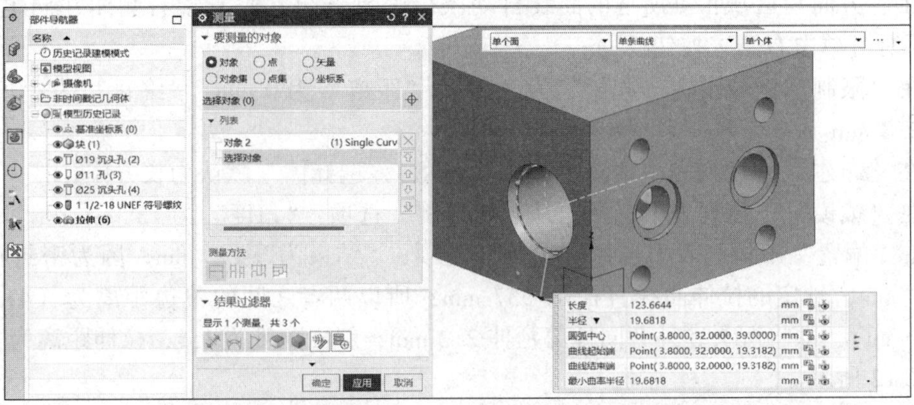

图 5.2.13 测量直径

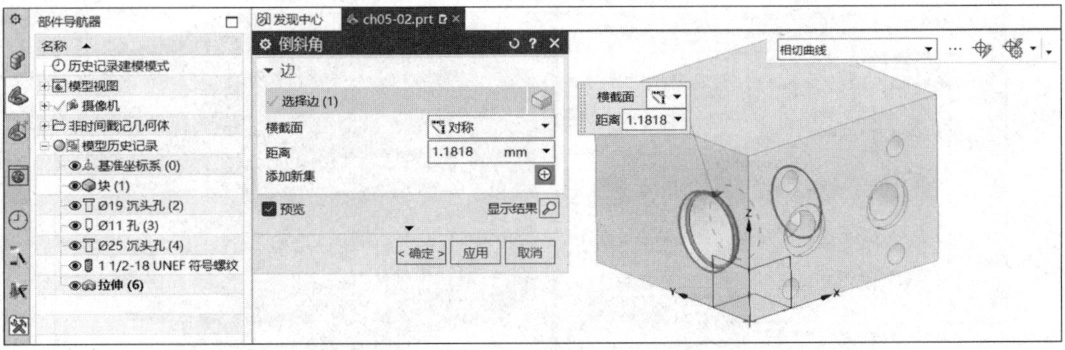

图 5.2.14 创建倒斜角

a. 在“孔”对话框“位置”区域的“指定点”中将鼠标移到长方体的顶面上，自动出现创建草图的坐标系，单击选定平面后进入草图工作环境。

b. 在草图工作环境中指定圆腔的圆心位置，通过尺寸完全约束其位置，如图 5.2.15 所示。

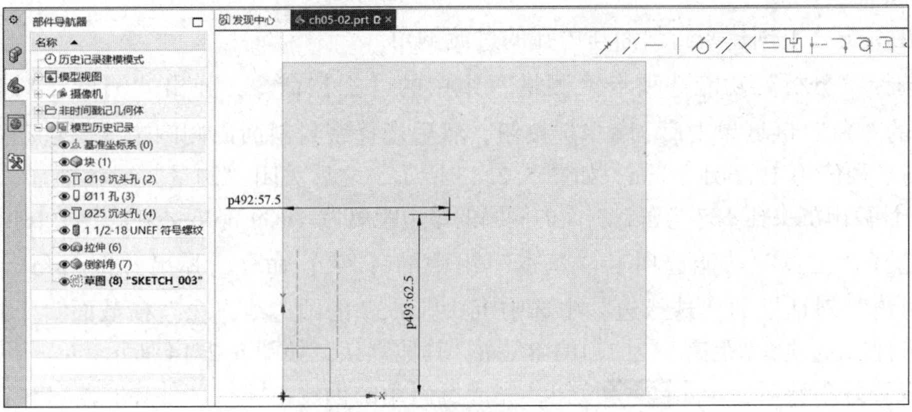

图 5.2.15 创建大圆孔（1）

c. 单击草图工作环境中的完成按钮，完成草图绘制并退出草图工作环境。

② 回到“孔”对话框，在“形状”区域定义此孔相关参数，如图 5. 2. 16 所示。

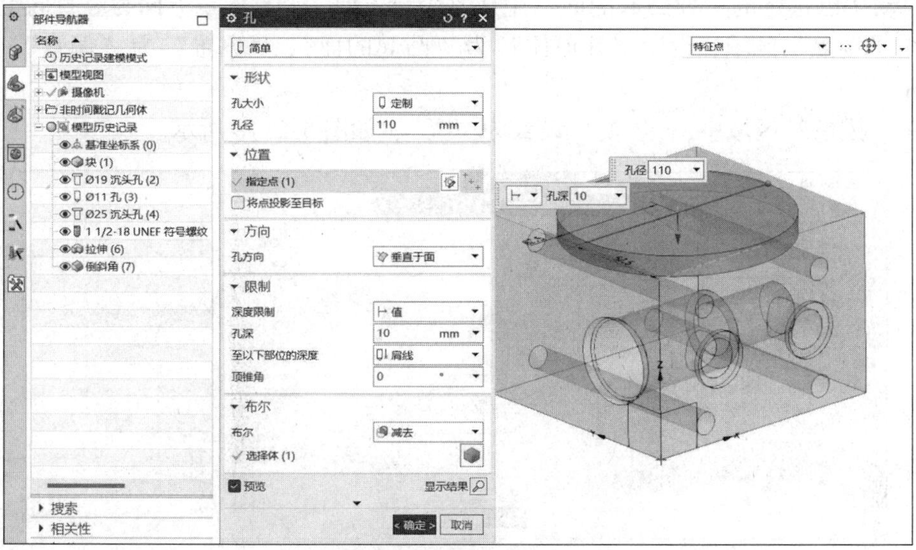

图 5. 2. 16　创建大圆孔（2）

③ 孔参数定义完成后，单击 确定 按钮完成大圆孔的创建，即“部件导航器”中的“孔(8)”特征。

④ 选择【更多】→【凸起】命令，弹出“凸起”对话框。

a. 在“凸起”对话框“截面”区域的“选择曲线”中将鼠标移到长方体顶面大圆孔的底面上，自动出现创建草图的坐标系，草图坐标系的 X 和 Y 方位如图 5. 2. 17 所示，单击选定平面后进入到草图工作环境。

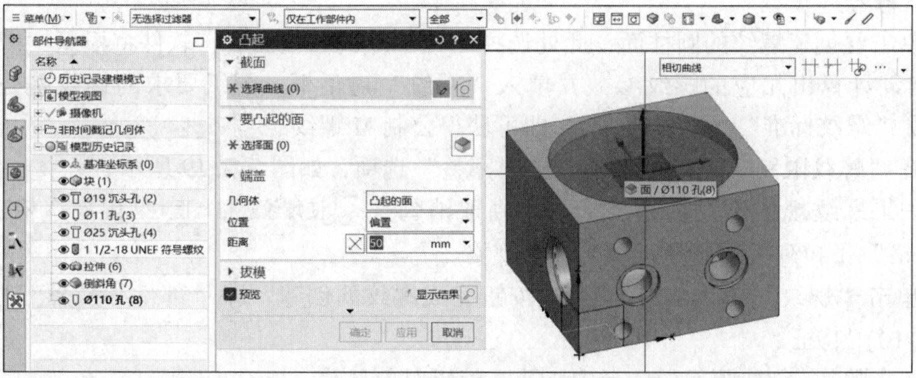

图 5. 2. 17　创建凸起（1）

b. 在草图工作环境中绘制凸台的轮廓曲线，该轮廓曲线为 1 个圆，直径 ϕ40 mm，与大圆孔 ϕ110 同心。

c. 单击草图工作环境中的完成按钮，完成草图绘制并退出草图工作环境。

⑤ 回到“凸起”对话框，定义各选项中相关参数。

a. 在“截面”区域选择新绘制的草图曲线。

b. 在“要凸起的面”区域的“选择面”中单击长方体顶面大圆孔的底面，设定凸台的起始面。

c. 自动按已选定的“要凸起的面”生成其矢量方向，调整矢量方向为竖直向上。

d. 在“端盖”区域，设置“几何体”为“凸起的面”，“位置”为“偏置”，“距离”为 34 mm。

e. 在“拔模”区域中，“拔模”设置为“无”，如图 5. 2. 18 所示。

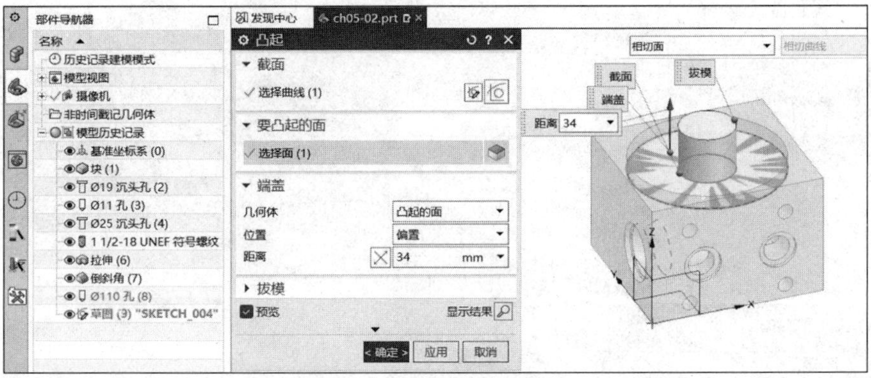

图 5. 2. 18　创建凸起（2）

⑥ 凸起参数定义完成后，单击确定按钮，完成凸台 ϕ40 的创建，即“部件导航器”中的“凸起（9）”特征。

⑦ 在凸台上创建螺纹 M40×1. 5。

a. 选择“主页”功能选项卡“基本”组中的【更多】→【螺纹】命令，弹出“螺纹”对话框。

b. 在“螺纹”对话框的“类型”下拉列表中默认选择“符号”类型，在正常情况下都应选择“符号”类型。

c. 单击要创建螺纹的圆柱面，此处选择凸台 ϕ40 的圆柱面后，软件将根据“螺纹标准”选项值自动计算出相应的螺纹参数并填入“螺纹”对话框。图纸要求的螺纹是公制标准，因此修改“螺纹标准”为“GB193”，即可获得公制 M 螺纹。

d. 在“螺纹限制”下拉列表中选择“完整”选项，如图 5. 2. 19 所示。

e. 如果螺纹规格不是图纸要求的，则取消勾选使螺纹规格与圆柱匹配复选框，可以从“螺纹规格”下拉列表中选择正确的螺纹规格。

⑧ 单击“螺纹”对话框中的确定按钮完成螺纹的创建，即“部件导航器”中的“符号螺纹（10）”特征。

（6）步骤 6：创建顶面的凸台中心孔，编辑对象显示。

① 选择【孔】孔命令，弹出“孔”对话框。

a. 在“孔”对话框“位置”区域的“指定点”中将鼠标移到凸台 ϕ40 的外圆曲线上，从而自动捕捉到圆弧曲线的中心点，确定中心孔的圆心位置。这样就不用进入草图工作环境指定其点位置。

b. 在“孔”对话框中，“类型”为“简单”，“方向”区域的“孔方向”为“垂直于面”；“孔深”为 25 mm，“孔深”为 45 mm，其他选项默认，如图 5. 2. 20 所示。

c. 孔参数定义完成后，单击确定按钮完成中心孔的创建，即“部件导航器”中的“孔

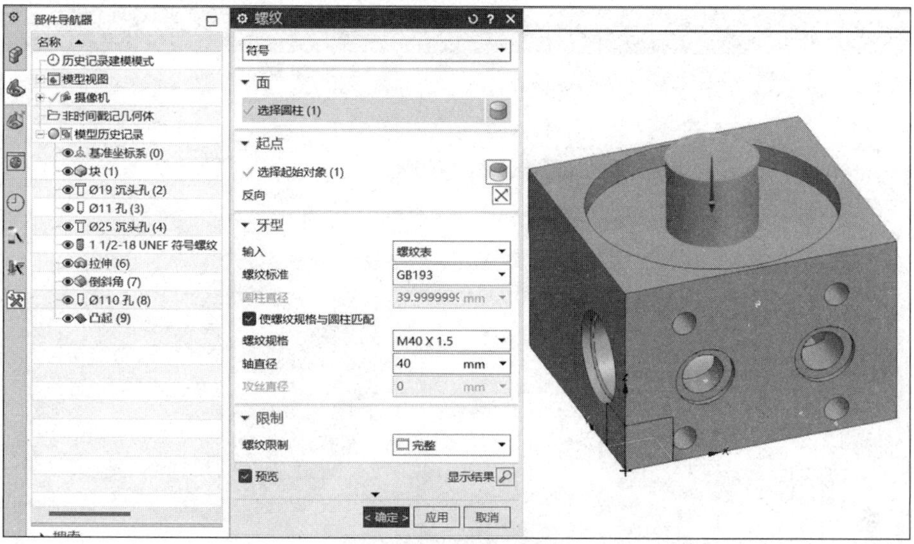

图 5.2.19 创建螺纹

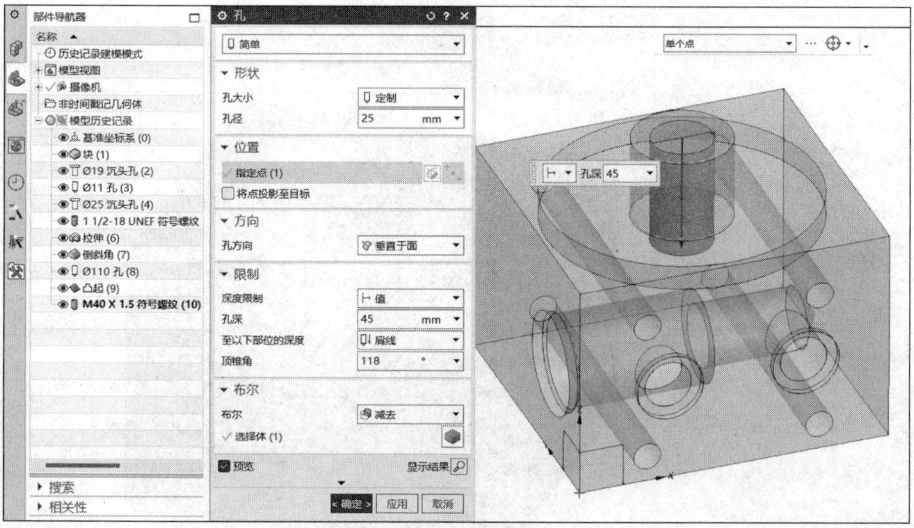

图 5.2.20 创建中心孔

(11)”特征。

② 选择“视图”功能选项卡“可视化”组中的【编辑对象显示】命令，弹出“类选择”对话框。

a. 在“类选择”对话框中单击实体模型进行选定，然后单击确定按钮。

b. 在“类选择”对话框中可以修改对象的图层、颜色、线型、宽度等特性；在“颜色过滤器”中单击更换想要的颜色，如图 5.2.21 所示。

c. 单击确定按钮完成对象的颜色显示修改。

③ 经过以上步骤，最终完成这个油压泵体的实体建模，如图 5.2.22 所示，然后单击工作界面左上角的按钮，保存当前文件。

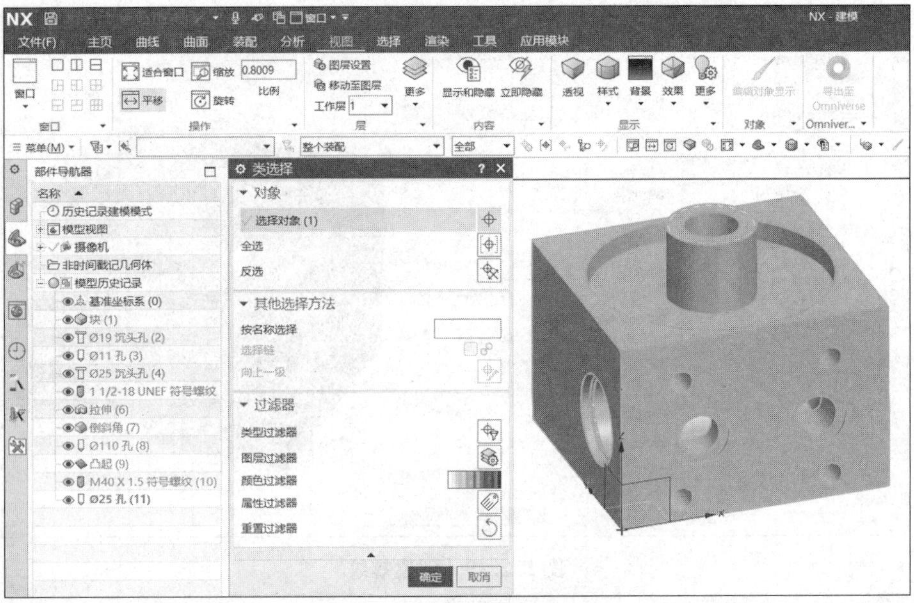

图 5.2.21　编辑对象显示

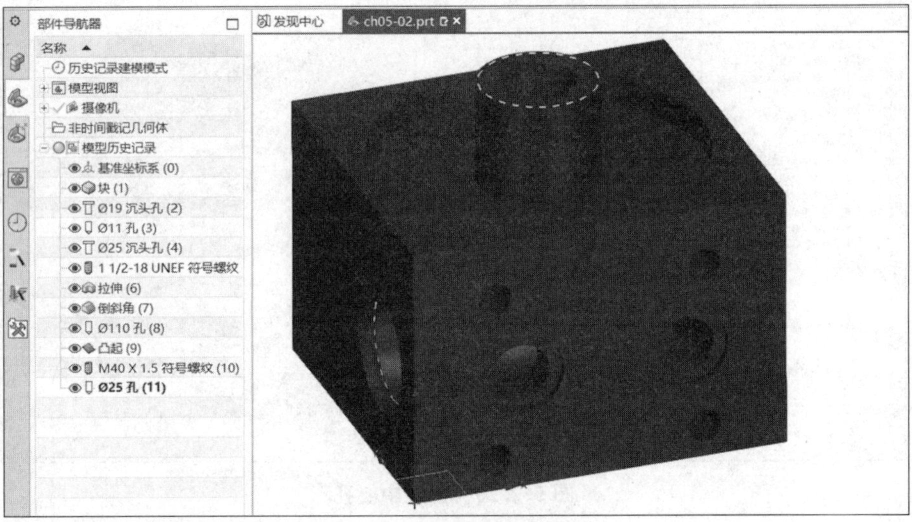

图 5.2.22　完成三维建模

5.2.2　知识点应用点评

在“实例特训——油压泵体的实体建模”中，首先找到实体的主要形状特征，直接用“建模”模块中的【块】命令完成实体构建；利用【孔】命令分别完成各个孔的创建；利用【拉伸】命令结合它的“拔模”参数创建密封斜面的特征；利用【凸起】命令完成凸台特征的创建。

此实例用到了建模中的多个常用命令，如【块】、【拉伸】、【孔】、【凸起】、【螺纹】等命令，需要将这些命令综合起来进行灵活的运用。

5.2.3　知识点拓展

在“实例特训——油压泵体的实体建模”中，也可以通过其他方法来创建相应特征。

（1）参考工程图中的俯视图，在 X-Y 基准平面上直接绘制一个草图，通过多次选择【拉伸】命令创建长方体、顶面的大圆孔和凸台。

（2）在长方体侧面绘制一个草图，通过多次选择【拉伸】命令创建 4 个通孔和 2 个沉头孔。

（3）对于密封斜面特征可尝试通过【倒斜角】命令创建，但是要先计算出斜角的两个边尺寸。

5.3　实例特训——连接筒的实体建模

项目任务：使用 UG NX 建模方法，完成图 5.3.1 所示工程图中产品的三维建模。

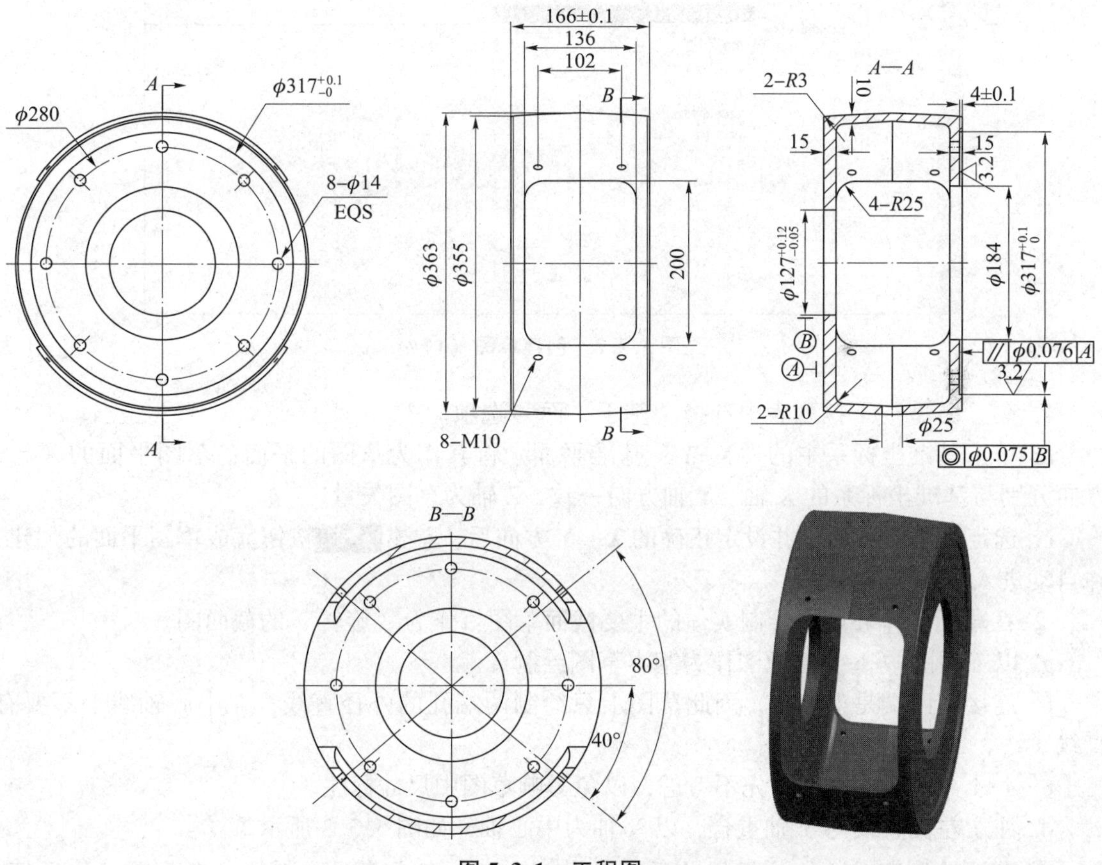

图 5.3.1　工程图

5.3.1　产品实体建模的详细步骤

微课视频——实体建模实例 2（NX 12.0）

微课视频——实体建模实例 2（NX 2212）

（1）步骤 1：新建文件，建立基准坐标系。

① 在 UG NX 2212 软件中单击工具条中

的“新建”按钮，弹出“新建”对话框。新建一个模型文件，单位为毫米，名称为“ch05-03. prt”，选定要存放的文件夹位置。单击“新建”对话框中的 确定 按钮，自动进入“建模”模块。

② 将 UG NX 2212 工作界面左边的资源栏切换到“部件导航器”，有一个自动创建好的基准坐标系。如果没有，则通过【基准坐标系】命令创建一个基准坐标系，其原点为(0,0,0)。

（2）步骤 2：创建旋转截面的草图。

① 选择“主页”功能选项卡“构造”组中的【草图】命令，弹出“创建草图”对话框，确定草图平面和 X、Y 方向，如图 5. 3. 2 所示。

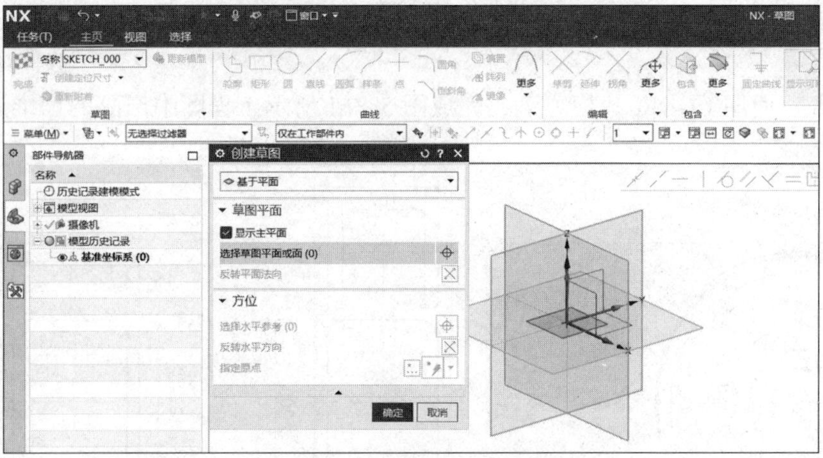

图 5. 3. 2　创建草图（1）

a. 在“类型”下拉列表中选择“基于平面”选项。

b. 单击基准坐标系中的“X-Y”基准平面，将其作为草图的平面；草图平面的 X、Y 方向分别与基准坐标系的 X 轴、Y 轴方向一致，Z 轴为草图矢量。

c. 选定好草图平面，并设定正确的 X、Y 方向后，单击 确定 按钮完成草图平面的创建，并自动进入草图工作环境。

② 在草图工作环境中绘制实体的主要截面草图，作为“旋转”的截面图。

a. 以工程图中 *A-A* 截面图作为基本草图绘制。

b. 连接筒两端是空心孔，因此草图上只绘制两端孔的外径直线，在中心轴线上不要有直线。

c. *A-A* 截面图中的圆角先不考虑，以免影响草图中尺寸标注。

d. 注意左侧直线与 Y 轴重合，以 X 轴为中心轴，如图 5. 3. 3 所示。

③ 草图绘制完成并标注好尺寸后，单击完成按钮，完成草图绘制并退出草图工作环境，如图 5. 3. 4 所示。

（3）步骤 3：创建旋转实体。

① 选择“主页”功能选项卡“基本”组的【旋转】命令，弹出“旋转”对话框，进行旋转操作。

a. 在“截面”区域的“选择曲线”中选择上一步创建的草图曲线。

b. 在“轴”区域的“指定矢量”中选定旋转的中心轴线，即基准坐标系的 X 轴，此时

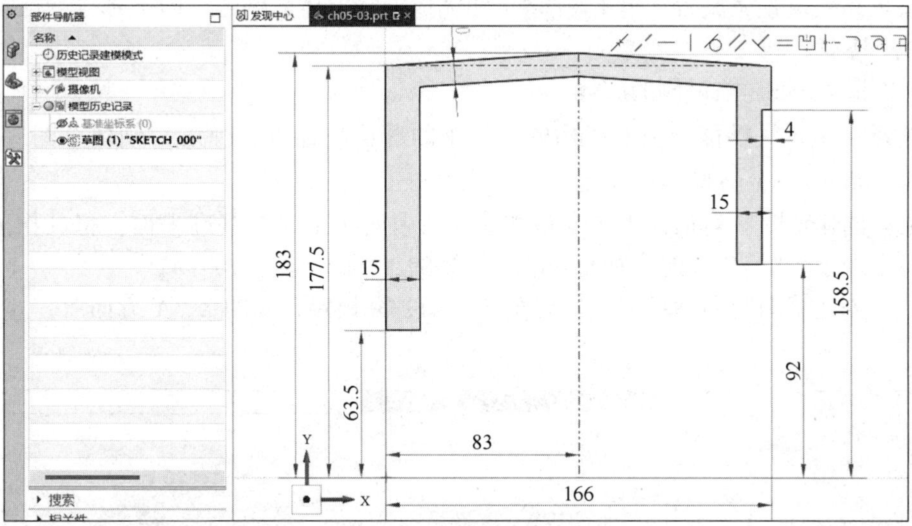

图 5.3.3　创建草图（2）

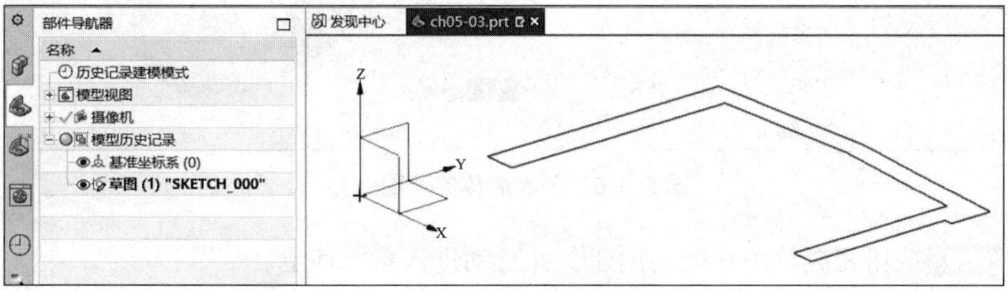

图 5.3.4　完成草图创建

旋转原点“指定点”默认就是 X 轴的原点。

c. 在“限制”区域中，将“起始”“结束”设置为“值”，“角度”分别设置为 0°、360°，即旋转一个整圆 360°。

d. 在“布尔”下拉列表中默认选择“无”选项，其他选项默认即可，如图 5.3.5 所示。

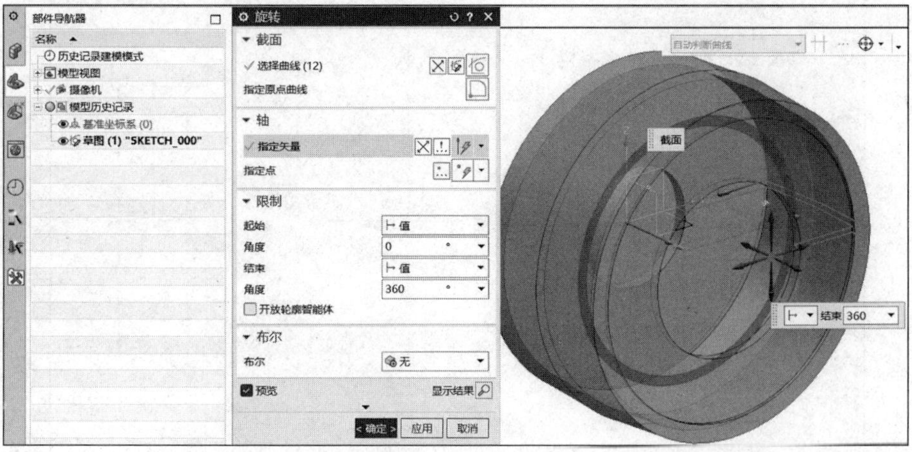

图 5.3.5　创建旋转体

② 旋转参数设置完成后，单击 确定 按钮完成旋转实体的创建，即“部件导航器”中的“旋转（2）”特征。

（4）步骤 4：创建前后侧的腔体

① 选择“主页”功能选项卡“构造”组中的【草图】命令，弹出“创建草图”对话框，确定草图平面和 X、Y 方向。

a. 在“创建草图”对话框中单击基准坐标系中的“X-Z”基准平面，将其作为草图的平面；草图平面的 X、Y 方向分别与基准坐标系的 X 轴、Z 轴方向一致。

b. 在“创建草图”对话框中选定好草图平面，并设定正确的 X、Y 方向后，如图 5.3.6 所示。

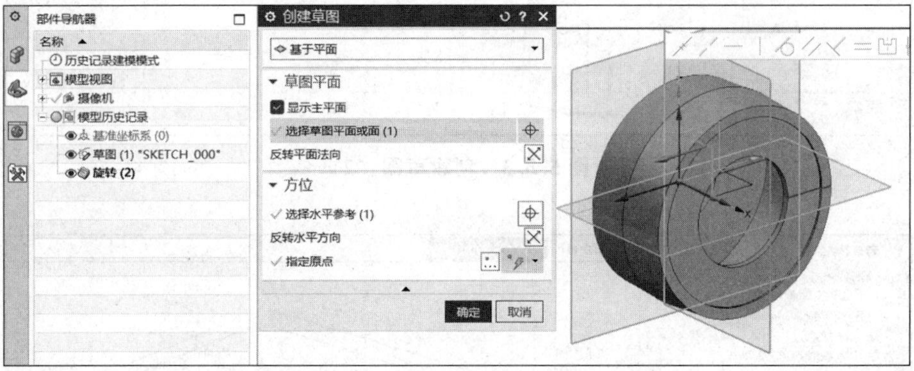

图 5.3.6 创建腔体的草图（1）

单击 确定 按钮完成草图平面的创建，并自动进入草图环境。

② 在草图工作环境中绘制实体的主要截面草图，作为“拉伸”的截面图。

a. 以工程图中间腔体图作为基本草图绘制。

b. 草图绘制完成并标注好尺寸后，如图 5.3.7 所示。

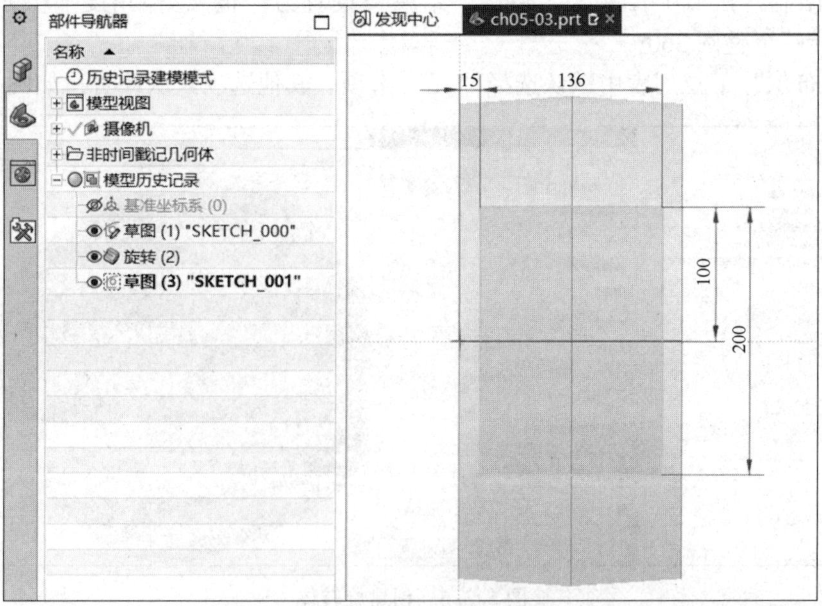

图 5.3.7 创建腔体的草图（2）

c. 单击完成按钮，完成草图绘制并退出草图工作环境。

③ 选择“主页”功能选项卡“基本”组中的【拉伸】拉伸命令，弹出“拉伸”对话框，进行拉伸操作。

a. 在“截面”区域的“选择曲线”中选择上一步创建的草图曲线。

b. “方向”区域的“指定矢量”会根据选定草图曲线，自动生成矢量垂直于草图曲线所在平面。

c. 在“限制”区域中，将“起始”“终止”设置为“值”，“距离”设置为稍大于圆筒半径的值（如 185 mm），分别为负值和正值，确保完全穿透。

d. 在“布尔”下拉列表中选择“减去”选项，在“选择体”中选择上一步创建的旋转实体，如图 5.3.8 所示。

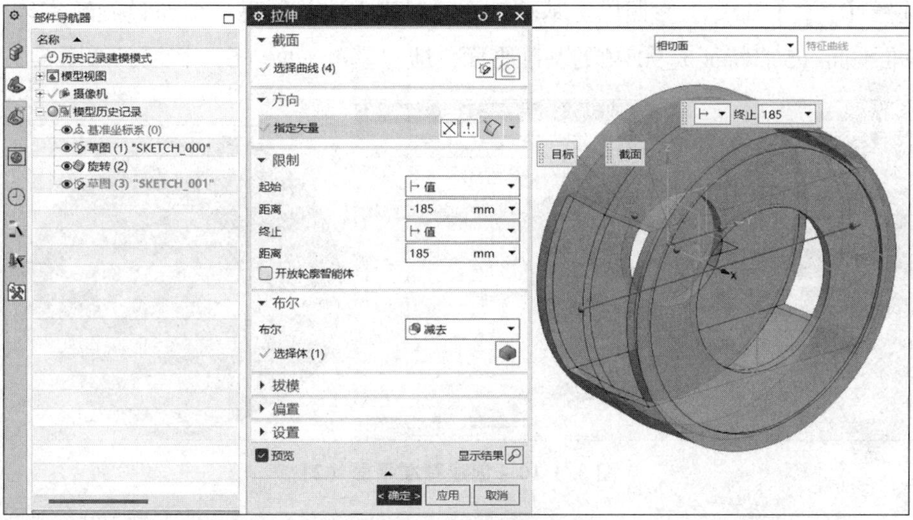

图 5.3.8　创建腔体

④ 拉伸参数设置完成后，单击确定按钮完成腔体的创建，即“部件导航器中”的“拉伸（4）”特征。

（5）步骤 5：创建所需的基准平面

① 选择“主页”功能选项卡“构造”组中的【基准平面】命令，弹出“基准平面”对话框，创建需要的基准平面。

a. 在“类型”下拉列表中选择自动判断选项。

b. 在“要定义平面的对象”区域，把鼠标光标移到图形区中旋转实体的中心位置，此处会自动出现旋转实体的中心轴线，单击选中它，将出现一个通过此中心轴线的基准平面。

c. 单击选中基准坐标系中的 X-Y 基准平面，这时“基准平面”对话框中增加一个新选项“角度”，将“角度”值设置为-50°（如基准平面不对，则设置为 50°）后按 Enter 键，即可创建一个通过旋转实体中心轴线并与 X-Y 基准平面成 50°角的基准平面，如图 5.3.9 所示。

根据情况的不同，有时需将角度设为负值或正值，才能获得想要的基准平面。

d. 单击确定按钮完成 1 个基准平面的创建，即“部件导航器”中的“基准平面（5）”特征。

图 5.3.9　创建基准平面（1）

② 选择【基准平面】命令，参照以上基准平面的创建方法，创建一个通过旋转实体中心轴线并与“基准平面（5）”特征成90°角的基准平面，即“基准平面（6）”特征，如图 5.3.10 所示。

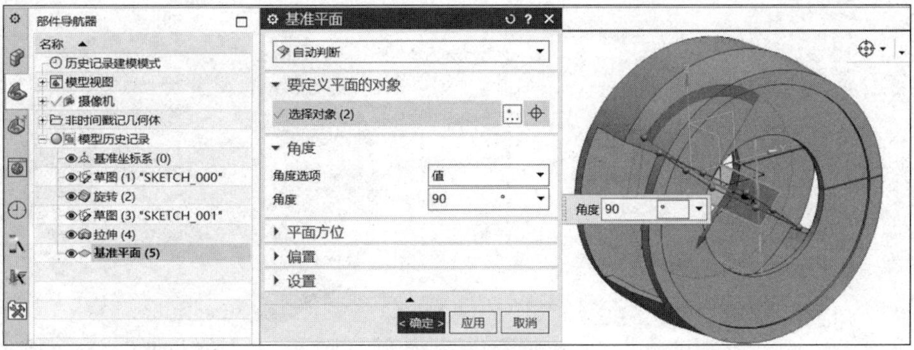

图 5.3.10　创建基准平面（2）

③ 执行【基准平面】命令，创建需要的基准平面。

a. 在“类型”下拉列表中选择“自动判断”选项。

b. 在“要定义平面的对象”区域，单击选中“基准平面（5）”特征，这时“基准平面”对话框中增加一个新选项“距离”。将“偏置”设置为 363/2 mm 后按下 Enter 键，即可创建一个平行于“基准平面（5）”特征并偏移 363/2 mm 的基准平面，“平面的数量”设置为 1，如图 5.3.11 所示。

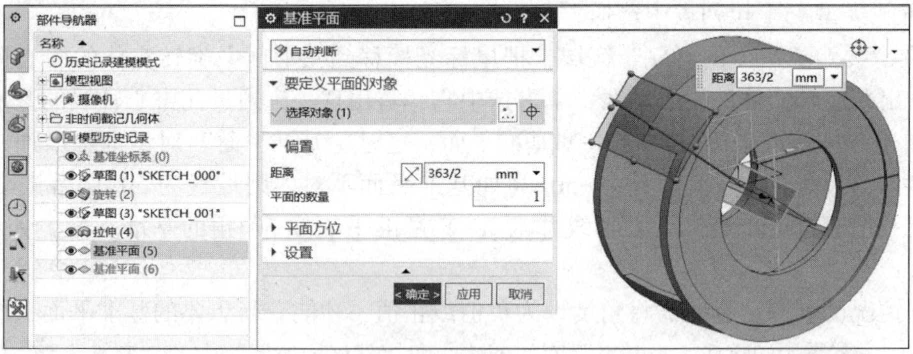

图 5.3.11　创建基准平面（3）

c. 单击 确定 按钮完成新基准平面的创建，即“部件导航器”中的“基准平面（7）”特征。

（6）步骤 6：创建圆周的 M10 螺孔

① 选择“主页”功能选项卡“基本”组中的【孔】孔命令，弹出“孔”对话框，创建所需要的孔。

a. 在“孔”对话框中，在“位置”区域的“指定点”中将鼠标移到“基准平面（7）”特征上，自动出现创建草图的坐标系，草图坐标系的 X 和 Y 方位如图 5.3.12 所示。

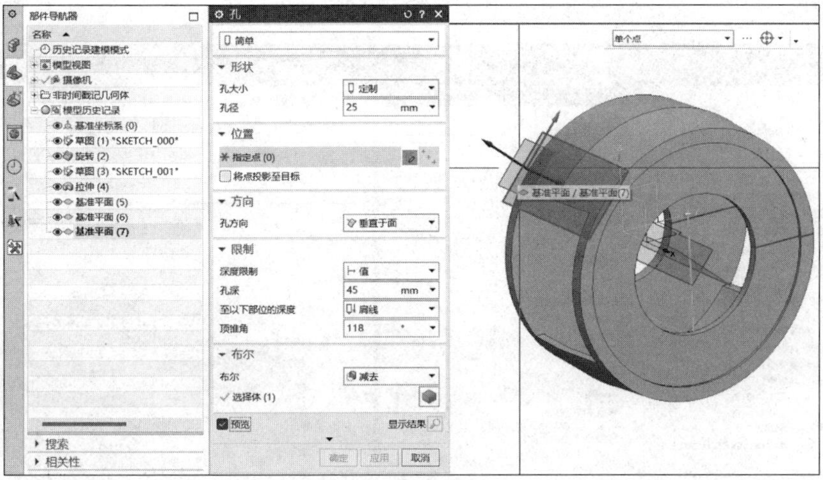

图 5.3.12　创建孔（1）

单击选定平面后自动进入草图工作环境。

b. 在草图工作环境中指定两个螺母 M8 的圆心位置，标注两点的尺寸约束其位置，设置求解关系约束两点的水平连线与“基准平面（6）”特征共线，从而控制其在圆周上的角度，如图 5.3.13 所示。

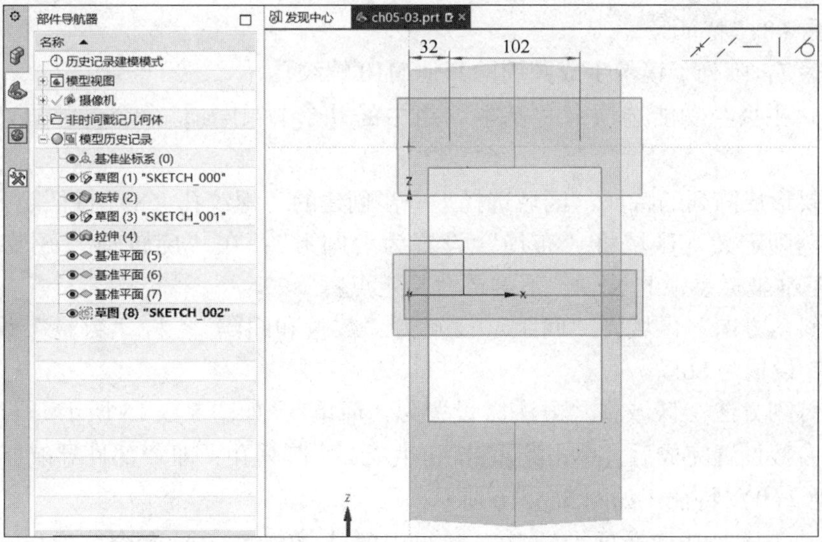

图 5.3.13　创建孔（2）

c. 单击草图工作环境中的完成按钮，完成草图绘制并退出草图工作环境。

② 回到“孔”对话框，定义各选项的相关参数。

a. 在“类型”下拉列表中选择“有螺纹”选项；在“方向”区域将“孔方向”设置为“垂直于面”，则自动指定孔所在“基准平面（7）”特征的矢量方向；在“形状”区域将“大小”设置为“M10×1.5”，“螺纹深度”设置值要大于壁厚（如 20 mm）；在“限制”区域中将“孔深”设置为不小于螺纹深度的值。

b. 在“布尔”区域将“布尔”设置为“减去”，在“选择体”中选择旋转实体，如图 5.3.14 所示。

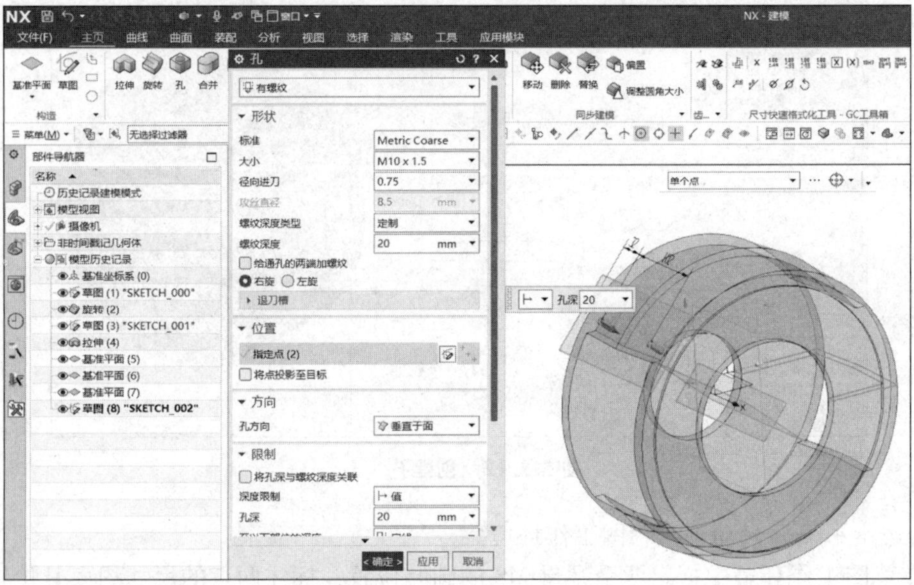

图 5.3.14　创建孔（3）

③ 孔参数定义完成后，单击 确定 按钮完成两个螺孔 M10 的创建，即“部件导航器”中的“螺纹孔（8）”特征。

（7）步骤 7：阵列、镜像生成圆周的其他 M10 螺纹孔。

① 选择“主页”功能选项卡“基本”组中的【阵列特征】命令，弹出“阵列特征”对话框。

a. 在“要形成阵列的特征”区域选择上一步创建的“螺纹孔（8）”特征。

b. 在“阵列定义”区域将“布局”设置为“圆形”；在“旋转轴”区域的“指定矢量”中选择基准坐标系中的 X 轴，不需要“指定点”。

c. 在“斜角方向”区域将“间距”设置为“数量和间隔”，将“数量”设置为“2”，将“间隔角”设置为 80°。

d. 在“阵列方法”区域将“方法”设置为“简单”，如图 5.3.15 所示。

② 阵列参数设置完成后，单击 确定 按钮生成 2 个阵列孔，即“部件导航器中”的“阵列特征［圆形］(9)”特征，如图 5.3.16 所示。

③ 选择“主页”功能选项卡“基本”组中的【镜像特征】命令，弹出“镜像特征”对话框。

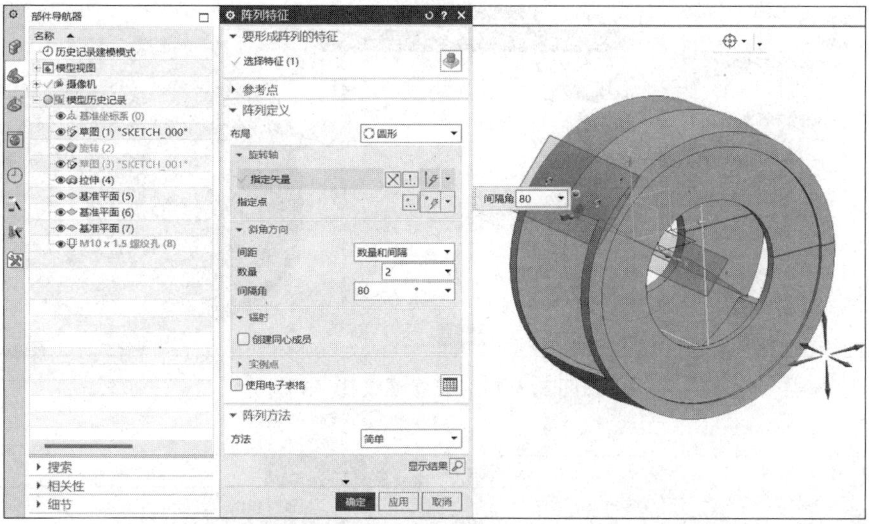

图 5.3.15　阵列螺纹孔（1）

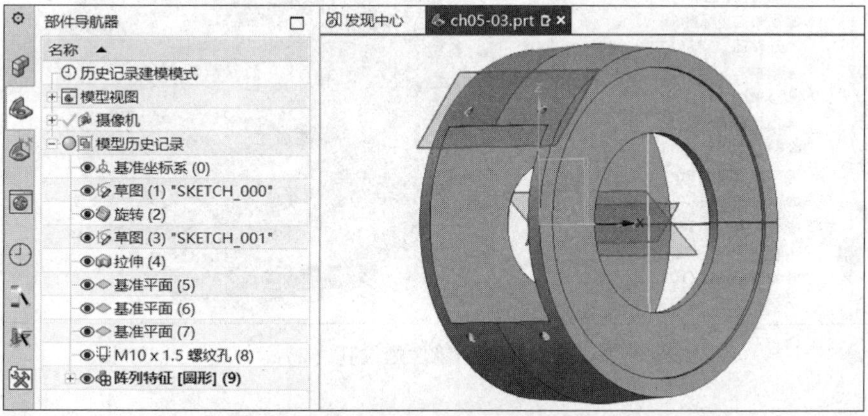

图 5.3.16　阵列螺纹孔（2）

a. 在“要镜像的特征”区域，先按住 Ctrl 键，然后分别单击选中“部件导航器”中的“螺纹孔（8）”和“阵列特征［圆形］(9)”特征，选择好两个特征后松开 Ctrl 键。

b. 在“镜像平面”区域将“平面”设置为“现有平面”，在“选择平面”中选择基准坐标系中的 X-Z 基准平面，如图 5.3.17 所示。

c. 单击确定按钮完成镜像 4 个螺纹孔的操作，即将已创建好的 4 个螺纹孔镜像到另一侧，创建完成 8 个 M10 螺纹孔，如图 5.3.18 所示。

（8）步骤 8：创建右侧的 8-ϕ14 孔、底部 ϕ25 孔。

① 选择“主页”功能选项卡“构造”组中的【草图】命令，弹出“创建草图”对话框，创建需要的草图。

a. 在“创建草图”对话框中，将鼠标移动到旋转实体右侧面上，自动出现创建草图的坐标系，单击确定按钮进入草图工作环境。

b. 在草图工作环境中，先确定 1 个 ϕ14 圆的位置，然后通过阵列曲线操作阵列出另外 8 个 ϕ14 圆，如图 5.3.19 所示。

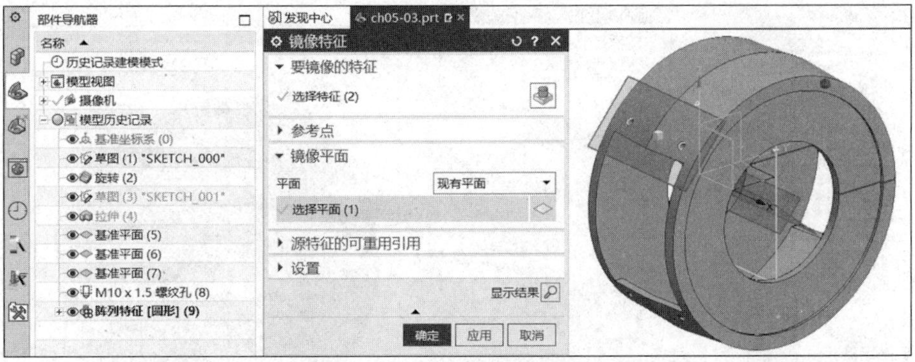

图 5. 3. 17　镜像螺纹孔（1）

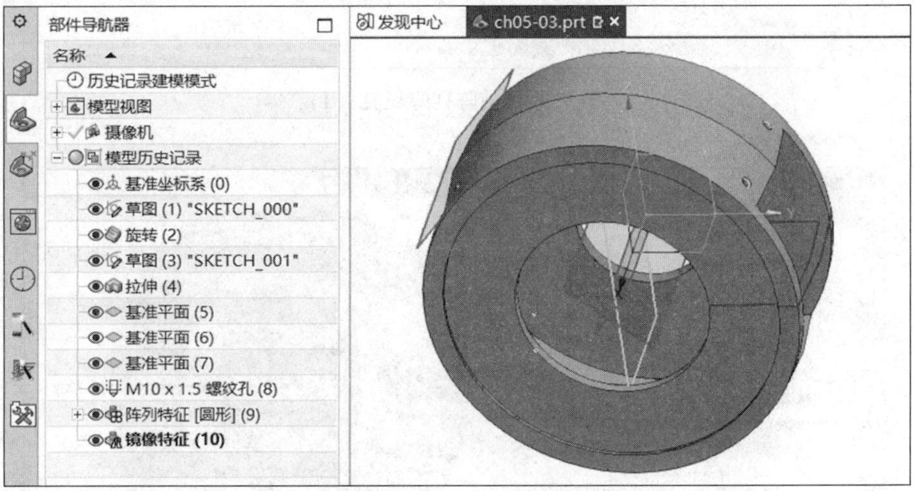

图 5. 3. 18　镜像螺纹孔（2）

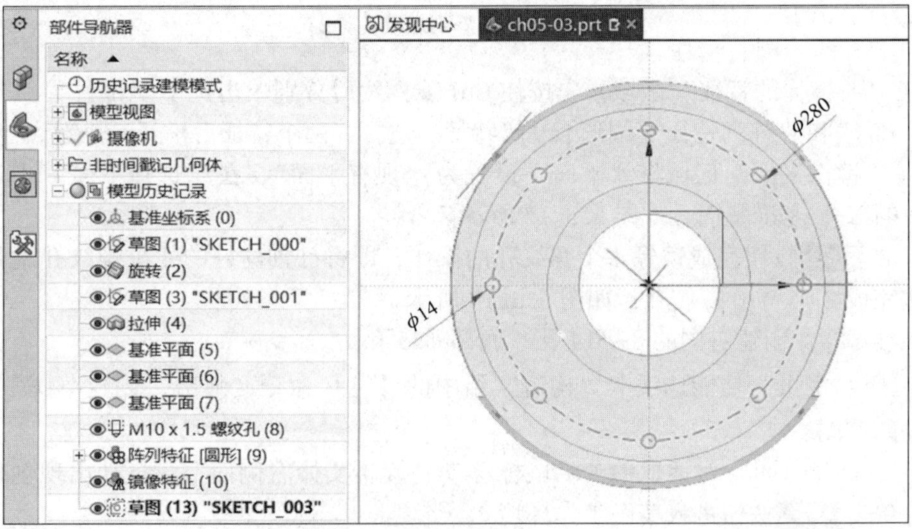

图 5. 3. 19　创建右侧孔（1）

c. 单击草图工作环境中的完成按钮，完成草图绘制并退出草图工作环境。

② 选择“主页”功能选项卡“基本”组中的【拉伸】命令，弹出“拉伸”对话框，创建要拉伸的特征。

a. 在“表区域驱动”区域的“选择曲线”中设置上一步创建的草图曲线。

b. 在“方向”区域的“指定矢量”中按所选择的草图曲线自动生成其矢量方向，如矢量方向不对可单击右侧的按钮反向，调整其方向朝向旋转实体。

c. 在“限制”区域，将“开始”设置为“值”，将距离设置为 0 mm，将“结束”设置为“值”，将“距离”设置为 15 mm；在“布尔”区域将“布尔”设置为“减去”，选择体默认为旋转实体。

d. 在“拔模”区域将“拔模”设置为“无”；在“偏置”区域将“偏置”设置为“无”，如图 5. 3. 20 所示。

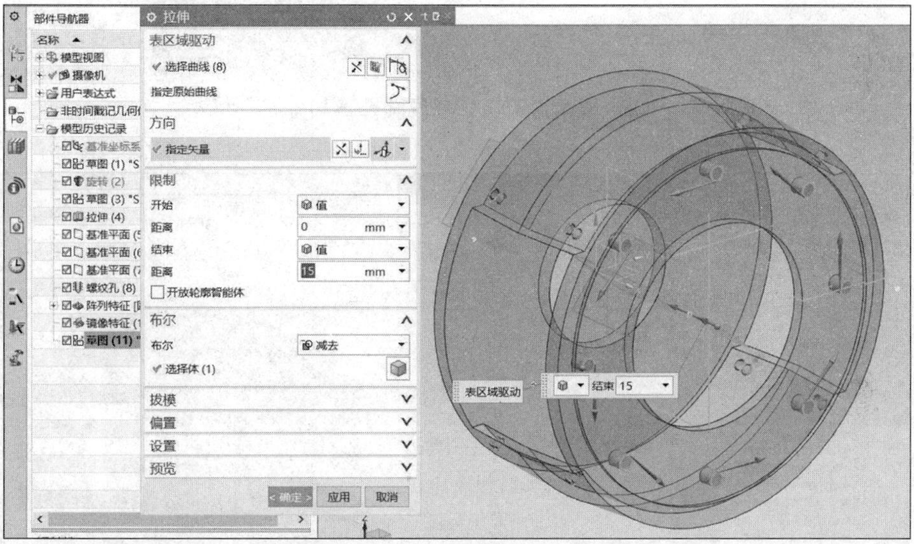

图 5. 3. 20　创建右侧孔（2）

③ 设置好拉伸参数后，单击确定按钮完成 8-ϕ14 孔的创建。

④ 选择【孔】孔命令，弹出“孔”对话框，创建需要的孔。

a. 在“孔”对话框“位置”区域的“指定点”中将鼠标移到基准坐标系中 X-Y 基准平面上，自动出现创建草图的坐标系，单击选定平面后进入草图工作环境。

b. 在草图工作环境中指定 ϕ25 的圆心位置，设置几何约束此点在 X-Z 基准平面上，如图 5. 3. 21 所示。

c. 单击完成按钮，完成草图绘制并退出草图工作环境。

⑤ 回到“孔”对话框，定义各选项的相关参数。

a. 在“类型”下拉列表中选择“简单”选项；在“方向”区域将“孔方向”设置为“沿矢量”，矢量方向为竖直向下。

b. 在“布尔”区域将“布尔”设置为“减去”，在“选择体”中选择旋转实体。其他参数如图 5. 3. 22 所示。

c. 孔参数定义完成后，单击确定按钮完成 ϕ25 孔的创建。

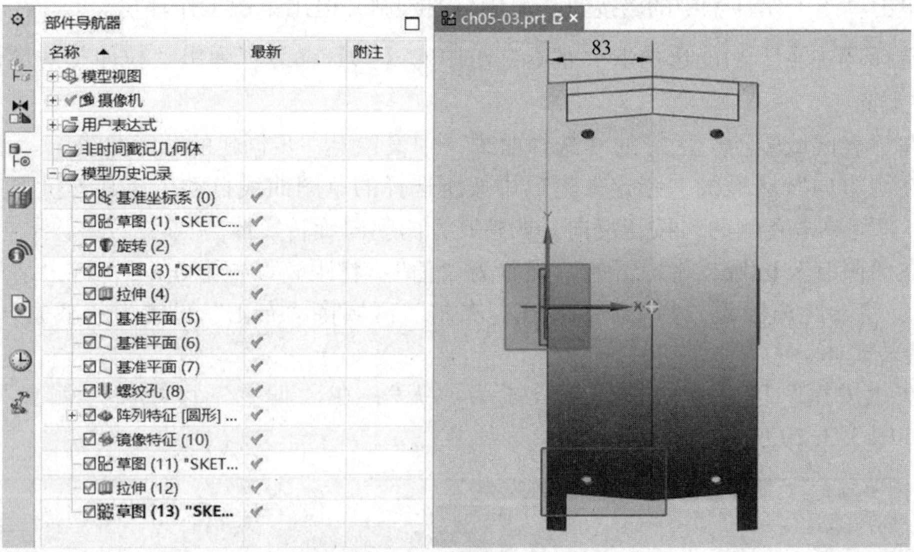

图 5.3.21　创建底部孔（1）

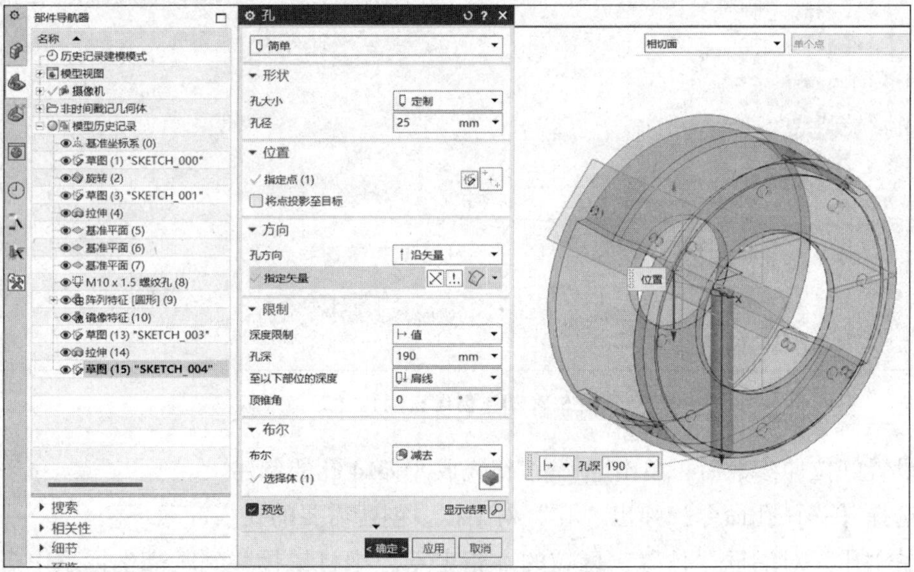

图 5.3.22　创建底部孔（2）

（9）步骤 9：创建旋转实体的圆角。

① 选择“主页”功能选项卡“基本”组中的【边倒圆】命令，弹出“边倒圆”对话框，创建圆角。

a. 在“边倒圆”对话框中，“连续性”设置为“G1（相切）”；在“选择边”中选择旋转实体左、右两侧最外圆的两条边；“形状”设置为“圆形”。

b. “半径 1”设置为 3 mm，即倒圆角半径为 3 mm，如图 5.3.23 所示。

倒圆角参数设置好后，单击 确定 按钮完成倒圆角的创建。

② 按照同样的方法，选择旋转实体内侧的两条边，“半径 1”设置为 10 mm，创建“边

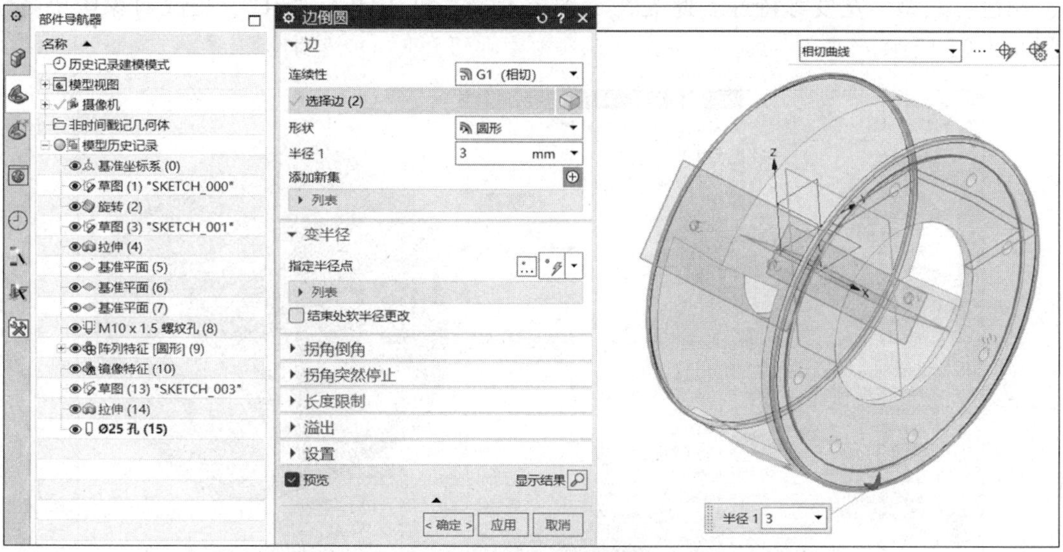

图 5.3.23　倒圆角

倒圆（17）”特征。

③ 按照同样的方法，选择旋转实体前后的腔体，“半径 1”设置为 25 mm，创建“边倒圆（18）”特征。

（10）步骤 10：隐藏非实体对象层，编辑对象显示。

① 切换到“视图”功能选项卡，选择【编辑对象显示】命令，弹出“类选择”对话框。

a. 单击“类选择”对话框中的“类型过滤器”按钮，弹出“按类型选择”对话框，先按住 Ctrl 键，然后分别单击选中坐标系、基准，单击确定按钮，返回“类选择”对话框。

b. 单击“类选择”对话框中的“全选”按钮，系统会按照“类型过滤器”自动选中所有符合该类型的对象，如图 5.3.24 所示。

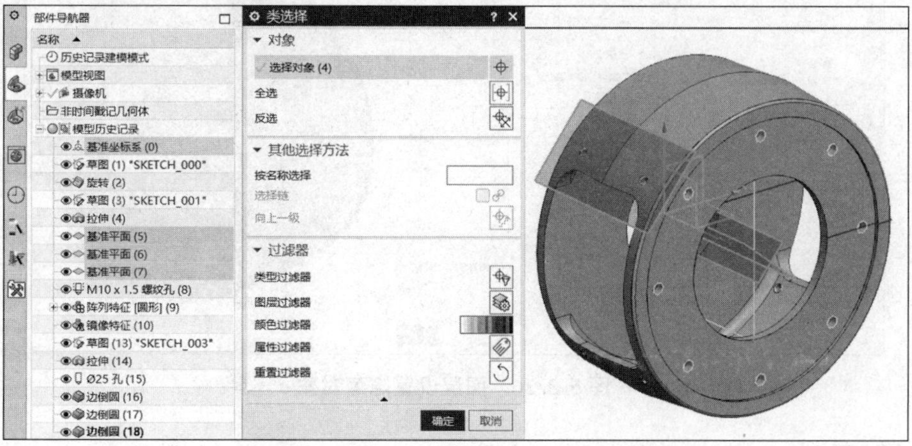

图 5.3.24　全选坐标系和“基准 1”

c. 单击确定按钮，跳转到“编辑对象显示”对话框。在该对话框中可以修改对象的图层、颜色、线型、宽度等特性。此处在“图层”文本框中输入“61”，更改对象图层特性，如图 5.3.25 所示。

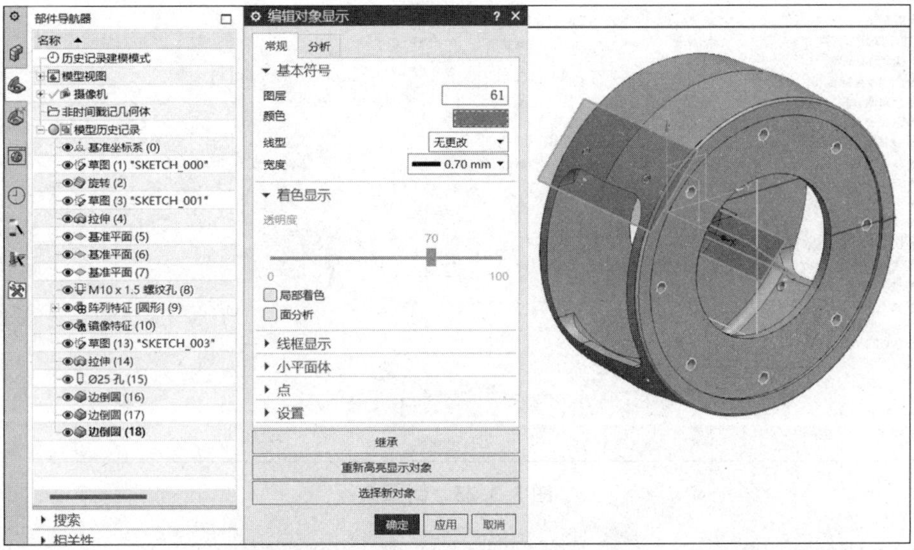

图 5.3.25 编辑坐标系、基准对象

d. 按下 Enter 键或单击确定按钮关闭“编辑对象显示”对话框，完成对象属性的修改。

② 重复以上操作，在“类型过滤器”中选中“草图”，将所有草图对象的图层设置为“31”。

③ 选择“视图”功能选项卡“层”组中的【图层设置】命令，弹出“图层设置”该对话框。该对话框中，取消勾选图层 31、61 数字前的复选框，即可隐藏图层 31、61 上的对象（坐标系、基准和草图），如图 5.3.26 所示。

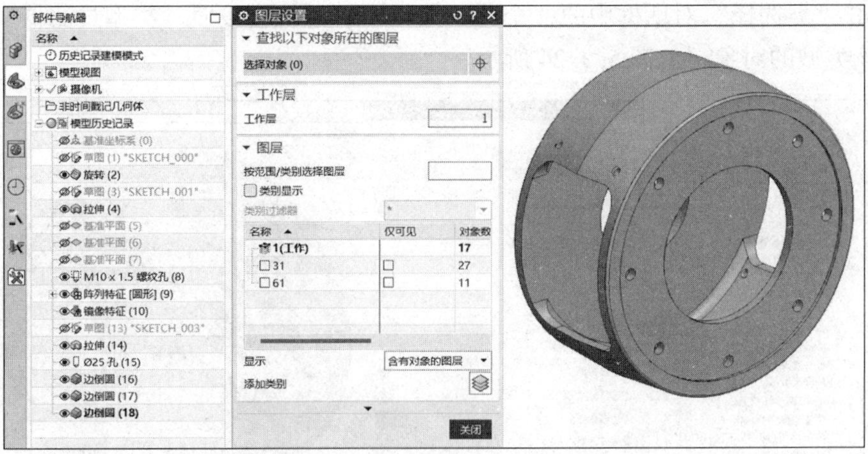

图 5.3.26 图层设置隐藏对象

单击关闭按钮退出“图层设置”对话框。

④ 选择【编辑对象显示】命令，弹出“类选择”对话框。

a. 在“类选择”对话框中，单击选择图形区的实体特征。

b. 单击确定按钮回到“编辑对象显示”对话框。在“编辑对象显示”对话框中可以修改实体对象的图层、颜色、线型、宽度等特性，在“颜色”选项中单击更换颜色，选择灰色。

c. 单击确定按钮完成对象的颜色显示修改。

⑤ 经过以上步骤，最终完成实体建模，如图 5. 3. 27 所示。单击工作界面左上角的按钮，保存当前文件。

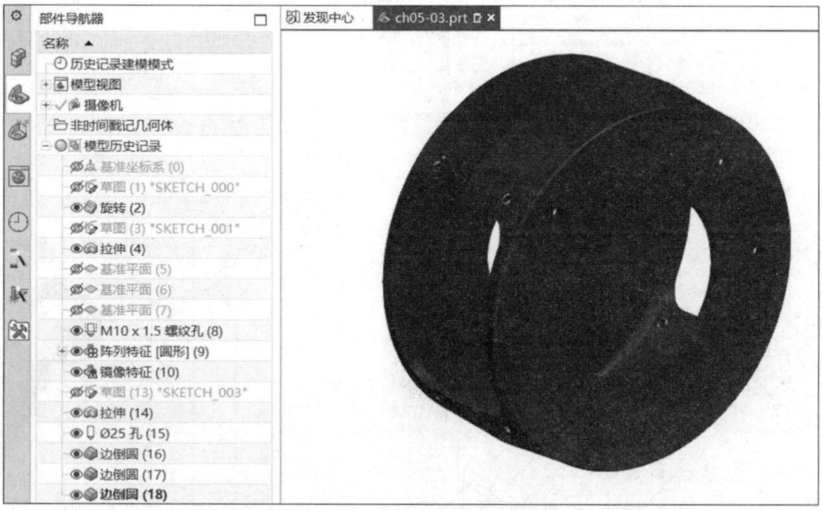

图 5. 3. 27 完成三维建模

5. 3. 2 知识点应用点评

在“实例特训——连接筒的实体建模”中，首先分析得出实体的主要形状特征是回转体，利用【草图】命令绘制截面图，再利用建模工具【旋转】命令完成其关键实体构建；利用【草图】命令绘制其腔体的截面图，再利用【拉伸】命令求差去除材料；在回转体圆周上创建基准平面，再利用【孔】命令基于此基准平面完成圆周上孔的创建；利用【阵列特征】、【镜像特征】命令完成圆周上其他孔的创建。

此实例用到了建模中的多个常用命令，如【草图】、【旋转】、【拉伸】、【基准平面】、【孔】等命令，需要将这些命令综合起来进行灵活的运用，从而创建所需要的实体模型。

5. 3. 3 知识点拓展

在“实例特训——连接筒的实体建模”中，也可以通过其他方法来创建相应特征。

(1) 用草图绘制回转体的截面图时，可以不考虑左、右两侧的大圆孔，绘制好两侧封闭的草图后就利用【旋转】命令生成回转体，之后利用【孔】命令生成左侧的圆孔。

(2) 对于右侧的 8-ϕ14 孔，可以在绘制草图后利用【拉伸】命令并进行求差操作来创建。

(3) 在创建孔或草图时，需要指定其所在的平面/基准平面，不能直接在曲面上创建。因此，对于圆周上的孔，必须先创建与圆周相切的基准平面，然后进行孔或草图的操作，当修改此基准平面的角度参数时，依附在上方的特征定位尺寸也会相应变化。

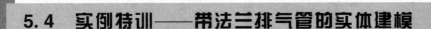

5.4 实例特训——带法兰排气管的实体建模

项目任务：使用 UG NX 建模方法，完成图 5.4.1 所示工程图中产品的三维建模。

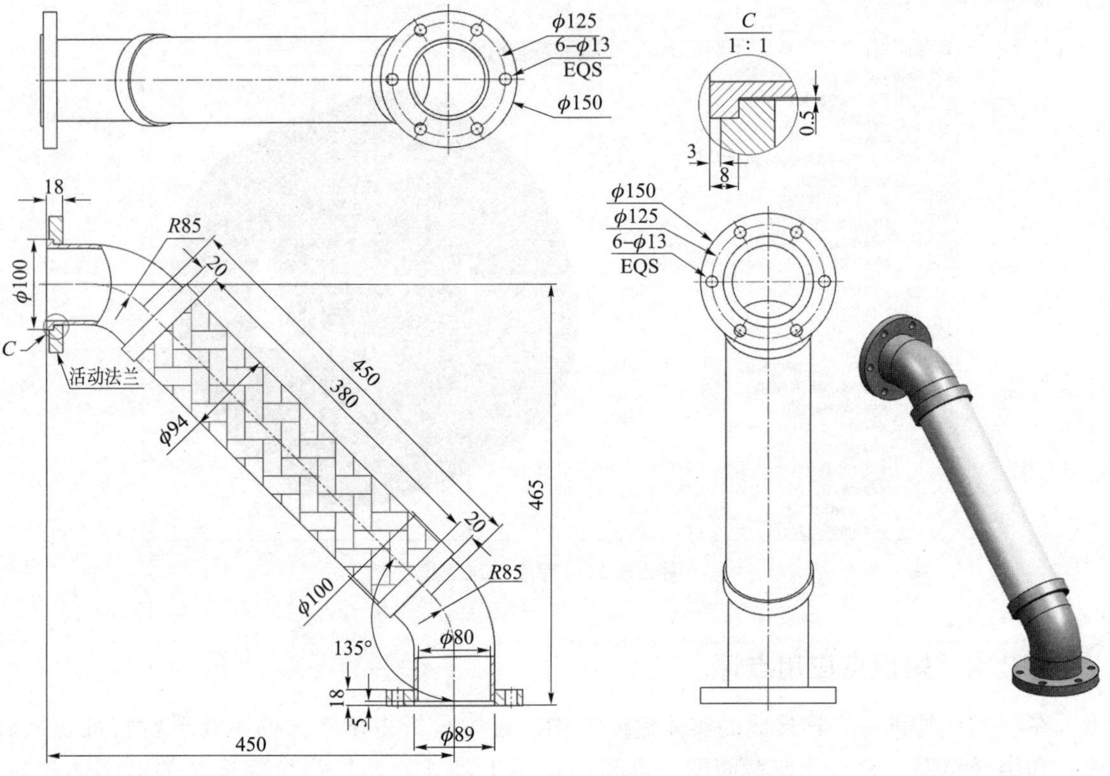

图 5.4.1 工程图

5.4.1 产品实体建模的详细步骤

微课视频——实体建模实例 3（NX 12.0）

微课视频——实体建模实例 3（NX 2212）

（1）步骤 1：新建文件，建立基准坐标系和基准平面。

① 在 UG NX 2212 软件中单击工具条中的“新建”按钮，弹出“新建”对话框。新建一个模型文件，单位为毫米，名称为“ch05-04. prt”，选定要存放的文件夹位置。单击“新建”对话框中的 确定 按钮，自动进入“建模”模块。

② 将 UG NX 2212 工作界面左边的资源栏切换到“部件导航器”，有一个自动创建好的基准坐标系。如果没有，则通过【基准坐标系】命令创建一个基准坐标系，其原点为(0,0,0)。

③ 选择“主页”功能选项卡“构造”组中的【基准平面】命令，弹出“基准平面”对话

框，创建需要的基准平面。

a. 在“类型”下拉列表中选择自动判断选项。

b. 在“要定义平面的对象”区域，在图形区中单击选中基准坐标系的 Y-Z 基准平面，这时“基准平面”对话框中增加一个新区域“偏置”，将“距离”设置为450 mm 后按 Enter 键，即可创建一个平行于所选平面偏移一定距离的基准平面，如图 5.4.2 所示。

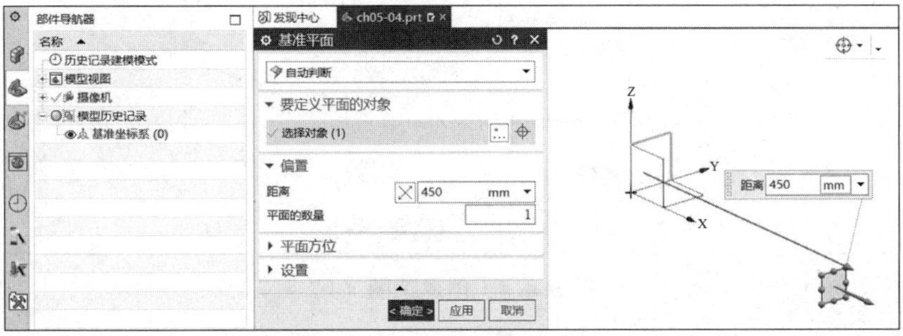

图 5.4.2 创建基准平面（1）

c. 单击确定按钮，完成“基准平面（1）”的创建。

④ 继续选择【基准平面】命令，弹出“基准平面”对话框，创建需要的基准平面。

a. 在“类型”下拉列表中选择自动判断选项。

b. 在“要定义平面的对象”区域，在图形区中单击选中基准坐标系的 X-Y 基准平面，将“距离”设置为 465 mm 后按 Enter 键，即可创建一个平行于所选基准平面向下偏移一定距离的基准平面，单击按钮使其矢量反向，如图 5.4.3 所示。

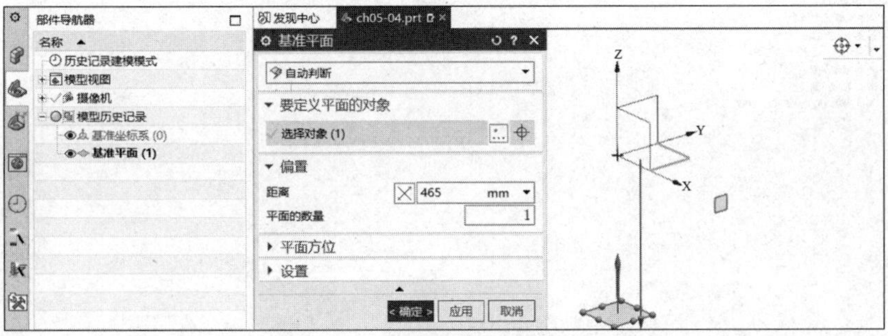

图 5.4.3 创建基准平面（2）

c. 单击确定按钮，完成“基准平面（2）”的创建。

（2）步骤 2：创建排气管中心线的草图。

① 选择“主页”功能选项卡“构造”组中的【草图】命令，弹出“创建草图”对话框，确定草图平面和 X、Y 方向。

a. 在“类型”下拉列表中选择“基于平面”选项；选择水平“参考”设置为“水平”，“指定原点”设置为默认原点。

b. 单击基准坐标系中的“X-Z”基准平面，将其作为草图的平面；草图平面的 X、Y

方向分别与基准坐标系的 X 轴、Z 轴方向一致。

c. 选定好草图平面，并设定正确的 X、Y 方向后如图 5.4.4 所示。

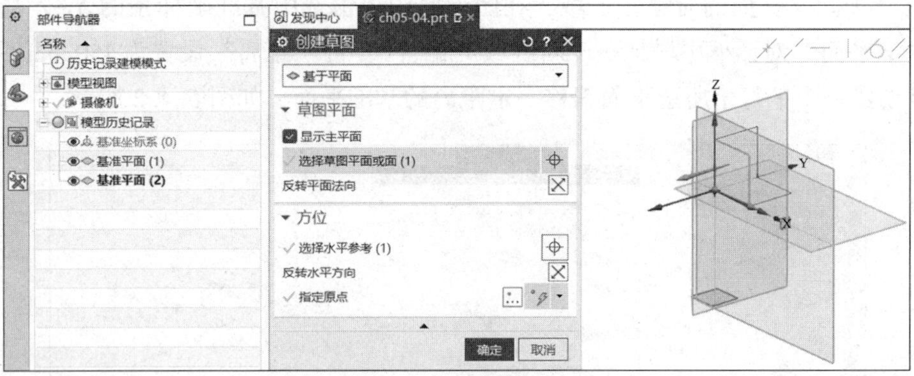

图 5.4.4　创建草图（1）

d. 单击确定按钮，完成草图平面的创建，进入草图工作环境。

② 在草图工作环境中绘制排气管中心线的草图，作为“管”的路径。

a. 以工程图中的排气管中心线作为基本草图绘制，打开【创建持久关系】命令；左侧直线起点从基准坐标系的原点(0,0)开始；右下角的直线与基准平面（1）重合，终点距离基准平面（2）5 mm，中间两条圆弧等半径。

b. 草图绘制完成并标注好尺寸后如图 5.4.5 所示。

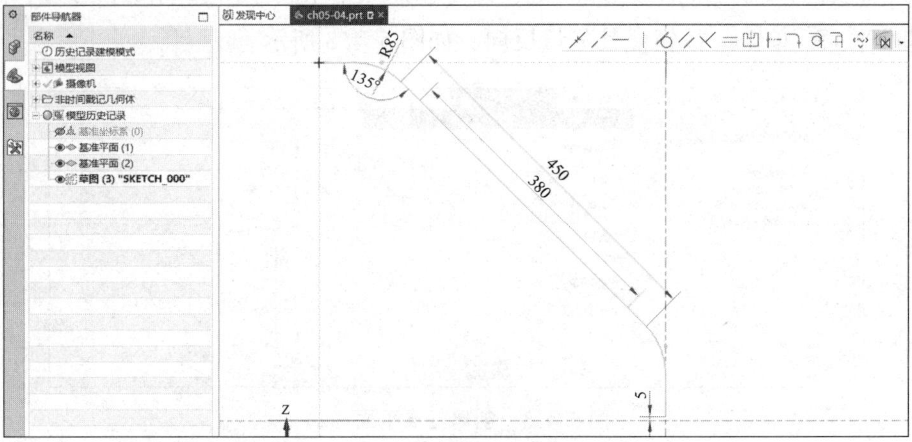

图 5.4.5　创建草图（2）

③ 单击完成按钮，完成草图绘制并退出草图工作环境。

（3）步骤 3：创建表达式参数。

① 选择“工具”功能选项卡“实用工具”组中的【表达式】命令，弹出“表达式”对话框。

② 在“表达式”对话框右侧的窗口中创建所需的参数。

a. 在最上方的空行“名称”列双击输入“Dn1”变量后按 Enter 键，然后在它右侧的“公式”列输入“80”后按 Enter 键，“单位”列默认为“mm”，即创建一个参数 Dn1 = 80 mm。

b. 用同样的方法，创建一个参数 D1 = 89 mm。

c. 用同样的方法，创建一个参数 D2 = 94 mm。所有参数创建完成后如图 5.4.6 所示。

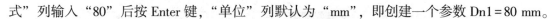

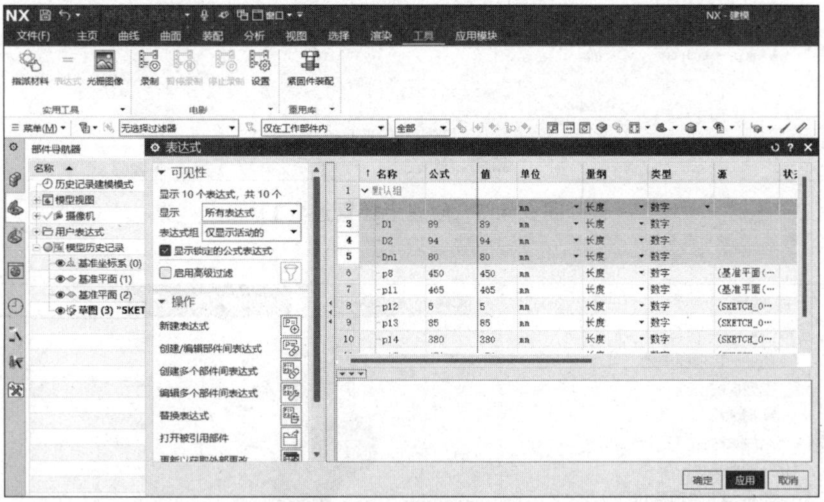

图 5.4.6 创建表达式参数

③ 参数创建完成后，单击 确定 按钮，完成表达式的创建。以上创建的参数可以在本文件中直接使用。如果需要修改其值，则进入“表达式”对话框对应列双击修改。

创建表达式参数的目的是统一控制某个值，以方便统一更新修改，实现参数化设计。

(4) 步骤 4：创建排气管的管道

① 切换到“主页”功能选项卡，选择【菜单(M)】→【插入(S)】→【扫掠(W)】→【管(T)...】命令，弹出“管”对话框。

a. 先将选择工具条的过滤器规则切换为“单条曲线”。

b. 单击选中右侧图形区草图曲线中左上部分的 3 条曲线，选择时需要逐次单击每段曲线，不要选到中间斜线段。

c. 在“横截面”区域中将“外径”设置为 D1，将“内径”设置为 Dn1。

d. 在“布尔”区域将“布尔”设置为“无”；在“设置”区域将“输出”设置为“多段”；其他选项默认，如图 5.4.7 所示。

e. 管参数设置完成后，单击 确定 按钮，完成上端管道的创建，即“管 (4)”特征，如图 5.4.8 所示。

② 重复以上步骤 b、c，选择草图曲线中右下部分的 3 条曲线，参数设置都相同，如图 5.4.9 所示。

单击 确定 按钮，完成下端管道的创建，即“管 (5)”特征。

③ 重复以上步骤 b、c，选择草图曲线中中间斜线段的 1 条曲线，将“外径”设置为 94 mm，将“内径”设置为 80 mm，如图 5.4.10 所示。

单击 确定 按钮，完成中间管道的创建，即“管 (6)”特征。

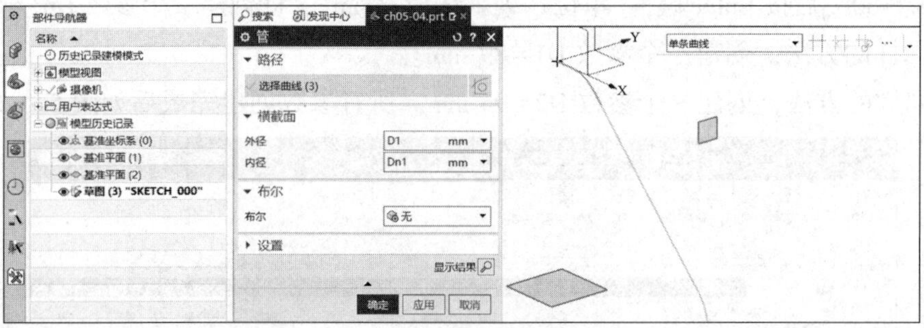

图 5.4.7　创建上端管道（1）

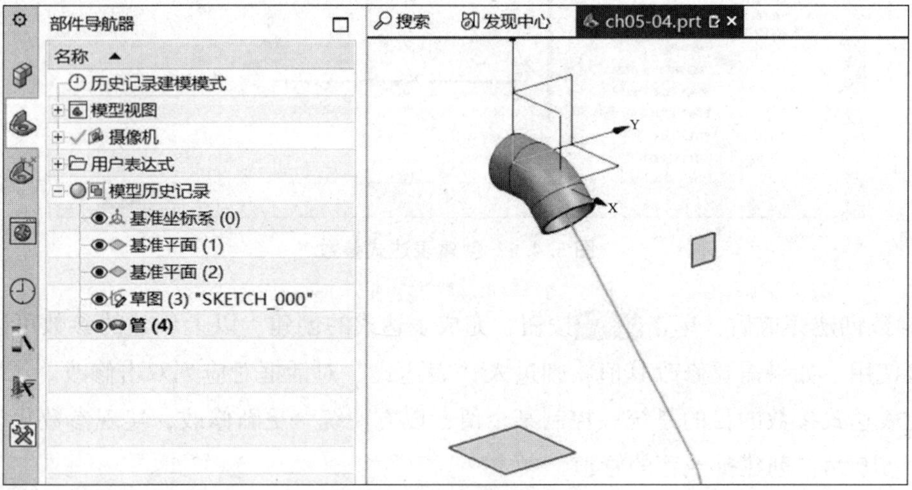

图 5.4.8　创建上端管道（2）

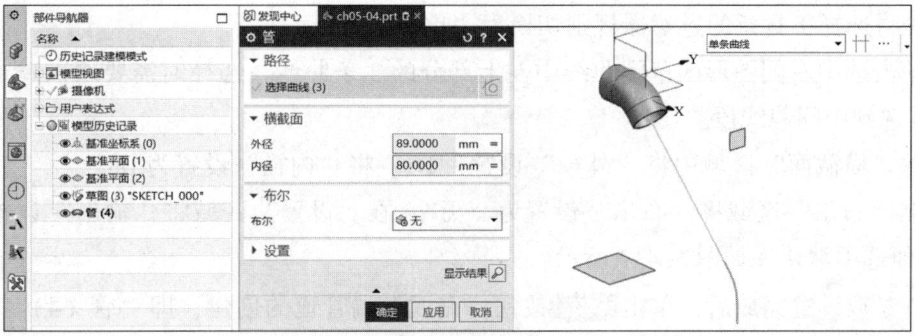

图 5.4.9　创建下端管道

④ 管道全部创建完成后如图 5.4.11 所示。

（5）步骤 5：创建管道上 3 个凸台。

① 在“部件导航器”中选中“管（6）”特征单击鼠标右键，在弹出的快捷菜单中选择【隐藏(H)】命令，将其暂时隐藏。

② 选择“主页”功能选项卡“基本”组中的【拉伸】命令，弹出“拉伸”对话框，进行

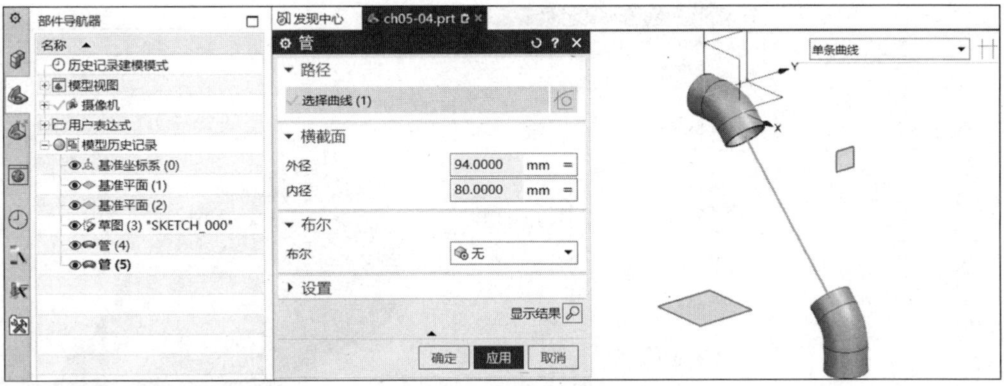

图 5.4.10　创建中间管道

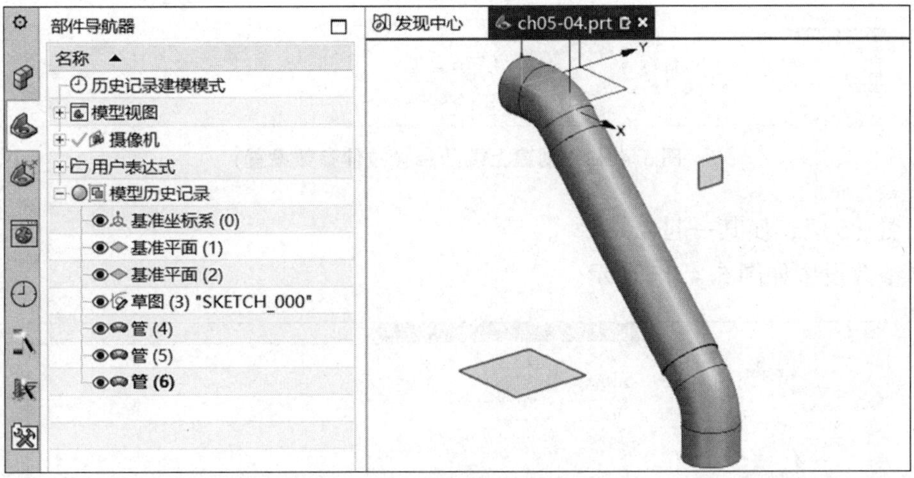

图 5.4.11　管道全部创建完成

拉伸操作。

a. 在“截面”区域的“选择曲线”中选择“管（4）”特征下方的内圆曲线。

b. “方向”区域的“指定矢量”会根据选定曲线所在平面自动生成其矢量方向，单击按钮使其反向，即朝向“管（4）”特征。

c. 在“限制”区域，将“起始”“终止”都设置为“值”，将“距离”分别设置为 0 mm、20 mm。

d. 将“布尔”设置为“合并”，在“选择体”中选择“管（4）”，使其一起合并。

e. 在“偏置”区域将“偏置”设置为“两侧”，将“开始”设置为 0 mm，将“结束”设置为 10 mm。

拉伸参数设置如图 5.4.12 所示。

③ 拉伸参数设置完成后，单击确定按钮，完成上端凸台的创建，即“拉伸（7）”特征。

④ 重复以上步骤 b、c 的拉伸操作，在“选择曲线”中选中“管（5）”特征上方的内圆曲线，将“指定矢量”设置为朝向“管（5）”，将“布尔”设置为“合并”，在“选择体”

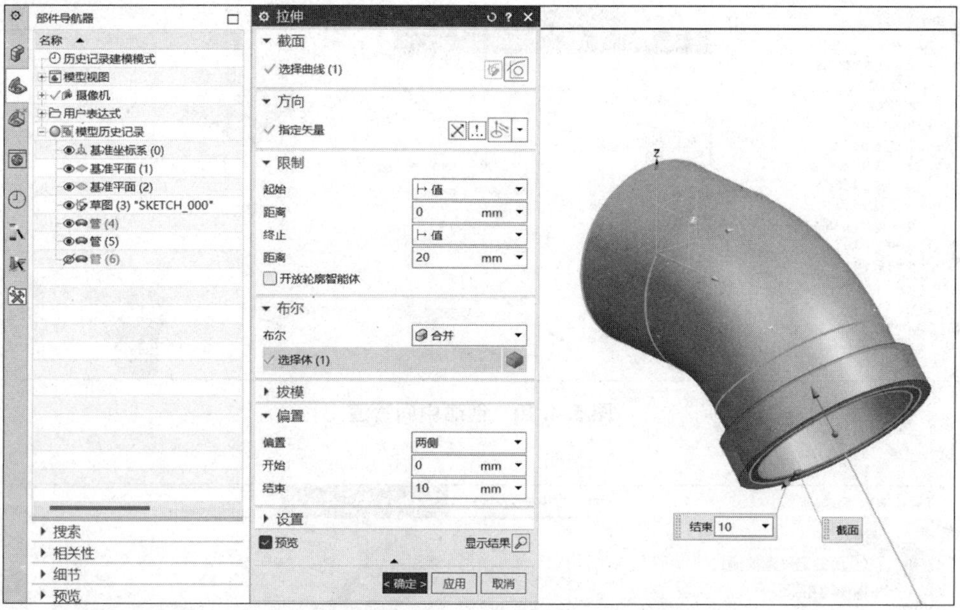

图 5.4.12　创建上端凸台（拉伸参数设置）

中选择“管 (5)”，使其一起合并。

拉伸参数设置如图 5.4.13 所示。

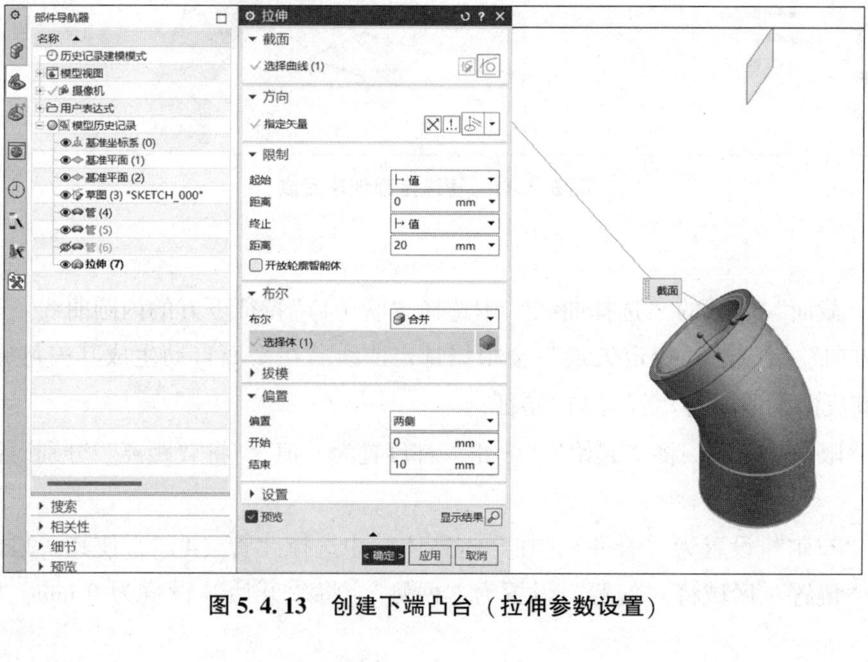

图 5.4.13　创建下端凸台（拉伸参数设置）

单击 确定 按钮，完成下端凸台的创建，即“拉伸 8)”特征。

⑤ 重复以上步骤 b、c 的拉伸操作，在“选择曲线”中选中“管 (4)”特征最左边的内圆曲线，将“指定矢量”设置为朝向“管 (4)”，将“布尔”设置为“合并”，在“选择体”中选择“管 (4)”，使其一起合并。

拉伸参数设置如图 5. 4. 14 所示。

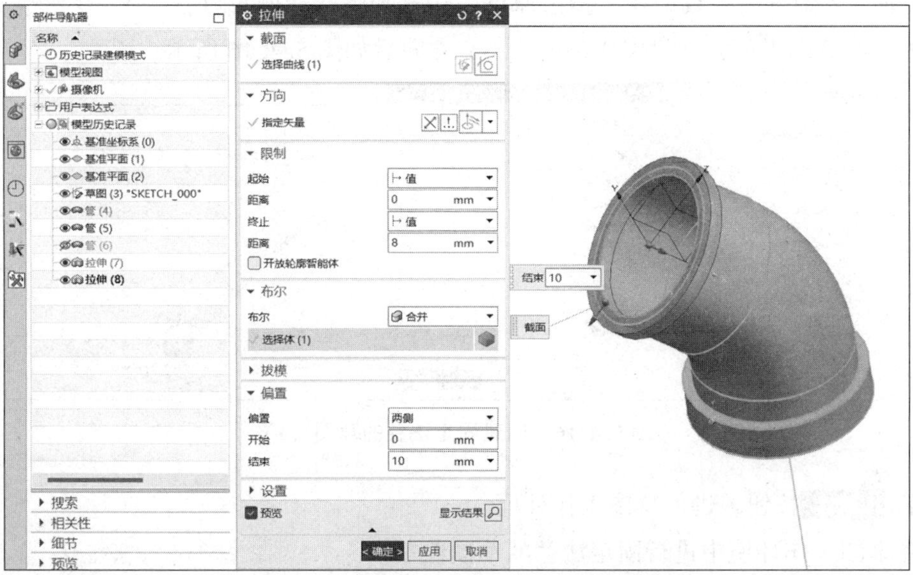

图 5. 4. 14 创建前端凸台（位伸参数设置）

单击 确定 按钮，完成前端凸台的创建，即“拉伸（9）”特征。

⑥ 在“部件导航器”中选中“管（6）”特征后单击鼠标右键，在弹出的快捷菜单中选择【◉ 显示(S)】命令，显示“管（6）”特征，如图 5. 4. 15 所示。

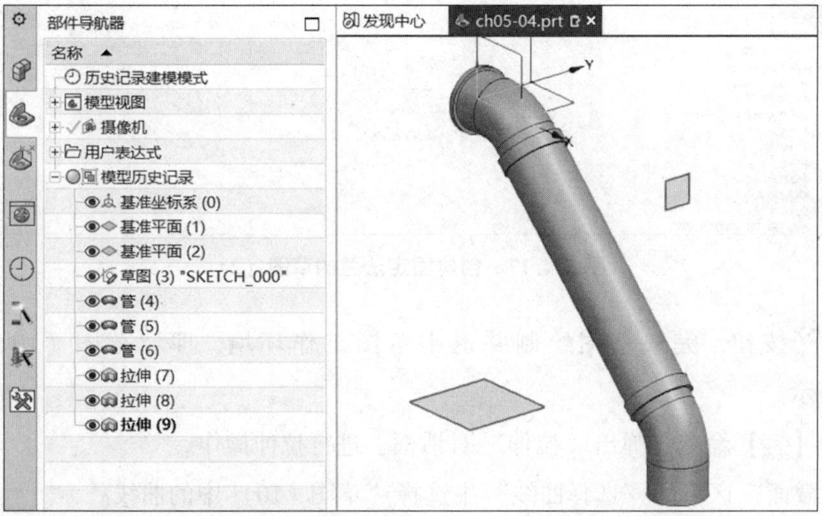

图 5. 4. 15 显示“管（6）”特征

（6）步骤 6：创建固定法兰的草图及实体。

① 选择“主页”功能选项卡“构造”组中的【草图】命令，弹出“创建草图”对话框，确定草图平面和 X、Y 方向。

a. 在“类型”下拉列表中选择“基于平面”选项。

b. 单击“基准平面（2）”，将其作为草图的平面；草图平面的 X、Y 方向分别与基准坐标系的 X 轴、Z 轴方向一致；在“指定原点”中选择下端管道的圆心。

c. 选定好草图平面，并设定正确的 X、Y 方向后如图 5.4.16 所示。

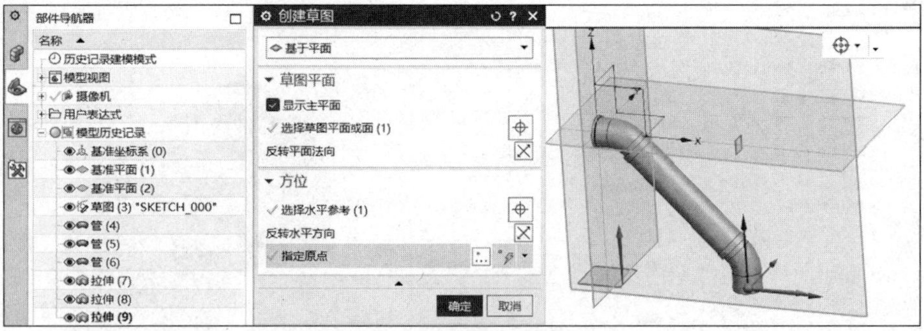

图 5.4.16　创建固定法兰的草图（1）

d. 单击 确定 按钮，进入草图工作环境。

② 在草图工作环境中进行固定法兰的草图绘制。

a. 以工程图中的底部固定法兰作为基本草图绘制，打开【创建持久关系】命令。

b. 用几何约束将草图的水平中心线与基准坐标系 X-Z 基准面重合，草图的竖直中心线与基准平面（1）重合。草图绘制完成并标注好尺寸后如图 5.4.17 所示。

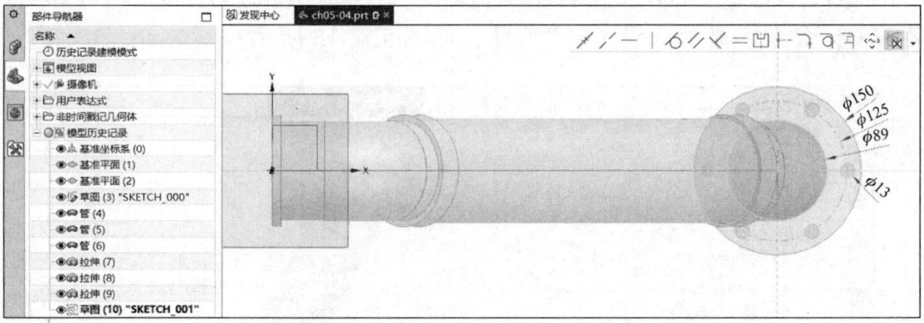

图 5.4.17　创建固定法兰的草图（2）

c. 单击完成按钮，完成草图绘制并退出草图工作环境，即“草图（10）”特征，如图 5.4.18 所示。

③ 选择【拉伸】命令，弹出“拉伸”对话框，进行拉伸操作。

a. 在“截面”区域的“选择曲线”中选择“草图（10）”中的曲线。

b. “方向”区域的“指定矢量”会根据选定曲线所在平面自动生成其矢量方向，单击按钮使其反向，即朝向“管（5）”。

c. 在“限制”区域，将“起始”“终止”设置为“值”，将“距离”分别设置为 0 mm、18 mm。

d. 将“布尔”设置为“无”，单独作为 1 个实体，以方便在工程图中表达两个实体是焊接关系，如图 5.4.19 所示。

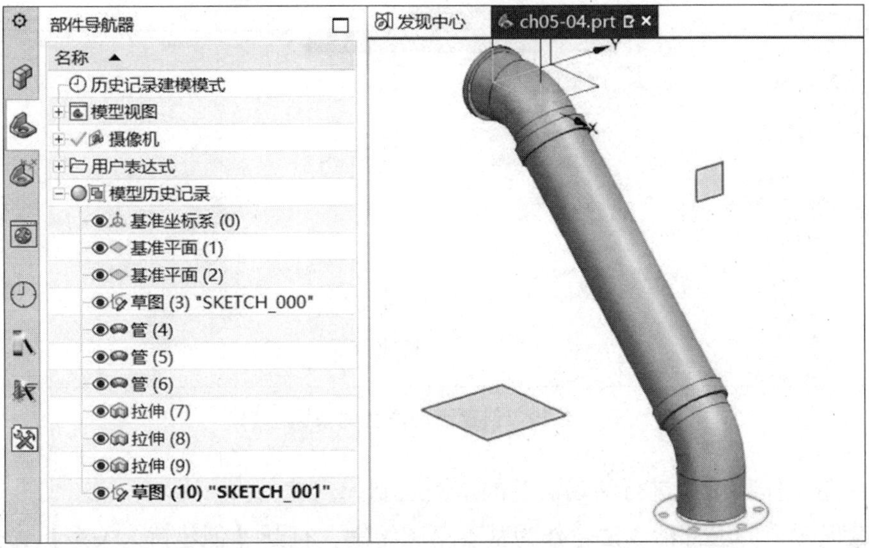

图 5.4.18 创建固定法兰的草图（3）

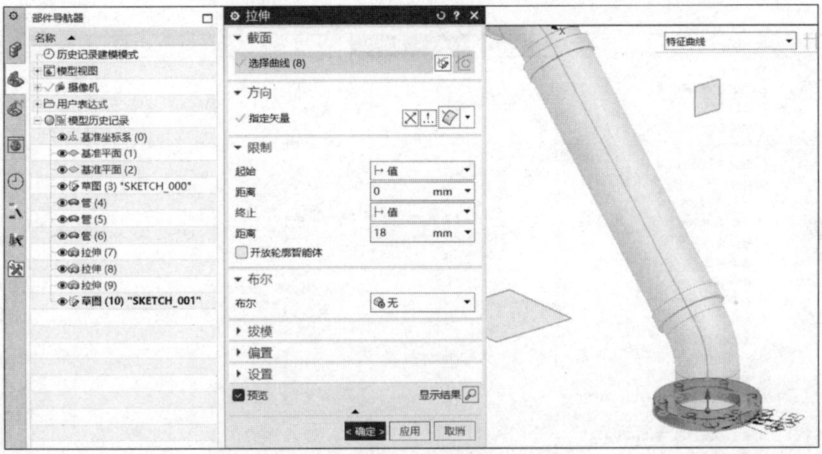

图 5.4.19 创建固定法兰

e. 在“偏置”区域将“偏置”设置为“无”。

④ 拉伸参数设置完成后，单击确定按钮，完成固定法兰的创建，即“拉伸 (11)”特征。

(7) 步骤 7：创建活动法兰的草图及实体。

① 选择“主页”功能选项卡“构造”组中的【草图】命令，弹出“创建草图”对话框，确定草图平面和 X、Y 方向。

a. 在“类型”下拉列表中选择“基于平面”选项。

b. 单击基准坐标系中的 Y-Z 平面，将其作为草图的平面；草图平面的 X、Y 方向分别与基准坐标系的 Y 轴、Z 轴方向一致；将“指定原点”设置为默认原点。

c. 选定好草图平面，并设定正确的 X、Y 方向后如图 5.4.20 所示。

d. 单击确定按钮，进入草图工作环境。

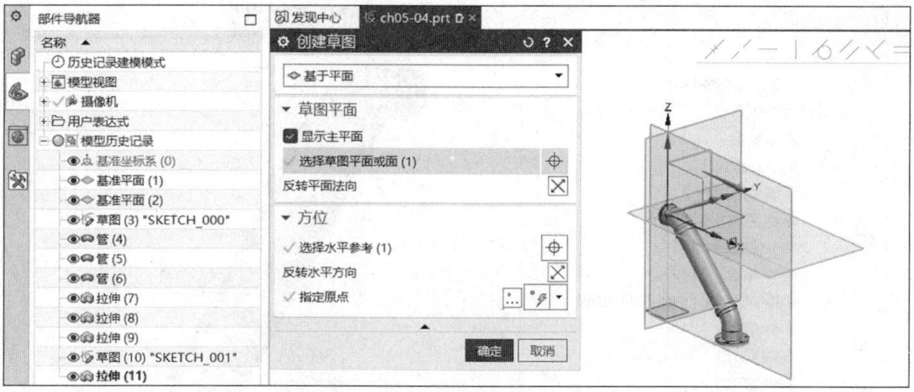

图 5.4.20 创建活动法兰的草图（1）

② 在草图工作环境中进行活动法兰的草图绘制。

a. 以工程图中的上部活动法兰作为基本草图绘制，打开【创建持久关系】命令。

b. 用几何约束将草图的水平中心线与基准坐标系 X-Y 基准面重合，草图的竖直中心线与基准坐标系 X-Z 基准面重合。草图绘制完成并标注好尺寸后如图 5.4.21 所示。

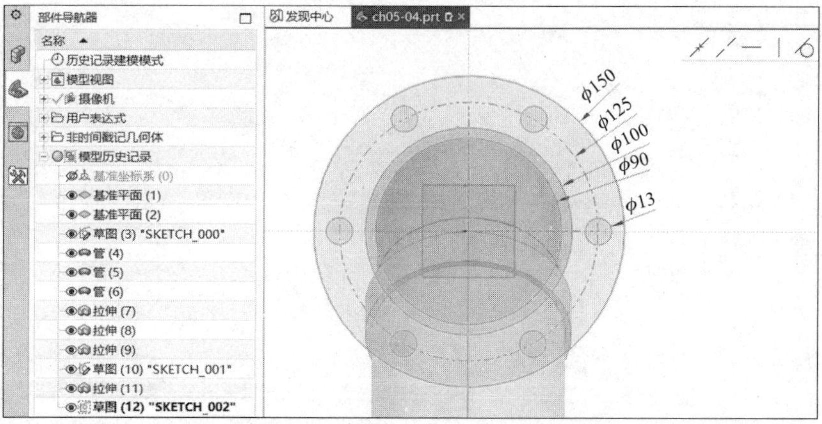

图 5.4.21 创建活动法兰的草图（2）

c. 单击完成按钮退出草图工作环境，完成草图绘制，即“草图（12）”特征。

③ 选择“主页”功能选项卡“基本”组中的【拉伸】命令，弹出“拉伸”对话框，进行拉伸操作。

a. 先将选择工具条的过滤器规则切换为“单条曲线”。

b. 在“截面”区域的“选择曲线”中选择“草图（12）”中除 1 条直径为 $\phi100$ mm 的曲线外的其他所有曲线。

c. “方向”区域的“指定矢量”会根据选定曲线所在平面自动生成其矢量方向，单击按钮使其反向，即向右。

d. 在“限制”区域，将“起始”“终止”设置为“值”，将“距离”分别设置为 3 mm、18 mm，如图 5.4.22 所示。

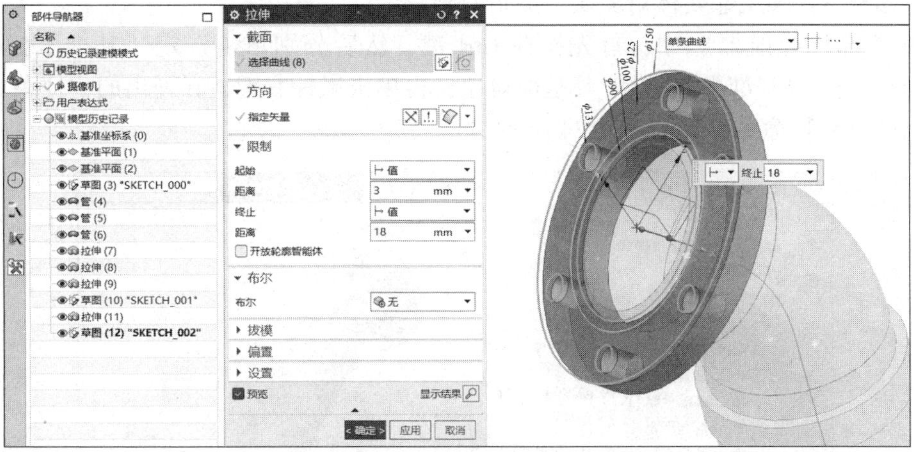

图 5.4.22　创建活动法兰（1）

e. 将“布尔”设置为“无”；在“偏置”区域将“偏置”设置为“无”。

f. 单击 确定 按钮，完成活动法兰部分实体的创建，即“拉伸（13）”特征。

④ 重复以上步骤 b、c 的拉伸操作，在“拉伸”对话框的“选择曲线”中选择“草图（12）”中的 1 条直径为 ϕ100 mm 的曲线。

a. 在“方向”区域的“指定矢量”中使其向右。

b. 在“限制”区域，将“起始”“终止”设置为“值”，将“距离”分别设置为 0 mm、8 mm。

c. 将“布尔”设置为“减去”，在“选择体”中选择上一步创建的“拉伸（13）”特征，如图 5.4.23 所示。

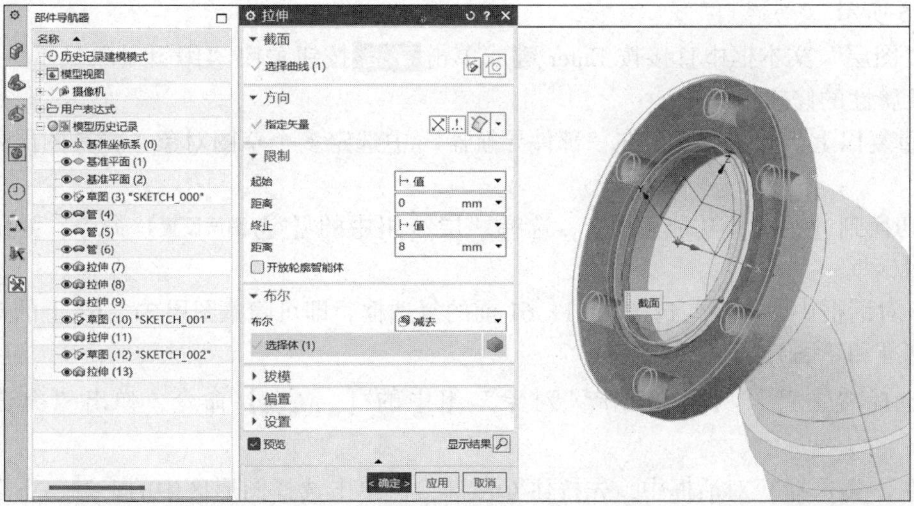

图 5.4.23　创建活动法兰（2）

d. 在“拔模”“偏置”区域将“偏置”设置为“无”。

⑤ 单击 确定 按钮，完成活动法兰的创建，即“拉伸（14）”特征。

（8）步骤8：隐藏非实体对象层，编辑对象显示。

① 在“部件导航器”中，首先按住Ctrl键，然后分别单击选定“基准坐标系（0）”“基准平面（1）”“基准平面（2）”等基准对象，再单击鼠标右键，在弹出的快捷菜单中选择【编辑显示(L)...】命令，如图5.4.24所示。

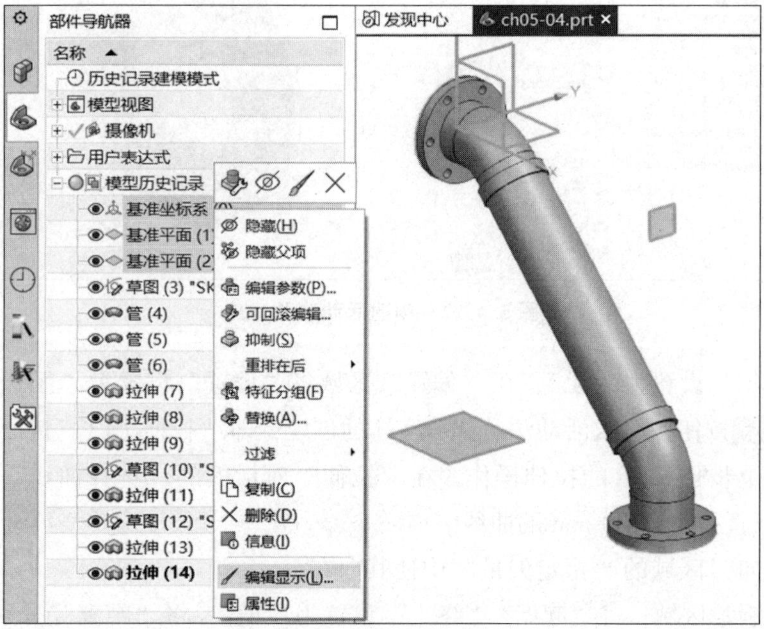

图5.4.24　编辑对象显示（1）

② 弹出“编辑对象显示”对话框，在该对话框中可以修改对象的图层、颜色、线型、宽度等特性，此处在“图层”文本框中输入“61”，更改基准对象的图层为61，如图5.4.25所示。

在“图层”文本框中直接按Enter键或单击**确定**按钮关闭“编辑对象显示”对话框，完成对象属性的修改。

③ 重复以上步骤①、②，在“部件导航器”中选定多个草图对象，将其图层更改为图层31。

④ 切换到【视图】功能选项卡，选择“层”组中的【图层设置】命令，弹出“图层设置”对话框。

在该对话框中，取消勾选图层31、61前的复选框，即可隐藏图层31、61上的对象（坐标系、基准和草图）。

⑤ 选择“主页”功能选项卡“对象”组中的【编辑对象显示】命令，弹出“类选择”对话框。

a. 在“类选择”对话框中，先按住Ctrl键，再单击选择图形区中的上端、下端两处实体特征，

b. 单击**确定**按钮，回到“编辑对象显示”对话框。在该对话框的“颜色”选项中单击更换颜色，选择灰色。

c. 单击**确定**按钮，完成对象的颜色显示修改。

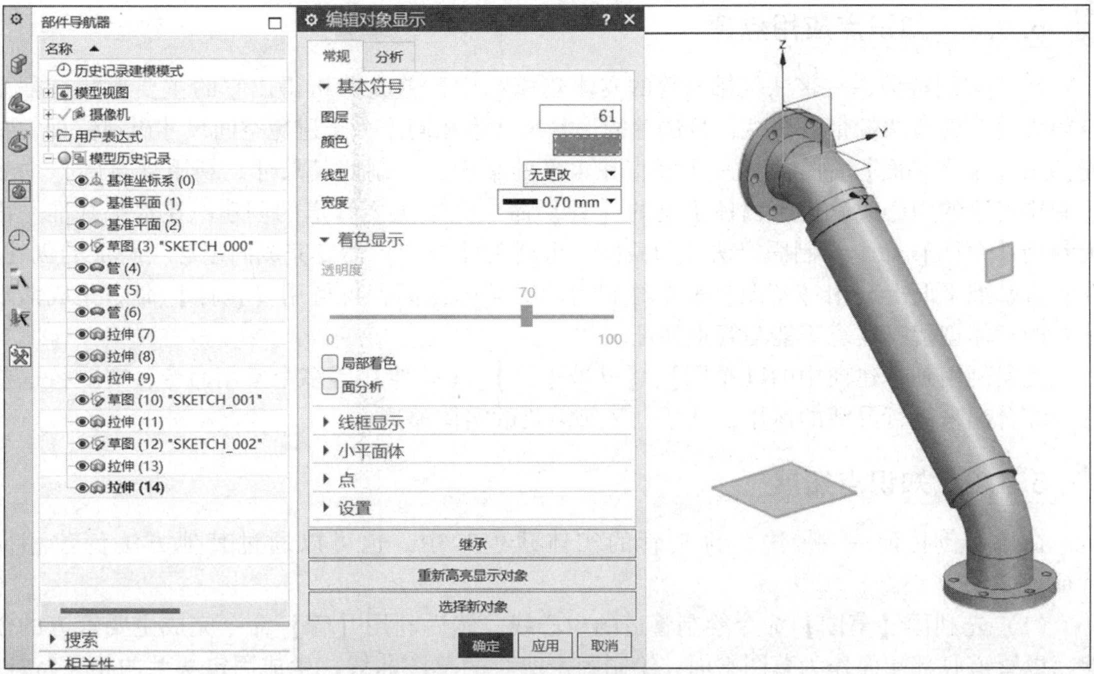

图 5. 4. 25　编辑对象显示（2）

⑥ 重复以上步骤⑤，选定中间斜线管，修改其颜色显示。

⑦ 经过以上步骤，最终完成实体建模，如图 5. 4. 26 所示。单击工作界面左上角的按钮，保存当前文件。

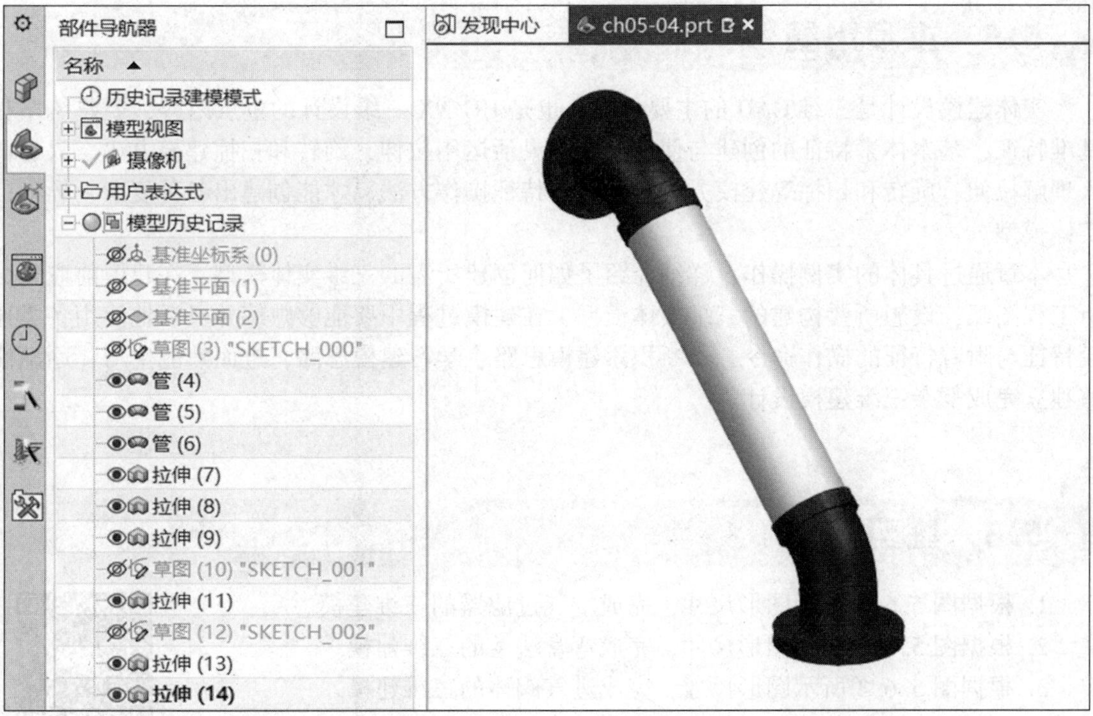

图 5. 4. 26　完成实体建模

5.4.2 知识点应用点评

在“实例特训——带法兰排气管的实体建模”中，首先分析得出它的主要形状特征是空间管道，管道两端带有法兰，且法兰的形状尺寸不相同。为了避免空间尺寸出现错误，首先利用【基准平面】命令创建一个竖直和水平的平面，控制好其尺寸。利用【草图】命令绘制排气管的中心线，再用扫掠工具的【管】命令完成主要管道的创建；在水平基准平面上利用【草图】命令绘制固定法兰的截面，再利用【拉伸】命令完成固定法兰特征的创建；在竖直基准平面上利用【草图】命令绘制活动法兰的截面，再得用【拉伸】命令完成活动法兰的实体创建，注意不能与管道特征求和。

此实例用到了建模中的【草图】、【基准平面】、【拉伸】等多个常用命令，需要将这些命令综合起来进行灵活的运用，从而创建所需要的实体模型。

5.4.3 知识点拓展

在“实例特训——带法兰排气管的实体建模”中，也可以通过其他方法创建相应特征。

(1) 先利用【草图】命令绘制管道的中心线，然后利用【管】命令完成主要管道的创建；以管道底部端面作为草图平面，绘制固定法兰的草图曲线，生成固定法兰的相关特征；以管道左侧端面作为草图平面，绘制活动法兰的草图曲线，生成活动法兰的相关特征。

(2) 活动法兰部分是一个单独实体，不好一起建模，可以将其作为一个子零件进行单独创建，再将它装配进来。

5.5 本章小结

实体建模设计是三维 CAD 的主要目的，也是 UG NX 三维设计的重点内容，要熟练掌握基准特征、基本体素特征的创建与使用，并能灵活运用拉伸、旋转和扫掠建模方法。只有深入理解拉伸、旋转和扫掠等建模方法，并结合特征操作方法，才能创建出各种复杂、异形的实体模型。

本章通过具体的实例操作，详细介绍了如何创建所需的三维实体模型。在建模前应先分析工程图纸，设想所要构建的三维实体模型，在建模过程中要能够熟练并灵活地使用各类建模特征与附着特征的操作命令，不断积累建模思路、学习建模思路，进而熟能生巧，逐渐能够独立完成复杂三维建模设计。

5.6 练习题

1. 根据图 5.6.1 所示图形尺寸，完成空气过滤器的三维建模。
2. 根据图 5.6.2 所示图形尺寸，完成弯管法兰的三维建模。
3. 根据图 5.6.3 所示图形尺寸，完成进气阀体的三维建模。

本章特训及练习文件

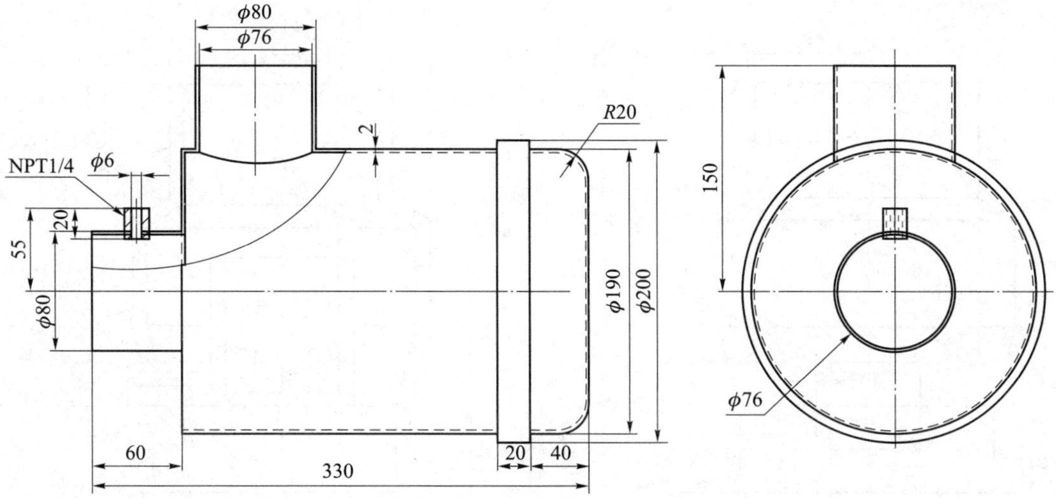

图 5.6.1　练习题 1

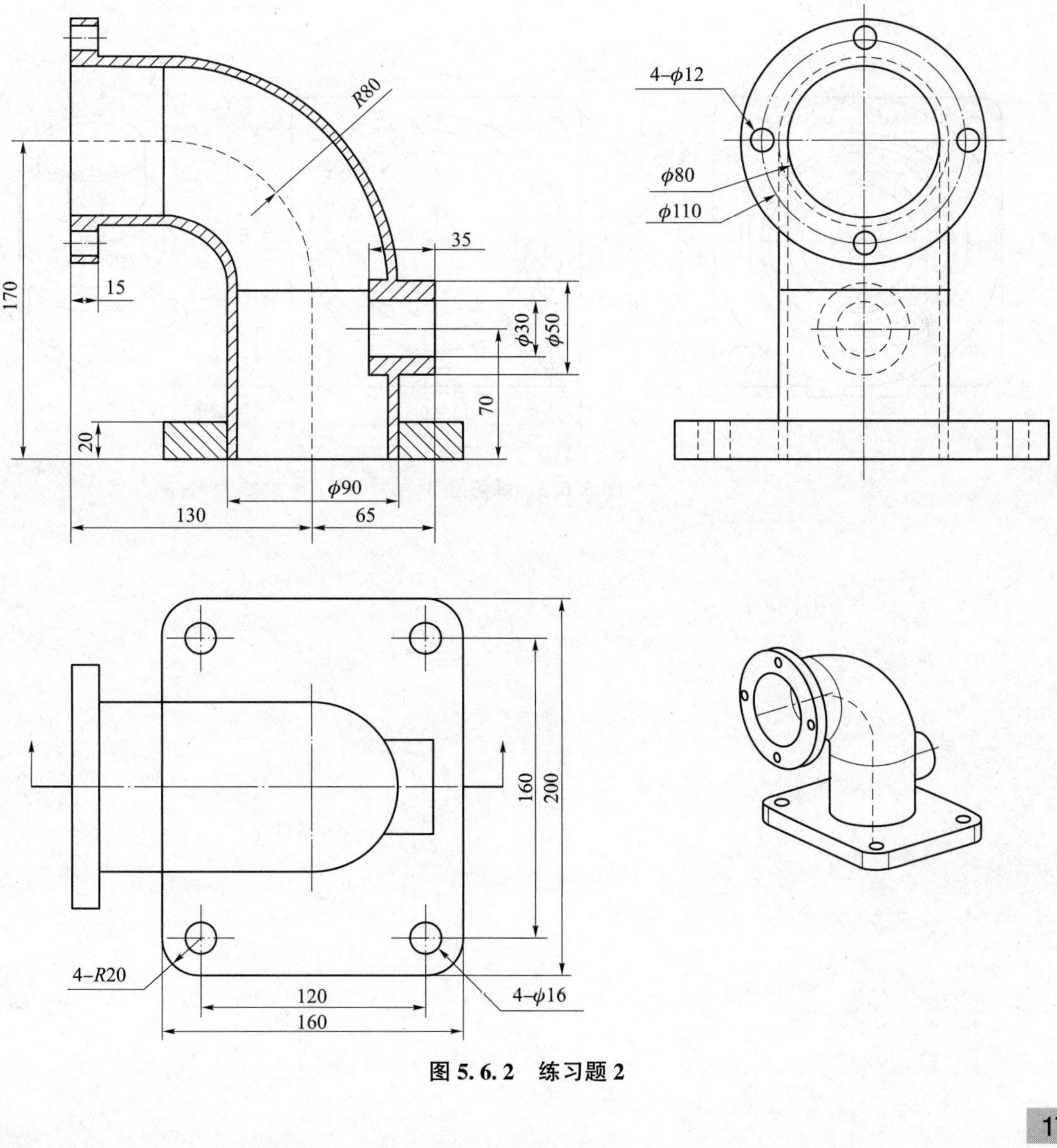

图 5.6.2　练习题 2

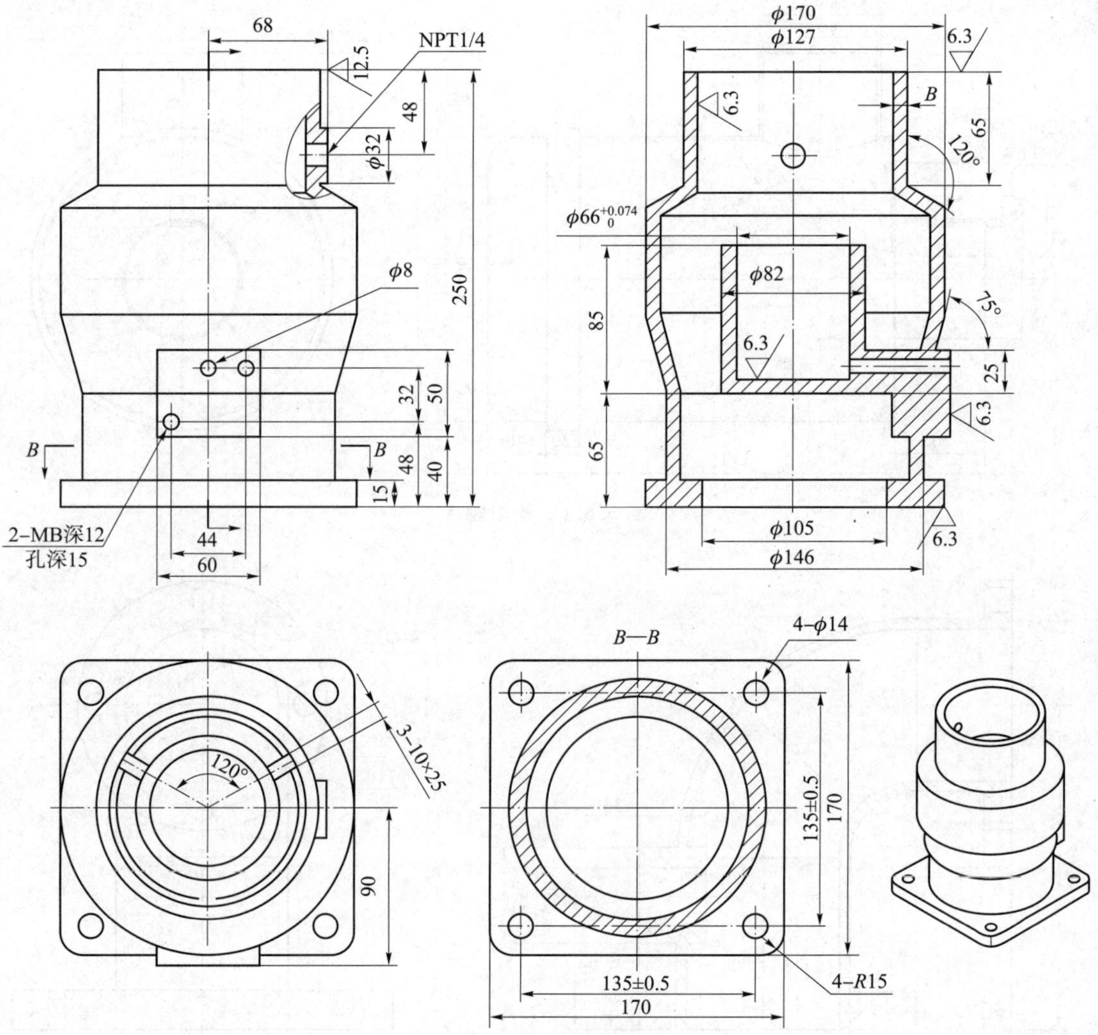
68
NPT1/4
12.5
48
φ32
250
φ8
32
50
48
40
15
B
B
2-M8深12
孔深15
44
60
φ170
φ127
6.3
B
65
120°
φ66$^{+0.074}_{0}$
φ82
85
75°
6.3
25
6.3
65
φ105
φ146
6.3
3-10×25
120°
90
B—B
4-φ14
135±0.5
170
135±0.5
170
4-R15

图 5.6.3 练习题 3

第 6 章
曲面造型设计

6.1 曲面的基础知识及操作

自由曲面设计模块是 CAD 模块的重要组成部分，也是体现 CAD/CAM 软件建模能力的重要标志。用户可以通过自由曲面设计模块创建风格多变的曲面造型，以满足不同产品的设计要求。UG NX 2212 不仅提供了基本的建模功能，同时提供了强大的自由曲面建模及相应的编辑和操作功能，并提供了 20 多种创建曲面的方法。

曲线是曲面的基础，是曲面造型中经常用到的对象，因此在学习本章内容之前，需要先深入学习第 3 章的内容。与一般实体零件的造型设计相比，曲面的创建过程和方法比较特殊，技巧性比较强，同时曲面造型涉及的内容非常多，因此本章主要介绍一些常用的曲面造型方法以及典型实例操作。

6.1.1 曲面工具概述

曲面的创建和操作需要在“建模”模块工作界面中进行，因此需先新建文件或打开已有的文件，并进入“建模”模块。

曲面主要操作命令在“曲面”功能选项卡中，在该选项卡的功能区中有“基本”“组合”组，如图 6.1.1 所示。

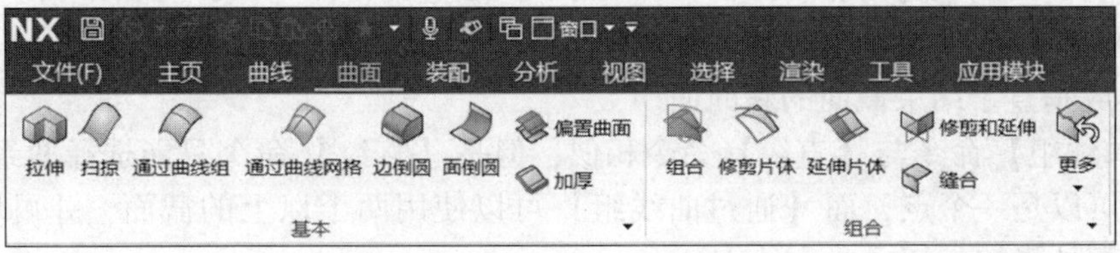

图 6.1.1 “曲面”功能选项卡

在下拉菜单中也可以调出曲面工具命令，选择【菜单(M)】→【插入(S)】→【曲面(R)】命令，如图 6.1.2 所示；选择【菜单(M)】→【插入(S)】→【网络曲面(M)】命令，如图 6.1.3 所示。其和“曲面”功能选项卡功能区中的命令是一样的。

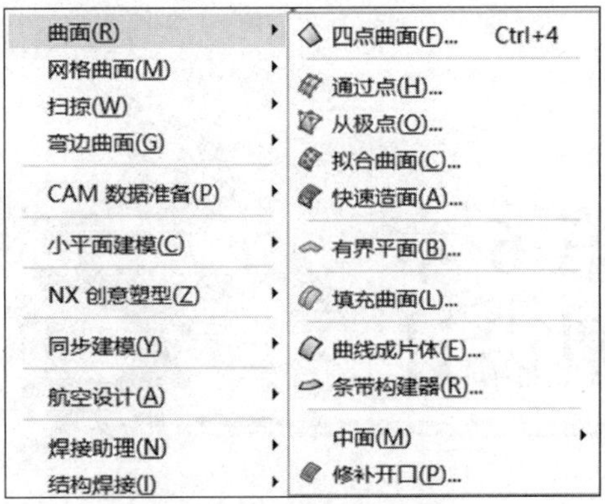

图 6.1.2 “曲面”菜单

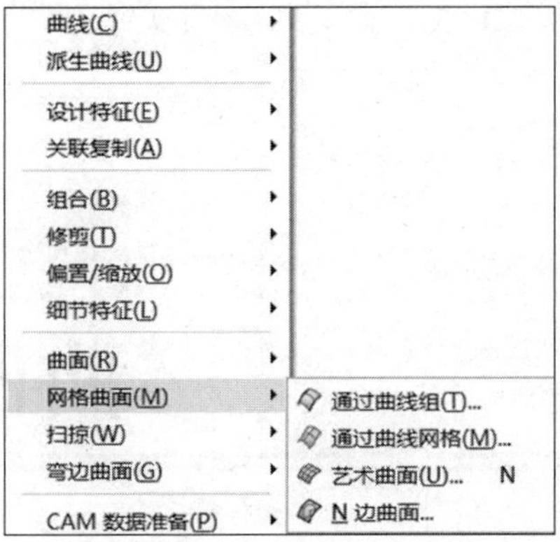

图 6.1.3 “网格曲面”菜单

6.1.2 曲面的创建

1.【通过曲线组】命令创建曲面

使用【通过曲线组】命令可以创建穿过多个截面的实体或片体，其中形状会发生更改以穿过每个截面。每个截面可以由单个对象或多个对象组成，并且每个对象可以是曲线、实体边或面的边等的任意组合，但不能是一个点。【通过曲线组】命令操作示意如图 6.1.4 所示。

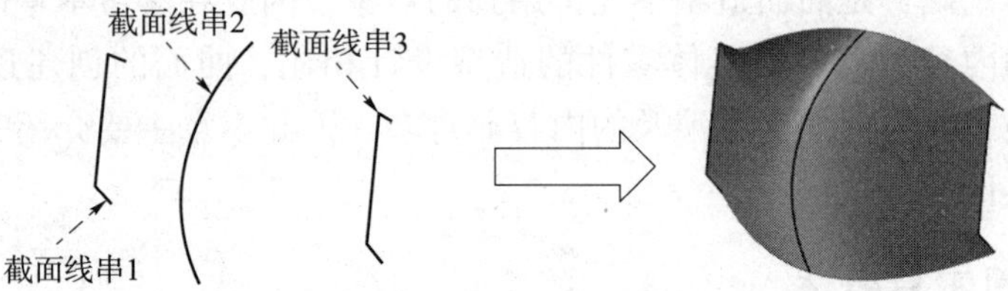

图 6.1.4 【通过曲线组】命令操作示意

【通过曲线组】命令可以执行以下操作。

(1) 使用多个截面创建片体或实体。

(2) 通过各种方式将曲面与截面对齐，控制该曲面的形状。

(3) 将新曲面约束为与相切曲面 G0、G1 或 G2 连续。

(4) 指定一个或多个输出补片。

(5) 生成垂直于结束截面的新曲面。

【通过曲线组】命令与【直纹】命令相似，但是【直纹】命令只能选择两组截面线串，且其中一组可以是一个点，而【通过曲线组】可以使用两个以上的截面，并可以在起始截面与终止截面处指定相切或曲率约束。

【通过曲线组】命令可通过以下方式找到。

(1)“曲面”功能选项卡“基本”组→【通过曲线组】命令。

(2)【菜单(M)】→【插入(S)】→【网络曲面(M)】→【通过曲线组(T)...】命令。

“通过曲线组”对话框如图 6.1.5 所示。

“通过曲线组”对话框中各选项的功能说明如下。

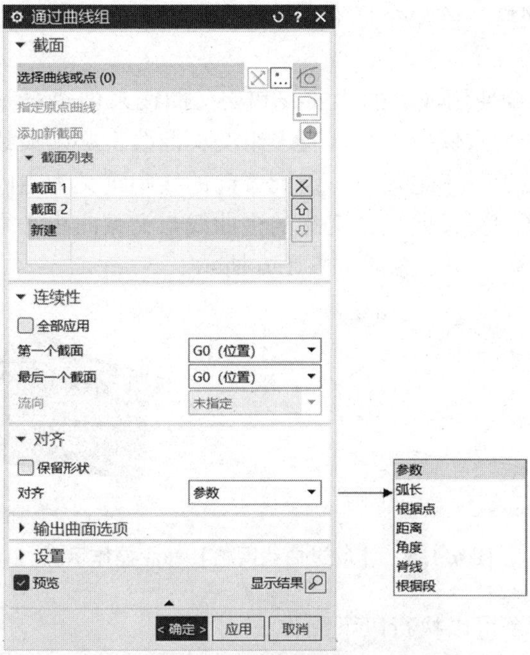

图 6.1.5　“通过曲线组”对话框

（1）“截面”区域：指定要选择的曲线作为截面线串。

① 选取截面线串后，图形区显示的箭头矢量应该处于截面线串的同侧，否则生成的片体将被扭曲。

② “选择曲线”：用于选择截面线串。

③ “指定原始曲线”：用于更改闭环中的原始曲线。

④ ⊕ “添加新截面”：将当前选择添加到截面组的截面列表框中，并创建新的空截面。还可以在选择截面时，通过单击鼠标中键添加新集。

⑤“截面列表”区域的部分按钮说明如下。

a. “移除”按钮：单击该按钮，删除列表中选中的截面线串。

b. “向上移动”按钮：单击该按钮，列表中选中的截面线串上移一级。

c. “向下移动”按钮：单击该按钮，列表中选中的截面线串下移一级。

（2）“连续性”区域：该区域的下拉列表用于对通过曲线生成的曲面的起始端和终止端定义约束条件。

① G0（位置）：生成的曲面与指定面点连续，无约束。

② G1（相切）：生成的曲面与指定面相切连续。

③ G2（曲率）：生成的曲面与指定面曲率连续。

（3）“对齐”区域。

①“保留形状”：仅当“对齐”设置为“参数”或“根据点”时才可用。

②“对齐”：通过定义沿截面隔开新曲面的等参数曲线的方式，可以控制特征的形状。沿面的 U 与 V 参数生成等参数曲线。

2.【通过曲线网格】命令创建曲面

【通过曲线网格】命令可通过一个方向的截面网格和另一方向的引导线创建实体或片，

其中形状配合穿过曲线网格。该命令是沿着不同方向的两组线串来创建曲面，这是一种比较常用的创建曲面方法。

【通过曲线网格】命令使用成组的主曲线和交叉曲线来创建双三次曲面。每组曲线都必须相邻；多组主曲线必须大致保持平行，且多组交叉曲线也必须大致保持平行；可以使用点而非曲线作为第一个或最后一个主集。一组同方向的线串定义为主曲线，另外一组和主曲线不在同一平面的线串定义为交叉曲线，定义的主曲线与交叉曲线必须在设定的公差范围内相交。【通过曲线网格】命令操作示意如图 6.1.6 所示。

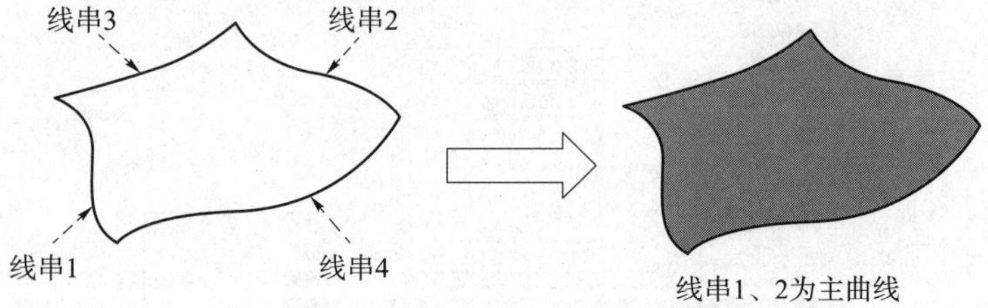

图 6.1.6 【通过曲线网格】命令操作示意

【通过曲线网格】命令可以执行以下操作。

(1) 将新曲面约束为与相邻面呈 G0、G1 或 G2 连续。

(2) 使用一组脊线来控制交叉曲线的参数化。

(3) 指定曲面是应重点使用主曲线、交叉曲线，还是两个集之间的平均值。

【通过曲线网格】命令可通过以下方式找到。

(1) “曲面”功能选项卡“基本”组→【通过曲线网格】命令。

(2)【菜单(M)】→【插入(S)】→【网络曲面(M)】→【通过曲线网格(M)...】命令。

“通过曲线网格”对话框如图 6.1.7 所示。

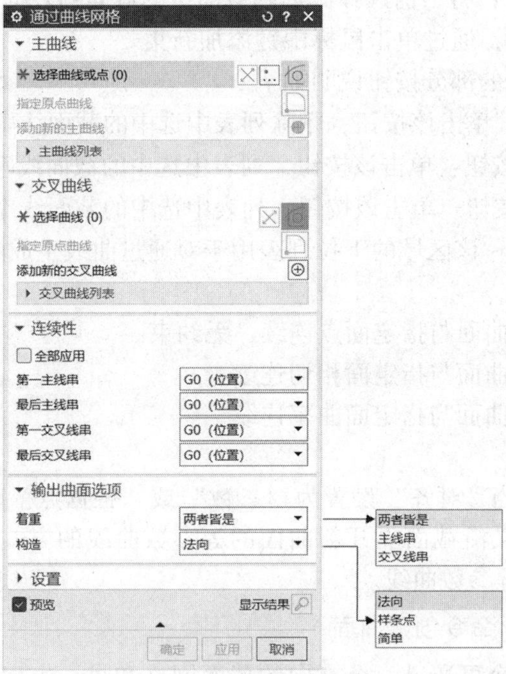

图 6.1.7 “通过曲线网格”对话框

"通过曲线网格"对话框中相关选项的功能说明如下。

(1)"主曲线"区域：指定要选择的曲线作为主曲线；每次选好一条截面线串后单击鼠标中键进行确认，会将其自动添加到列表中。

(2)"交叉曲线"区域：指定要选择的曲线作为交叉曲线；每次选好一条截面线串后单击鼠标中键进行确认，会将其自动添加到列表中。

(3)"输出曲面选项"区域：有两个下拉列表，各选项功能说明如下。

①"着重"下拉列表：用于控制系统在生成曲面时更强调主曲线还是交叉曲线，或者两者有同样效果。

a."两者皆是"：系统在生成曲面时，主曲线和交叉曲线有同样效果。

b. 了"主曲线"：系统在生成曲面时，更强调主曲线。

c."交叉曲线"：系统在生成曲面时，更强调交叉曲线。

②"构造"下拉列表。

a."法向"：使用标准方法构造曲面，该方法建立的曲面比其他方法建立的曲面有更多补片。

b."样条点"：利用输入曲线的定义点和该点的斜率值构造曲面。

c."简单"：用最少的补片构造尽可能简单的曲面。

3.【N边曲面】命令创建曲面

【N边曲面】命令是通过使用一组不限数量的曲线或边创建一个曲面，所选用的曲线或边必须组成一个简单、封闭的环。【N边曲面】命令可指定所构曲面与外部边界曲面的连续性，还可通过形状控制选项来调整N边曲面的形状。

【N边曲面】命令操作示意如图6.1.8所示，其显示用于填充一组面中的空区域❶的不同方式。

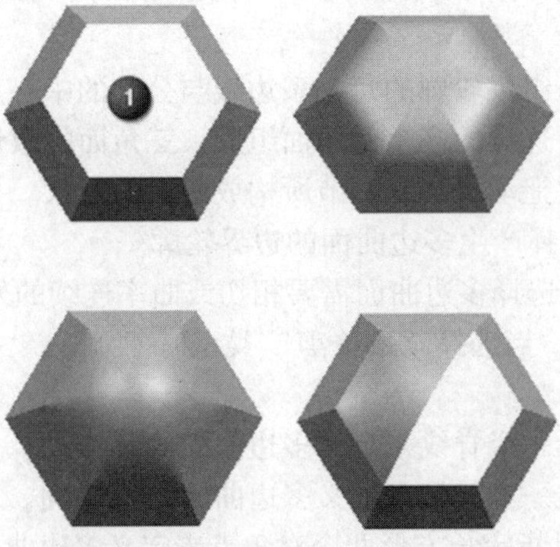

图6.1.8 【N边曲面】命令操作示意

【N边曲面】命令可执行以下操作。

(1) 通过使用不限数目的曲线或边建立一个曲面，并指定其与外部面的连续性（所用的曲线或边组成一个简单的开环或闭环）。

(2) 移除非四个面的曲面上的洞或缝隙。

(3) 指定约束面与内部曲线，以修改N边曲面的形状。

（4）控制 N 边曲面的中心点的锐度，同时保持连续性约束。

【N 边曲面】命令可通过以下方式找到。

【菜单(M)】→【插入(S)】→【网格曲面(M)】→【N 边曲面...】命令。

“N 边曲面”对话框如图 6.1.9 所示。

图 6.1.9 “N 边曲面”对话框

“N 边曲面”对话框中相关选项的功能说明如下。

（1）“类型”下拉列表：指定要创建曲面的类型。

①“已修剪”类型：生成一个覆盖整个轮廓的单一片体。要生成此类曲面，必须先选择一个封闭轮廓，然后使用边界面和 UV 方向步骤来定义外部相切面和流动方向，还可指定曲面是否已修剪。

②“三角形”类型：在组成轮廓的每一条边线与公共的中心点之间形成独立的三角形区域面，整个多边曲面都是由这样的多个三角面组成，三角面的数量由边数决定。系统可以对曲面的中心进行控制，通过拖动滑竿来调节所构成曲面的形状。

（2）“外环”区域：选择产生多边曲面的边界轮廓。

（3）“约束面”区域：选择多边曲面需要相切或曲率连续的外部边界面。

（4）“UV 方向”区域：当选择“已修剪”类型时才显示。“UV 方向”下拉列表中各选项说明如下。

①“脊线”选项：选择一个脊线来定义多边曲面的 V 方向。

②“矢量”选项：通过一个矢量来定义多边曲面的 V 方向。

③“区域”选项：通过指定长方形两个对角点来定义多边曲面的 UV 方向。

（5）“形状控制”区域：当选择“三角形”类型时才显示。

①“中心控制方式”有两种方式：位置和倾斜。

a.“位置”方式可以通过拖动 X、Y 或 Z 滑尺来移动曲面中心点的位置。

b.“倾斜”方式可以通过拖动 X 或 Y 滑尺来倾斜曲面中心所在的 X、Y 平面，而中心点的位置不变。

②“约束”中“流向”下拉列表的选项有“未指定”“垂直”“IsoU/V 线”和“相邻边”。

a. “未指定”选项：所得曲面 UV 参数和中心点等距。

b. “垂直”选项：所得曲面 V 方向的等参数线开始于外部的边并垂直于该边的方向。

c. “IsoU/V 线”选项：所得曲面 V 方向的等参数线开始于外面的边并沿着外部表面的 UV 方向。

d. “相邻边”选项：所得曲面 V 方向的等参数线沿着约束面的侧边。

4. 【直纹】命令创建曲面

“直纹面”是通过一系列直线连接两组截面线串而形成的一个曲面，其中直纹形状是截面之间的线性过渡。在创建直纹面时只能使用两组截面线串；截面可由单个或多个对象组成，且每个对象可以是曲线、实体边或面的边。直纹面操作示意如图 6. 1. 10 所示。

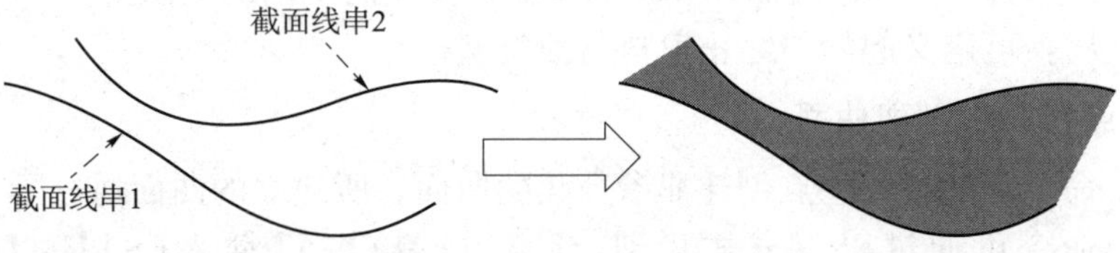

图 6. 1. 10 直纹面操作示意

【直纹】命令可通过以下方式找到：“曲面”功能选项卡“基本”组→【更多】→【直纹】命令。

“直纹”对话框如图 6. 1. 11 所示。

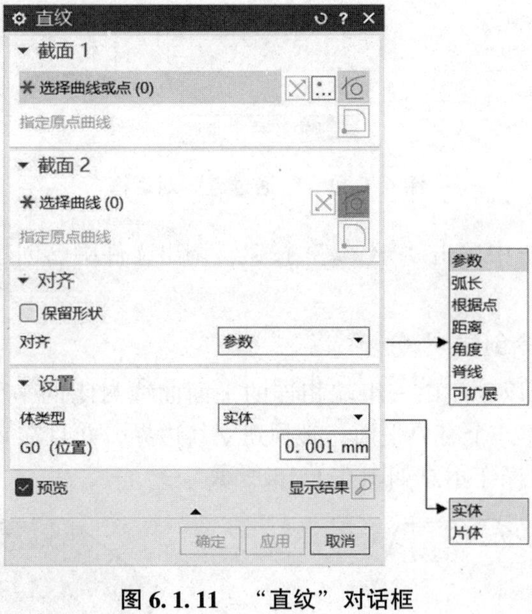

图 6. 1. 11 “直纹”对话框

“直纹”对话框中各选项的功能说明如下。

（1）“截面 1”区域：指定要选择的曲线作为截面线串 1。

（2）“截面 2”区域：指定要选择的曲线作为截面线串 2。在选取截面线串时，要在两个线串的同一侧选取，否则就不能达到所需要的结果。

（3）“对齐”区域。

①“保留形状”复选框：若勾选☑保留形状复选框，则“对齐”下拉列表中的部分选项将不可用。

②“对齐”下拉列表中各选项功能说明如下。

a. “参数”：沿定义曲线将等参数曲线要通过的点以相等的参数间隔隔开。

b. “弧长”：两组截面线串和等参数曲线根据等弧长方式建立连接点。

c. “根据点”：将不同形状截面线串间的点对齐。

d. “距离”：在指定矢量上点沿每条曲线以等距离隔开。

e. “角度”：在每个截面线串上，绕着一个规定的轴等角度间隔生成。这样，所有等参数曲线都位于含有该轴线的平面中。

f. “脊线”：把点放在选择的曲线和正交于输入曲线的平面的交点上。

g. “可扩展”：可定义起始与终止填料曲面类型。

5. 【通过点】命令创建曲面

【通过点】命令是通过一些点创建非参数化的曲面，所建立的曲面通过所有的点。

【通过点】命令可通过以下方式找到：【菜单（M）】→【插入（S）】→【曲面（R）】→【通过点(H)...】命令。

“通过点”对话框如图 6. 1. 12 所示。

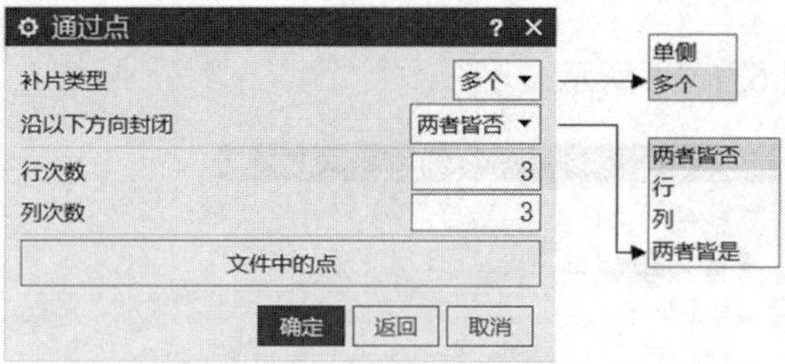

图 6. 1. 12 “通过点”对话框

在“通过点”对话框中单击“文件中的点”按钮，调出文件中已创建的点文件，便可通过一系列点创建一个曲面。

6. 【有界平面】命令创建

【有界平面】命令可以创建由一组端相连的平面曲线封闭的平面片体。曲线必须共面，且形成封闭形状。要创建一个有界平面，必须建立其边界，并且在必要时还要定义所有的内部边界（孔）。有界平面操作示意如图 6. 1. 13 所示。

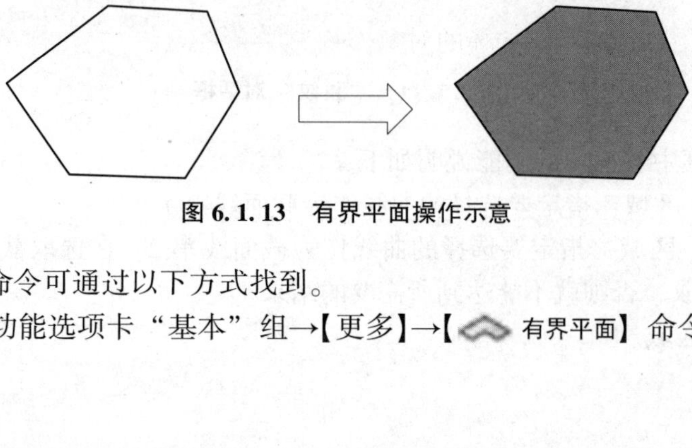

图 6. 1. 13 有界平面操作示意

【有界平面】命令可通过以下方式找到。

(1) “曲面”功能选项卡“基本”组→【更多】→【有界平面】命令。

(2)【菜单(M)】→【插入(S)】→“曲面（W)”→【有界平面(B)...】命令。

“有界平面”对话框如图 6.1.4 所示。

“有界平面”对话框中“平截面”区域用于指定要选择的曲线作为曲面边界线串。

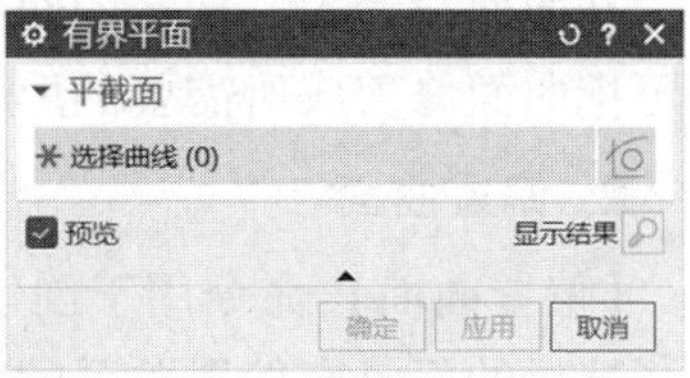

图 6.1.14　“有界平面”对话框

7. 扫掠曲面创建

扫掠曲面是用规定的方式沿一条空间路径（引导线串)，移动一条截面线串而生成的轨迹。如果截面线串是封闭的，则创建出实体特征。扫掠曲面的操作方法请参照本书 5.1.5 节“扫掠特征”。

6.1.3　曲面的编辑

1. 修剪片体

“修剪片体”是以一些曲线和曲面作为边界，对指定的曲面进行修剪，形成新的曲面边界。所选的边界可以在将要修剪的曲面上，也可以在曲面之外通过投影方向来确定修剪的边界。修剪片体操作示意如图 6.1.15 所示。

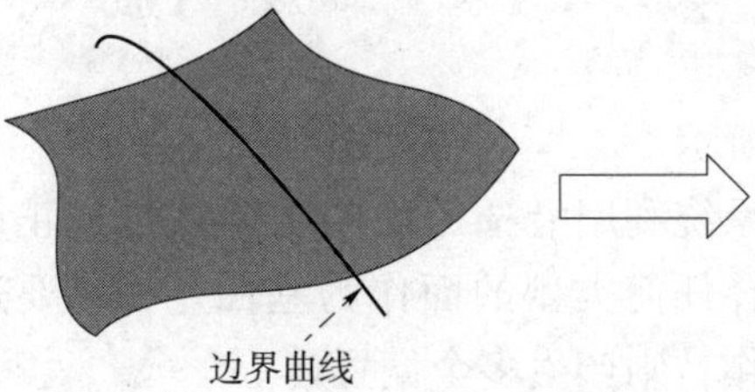

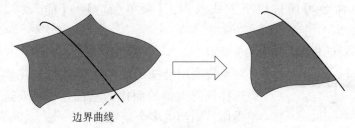

图 6.1.15　修剪片体操作示意

【修剪片体】命令可通过以下方式找到：“曲面”功能选项卡“组合”组→【修剪片体】命令。

“修剪片体”对话框如图 6.1.16 所示。

“修剪片体”对话框中相关选项的功能说明如下。

(1)“目标”区域。

“选择片体”：用于选择要修剪的目标曲面体。选择目标曲面体的位置将确定保留或舍弃的区域。

(2)“边界”区域。

①“选择对象”：指定要选择的对象作为修剪边界。这些对象可以是面、边、曲线和基准平面。

②“允许目标体边作为工具对象”：勾选此复选框后，可选择目标的边作为修剪对象。

(3)“投影方向”区域：通过投影方向来确定修剪边界，其下拉列表的选项有“垂直于面”“垂直于曲线平面”“沿矢量”。

(4)“区域”区域：定义所选择的区域是保留还是舍弃。

图 6.1.16　“修剪片体”对话框

①“保留”：所选择的区域将被保留。

②“舍弃”：所选择的区域将被切除。

在曲面设计中，构造的曲面长度往往大于实际模型的曲面长度，利用【修剪片体】命令可把曲面修剪成所需要的形状。

2. 偏置曲面

【偏置曲面】命令用于创建一个或多个现有面的偏置曲面，或者偏移现有曲面，其结果是与选择的面具有偏置关系的新体（一个或多个）。偏置曲面操作示意如图 6. 1. 17 所示。

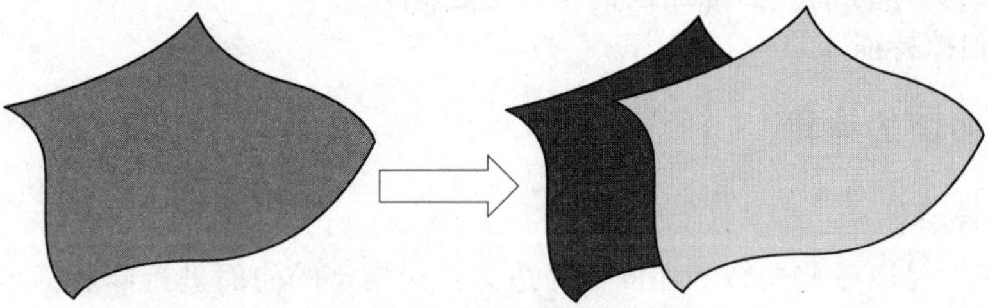

图 6. 1. 17　偏置曲面操作示意

【偏置曲面】命令可通过以下方式找到：【菜单(M)】→【插入(S)】→【偏置/缩放(O)】→【偏置曲面(O)...】命令。

“偏置曲面”对话框如图 6. 1. 18 所示。

图 6. 1. 18　“偏置曲面”对话框

系统利用沿选定面的法向来生成正确的偏置曲面，可以选择任何类型的面作为基面。如果要选择多个面进行偏置操作，则产生多个偏置体。

3. 扩大曲面

【扩大】命令用于调整曲面的大小，生成一个新的扩大特征，该特征和原始的片体关联，可以根据百分率改变扩大特征的各个边缘曲线。扩大曲面操作示意如图 6. 1. 19 所示。

【扩大】命令可通过以下方式找到：【菜单(M)】→【编辑(E)】→【曲面(R)】→【扩大(L)...】命令。

“扩大”对话框如图 6. 1. 20 所示。

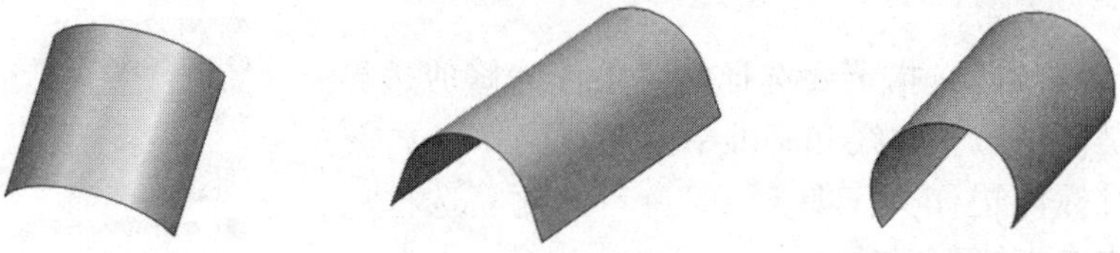

(a)　(b)　(c)

图 6. 1. 19　扩大曲面操作示意

(a) 原曲面；(b) 线性扩大；(c) 自然扩大

“扩大”对话框中相关选项的功能说明如下。

（1）“调整大小参数”区域：用于调节曲面 U/V 方向的百分率以控制曲面的大小，既可扩大曲面，也可缩小曲面。其中有多个选项，其功能说明如下。

①“全部”复选框：该复选框用于设置是否把所有的 U/V-起点/终点滑块作为一个整体来控制。

② “重置调整大小参数”按钮：单击该按钮后，系统将自动恢复设置。

（2）“设置”区域。

①“模式”区域用于设置曲面的调整类型，其类型选项说明如下。

a. “线性”单选按钮：曲面的边沿以线性的方式扩大或缩小。

b. “自然”单选按钮：曲面的边沿根据原曲面的形状自然扩大或缩小。

②“编辑副本”复选框：勾选该复选框后，在原曲面不被删除的情况下生成一个编辑后的曲面。

图 6.1.20　“扩大”对话框

4. 桥接曲面

【桥接】命令通过位于两组曲面上的两组曲线形成桥接片体，所构造的片体与两边界曲线可以指定相切连续性或者曲率连续性，用来控制桥接片体的形状。桥接曲面操作示意如图 6.1.21 所示。

【桥接】命令可通过以下方式找到：【菜单(M)】→【插入(S)】→【细节特征(L)】→【桥接(B)...】命令。

“桥接曲面”对话框如图 6.1.22 所示。

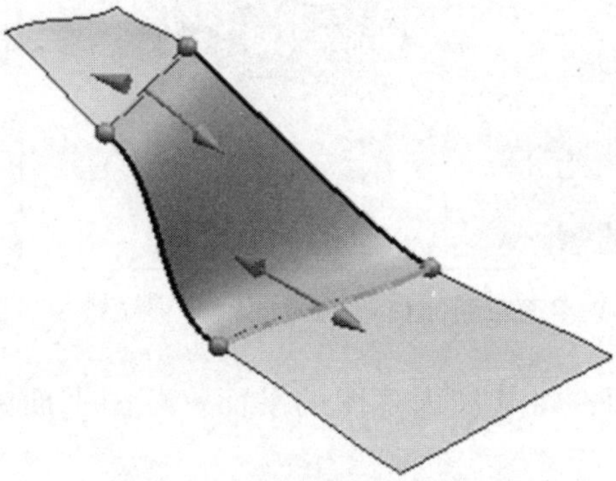

图 6.1.21　桥接曲面操作示意

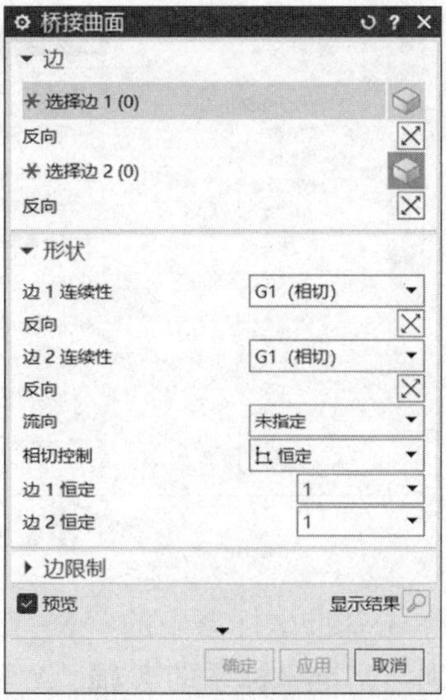

图 6.1.22　“桥接曲面”对话框

6.2 实例特训——勺子的曲面造型设计

项目任务：使用 UG NX 曲面造型方法，完成图 6.2.1 所示产品的曲面建模。

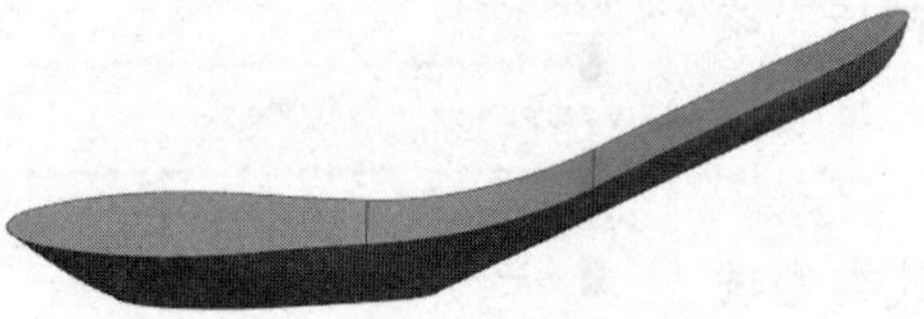

图 6.2.1 曲面模型

微课视频——曲面造型实例 1（NX 12.0）

微课视频——曲面造型实例 1（NX 2212）

6.2.1 产品曲面造型设计的详细步骤

（1）步骤 1：新建文件，建立基准坐标系。

① 在 UG NX 2212 软件中单击工具条中的“新建”按钮，弹出“新建”对话框。

a. 新建一个模型文件，单位为毫米，名称为“ch06-02. prt”，选定要存放的文件夹位置。

b. 单击“新建”对话框中的 确定 按钮，进入“建模”模块。

② 将 UG NX 2212 工作界面左边的资源栏切换到“部件导航器”，有一个自动创建好的基准坐标系。如果没有，则通过【基准坐标系】命令建立一个基准坐标系，原点为(0,0,0)。

（2）步骤 2：创建曲面的草图及截面曲线。

① 切换到“主页”功能选项卡，选择“构造”组中的【草图】命令，弹出“创建草图”对话框，确定草图平面和 X、Y 方向，如图 6.2.2 所示。

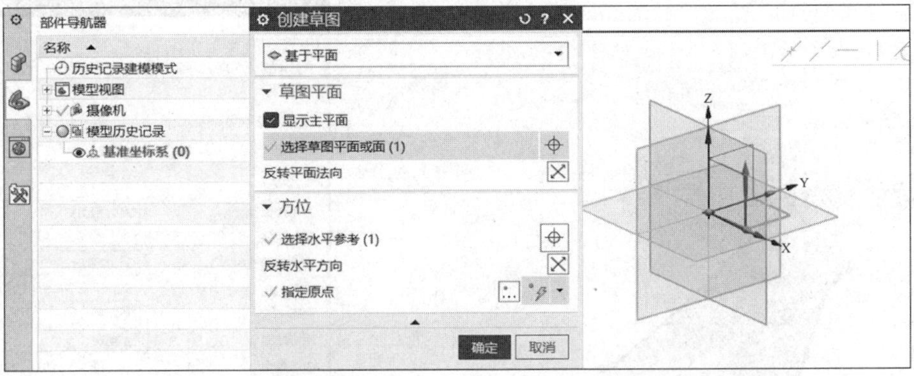

图 6.2.2 创建 X-Y 平面草图（1）

a. 单击基准坐标系中的“X-Y”基准平面，将其作为草图的平面；草图平面的 X、Y 方向分别与基准坐标系的 X 轴、Y 轴方向一致。

b. 选定好草图平面，并设定正确的 X、Y 方向后，单击 确定 按钮完成草图平面的创建，自动进入草图工作环境。

② 在草图工作环境中绘制曲面的主要截面草图，如图 6. 2. 3 所示。

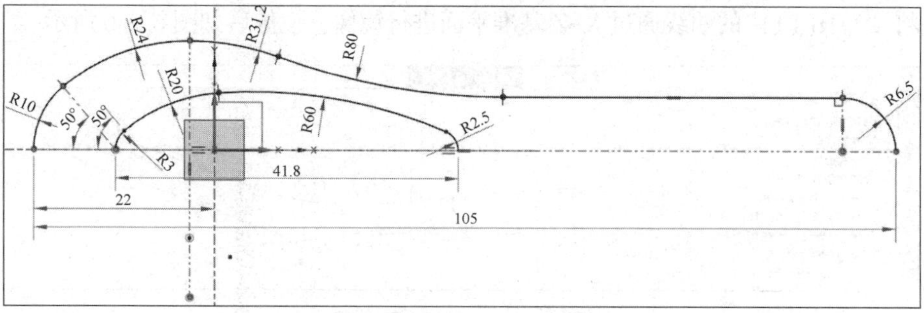

图 6. 2. 3　创建 X–Y 平面草图（2）

注意：其中各段圆弧均相切；圆弧 *R*24 和 *R*31. 2 的圆心都在同一条竖直参考线上。

草图绘制完成并标注好尺寸后，单击完成按钮退出草图工作环境，完成 X–Y 平面的草图创建，即“草图（1）”。

③ 重复步骤 1～步骤 3，在基准坐标系 X–Z 基准平面上创建草图，如图 6. 2. 4 所示。

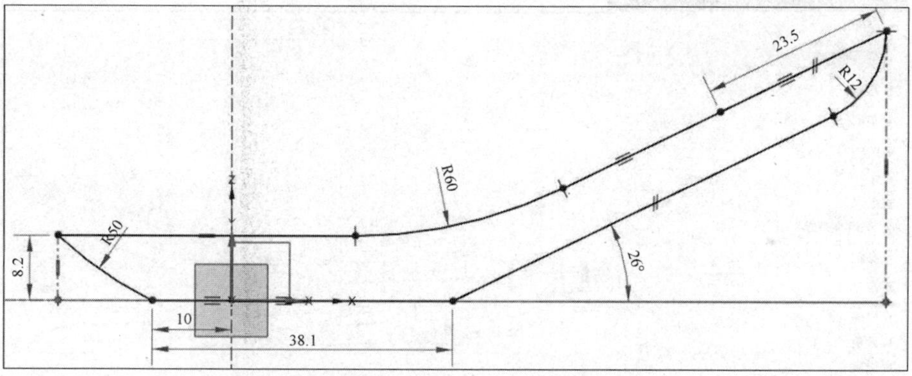

图 6. 2. 4　创建 X–Z 平面草图

注意：最左侧竖直参考线的起点在 X–Y 平面草图中 *R*10 圆弧上。

草图绘制完成并标注好尺寸后，单击平面完成按钮退出草图工作环境，完成 X–Z 平面草图的创建，即“草图（2）”。

④ 两个草图绘制完成后，如图 6. 2. 5 所示。

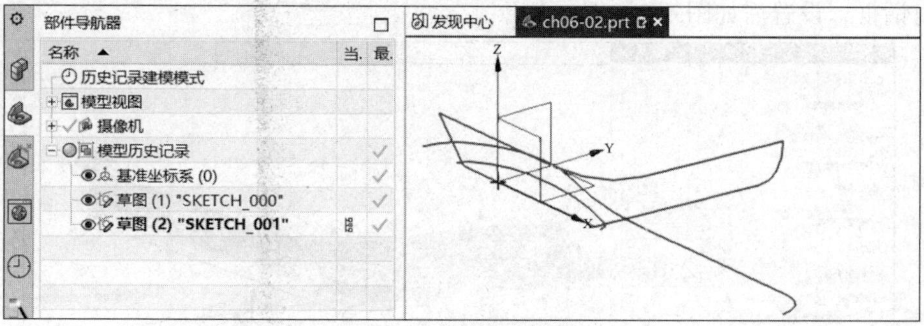

图 6. 2. 5　草图绘制完成

⑤ 选择【菜单(M)】→【插入(S)】→派生曲线(U)→【镜像(M)...】命令，弹出“镜像曲线”对话框。将“草图（1)”的曲线通过 X-Z 基准平面进行镜像，镜像后如图 6.2.6 所示。

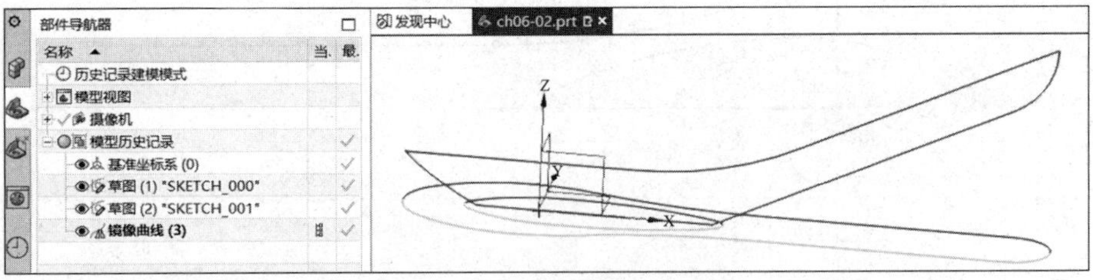

图 6.2.6　镜像草图曲线

（3）步骤 3：创建上部片体和投影曲线。

① 选择“主页”功能选项卡“基本”组中的【拉伸】命令，弹出“拉伸”对话框，进行拉伸操作。

a. 在“截面”区域的“选择曲线”中选择“草图（2)”上方的曲线，如图 6.2.7 所示。

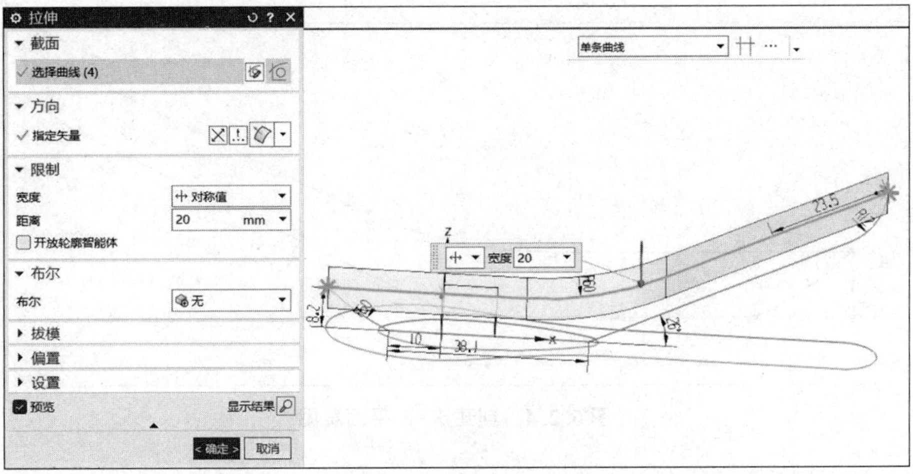

图 6.2.7　创建上部片体

b. 单击 确定 按钮完成 1 个片体的创建，即“拉伸（4)”特征。

② 选择【菜单(M)】→【插入(S)】→【派生曲线(U)】→【投影(P)...】命令，弹出“投影曲线”对话框，设置后如图 6.2.8 所示。

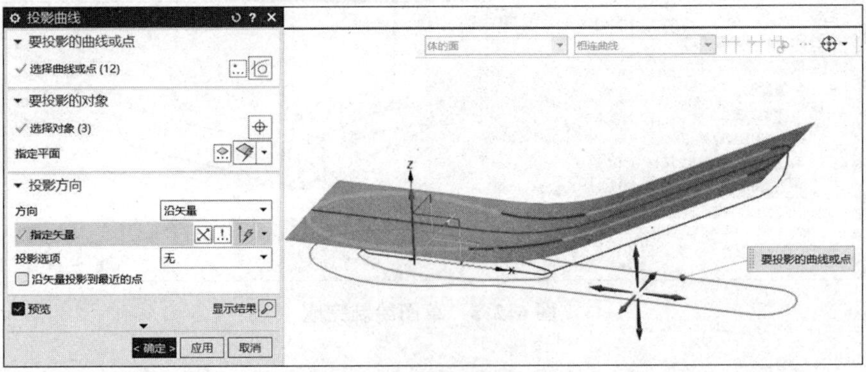

图 6.2.8　投影曲线到片体

a. 在“要投影的曲线或点”区域的“选择曲线或点”中选定 X-Y 平面上的外围曲线作为要投影的曲线。

b. 在“要投影的对象”区域的“选择对象”中选定上一步创建的片体。

c. 在“投影方向”区域指定矢量朝上。

③ 单击确定按钮完成投影曲线操作，即将 X-Y 平面上的外围曲线投影到片体上。

(4) 步骤 4：创建外轮廓的交叉曲线。

① 选择“主页”功能选项卡“构造”组中的【基准平面】命令，弹出“基准平面”对话框，如图 6.2.9 所示。

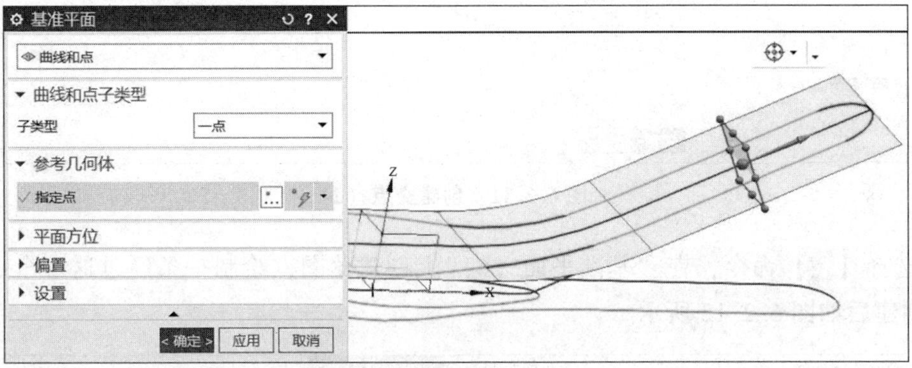

图 6.2.9　创建基准平面 (1)

根据图 6.2.9 所示设置，选定“草图 (2)”右上方两条直线的交点，创建一个基准平面。单击确定按钮完成操作，即“基准平面 (6)”特征。

② 选择“主页”功能选项卡“构造”组中的【点】命令，创建“基准平面 (6)”与“草图 (2)”右下方直线的交点，如图 6.2.10 所示。

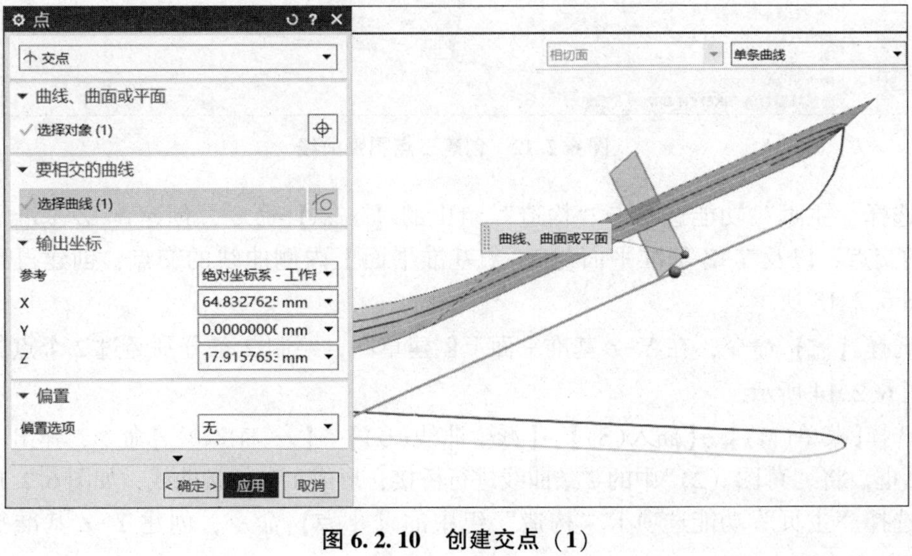

图 6.2.10　创建交点 (1)

③ 重复以上操作，创建“基准平面 (6)”与“投影曲线 (5)”右上方曲线的两个交点，如图 6.2.11 所示。

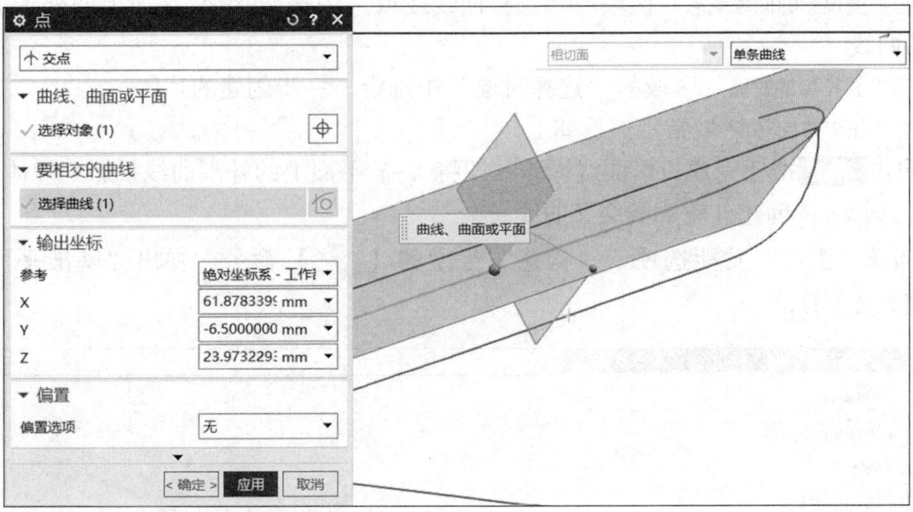

图 6.2.11　创建交点（2）

④ 选择【草图】命令，在“基准平面（6）”上创建草图，绘制一条经过这 3 个点的圆弧曲线，创建后如图 6.2.12 所示。

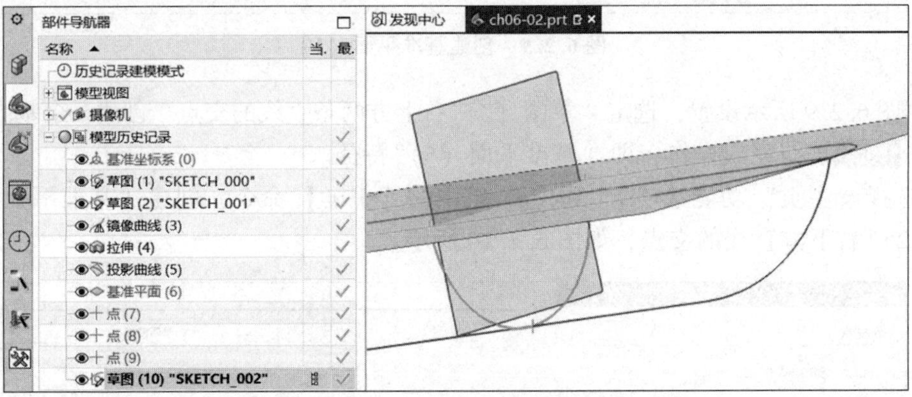

图 6.2.12　创建三点圆弧曲线

⑤ 选择“主页”功能选项卡“构造”组中的【+点】命令，创建 Y-Z 基准平面与投影曲线的交点，以及 Y-Z 基准平面与 X-Y 基准平面上内侧曲线的交点，创建得到 4 个交点，如图 6.2.13 所示。

⑥ 选择【草图】命令，在 Y-Z 基准平面上创建草图，绘制 2 条分别经过 2 个点的圆弧曲线，如图 6.2.14 所示。

⑦ 选择【菜单(M)】→【插入(S)】→【派生曲线(U)】→【桥接(B)...】命令，弹出“桥接曲线”对话框。将“草图（2）”中的 2 条曲线进行桥接，形成 1 条桥接曲线，如图 6.2.15 所示。

⑧ 选择“主页”功能选项卡“构造”组中的【+点】命令，创建 Y-Z 基准平面与该桥接曲线的 1 个交点。

⑨ 选择【草图】命令，在 Y-Z 基准平面上创建草图，绘制 1 条经过这 3 个点的圆弧曲线，如图 6.2.16 所示。

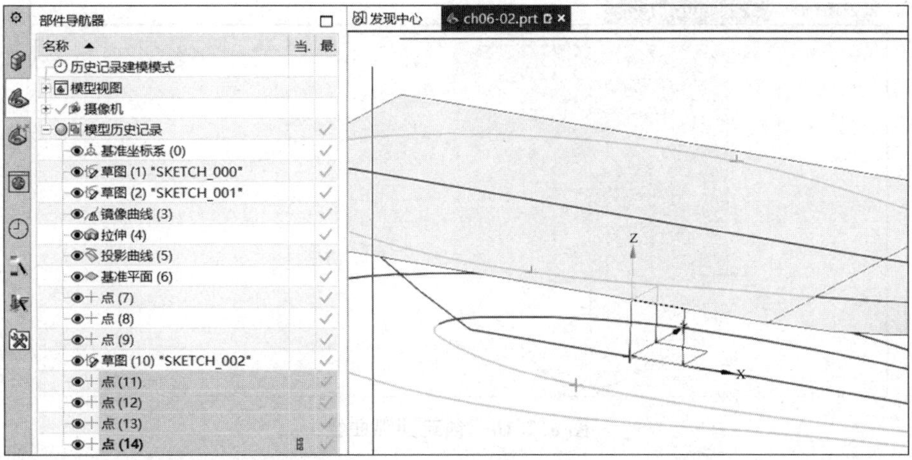

图 6.2.13　创建 4 个交点

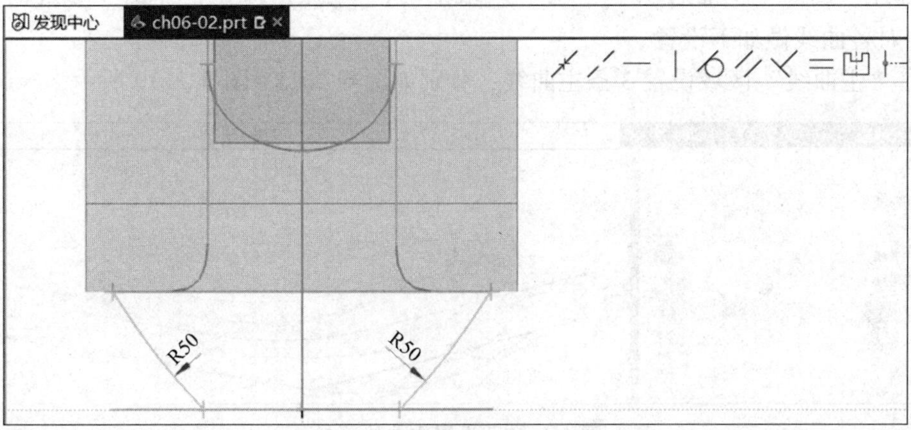

图 6.2.14　创建草图上的圆弧

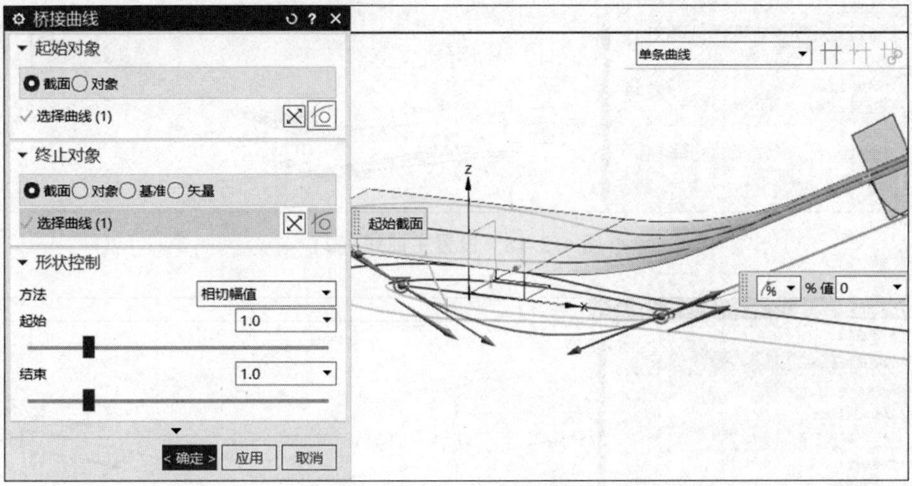

图 6.2.15　创建桥接曲线

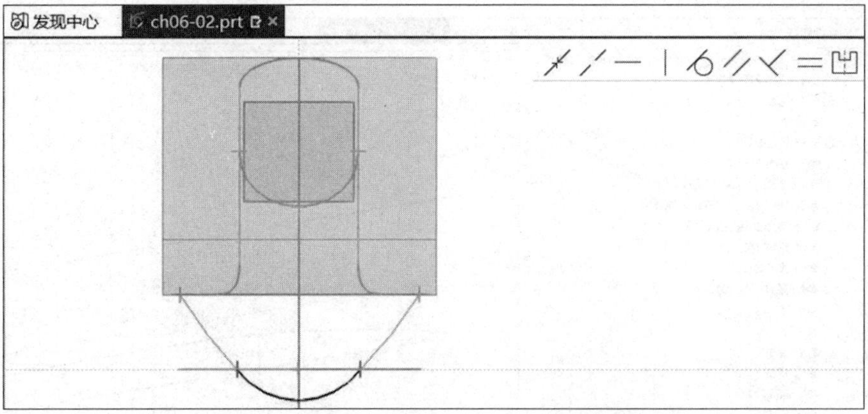

图 6.2.16　创建圆弧曲线

（5）步骤 5：通过曲线网格创建曲面。

① 选择“曲面”功能选项卡“基本”组中的【通过曲线网格】命令，弹出“通过曲线网格”对话框，对各曲线做如下设置。

a. 在“主曲线”区域设置 3 条主曲线，分别如图 6.2.17～图 6.2.19 所示。

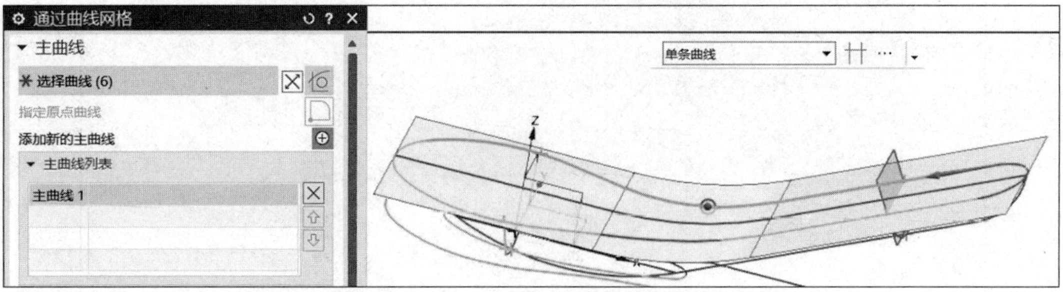

图 6.2.17　设置主曲线（1）

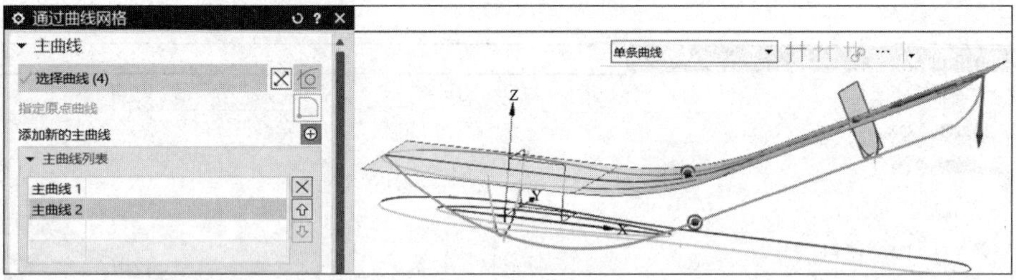

图 6.2.18　设置主曲线（2）

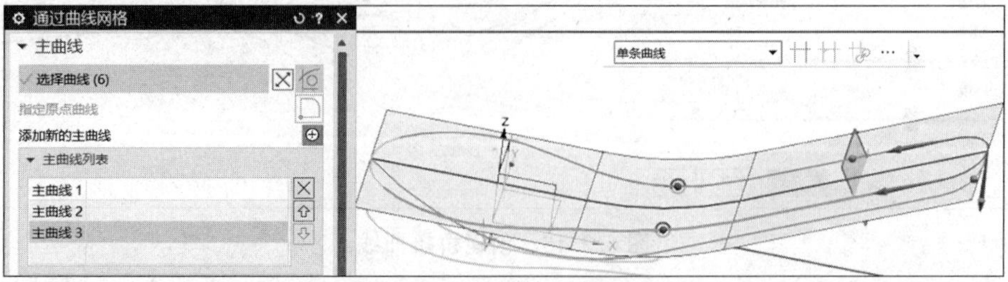

图 6.2.19　设置主曲线（3）

b. 在“交叉曲线”区域设置 4 条交叉曲线，如图 6. 2. 20 所示。

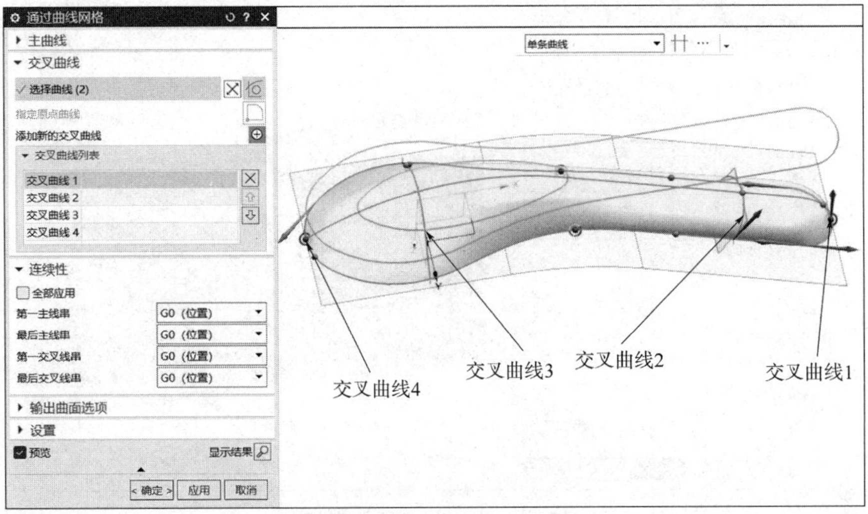

图 6. 2. 20　设置交叉曲线

注意：如果主曲线、交叉曲线都设置正确，但无法生成曲面，可将公差值相应调大，从而形成完整曲面。

② 单击【< 确定 >】按钮完成曲面的创建，即“通过曲线网格（19）”特征，将上部片体隐藏后如图 6. 2. 21 所示。

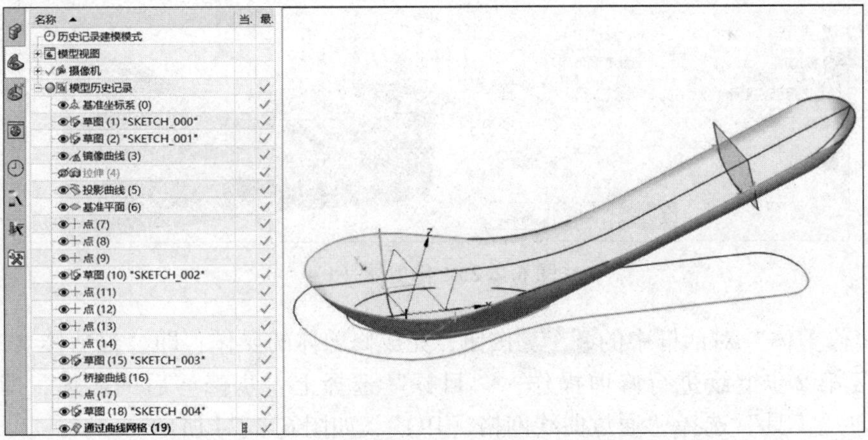

图 6. 2. 21　“通过曲线网格曲面（19）”特征

（6）步骤 6：曲面造型修整。

① 选择“主页”功能选项卡“基本”组中的【拉伸】命令，弹出“拉伸”对话框，对 X-Y 基准平面上的草图外轮廓线进行拉伸操作，如图 6. 2. 22 所示。

② 单击【确定】按钮完成拉伸实体的创建，即“拉伸（20）”特征。

为了便于操作及观察，通过【编辑对象显示】命令将拉伸实体的颜色改为绿色。

③ 选择“基本”组中的【修剪体】命令，弹出“修剪体”对话框，对上一步创建的拉伸实体进行修剪操作。

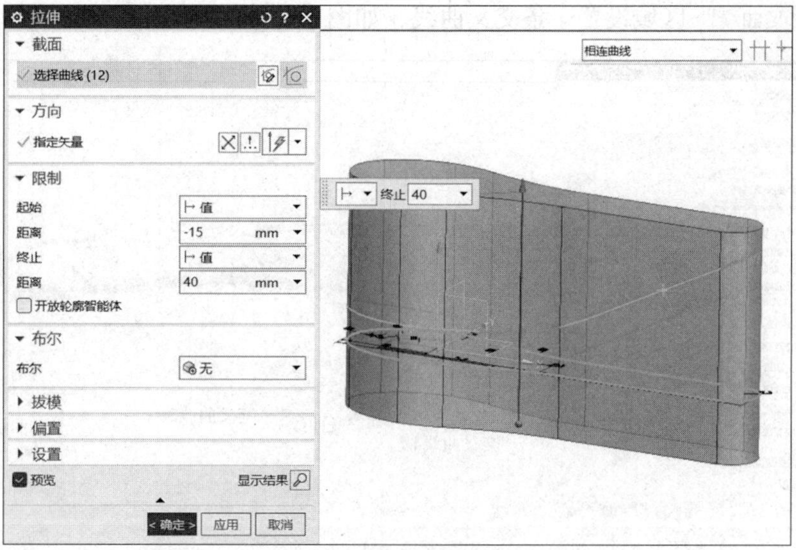

图 6.2.22　创建拉伸实体

在“修剪体”对话框中“目标”选择“拉伸（20）”，“工具”选择“拉伸（4）”，保留下半部分，如图 6.2.23 所示。

图 6.2.23　修剪体（1）

单击“修剪体”对话框中的< 确定 >按钮，完成修剪体的操作，即“修剪体（21）”特征。

④ 重复第②步继续进行修剪操作，“目标”选择上一步修剪后的实体，即“修剪体（21）”特征，“工具”选择“通过曲线网格（19）”，如图 6.2.24 所示。

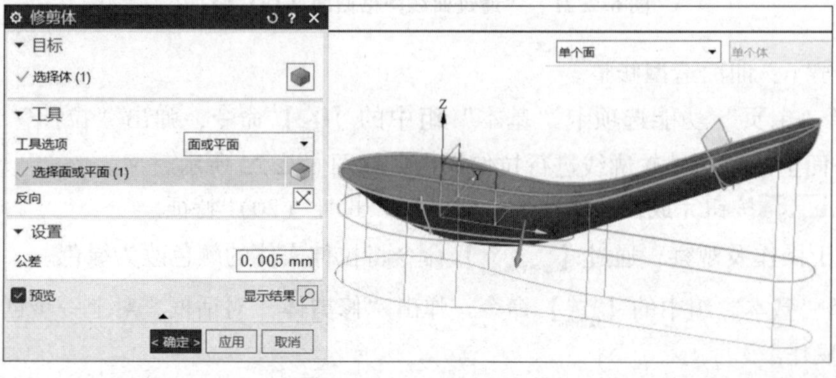

图 6.2.24　修剪体（2）

单击< 确定 >按钮完成修剪体的操作，即“修剪体（22）”特征。

注意：如果不能修剪实体，可将公差值相应调大，从而形成修剪实体。

⑤ 重复第②步继续进行修剪操作，“目标”选择上一步修剪后的实体，即“修剪体（22）”，“工具”选择 X-Y 基准平面，如图 6.2.25 所示。

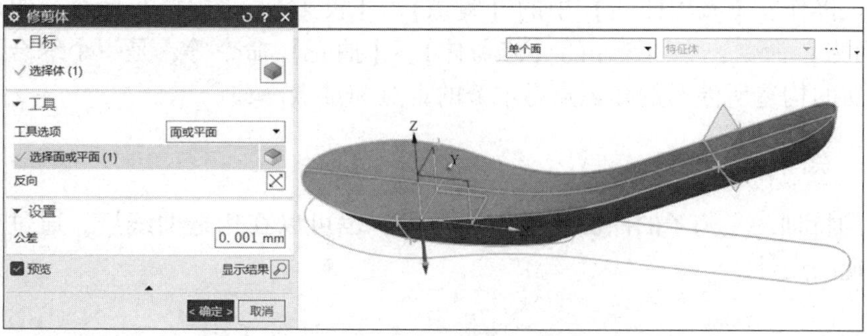

图 6.2.25　修剪体（3）

单击确定按钮完成修剪体的操作，即“修剪体（23）”特征。

注意：为了便于选择对象，进行此操作前先将“部件导航器”中的“通过曲线网格（19）”隐藏。

⑥ 选择“基本”组中的【抽壳】命令，弹出“抽壳”对话框，对修剪后的实体进行抽壳操作，其中材料厚度设置为 0.6 mm，去除材料后如图 6.2.26 所示。

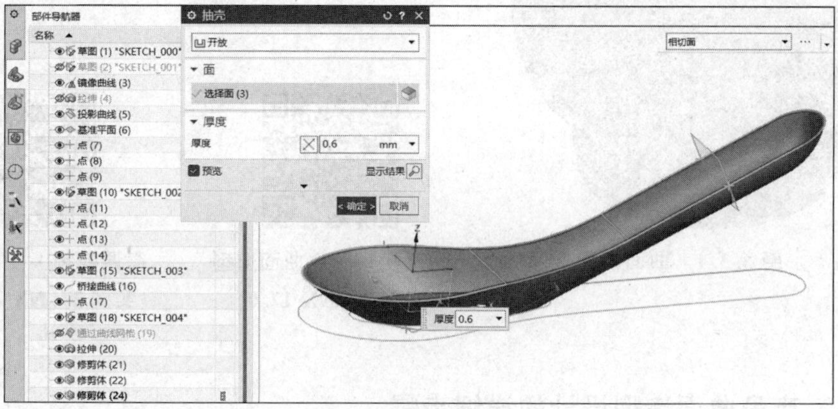

图 6.2.26　实体抽壳

⑦ 隐藏不需要的草图、基准平面、曲线等，创建完成的曲面实体如图 6.2.27 所示。

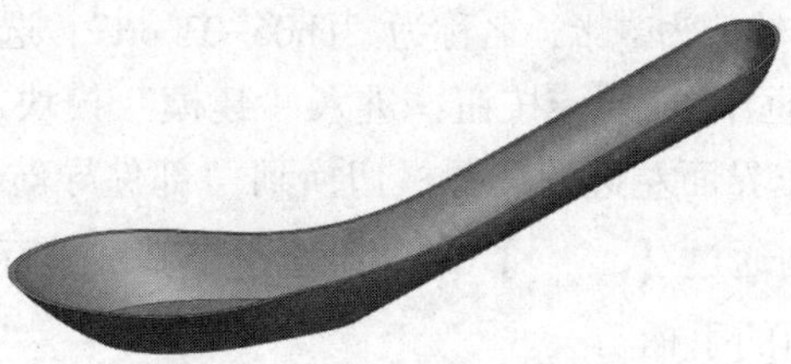

图 6.2.27　完成曲面造型

⑧ 单击 UG NX 2212 工作界面左上角的▣按钮，保存整个文件。

6.2.2 知识点应用点评

在“实例特训——勺子的曲面造型设计”中，主要运用了UGNX 2212的草图基本操作，求曲线上的点操作，【派生曲线】中的【镜像】、【投影】、【桥接】命令，曲面操作中的【通过曲线网格】命令，实体操作的【修剪体】、【抽壳】命令等，是一个综合运用命令的过程，但曲面的构造所涉及的知识点是本节的重点和难点。

6.2.3 知识点拓展

在“实例特训——勺子的曲面造型设计”中，也可以在构造曲线后，通过变化扫掠完成对勺子外观的设计。

6.3 实例特训——水杯的曲面造型设计

项目任务：使用 UG NX 曲面造型方法，完成图 6.3.1 所示产品的曲面建模。

图 6.3.1　曲面模型

微课视频——曲面造型实例2（NX 12.0）

微课视频——曲面造型实例2（NX 2212）

6.3.1 产品曲面造型设计的详细步骤

（1）步骤1：新建文件，建立基准坐标系。

① 在 UG NX 2212 软件中单击工具条中的“新建”按钮，弹出“新建”对话框。

a. 新建一个模型文件，单位为毫米，名称为“ch06-03. prt”，选定要存放的文件夹位置。

b. 单击“新建”对话框中的 确定 按钮，进入“建模”模块。

② 将 UG NX 2212 工作界面左边的资源栏切换到“部件导航器”，有一个自动创建好的基准坐标系。如果没有，则通过【基准坐标系】命令建立一个基准坐标系，原点为(0,0,0)。

（2）步骤2：创建曲面的手柄

① 选择“主页”功能选项卡“构造”组中的【草图】命令，弹出“创建草图”对话框，确定草图平面和X、Y方向，如图 6.3.2 所示。

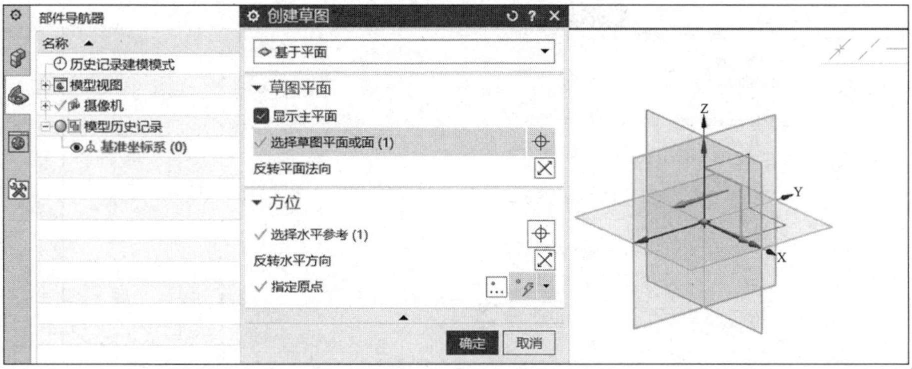

图 6.3.2　创建手柄的截面草图（1）

a. 单击基准坐标系中的“X-Z”基准平面，将其作为草图的平面；草图平面的 X、Y 方向分别与基准坐标系的 X 轴、Z 轴方向一致。

b. 选定好草图平面，并设定正确的 X、Y 方向后，单击确定按钮完成草图平面的创建，并自动进入草图工作环境。

② 在草图工作环境中绘制手柄的截面草图（1），如图 6.3.3 所示。

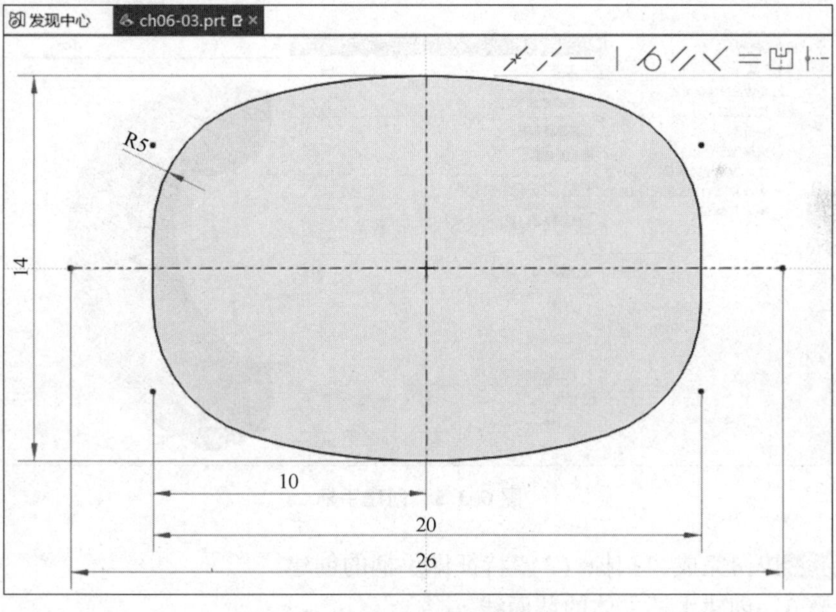

图 6.3.3　创建手柄的截面草图（2）

注意：在草图中先画 1 个椭圆（长轴 26 mm、短轴 14 mm），椭圆圆心为(0,0,0)，然后用直线修剪并倒圆。

草图绘制完成并标注好尺寸后，单击完成按钮退出草图工作环境。

③ 选择“曲线”功能选项卡“基本”组中的【艺术样条】命令，弹出“艺术样条”对话框。在该对话框中的“类型”下拉列表中选择通过点选项，然后单击“点构造器”按钮，分别输入 5 个点的坐标(0,0,0)、(0,15,5)、(0,25,25)、(0,15,45)、(0,0,50)，如图 6.3.4 所示。单击< 确定 >按钮完成“样条（2）”特征的创建。

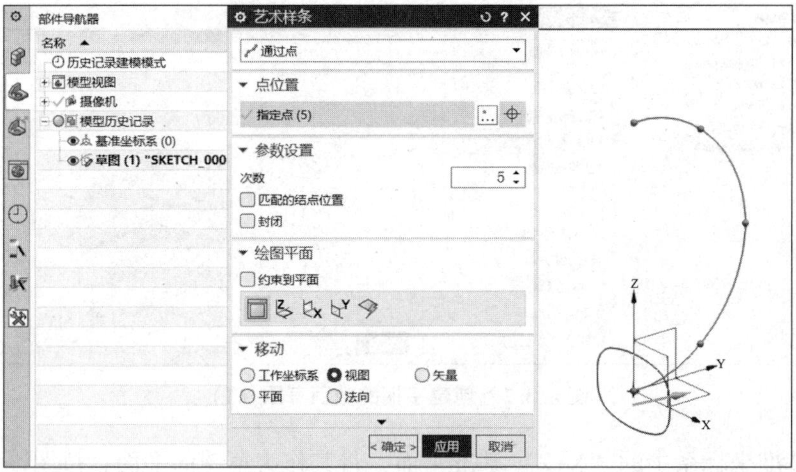

图 6.3.4　创建手柄的路径

④ 选择“曲面”功能选项卡“基本”组中的【扫掠】命令，弹出“扫掠”对话框，在该对话框中“截面”选择上一步创建的草图曲线，“引导线”选择上一步创建的样条，如图 6.3.5 所示。

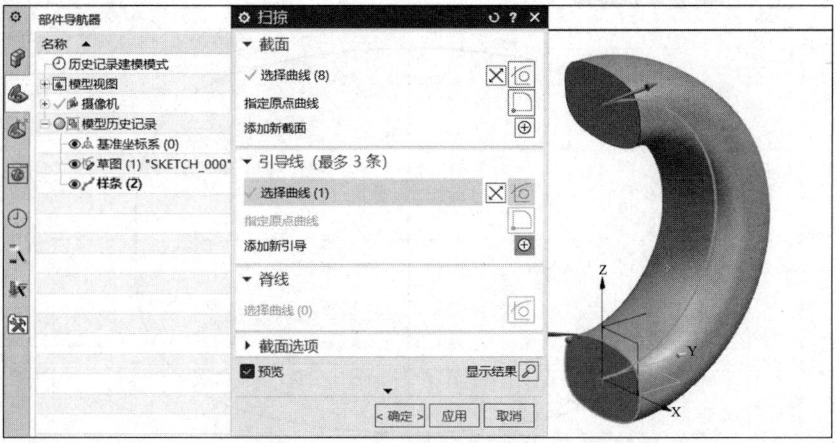

图 6.3.5　创建手柄

单击< 确定 >按钮完成“扫掠（3）”特征即手柄的创建。

（3）步骤 3：创建水杯主体的截面线。

① 选择“主页”功能选项卡“构造”组中的【基准平面】命令，弹出“基准平面”对话框，分别创建 3 个基准平面。

第 1 个基准平面相对“X-Y”基准平面向下偏移 15 mm；第 2 个基准平面相对“X-Y”基准平面向上偏移 25 mm；第 3 个基准平面相对“X-Y”基准平面向上偏移 65 mm；如图 6.3.6 所示。

② 选择“主页”功能选项卡“构造”组中的【草图】命令，在“基准平面（5）”上创建草图，如图 6.3.7 所示。

③ 重复第②步，在“基准平面（6）”上创建草图。此草图曲线与上一草图的曲线同心，

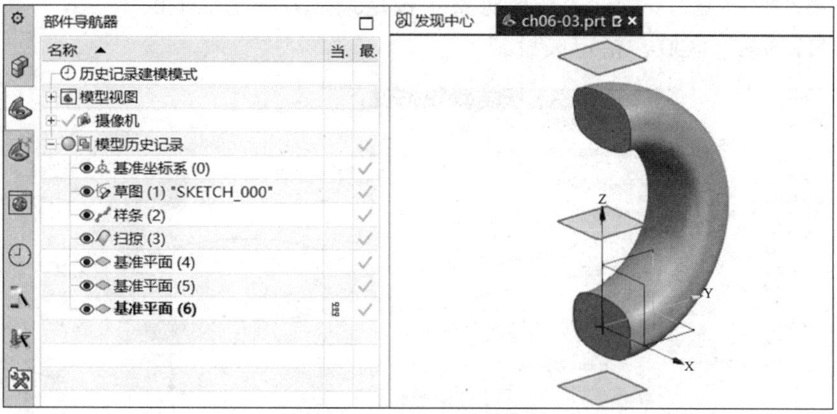

图 6.3.6　创建基准平面

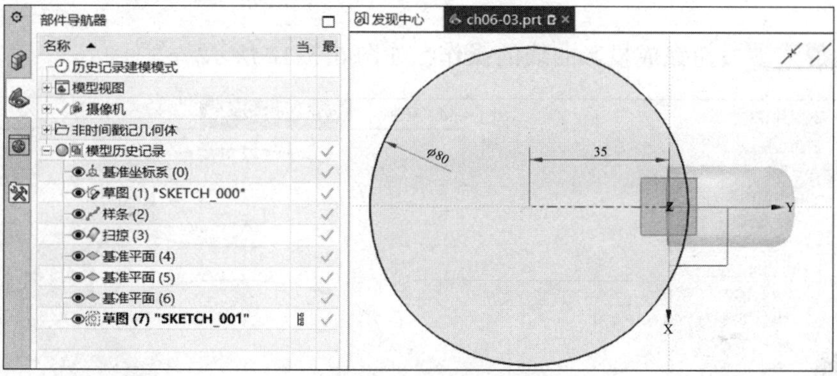

图 6.3.7　创建草图（1）

且圆弧与坐标原点相交，如图 6.3.8 所示。

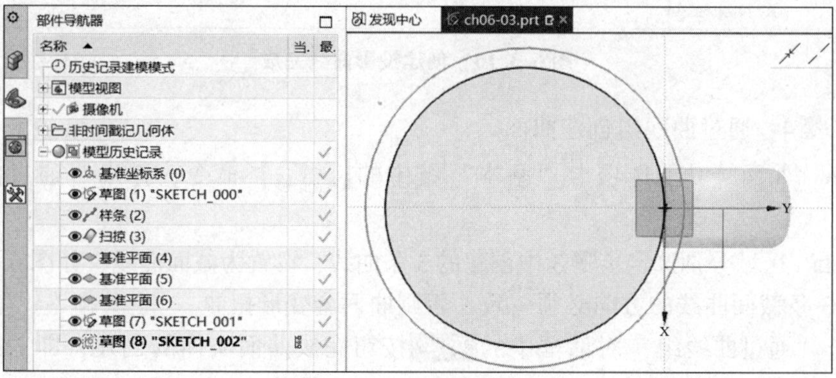

图 6.3.8　创建草图（2）

④ 选择【菜单(M)】→【插入(S)】→【派生曲线 U)】→【投影(P)...】命令，弹出“投影曲线”对话框，设置后如图 6.3.9 所示。

a. 在“要投影的曲线或点”区域，“选择曲线或点”选定最上方的草图曲线作为要投影的曲线。

b. 在“要投影的对象”区域，“选择对象”选定最下方的基准平面。

c. 在“投影方向”区域，指定矢量朝下。

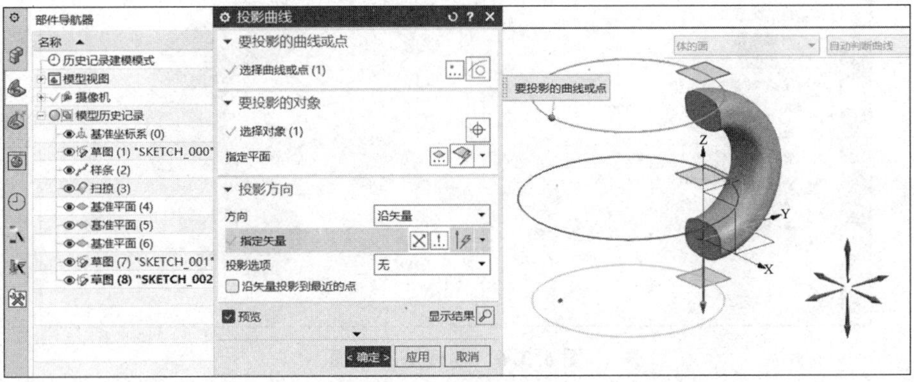

图 6.3.9　创建投影曲线

⑤ 单击< 确定 >按钮完成投影曲线的操作，如图 6.3.10 所示。

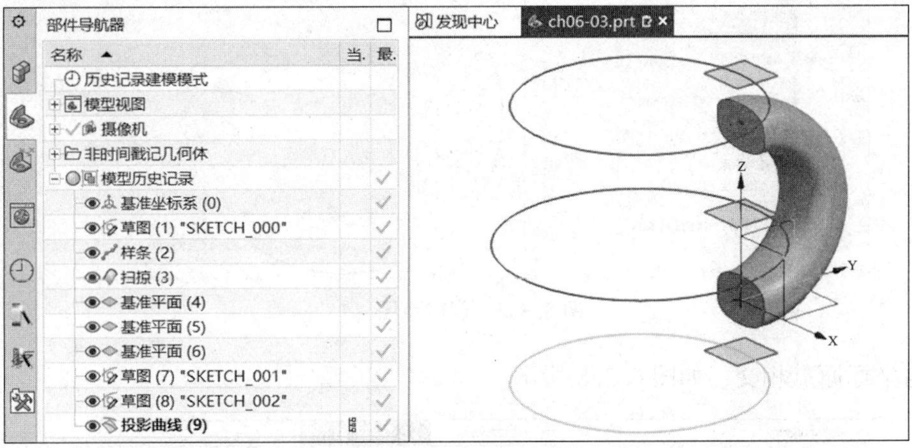

图 6.3.10　创建投影曲线完成

(4) 步骤 4：通过曲线组创建曲面。

① 选择“曲面”功能选项卡“基本”组中的【通过曲线组】命令，弹出“通过曲线组”对话框。

在“截面”区域分别选定步骤 3 中创建的 3 条曲线，设置为截面曲线，如图 6.3.11 所示。

注意：3 条截面曲线的方向必须一致，否则曲面会变形扭曲。

② 单击“通过曲线组”对话框中的确定按钮完成曲面实体的创建，即“通过曲线组(10)”特征。

③ 选择“主页”功能选项卡“基本”组中的【边倒圆】命令，弹出“边倒圆”对话框，选择水杯的底部边缘，设定半径为 10 mm，执行倒圆角操作。

(5) 步骤 5：曲面造型修整。

① 选择“主页”功能选项卡“基本”组中的【抽壳】命令，弹出“抽壳”对话框，将材料厚度设置为 2 mm，如图 6.3.12 所示。

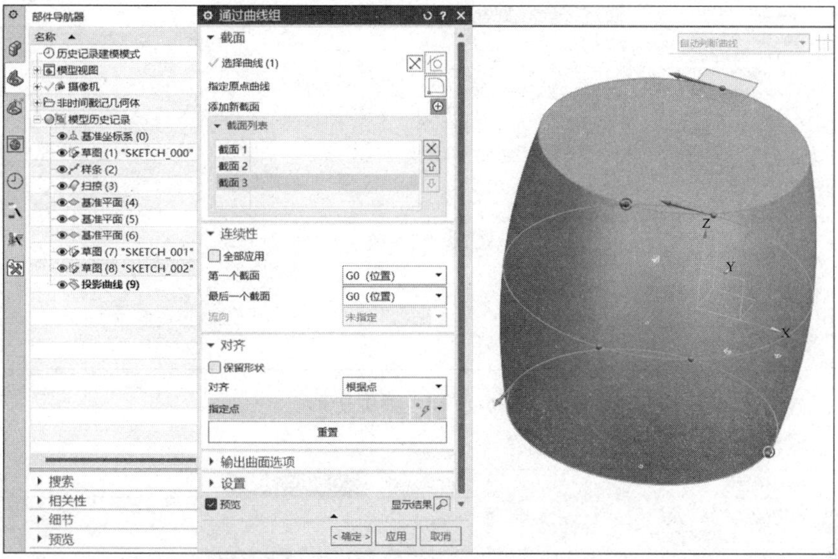

图 6.3.11　创建曲面实体

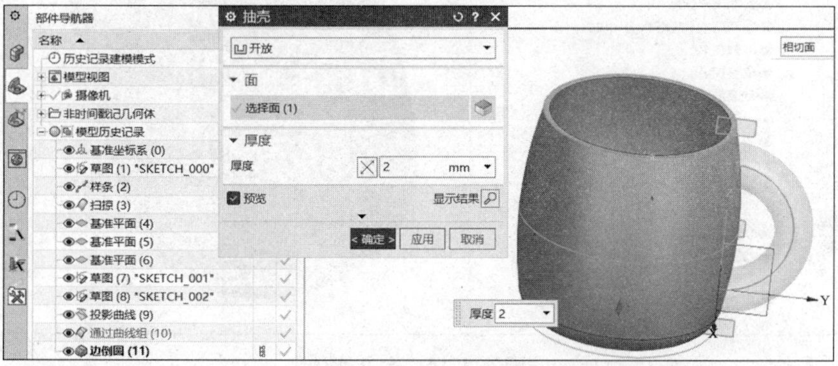

图 6.3.12　曲面抽壳

单击“抽壳”对话框中的< 确定 >按钮，完成曲面抽壳。

② 选择“主页”功能选项卡“基本”组中的【修剪体】命令，弹出“修剪体”对话框，对手柄进行修剪操作。

“修剪体”对话框中的“目标”选择手柄实体，“工具”选择水杯的内表面，如图 6.3.13 所示。

注意：在选择工具体时，先把选择过滤器的规则改为“单个面”，然后只选择水杯的内表面。

③ 单击“修剪体”对话框中的< 确定 >按钮，完成修剪体操作，即可把水杯内侧多余的手柄去除。

④ 选择“主页”功能选项卡“基本”组中的【合并】命令，弹出“合并”对话框，将水杯主体与手柄合并，如图 6.3.14 所示。

⑤ 隐藏不需要的草图、基准平面、曲线等，修改颜色显示，最后完成的曲面实体如图 6.3.15 所示。

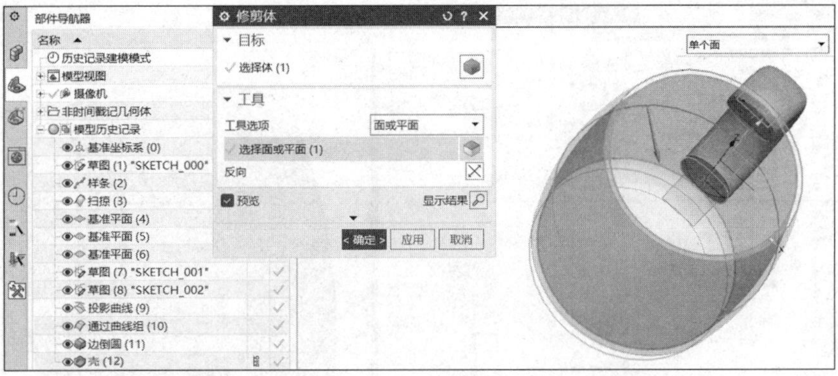

图 6.3.13　修剪手柄

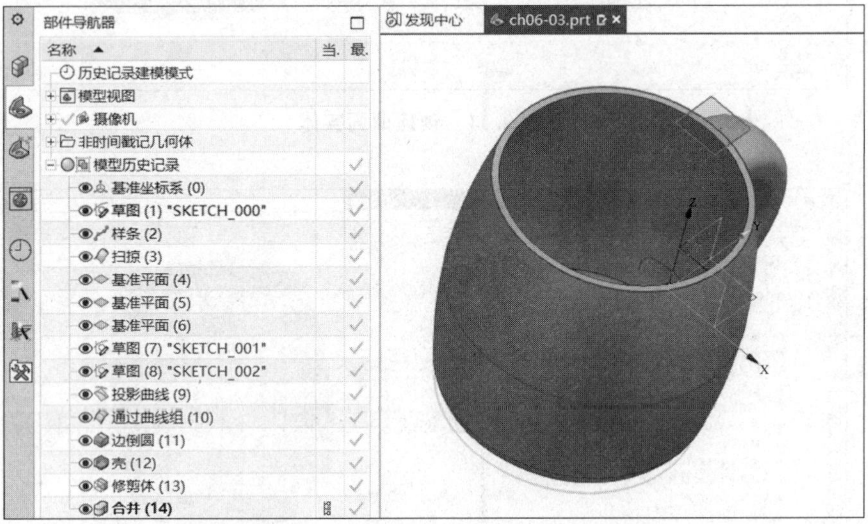

图 6.3.14　合并实体

图 6.3.15　完成曲面造型

⑥ 单击 UG NX 2212 工作界面左上角的▣按钮，保存整个文件。

建议在每一步操作完成后都及时进行保存以免异常情况发生而丢失文件。

6.3.2　知识点应用点评

在“实例特训——水杯的曲面造型设计”中，主要运用了 UGNX 2212 的草图基本操作，投影曲线，曲面操作中的【通过曲线组】命令，实体操作中的【修剪体】、【抽壳】等命令，是一个综合运用命令的过程，其中曲面的构造所涉及的知识点是重点和难点。

注意：如果在抽壳前对水杯主体和手柄进行合并，则抽壳会影响手柄的内部结构，因此需要先对水杯主体进行抽壳处理并修剪多余的手柄特征，最后将水杯主体与手柄合并。

6.3.3　知识点拓展

在“实例特训——水杯的曲面造型设计”中，也可以通过曲线中的“样条曲线”构造外轮廓曲线的一半，然后通过实体造型中的“旋转”操作完成杯子外观的设计。

6.4　本章小结

本章讲述了曲面造型设计中构建曲面的方法——由点构造曲面、由线构造曲面，基于曲面的自由曲面特征以及曲面的编辑等知识点。在实际三维设计过程中，曲面建模设计是灵魂，希望读者能够通过实际操作，由简单到复杂，逐步掌握曲面建模的方法。

6.5　练习题

1. 根据图 6.5.1 所示的图形尺寸，完成其曲面造型。
2. 根据图 6.5.2 所示的图形尺寸，完成其曲面造型，壁厚为 2 mm。

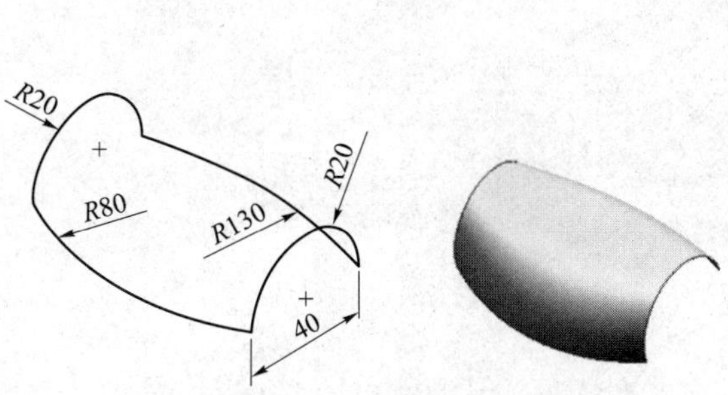

图 6.5.1　练习题 1

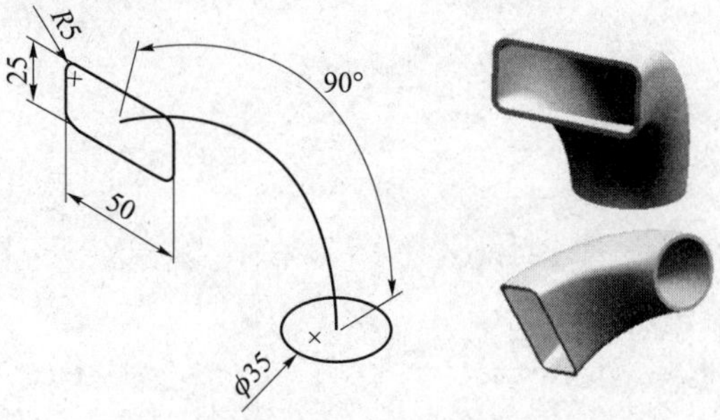

图 6.5.2　练习题 2

3. 根据图 6. 5. 3 所示的图形尺寸，完成其曲面造型。

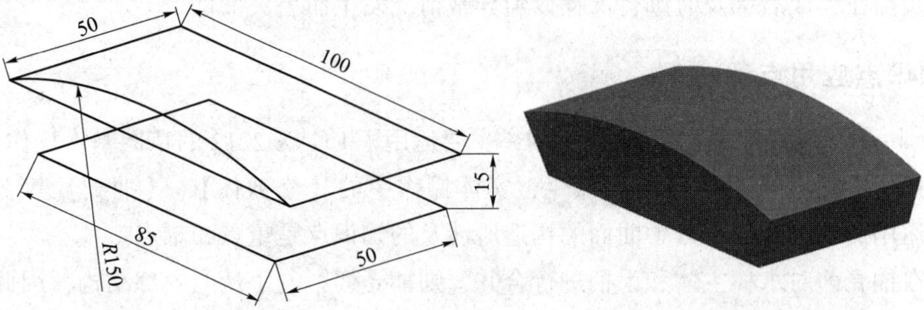

本章特训及
练习文件

图 6. 5. 3　练习题 3

第 7 章
装配图的设计

7.1 装配的基础知识

在产品设计中，一个产品往往是由多个零部件装配而成的。在 UG NX 软件中，零部件的装配在“装配”模块中完成，而“装配”模块可以在“建模”模块中开启并一起使用。本节主要介绍装配的基础知识以及装配实例特训，包括 UG NX 装配概述、装配界面、装配约束、装配方法和装配爆炸图等。

7.1.1 UG NX 装配概述

一个产品一般是由多个零部件装配而成的，利用三维 CAD 软件的装配功能建立零部件间的相对位置关系，从而形成复杂的装配体。零部件之间的位置关系是通过在装配中添加约束条件来实现的。

一般的三维 CAD 软件包括两种装配模式：多组件装配和虚拟装配。

(1) 多组件装配：一种简单的装配模式，将每个组件的信息都复制到装配体中，再将每个组件放到对应的位置。

(2) 虚拟装配：在装配体中建立各组件的链接，装配图和组件只是一种引用关系。UG NX 2212 软件中的装配就是虚拟装配。

虚拟装配与多组件装配相比，其优点如下。

(1) 虚拟装配中的装配体是引用各组件的信息，而不是复制各组件。因此，当组件改变时，相应的装配体也会自动更新，能大大提高效率。

(2) 虚拟装配中各组件通过链接引用到装配体中，能够缩小装配体的文件大小，大大节省空间。

(3) 可以通过引用组件的不同引用集，控制组件在装配体中的不同显示形式，提高运行显示速度。

UG NX 2212 软件的“装配”模块除了以上这些优点外，还有以下特点。

(1) 利用“装配导航器”可以清晰地查看、修改和删除组件及约束。

（2）利用强大的爆炸图工具，可以方便地生成装配体的爆炸图及相应视图。

（3）强大的虚拟装配功能，提供了丰富的组件定位约束方法，能快捷地设置组件间的位置关系。

1. 装配术语和概念

在装配操作中，经常会用到一些装配术语，下面简单介绍常用装配术语的含义。

1）装配（Assembly）

装配是把零部件通过约束组装成具有一定功能的产品的过程。

2）装配部件（Assembly Part）

装配部件是由零件和子装配组成的部件。在 UG NX 2212 软件中，允许向任何一个 Part 文件（“. prt” 文件）中添加组件构成装配。因此，任何一个 “. prt” 文件都可以当作装配部件或子装配部件来使用。

零件和部件不必严格区分。

3）子装配（Subassembly）

子装配是指在更高一层的装配体中作为组件的一个装配，子装配可以拥有自己的组件或子装配。任何一个装配都可在更高一层的装配中用作子装配。

4）组件对象（Component Object）

组件对象是一个从装配部件链接到部件主模型的指针实体，指针在一个装配中以某个位置确定部件的使用。组件对象记录的信息有部件名称、层、颜色、线型、装配约束等。

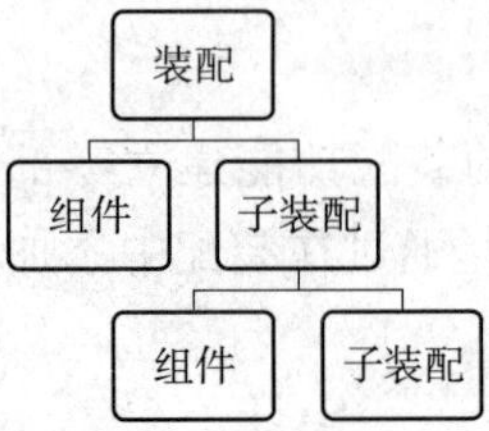

图 7.1.1　装配、组件和子装配的关系

5）组件（Component）

组件是指在装配体中引用的部件，它可以是单个部件，也可以是子装配体。组件是由装配部件引用而不是复制到装配部件中，实际几何体被存储在零件的部件文件中。装配、组件和子装配之间的关系如图 7.1.1 所示。

6）单个部件（Part）

单个部件是指在装配外存在的部件几何体，即 . prt 文件，它可以添加到一个装配中，也可以单独存在。

7）工作部件

在装配体中当前编辑的部件。在装配模块中，可以将装配体下的某个组件设为工作部件，然后直接编辑这个工作部件。

8）引用集（Reference Set）

引用集是零件或子装配中对象的命名集合，其内容包括了该组件在装配时显示的信息。在装配中，由于各部件含有草图、基准平面等辅助图形信息，在装配中显示所有数据容易混淆，图形也占用大量内存影响运行速度，因此通过引用集的定义可以简化组件的图形显示。

使用【引用集】命令和选项可以控制较高级别装配中组件或子装配部件的显示。

9）装配约束（Mating Condition）

装配约束是装配中用来确定组件间相互位置和方位的，它是通过一个或多个关联约束实现的。在两个组件之间可以建立一个或多个约束，用以部分或完全定位一个组件。

10）上下文设计（Design in Context）

上下文设计是指在装配环境中对装配部件的创建设计和编辑，即在装配建模过程中，可对装配中的任一组件进行添加几何对象、特征编辑等操作，或以其他组件对象作为参照对象进行该组件的设计和编辑工作。

11）主模型（Master Model）

主模型是可供 UG NX 2212 软件各模块共同引用的部件模型。同一主模型可同时被工程图、装配、加工、机构运动分析和有限元分析等模块引用。当主模型修改时，相关应用也自动更新。

2. 装配加载选项及应用

UG NX 2212 软件中装配部件的加载设置可以很方便地控制下级组件的加载、显示方式，特别是对于大型复杂的装配部件，往往需要设置其装配加载选项，以便提高其装配的效率和加载速度。

选择【文件(F)】→【选项(T)】→【装配加载选项(Y)...】命令，弹出“装配加载选项”对话框，如图 7.1.2 所示。

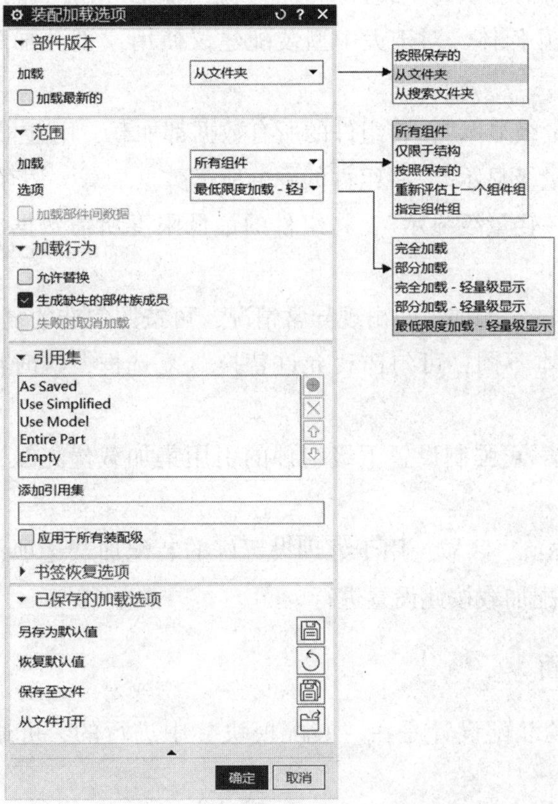

图 7.1.2 “装配加载选项”对话框

“装配加载选项”对话框中各选项功能说明如下。

（1）“部件版本”区域：加载装配组件的路径。

①“按照保存的”：按照之前装配保存时各组件所在目录进行加载。

②“从文件夹”：从当前装配所在的目录中加载下级组件。

③“从搜索文件夹”：装配中的组件将从搜索文件夹中寻找并加载，通常用于装配和组件不在同一个目录时。选择此选项时，将在下方显示一个多行文本框用于设置多个搜索文件夹；在文件夹后面加上省略号后缀“...”可用于搜索其子目录。

（2）“范围”区域：控制加载的范围、加载数据的大小等。

①“加载”下拉列表中有多个选项值，说明如下。

a. “所有组件”：打开装配时，下级所有组件同时加载。打开装配后能显示完整模型，但加载耗费的时间较长

b. “仅限于结构”：打开装配时，显示下级结构，但下级所有组件不会加载；可在组件上单击鼠标右键单独打开所需显示的组件。

c. “按照保存的”：打开装配时，按照之前装配保存时的状态加载组件。

②“选项”下拉列表中有多个选项，说明如下。

a. “完全加载”：将组件的所有数据都加载。

b. “部分加载”：将需要从每个组件加载的数据量减少到最少，只加载足够的数据来显示活动引用集中包括的几何体。对于大中型装配建议使用“部分加载”选项，以提高加载性能并降低内存需求。

c. “完全加载-轻量级显示”：将组件的所有数据都加载，用轻量级显示。

d. “部分加载-轻量级显示”：将组件的部分所需数据加载，用轻量级显示。

e. “最低限度加载-轻量级显示”：将组件的最低限度所需数据加载，用轻量级显示且精度显示更低。

（3）“加载行为”区域：若加载时出现异常情况，可按照勾选的复选框进行自动处理。如组件名相同，但组件版本不同，可勾选“允许替换”复选框，这时将会忽略错误并继续加载组件。

（4）“引用集”区域：可强制设置下级组件的引用集加载优先级，不考虑之前装配是如何保存的。

（5）“已保存的加载选项”区域：用于处理设置好的装配加载选项；可单击按钮将其另存为默认设置，后续装配加载按此设置进行。

7.1.2 装配界面

UG NX 2212 软件的装配设计是在“装配模块”中进行的，可通过两种方式进入“装配”模块。

（1）没有打开任何 UG NX 文件时，进入“装配”模块的方法如下。

选择【文件(F)】—【新建(N)】命令，弹出“新建”对话框。在“新建”对话框的“模型”选项卡中选择“装配”模板，在“名称”文本框中输入文件名称，在“文件夹”编

辑框中选择文件存放位置，然后单击 确定 按钮进入“装配”模块。

(2) 已打开 UG NX 文件时，进入“装配”模块的方法如下。

当在 UG NX 2212 软件中打开 UG NX 文件，但在其他模块中时，切换到“应用模块”功能选项卡，单击“设计”组中【工具箱】命令下的▼按钮，弹出其他命令，单击装配按钮，即可进入“装配”模块。

当进入“装配”模块后，工作界面中自动出现“装配”功能选项卡，如图 7.1.3 所示。

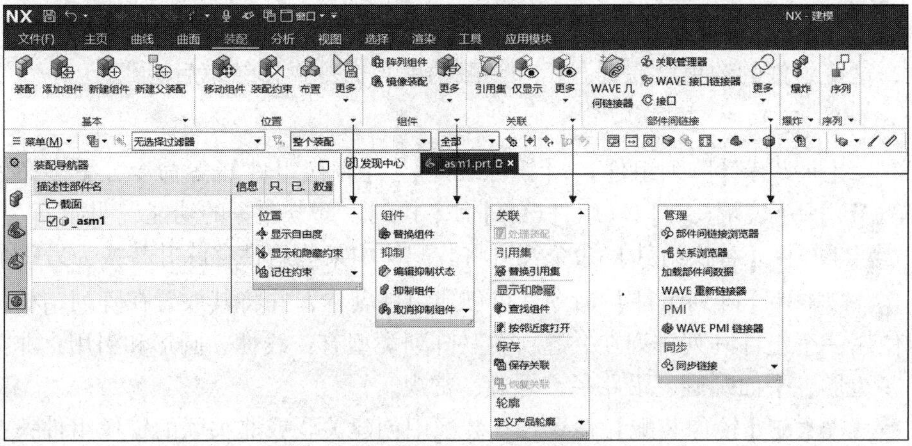

图 7.1.3 “装配”功能选项卡

在“装配”功能选项卡中有多个组，主要是“基本”“位置”“组件”“关联”“部件件链接”“爆炸”和“序列”。

1. “基本”组

“基本”组中主要有【装配】、【添加组件】、【新建组件】、【新建父装配】等命令。部分命令的功能说明如下。

(1) 添加组件【添加组件】命令：用于向装配体中添加已存在的一个或多个组件。添加的组件可以是未载入或已载入系统的部件文件。添加时可以同时定位组件，设定装配约束或不设定装配约束。

(2) 新建组件【新建组件】命令：用于将当前工作部件中的几何体保存为新的组件，并将其添加到装配中。可以使用【新建组件】命令通过自上而下的设计方法创建装配。

注意：必须保存新组件，它不会自动保存。

(3) 新建父装配【新建父装配】命令：用于为当前工作部件新建父装配。在该操作过程中，将创建一个空的装配，且当前工作部件作为子项添加到该装配中。操作完成后，新的父装配成为活动的工作部件。

2. “位置”组

“位置”组中主要有【移动组件】、【装配约束】、【布置】等命令，更多命令可通过选择【菜单(M)】→【装配(A)】→【组件位置(P)】命令找到。部分命令的功能说明如下。

(1) 移动组件【移动组件】命令：可在装配中移动并有选择地复制一个或多个组件，可以动态移动组件或创建临时约束，以将组件移动到位。

（2）装配约束【装配约束】命令：用于在装配中添加装配约束，使各组件装配到合适的位置。

（3）布置【布置】命令：用于编辑布置排列。在“编辑布置”对话框中，可以定义装配布置来为部件中的一个或多个组件指定备选位置，并将这些备选位置和装配部件保存在一起。

（4）显示和隐藏约束(H)...【显示和隐藏约束】命令：可以控制以下各选项的可见性：选定的约束、与选定组件相关联的所有约束、仅选定组件之间的约束。也可以控制一些组件的可见性，这些组件的约束已在【显示和隐藏约束】命令操作结束后隐藏。

3. “组件”组

“位置”组主要有【阵列组件】、【镜像装配】、【替换组件】等命令，更多命令可通过选择【菜单(M)】→【装配(A)】→【组件(C)】命令找到。部分命令的功能说明如下。

（1）替换组件【替换组件】命令：可将装配体中某些组件移除并替换为另一个组件。

（2）阵列组件【阵列组件】命令：可创建组件副本，并将其放置在阵列结构中。多个组件可以使用一个组件阵列排列在一起。关联阵列类型有：线性、圆形和引用；非关联阵列类型有：多边形、平面螺旋、沿路径、螺旋、常规。

（3）镜像装配【镜像装配】命令：在装配中创建关联或非关联的镜像组件；在镜像位置定位相同部件的新实例；创建包含链接镜像几何体的新部件。

很多装配表示精确对称的大型装配的一侧，可以创建装配的一侧，再创建镜像版本以形成装配的另一侧。

（4）抑制组件【抑制组件】命令：用于抑制组件。将组件及其子项从显示中移去，但不删除被抑制的组件，其仍存在于装配中。

（5）取消抑制组件【取消抑制组件】命令：与【抑制组件】命令相对应，取消抑制组件。

（6）编辑抑制状态【编辑抑制状态】命令：用于编辑抑制状态。在“抑制”对话框中，可以定义所选组件的状态，可根据多个布置或父组件来定义其抑制状态。

4. “关联”组

“关联”组中主要有【引用集】、【仅显示】、【替换引用集】、【查找组件】、【按邻近度打开】、【保存关联】等命令，更多命令可通过选择【菜单(M)】→【装配(A)】→【关联控制(O)】命令找到。部分命令的功能说明如下。

（1）查找组件【查找组件】命令：用于在当前装配部件中查找组件。选择此命令弹出“查找组件”对话框，如图7.1.4所示。如果当前装配体中没有任何下级组件，则弹出警告“在显示部件中未找到组件”。

在“查找组件”对话框中可通过“按名称”“根据状态”“根据属性”“从列表”“按大小”5种方式进行组件的查找。

（2）打开组件(O)【打开组件】命令：用于在当前显示的装配中打开当前未加载或不可见的选定组件。

（3）按邻近度打开【按邻近度打开】命令：用于按邻近度打开一个范围内的所有已关

闭组件。

① 选择此命令，系统先弹出“类选择”对话框，从中选择某一组件后单击 确定 按钮，然后系统弹出“按邻近度打开”对话框，如图 7.1.5 所示。

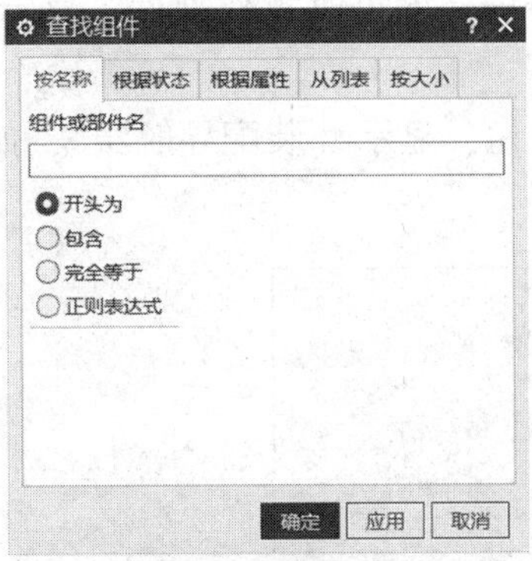

图 7.1.4　“查找组件”对话框

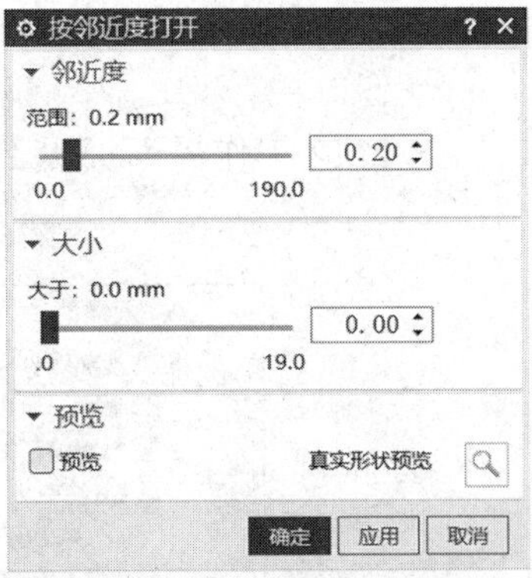

图 7.1.5　“按邻近度打开”对话框

② 在“按邻近度打开”对话框中可以拖动滑块设定以选定组件为中心的范围，图形区会显示该范围的图形框，单击 确定 按钮后会打开该范围内的所有已关闭组件。

(4) 定义产品轮廓【定义产品轮廓】命令：定义产品轮廓中显示哪些对象，这些对象是一组几何体，示意装配的总体大小和形状。

(5) 显示产品轮廓(U)【显示产品轮廓】命令：用于显示产品轮廓。选择此命令，显示当前定义的产品轮廓；如果装配没有产品轮廓，则会弹出提示“选择是否创建新的产品轮廓”。如果看不到产品轮廓，则请尝试隐藏原始对象。

(6) 仅显示(S)【仅显示】命令：只显示选定的组件，其他所有组件都被隐藏。

(7) 在新窗口中隔离(N)【在新窗口中隔离】命令：可在单独的选项卡式窗口中显示选定的组件，而不会影响原始图形窗口中装配的显示。可以查看和操控组件，而不会被装配中其余部分阻碍。

(8) 隐藏视图中的组件(H)...【隐藏视图中的组件】命令：用于隐藏当前视图中的一个或多个选定组件。

(9) 显示视图中的组件(M)...【显示视图中的组件】命令：用于重新显示通过【隐藏视图中的组件】命令隐藏的一个或多个组件。

5. 其他组

其他组中主要有【WAVE 几何链接器】、【爆炸】、【序列】等命令，部分命令的功能说明如下。

(1) WAVE 几何链接器【WAVE 几何链接器】命令：用于 WAVE 几何链接器，允许在工作部件中创建关联的或非关联的几何体。

(2) 爆炸【爆炸】命令：用于调出“爆炸”对话框，在“爆炸”对话框中可以进行创建爆炸图、编辑爆炸图以及删除爆炸图等操作。

(3) 序列【序列】命令：用于查看和更改创建装配的序列，可调出“序列导航器”和“装配序列”工具条。

6. 装配导航器

在 UG NX 2212 资源栏左侧有一个“装配导航器”，用于方便管理装配组件。“装配导航器”以树形图的方式显示部件的装配结构，并提供了在装配中操控组件的快捷方法。可以在“装配导航器”中选择组件进行各种操作及装配管理，如更改工作部件、显示部件、隐藏组件等。

单击 UG NX 2212 工作界面资源工具条区中的按钮，显示“装配导航器”，如图 7.1.6 所示。

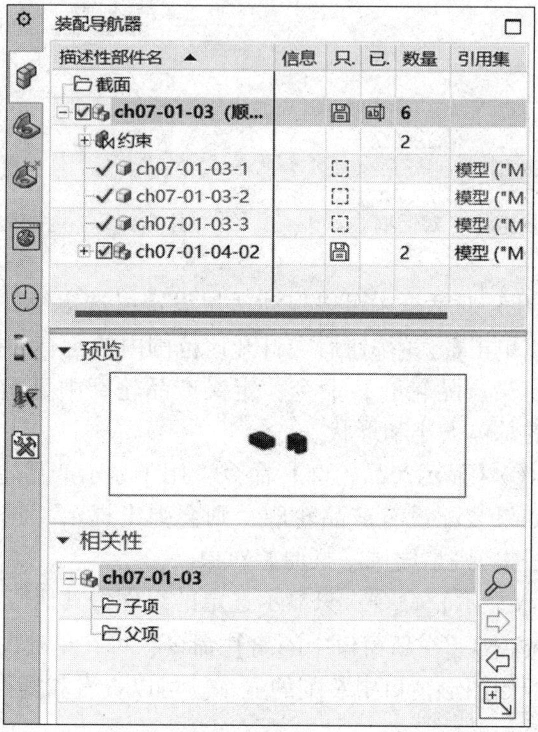

图 7.1.6 “装配导航器”

“装配导航器”共有 3 栏面板，第一栏面板用于查看和编辑装配体和各组件的信息，第二栏面板用于预览选定组件，第三栏面板用于显示相关性信息。

1）“装配导航器”的相关图标功能说明

在“装配导航器”的“模型历史记录”中部件名称前后有很多图标，不同的图标表示的信息如下。

（1）✓：红色✓标记，表示此组件至少已部分打开且未隐藏。

（2）✓：灰色✓标记，表示此组件至少已部分打开但不可见。不可见的原因可能是被隐藏、在不可见的层上，或在排除引用集中。选择组件后单击鼠标右键，在弹出的快捷菜单中选择【显示】命令，系统将完全显示该组件及其子项，该图标变为✓。

（3）：表示此组件被抑制。不能通过单击该图标编辑抑制状态；如果要取消抑制则需单击鼠标右键，在弹出的快捷菜单中选择【抑制(U)...】命令，然后进行相应操作。

（4）：表示此组件关闭，组件在装配体中不显示，同时该组件的图标将变为或。单击此图标，系统将完全或部分加载组件及其子项，组件在装配体中显示，该图标变为✓。

（5）或：表示该组件是装配体。

（6）或：表示该组件是单个部件，不是装配体。

2）“预览”面板

单击“预览”按钮可展开或折叠“预览”面板。选择“装配导航器”中的组件，可以在“预览”面板中查看该组件的预览。添加组件时，如果该组件已被加载到系统中，则“预览”面板也会显示该组件的预览。

3）“相关性”面板

单击“相关性”按钮可展开或折叠“相关性”面板。选择“装配导航器”中的组件，可以在“相关性”面板中查看该组件的相关性关系，即装配约束关系。

在“相关性”面板中，每个装配组件下都有两个文件夹：“子项”和“父项”。以选中的组件为基础组件，定位其他组件时所建立的约束和接触对象属于子项；以其他组件为基础组件，定位选中的组件时所建立的约束和接触对象属于父项。单击“相关性”面板中的局部放大图按钮，将详细列出其中所有的约束条件和接触对象，方便清晰了解其定位情况。

7.1.3　装配约束

装配约束用于在装配中定位组件，可以指定一个部件相对于装配中另一个部件的放置方式和位置。UG NX 2212 软件中装配约束的类型包括接触对齐、同心、距离和中心等。每个组件的装配约束由一个或多个约束组成，每个约束都会限制组件在装配体中的一个或几个自由度，从而确定组件的位置。用户可以在添加组件的过程中添加约束，也可以在添加组件完成后添加约束。如果组件的自由度被全部限制，则称为完全约束；如果自由度没有被全部限制，则称为欠约束。

【装配约束】命令可通过两种方式找到。

（1）“装配”功能选项卡“位置”组→【装配约束】命令。

（2）【菜单(M)】→【装配(A)】→【组件位置(P)】→【装配约束(N)...】命令。

“装配约束”对话框如图 7.1.7 所示。

“装配约束”对话框中主要包括 3 个区域：“类型”“要约束的几何体”和“设置”区域。各选项的功能说明如下。

（1）“类型”区域。

①“约束”区域：用于选择装配约束的类型。当运动设置为“根据约束”时，这些选项也将显示在“移动组件”对话框的“变换”组中。

a. 接触对齐：用于两个组件彼此接触或对齐。在“要约束的几何体”区域显示“方位”下拉列表，其中有不同选项。

- 首选接触：当接触和对齐约束都可能时，使用接触约束。
- 接触：约束对象的曲面法向在相反方向上。
- 对齐：约束对象的曲面法向在相同方向上。
- 自动判断中心/轴：用于定义两个圆柱面、两个圆锥面或圆柱面与圆锥面同轴约束。

b. ◎同心：用于定义两个组件的圆形边界或椭圆边界的中心重合，并使边界的面共面。

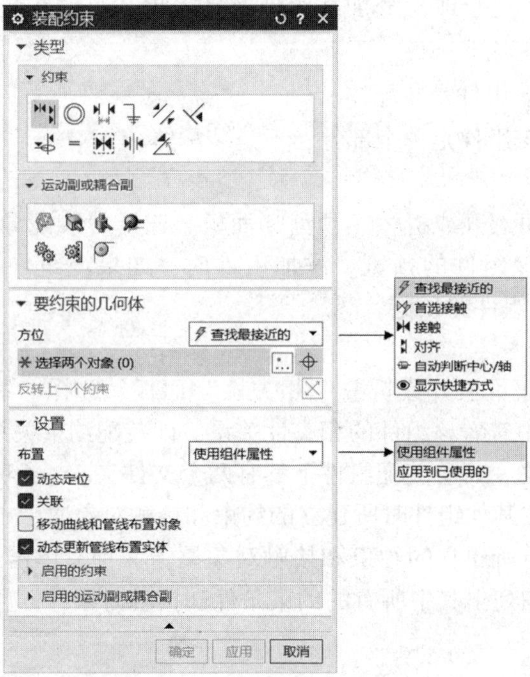

图 7.1.7 “装配约束”对话框

c. 距离：用于设定两个组件间的最小 3D 距离。当选择该类型并选定组件后，“距离”文本框被激活，可以直接输入数值。

d. 固定：用于将组件固定在其当前位置，一般用在第一个添加的组件上。

e. 平行：用于使两个组件的矢量方向平行。

f. 垂直：用于使两个组件的矢量方向垂直。

g. 对齐/锁定：用于使两个组件的边线或轴线重合。

h. 适合窗口：用于将具有等半径的两个对象拟合在一起，例如圆边、椭圆边、圆柱面或球面。此约束在确定孔中销轴或螺栓的位置时很有用。如以后半径变为不相等，则该约束无效。

i. 胶合：将对象约束到一起以使它们作为刚体移动。

j. 中心：用于使一个或两个对象处于一对对象的中间，或者使一对对象沿着另一对象处于中间。在“要约束的几何体”区域显示“子类型”下拉列表，其中有不同选项。

- “1 对 2”：用于定义第一个对象在后两个所选对象之间居中。
- “2 对 1”：用于定义将前两个对象沿第三个所选对象居中。
- “2 对 2”：用于定义将前两个对象在后两个所选对象之间居中。

k. 角度：用于约束两对象（可绕指定轴）之间的角度。当选择该类型后，“要约束的几何体”区域的“子类型”下拉列表中出现两个选项。

- “3D 角”：用于指定源几何体和目标几何体之间的角度，不需要指定旋转轴。默认使用此选项。
- “方向角度”：用于指定源几何体和目标几何体之间的角度，还需要定义一个旋转轴的预先约束。

②“运动副或耦合副”区域：用于选择运动副或耦合副的类型。

a. 铰链副：两个体之间的铰链副允许一个沿着轴的旋转自由度。铰链副不允许在两个体之间沿任何方向进行平移运动。可以为铰链副设置一个角度值和限制。

b. 滑动副：滑动副允许在两个体之间使用一个沿着矢量的平移自由度。滑动副不允许体相对于彼此进行旋转。可以为滑动副设置距离值和限制。

c. 柱面副：两个体之间的柱面副允许两个自由度（平移自由度和旋转自由度）。使用柱面副后，两个体可以相对于彼此绕着或沿着一个矢量任意旋转或平移。可以为柱面副设置距离和角度值以及限制。

d. 球副：两个体之间的球副允许三个旋转自由度。可以为球副设置角度值，但不能设置角度限制。

(2)“要约束的几何体”区域：在“类型”区域选择“约束”或“运动副”时，将显示此区域。

① 方位：当类型选择“接触对齐”约束时显示。

② 子类型：当类型选择“角度”或“中心”约束时显示。

下面对常用的装配约束操作方法进行详细介绍。

1.“接触对齐”约束

“接触对齐”约束类型中包括三个子类型：接触、对齐和自动判断中心/轴，分别介绍如下。

(1)“接触”约束可使两个装配部件中的两个平面重合并且法向相反，如图 7.1.8 所示。同样，“接触”约束也可以使其他对象如直线与直线接触。

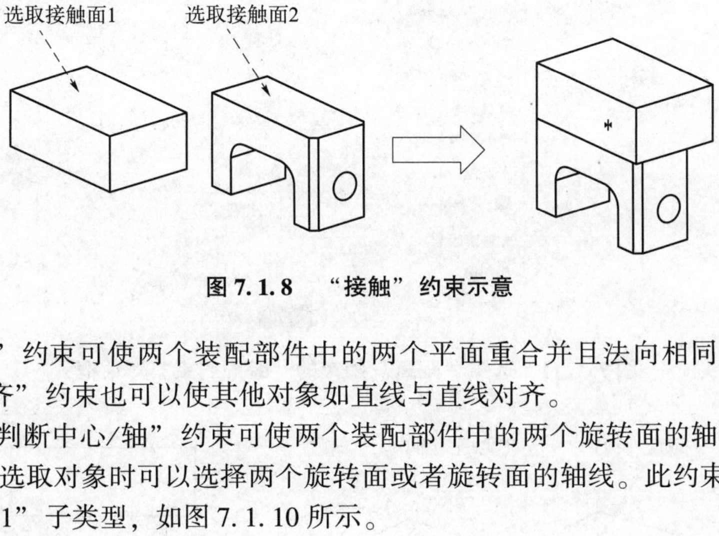

图 7.1.8　“接触”约束示意

(2)“对齐”约束可使两个装配部件中的两个平面重合并且法向相同，如图 7.1.9 所示。同样，“对齐”约束也可以使其他对象如直线与直线对齐。

(3)“自动判断中心/轴”约束可使两个装配部件中的两个旋转面的轴线重合，旋转面可以是孔或轴。选取对象时可以选择两个旋转面或者旋转面的轴线。此约束相当于“中心”约束中的“1 对 1”子类型，如图 7.1.10 所示。

2.“距离”约束

“距离”约束可使两个装配部件中的两个平面保持一定的距离，直接输入距离值。选用“距离”约束后，当选定两个对象后会出现“循环上一个约束”图标，单击此图标可以切换接触面的朝向相反或相同，从而控制对象的位置。选择“距离”约束的“装配约束”对话框如图 7.1.11 所示。

“距离”约束示意如图 7.1.12 所示。

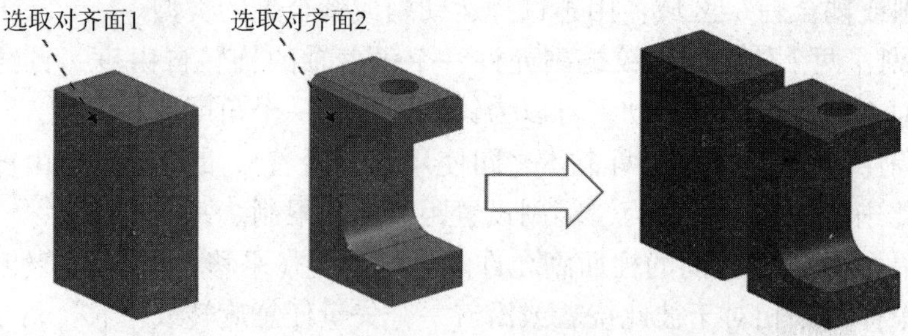

图 7.1.9 “对齐”约束示意

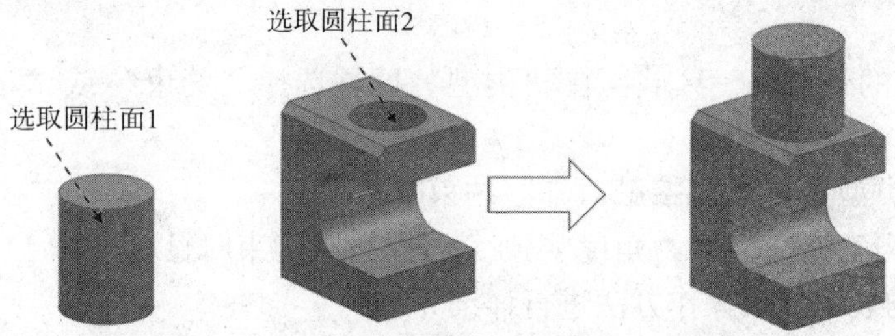

图 7.1.10 “自动判断中心/轴”约束示意

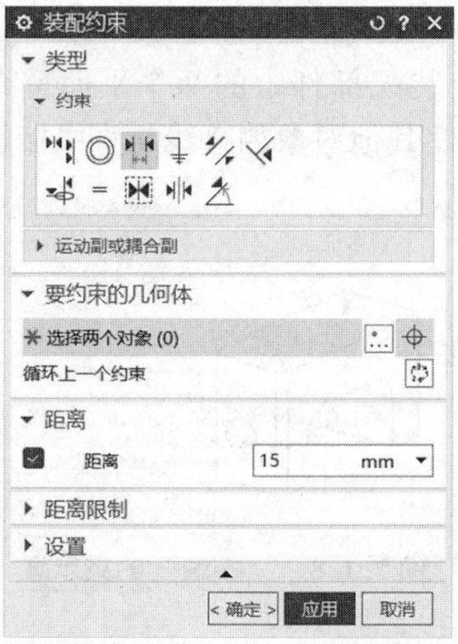

图 7.1.11 选择“距离”约束的“装配约束”对话框

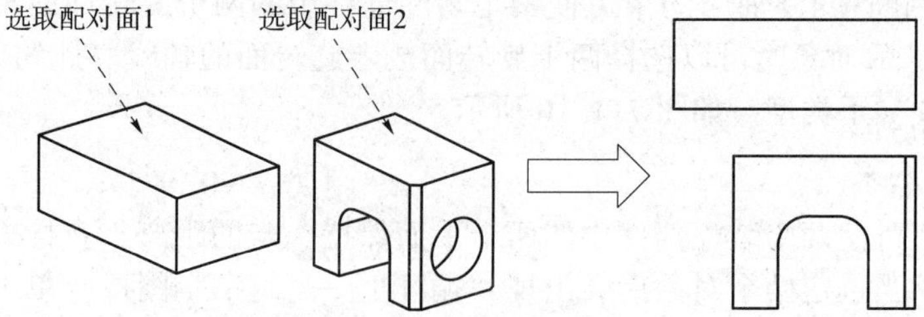

图 7.1.12 “距离”约束示意

3. “角度”约束

“角度”约束可为两个装配部件中的线或面建立一个角度，从而限制部件的相对位置关系，如图 7.1.13 所示。

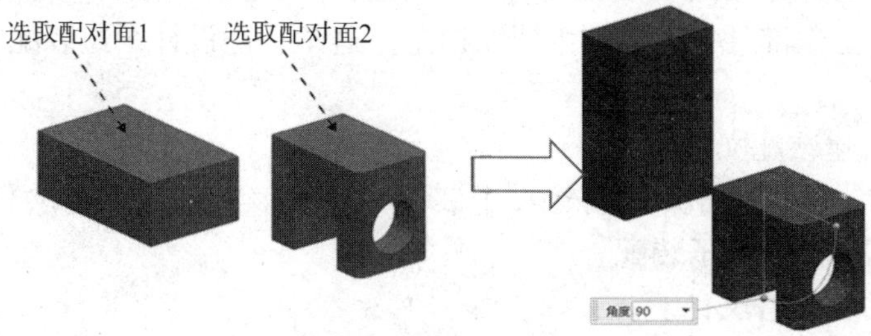

图 7.1.13 “角度”约束示意

7.1.4 自底向上的装配和自顶向下的装配

在 UG NX 2212 软件中进行产品设计时有两种装配方式：自底向上的装配和自顶向下的装配。这两种装配方式各有其优、缺点，在实际的产品设计过程中往往需要灵活变换、综合使用，并不仅使用一种方式。

1. 自底向上的装配

自底向上的装配是先完成零件的详细设计，然后将其作为组件添加到装配体中。该方式适用于外购零件或现有的零件。

在 UG NX 2212 软件中，首先通过【添加组件】命令将已经设计好的组件依次加入当前的装配部件，并定义好其装配约束条件以确定位置，然后完成装配。具体的装配步骤如下。

（1）根据零部件设计参数，创建完成装配部件中各个组件的几何模型。

（2）新建一个装配空文件或打开一个已存在的装配文件。

（3）利用装配操作中的【添加组件】命令，选取需要加入装配的相关零部件；在添加过程中利用“装配约束”功能，设置新添加组件的位置关系。

（4）所有组件添加完毕后，完成装配结构。

具体操作过程将在后面的实例特训中详细介绍。

2. 自顶向下的装配

自顶向下的装配是自顶向下创建组件和子装配，在装配层次上建立和编辑组件。自顶向下的装配方式主要用在上下文设计中，即在装配中参照其他零部件对当前工作部件进行设计和创建新的零部件。

在自顶向下的装配方式中，显示部件为装配部件，而工作部件是装配中的组件，所做的工作均发生在工作部件上，而不是发生在装配部件上。可利用链接关系引用其他部件中的几何对象到当前工作部件中，再使用这些几何对象生成几何体。这样，一方面提高了设计效率，另一方面保证了部件之间的关联性，便于参数化设计。

自顶向下的装配有两种设计方法，具体如下。

（1）先组件再模型：先在装配部件中建立新组件，然后在其中建立这个组件的几何模型。

(2) 先模型再组件：先在装配部件中建立几何模型，然后建立新组件并把几何模型加入新组件。

1) 先组件再模型设计方法

先组件再模型设计方法是在装配部件中先建立一个空的新组件，它不包含任何几何对象，然后使其成为工作部件，再在其中建立模型。这是一边设计一边装配的方法，具体操作步骤如下。

(1) 打开或新建装配文件。

在 UG NX 2212 软件中打开或新建一个装配文件，该文件可以不含任何几何模型和组件，也可以含有几何模型或子装配。

(2) 创建空的新组件文件。

① 在“装配导航器”中选中要添加组件的部件名，选择“装配”功能选项卡“基本”组中的【新建组件】命令。

② 弹出“新建组件”对话框，在此对话框中不选择对象，只设定新组件属性信息，如图 7.1.14 所示。

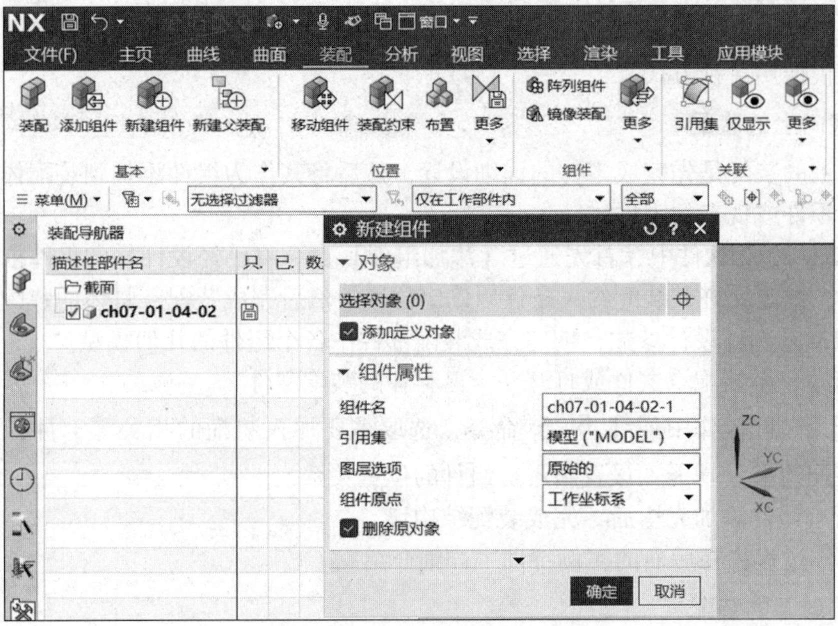

图 7.1.14 “新建组件”对话框

由于是创建一个不含任何几何对象的新组件，所以该处不需要选择几何对象，直接单击“新建组件”对话框中的 确定 按钮完成创建。

“新建组件”对话框中各选项的说明如下。

a. “对象”区域。

- “选择对象”：在图形区选择对象，作为新组件的几何对象。
- “添加定义对象”：勾选此复选框，可在新组件中包含所有参考对象；取消勾选此复选框，可剔除参考对象。默认始终勾选此复选框，否则没有参考对象，所选对象如草图、基准平面等无法存在。

b. “组件属性”区域。

- “组件名”：指定新组件名称，默认是新组件的文件名称，不应修改。
- “引用集”：指定新组件的引用集，应用于此装配上。
- “图层选项”：指定新组件的图层，应用于此装配上，包括“原始的”“工作的”和“按指定的”。
- “组件原点”：指定绝对坐标系在组件部件内的位置。“WCS”是指指定绝对坐标系的位置和方向与显示部件的 WCS 相同；“绝对”是指指定对象保留其绝对坐标位置。
- “删除原对象”：勾选此复选框，可删除原始对象，同时将原始对象移至新组件。

③ 单击“新建组件”对话框中的 确定 按钮完成新组件的创建。

(3) 建立新组件文件的几何模型。

要在新组件中创建几何对象，首先必须设定新组件为工作部件。

在“装配导航器”中选中新添加的组件后单击鼠标右键，在弹出的快捷菜单中选择【设为工作部件(W)】命令，当前选定的组件将成为工作部件并高亮显示，其他组件变为灰色。

在新组件文件中创建几何对象。按照零件建模方法创建所需的几何对象，或者通过“WAVE 几何链接器”建立关联几何对象，如图 7.1.15 所示，并保存新组件。

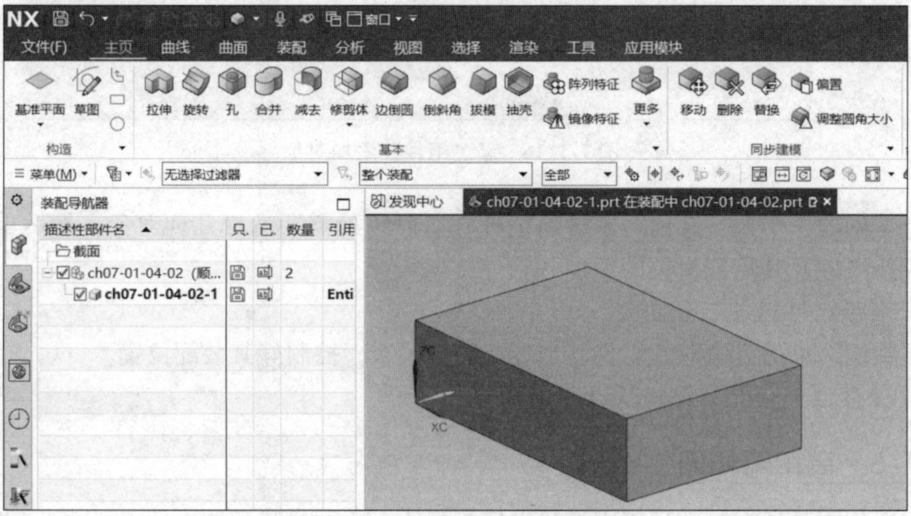

图 7.1.15 设定新组件为工作部件

注意：图形区的标题栏信息有变化。

(4) 对新组件施加装配约束。

在“装配导航器”中选定顶级的装配部件，将其设置为工作部件，然后选择“装配”功能选项卡“位置”组中的【装配约束】命令，弹出“装配约束”对话框，对新建组件进行约束定位等操作。

2) 先模型再组件设计方法

先模型再组件设计方法是在装配文件中先建立几何模型，然后创建新组件文件，并将所建的几何模型添加到相应的组件中，最后对相应组件施加装配约束，从而完成装配。具体操作步骤如下。

（1）打开或新建装配文件。

在装配文件中建立几何模型，首先建立一个新的装配文件，并在其图形区建立所需的几何模型。

（2）创建新组件，并添加几何模型。

① 在“装配导航器”中选中要添加组件的装配文件，选择“装配”功能选项卡“基本”组中的【新建组件】命令。

② 弹出“新建组件”对话框，在此对话框中可以选择对象，并设定新组件属性信息，如图 7.1.16 所示。

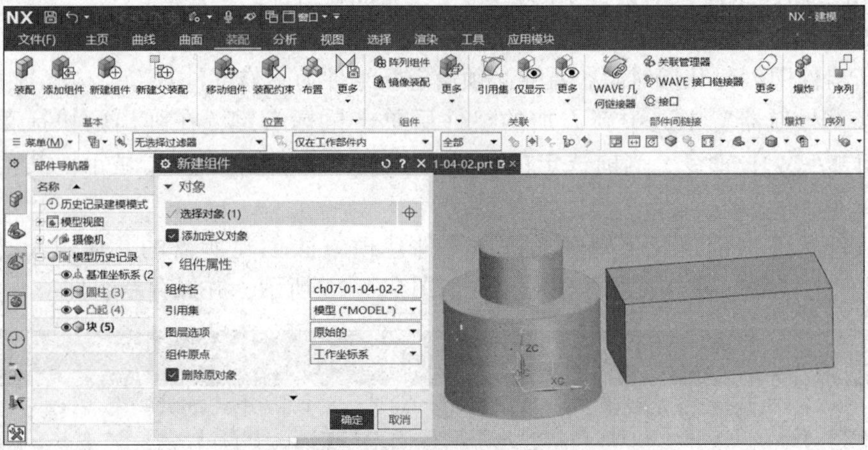

图 7.1.16　新建组件并添加对象

由于是创建一个包含几何对象的新组件，所以该处需要选择几何对象，然后单击 确定 按钮完成新组件及其特征对象的添加。

（3）对新组件施加装配约束。

按照装配约束的方法对新组件施加装配约束关系，控制好其装配位置。

（4）保存整个装配文件和新组件。

7.1.5　装配爆炸图

装配爆炸图是指在装配环境中将建立好装配约束关系的装配体中的各组件沿着指定的方向拆分开，即离开组件实际的装配位置，以清楚地显示整个装配或子装配中各组件的装配关系以及所包含的组件数，方便观察装配部件内部结构以及组件的装配顺序。

爆炸图广泛应用于产品设计、制造、销售和服务等产品生命周期的各个阶段，特别是在产品说明中，它常用于说明某一部件的装配结构。UG NX 2212 软件具有强大的爆炸图功能，用户可以方便地建立、编辑和删除一个或多个爆炸图，并创建相应的爆炸视图。

爆炸视图与其他用户视图一样，一旦定义和命名后就可以添加到工程图纸中。爆炸视图与当前装配部件关联，并存储在装配部件中。一个装配部件可以有多个含有指定组件的爆炸视图。

选择“装配”功能选项卡“爆炸”组中的【爆炸】命令，弹出“爆炸”对话框，如图 7.1.17 所示。

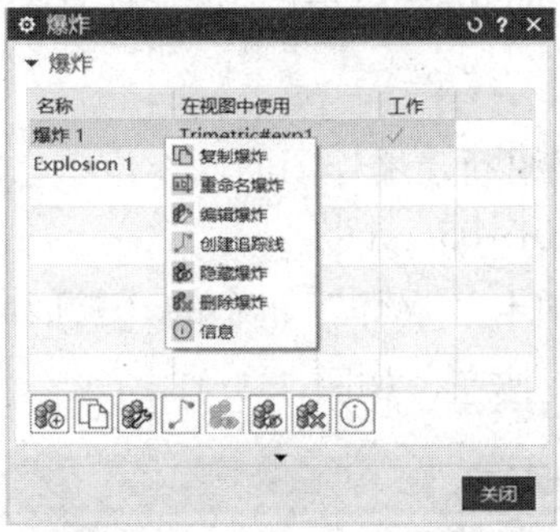

图 7.1.17 “爆炸”对话框

在“爆炸”对话框中可以方便地创建、编辑和删除爆炸图，便于在爆炸图和非爆炸图之间切换。“爆炸”对话框中各选项的功能说明如下。

(1)“表”区域：在以下列中显示现有爆炸的相关信息。

①“名称”：列出装配中的现有爆炸。通过用鼠标右键单击其名称并选择【重命名爆炸】命令可以重命名爆炸。

②“视图”：列出使用每个爆炸的模型视图。

③“工作”：当爆炸为当前工作爆炸时显示✓符号。

④“可见”：适用于多视图布局。当爆炸在一个或多个视图中可见时显示👁符号。

(2) 新建爆炸：用于创建新爆炸图。单击此按钮先弹出“编辑爆炸”对话框，通过设置“爆炸类型”选项，控制手动或自动爆炸组件，然后单击确定按钮，将创建一个新爆炸图，显示在爆炸列表中。

(3) 复制到新爆炸：如果模型视图已有爆炸，则可以使用此按钮，以此爆炸为起点创建新爆炸。创建一系列爆炸图时，此方法非常有用。

(4) 编辑爆炸：用于编辑爆炸图中各组件的位置。单击此按钮弹出“编辑爆炸”对话框，可以选定组件进行移动、旋转等动作。

(5) 创建追踪线：用于创建一条线，以追踪在装配或拆卸过程中爆炸的组件可遵循的许多路径之一。

(6) 在工作视图中显示爆炸：在工作视图中显示选定爆炸。

(7) 在可见视图中隐藏爆炸：隐藏所有视图中的一个或多个选定爆炸。

(8) 删除爆炸：用于删除指定的爆炸图。如果此爆炸图已存储为视图或在工程图中已被使用，则提示无法删除。

(9) 爆炸信息：在信息窗口中显示一个或多个选定爆炸的报告。

(10) 显示爆炸：在爆炸列表中选定某个爆炸时，单击鼠标右键，在弹出的快捷菜单中选择该命令，图形区中装配部件切换为当前爆炸状态。

(11) 隐藏爆炸：在爆炸列表中选定某个爆炸时，单击鼠标右键，在弹出的快捷菜单中选择该命令，图形区中装配部件切换为非爆炸状态。

(12) 重命名爆炸：在爆炸列表中选定某个爆炸时，单击鼠标右键，在弹出的快捷菜单中选择该命令，在爆炸列表中可修改爆炸名称。

(13) 取消爆炸(N)：在图形区选定组件时，单击鼠标右键，在弹出的快捷菜单中选择该命令，指定一个或多个组件，使其取消爆炸，自动恢复到之前的装配位置。

1. 新建爆炸图

下面以一个具体实例详细介绍新建爆炸图的操作步骤。

（1）打开装配文件“ch07-01-05. prt”。

（2）选择“装配”功能选项卡“爆炸”组中的【爆炸】命令，弹出“爆炸”对话框。在“爆炸”对话框中单击按钮，如图 7.1.18 所示。

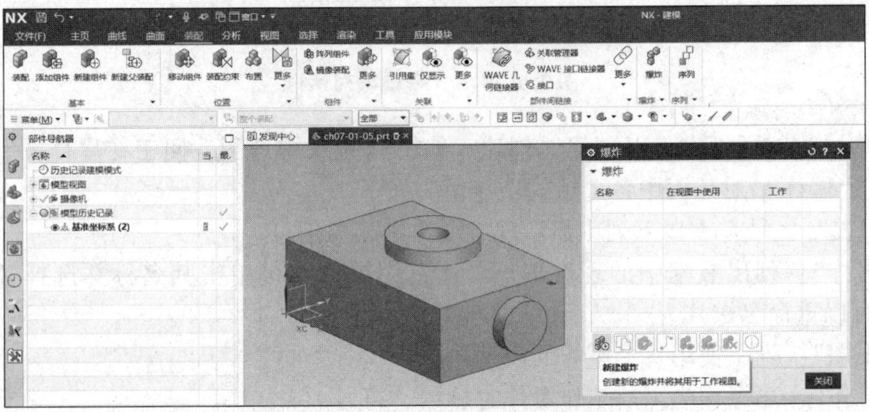

图 7.1.18　新建爆炸操作

（3）新建爆炸图后，视图自动切换到此爆炸图下，弹出“编辑爆炸”对话框，如图 7.1.19 所示。

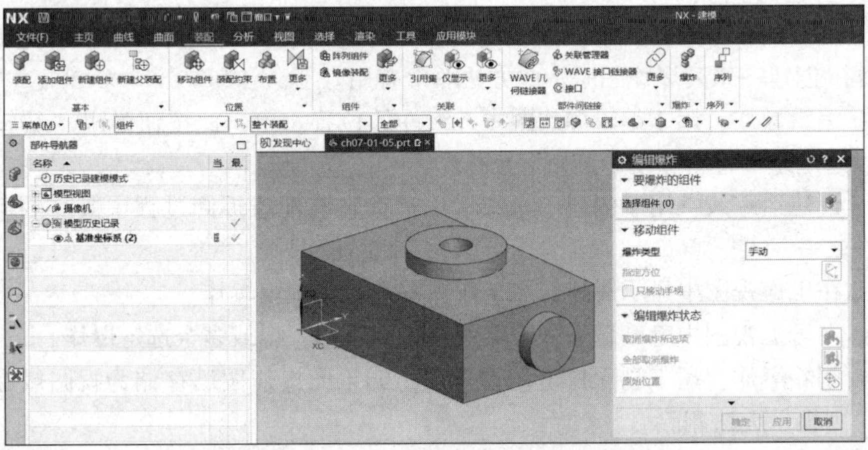

图 7.1.19　编辑爆炸操作

可以先对组件进行移动、旋转等爆炸操作，然后单击 确定 按钮完成爆炸图的创建。也可以直接单击 取消 按钮，先完成爆炸图的创建，之后再对组件爆炸进行编辑操作。

（4）在“编辑爆炸”对话框中完成操作后自动回到“爆炸”对话框，在列表区域增加一行爆炸图。单击相应按钮进行各种操作。

2. 编辑爆炸图

爆炸图创建完成后，装配部件中的组件还没有发生变化，需要通过编辑爆炸图来拆分各组件。“编辑爆炸”对话框如图 7.1.20 所示。

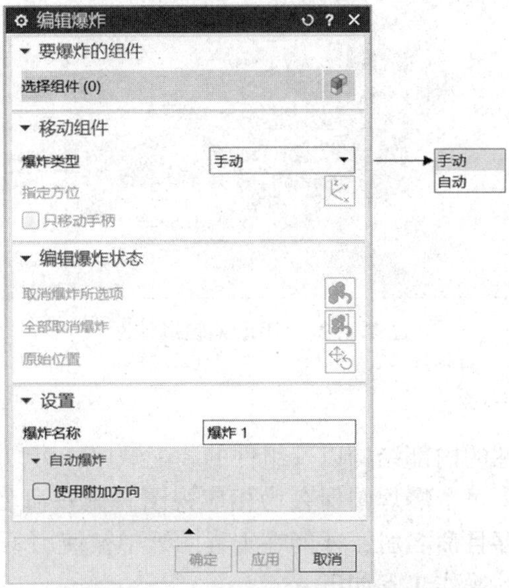

图 7.1.20 “编辑爆炸”对话框

编辑爆炸图有两种类型：自动编辑爆炸图和手动编辑爆炸图。

1）自动编辑爆炸图

自动爆炸图时，爆炸是使用由 UG NX 2212 软件确定的方向和距离创建的。可以选择组件进行自动爆炸，或者使用自动爆炸所有选项来选择和爆炸装配中的所有组件。

注意：

（1）自动爆炸组件可以同时选定多个对象，如果将整个装配部件都选中，则可获得整个装配部件的爆炸图。

（2）自动爆炸出的组件的拆分方向是不统一的，往往不能得到满意的效果，因此需要手动编辑爆炸图。

2）手动编辑爆炸图

手动编辑爆炸图可以灵活方便地移动组件到相应位置，获得满意的爆炸效果。其操作步骤如下。

（1）打开装配文件“ch07-01-05.prt”，按照新建爆炸的操作方法创建爆炸图。

（2）单击“爆炸”对话框中的按钮，弹出“编辑爆炸”对话框。

① 在“选择组件”中选定要爆炸的组件，在“爆炸类型”下拉列表中选择“手动”选项，选择“指定方位”，如图 7.1.21 所示。

② 选择对象时可以根据情况选择一个或多个组件同时进行操作。

移动组件到合适位置后，单击确定按钮完成此组件的爆炸图编辑。

（3）移动选定组件的手柄。如果选中某个组件时，发现该组件的手柄所在位置不方便操作，可在“编辑爆炸”对话框中勾选“只移动手柄”复选框，将其手柄调整到合适的位置。移动手柄的方法与移动组件的方法完全相同，但不移动组件的位置。

（4）根据以上操作步骤，依次拆分各组件到相应位置，完成爆炸图的编辑。

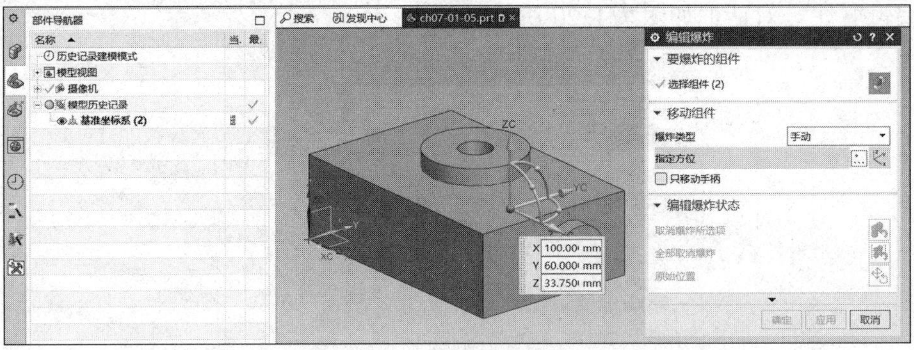

图 7.1.21　手动编辑爆炸图

3. 爆炸视图的保存和命名

为了清晰表达装配部件的内部结构以及组件的装配顺序，可以生成不同的爆炸图，且视图方位也有所不同，必须将每个爆炸图保存为相应视图并做好命名，以方便后续查看使用；同时，爆炸视图只有被保存且命名后，才能在工程图纸中被使用。

爆炸视图保存和命名的操作步骤如下。

（1）接上一节的编辑爆炸图示例，保持在爆炸图状态下。

（2）将 UG NX 2212 工作界面左边的资源栏切换到“部件导航器”，双击模型视图行展开。

（3）用鼠标右键单击模型视图行，在弹出的快捷菜单中选择【添加视图】命令，如图 7.1.22 所示。

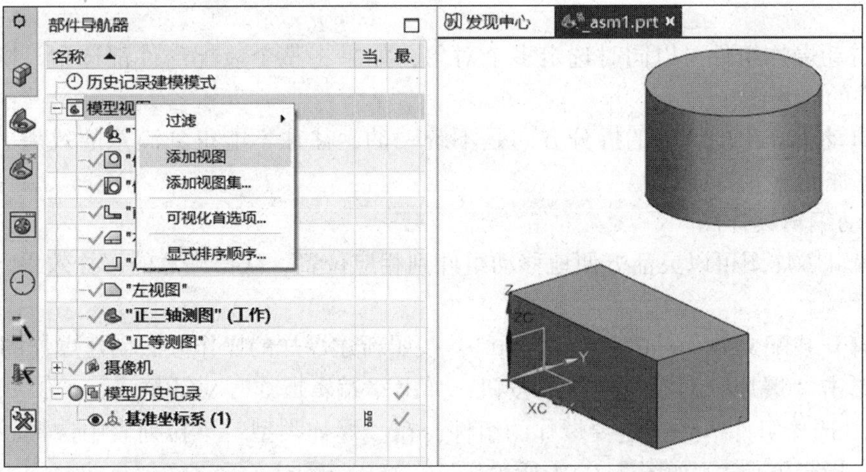

图 7.1.22　添加视图

（4）选择【添加视图】命令后自动创建一个新视图“Trimetric#1”。

（5）修改新视图名称，以便与爆炸图名称对应。在新视图上单击鼠标右键，在弹出的快捷菜单中选择【重命名】命令修改其名称。

因为这是在爆炸 1 中创建的视图，所以将其名称的后缀改为“exp1”，即“Trimetric#exp1”，以方便识别，修改后按 Enter 键确定。

如果此视图的方位等不符合要求，可以在图形区移动旋转视图到合适位置，然后在相应视图名上单击鼠标右键，在弹出的快捷菜单中选择【保存】命令即可。

(6) 完成爆炸视图的保存后，就可以在图形区随时查看此视图。在图形区的空白处单击鼠标右键，在弹出的快捷菜单中选择【定向视图(R)】→【定制视图(C)】命令。

弹出“定向视图”对话框，在该对话框中可以看到用户定制的视图列表，选择相应的视图名称即可切换到对应视图下，如图 7.1.23 所示。

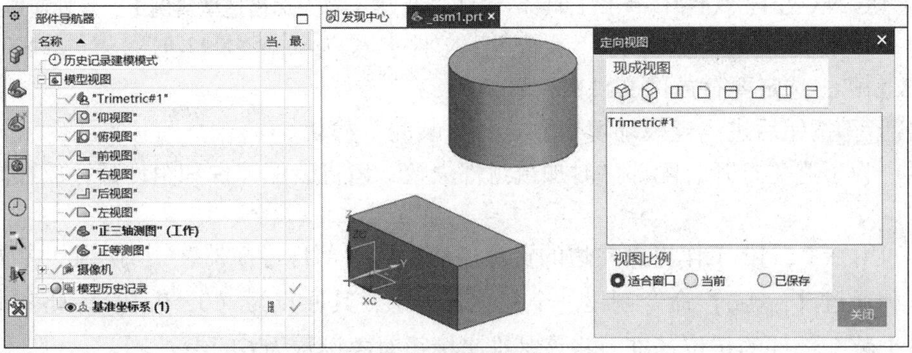

图 7.1.23　“定向视图”对话框

这些定制的视图也可用在工程图中。

7.2　实例特训——联轴器的装配设计

项目任务：使用 UGNX 2212“装配”模块，利用已有的组件，完成图 7.2.1 所示联轴器的装配及爆炸图设计。

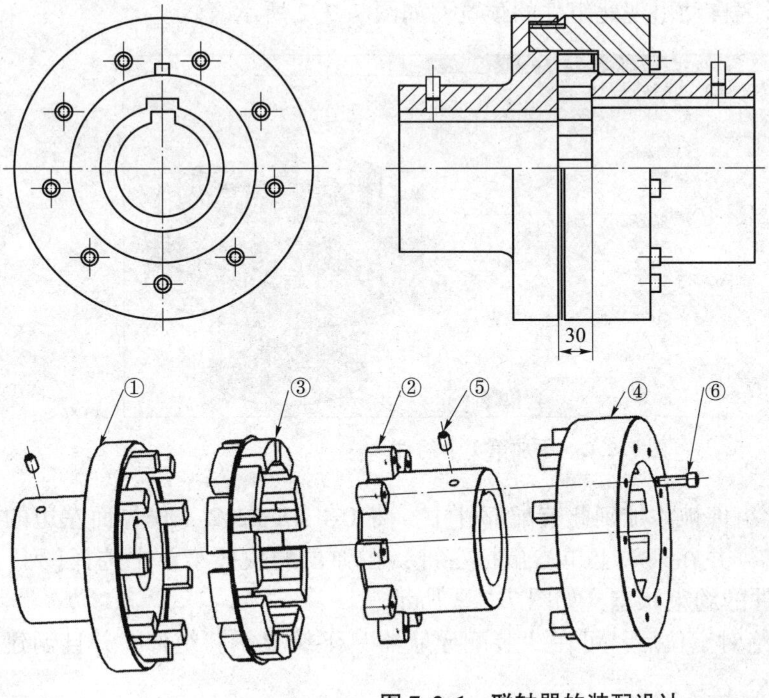

6	CH07-02-06	9
5	CH07-02-05	2
4	CH07-02-03	1
3	CH07-02-04	1
2	CH07-02-02	1
1	CH07-02-01	1
序号	代号	数量

图 7.2.1　联轴器的装配设计

7.2.1 产品装配设计的详细步骤

微课视频——曲面造型实例1（NX 12.0）

微课视频——曲面造型实例1（NX 2212）

分析此产品的爆炸图及明细表，可以通过以下步骤完成其装配设计。

（1）步骤1：新建文件，建立基准坐标系。

① 在UG NX 2212软件中单击工具条中的“新建”按钮，新建一个装配文件，类型为“装配”，文件名称为“ch07-02. prt”，选定要存放的文件夹位置。

单击 确定 按钮后进入建模环境中并打开“装配”模块。

注意：为了避免打开装配部件时加载组件失败，请将装配部件和组件都存放在同一级目录下。

② 将UG NX 2212工作界面左边的资源栏切换到“部件导航器”，切换到“主页”功能选项卡下，通过【基准坐标系】命令创建一个基准坐标系，其原点为（0，0，0）。此基本坐标系将用于整个装配部件的定位基准。将该基准坐标系对象设置为61层。

③ 切换到“视图”功能选项卡，将当前工作图层设置为1层。

（2）步骤2：添加第1个组件并绝对定位。

① 选择“装配”功能选项卡“基本”组中的【添加组件】命令，弹出“添加组件”对话框，在该对话框的“要放置的部件”区域单击 打开 按钮，在弹出的“部件名”对话框中选择“ch07-02-01. prt”。

单击 确定 按钮，返回“添加组件”对话框。

注意：可能弹出一个“信息”对话框，单击此对话框中的 按钮关闭它即可。

② 在“添加组件”对话框中“位置”区域的“装配位置”下拉列表中选择“绝对坐标系-工作部件”选项，图形区自动出现此组件的预览，如图7.2.2所示。

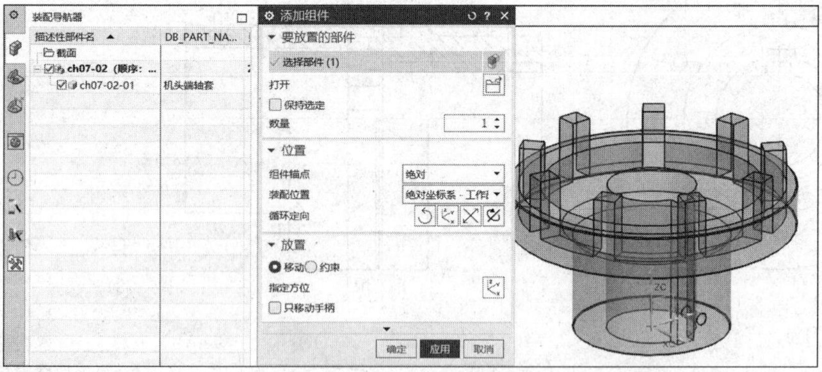

图7.2.2 添加第1个组件

③ 单击 确定 按钮，此组件被添加到此装配部件中。将UG NX 2212工作界面左边的资源栏切换到“装配导航器”，并在列头上单击鼠标右键，在弹出的快捷菜单中选择【列】→【位置】命令，显示下级组件的约束状态，如图7.2.3所示。

④ 添加第1个组件并绝对定位后，可在“装配导航器”下级显示新组件，并且创建固定约束。

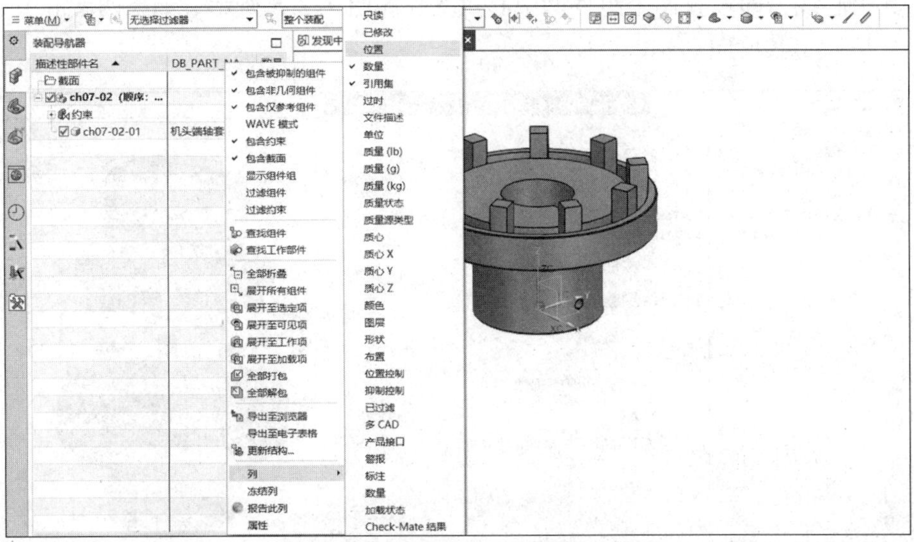

图 7.2.3　选择【列】→【位置】命令

（3）步骤 3：添加第 2 个组件并定位。

① 继续选择【添加组件】命令，弹出“添加组件”对话框，单击打开按钮选择文件“ch07-02-02. prt”后单击确定按钮，返回“添加组件”对话框。

② 在“添加组件”对话框中“位置”区域的“装配位置”下拉列表中选择“对齐”选项，图形区自动出现此组件的预览，在图形区移动光标到上方后，如图 7.2.4 所示。

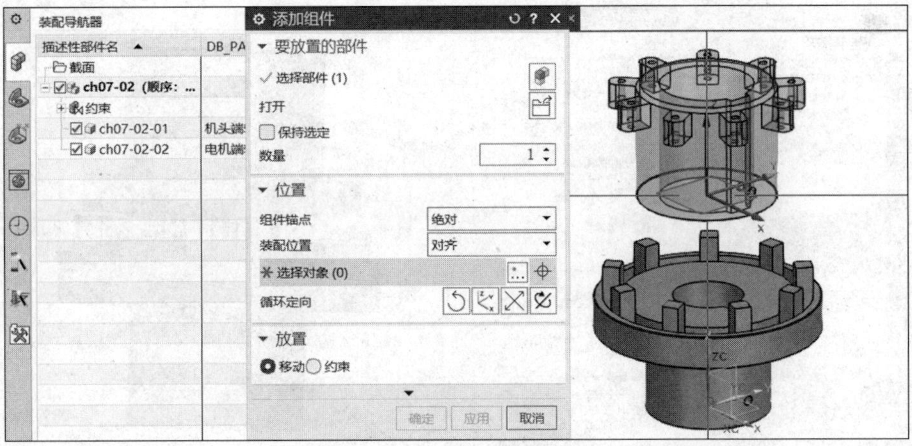

图 7.2.4　添加第 2 个组件

单击确定组件的大体摆放位置，然后单击确定按钮，退出“添加组件”对话框。

③ 此时新组件只是添加到装配部件中，但没有定位，选择“位置”组中的【装配约束】命令，在弹出的“装配约束”对话框中进行约束定位。

a. 创建中心对齐约束。在“装配约束”对话框中选择“接触对齐”选项，在“方位”下拉列表中选择自动判断中心/轴选项。在图形区将光标移到“ch07-02-02. prt”圆柱面上，其中心线自动出现，单击选中它；然后把光标移动到“ch07-02-01. prt”圆柱面上单击选中其中心线，即设置两个组件的中心对齐，如图 7. 2. 5 所示。如果两者的中心方向不对，单击☒按钮将其反向。

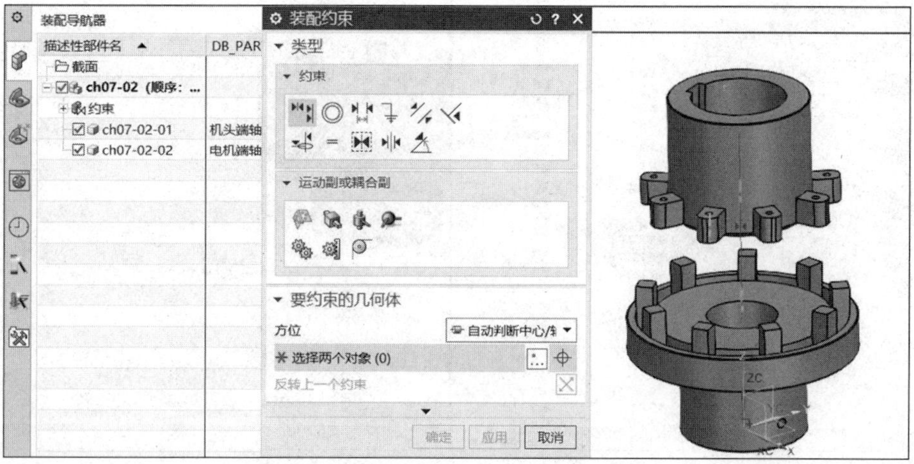

图 7. 2. 5　装配约束—自动判断中心/轴

单击 应用 按钮，完成此约束的创建。

b. 创建距离约束。在“装配约束”对话框中选择“距离”选项，在图形区可按住鼠标中键然后灵活旋转模型，以便选择所需要的对象。在图形区先单击选择“ch07-02-02. prt”下底面，然后单击“ch07-02-01. prt”上顶面，在“距离”文本框中输入值为“30”或“-30”后按 Enter 键，使两个端面间距为 30 mm，如图 7. 2. 6 所示。

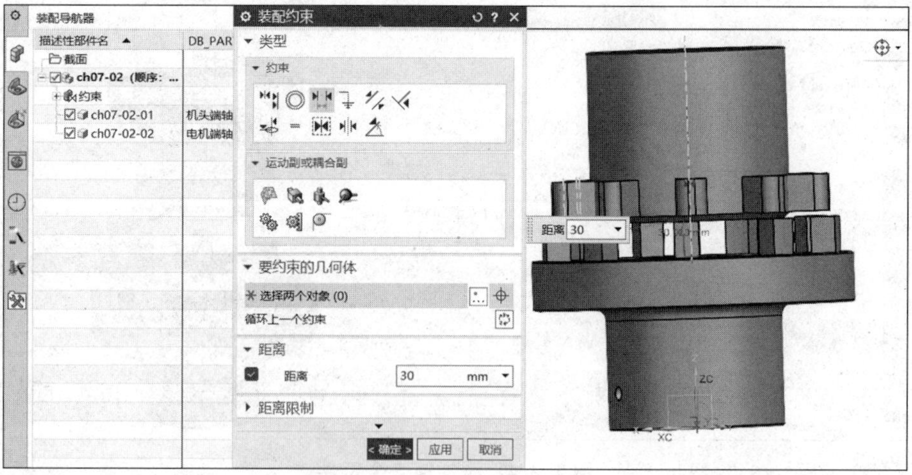

图 7. 2. 6　装配约束—距离

单击 应用 按钮，完成此约束的创建。

此时“部件导航器”中该组件“位置”列的图标为◐，表示已创建了部分约束，但还未完全定位。

c. 创建平行约束。继续选择“平行”选项，在图形区先单击选择“ch07-02-02. prt”键槽侧面，然后单击“ch07-02-01. prt”键槽侧面，设置这两个侧面平行。

选定这两个平面对象后，自动创建平行约束；如果两个组件的平行对齐方向不正确，则单击⊠按钮反向，调整其平行方向一致，如图 7.2.7 所示。

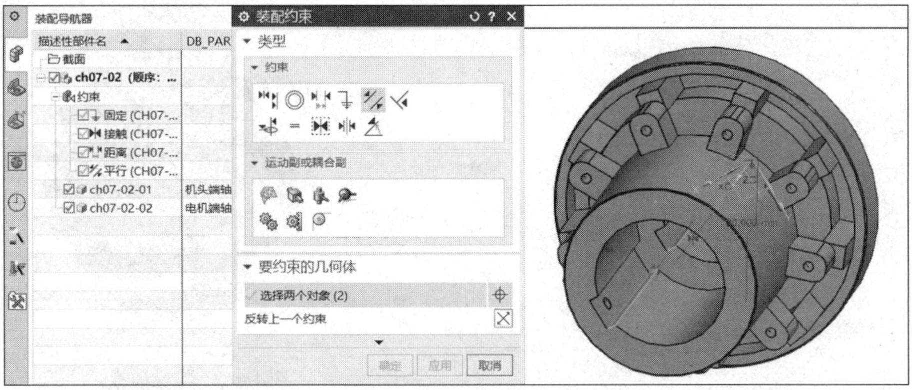

图 7.2.7　装配约束—平行

单击< 确定 >按钮，完成此约束的创建。

此时该组件在“位置”列的图标变为●，表示已经完全约束定位。

（4）步骤 4：添加第 3 个组件并定位。

① 继续选择【添加组件】命令，选择文件“ch07-02-04. prt”，返回“添加组件”对话框。

② 在“添加组件”对话框中“位置”区域的“装配位置”下拉列表中选择“对齐”选项，然后选择选择对象(0)，在图形区自动出现此组件的预览，在图形区移动光标到下方后单击，确定其大体摆放位置。

③ 此时新组件只是添加到装配部件中，但没有定位，在“添加组件”对话框的“位置”区域单击“约束”单选按钮，显示“装配约束”内容，在此创建约束的方法同前。

a. 创建中心对齐约束。在“添加组件”对话框中选择“接触对齐”选项，在“方位”下拉列表中选择自动判断中心/轴选项。在图形区将光标移到“ch07-02-04. prt”圆柱面上，其中心线自动出现，单击选中它；然后把光标移动到“ch07-02-01. prt”圆柱面上单击选中其中心线，即设置两个组件的中心对齐，如图 7.2.8 所示。

b. 创建距离约束。在“添加组件”对话框中选择“距离”选项，在图形区单击选中图 7.2.9 所示的两个平面，然后按 Enter 键。

c. 单击< 确定 >按钮，完成此组件的添加以及部分约束的创建。

④ 在图形区中选中“ch07-02-04. prt”后单击鼠标右键，在弹出的快捷菜单中选择【编辑对象显示】命令，设置透明度为 50，以方便查看其位置情况。

⑤ 继续创建约束关系，选择【装配约束】命令，在弹出的“装配约束”对话框中进行约束定位。

因为“ch07-02-04. prt”是弹性体，其上、下两端的凸台中间是内空的，分别套在“ch07-02-01. prt”和“ch07-02-02. prt”的爪台上，所以可设置“中心”约束。

a. 创建中心约束。在“装配约束”对话框中选择“中心”选项，在“子类型”下拉列表中选择“2 对 2”选项。在“装配导航器”中首先隐藏“ch07-02-01. prt”，然后在图形区单击选定“ch07-02-04. prt”的凹槽两个侧面，如图 7.2.10 所示。

在“装配导航器中”隐藏“ch07-02-04. prt”并显示“ch07-02-01. prt”，在图形区单

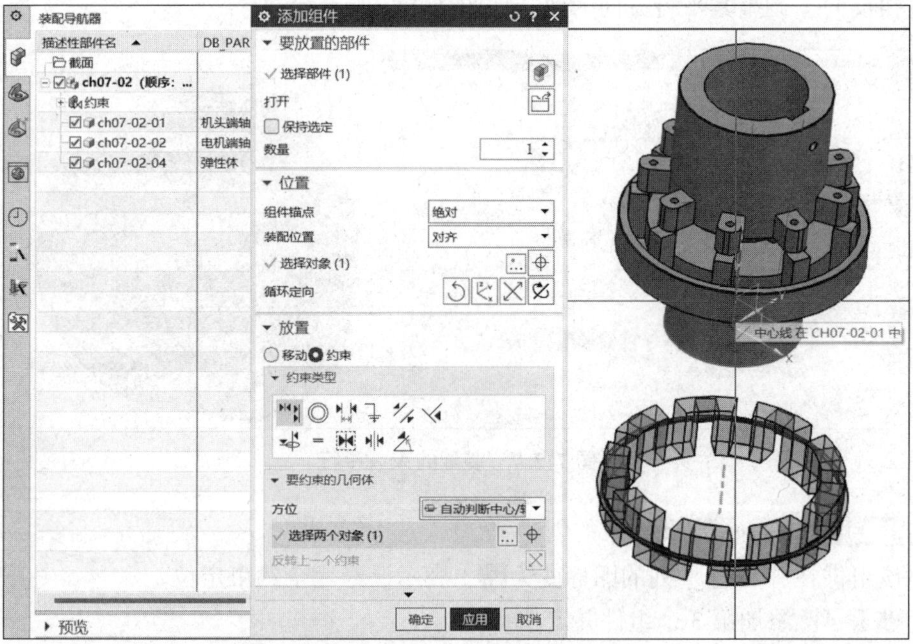

图 7.2.8　装配约束—自动判断中心/轴

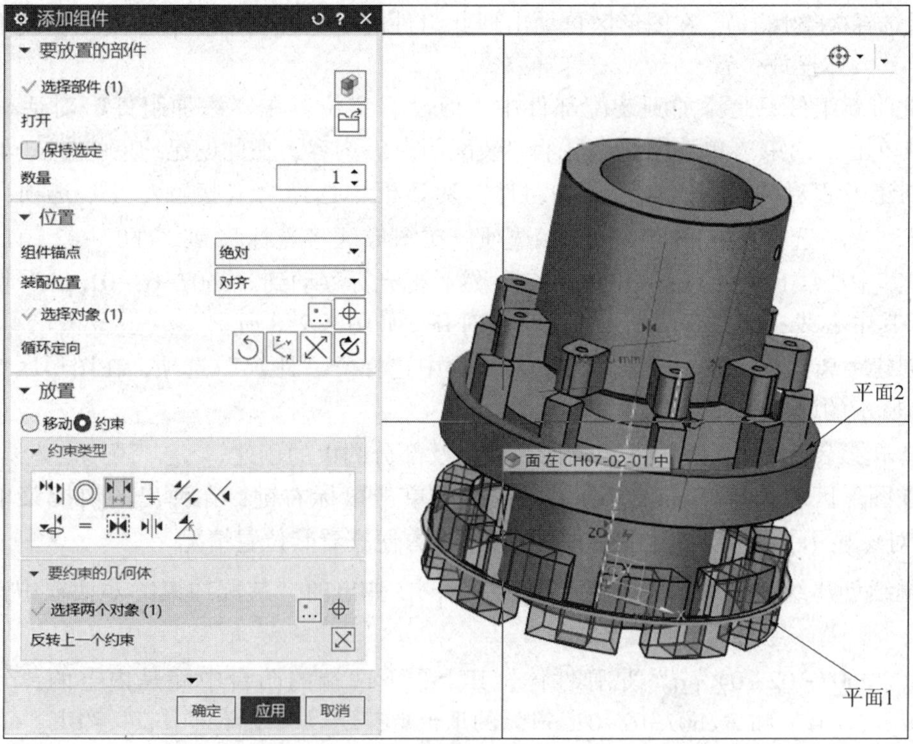

图 7.2.9　装配约束—距离

击选定“ch07-02-01. prt”某个爪台的两个侧面。

b. 选择好 2 对 2 的 4 个对象后，自动创建其中心约束。将“ch07-02-04. prt”取消隐

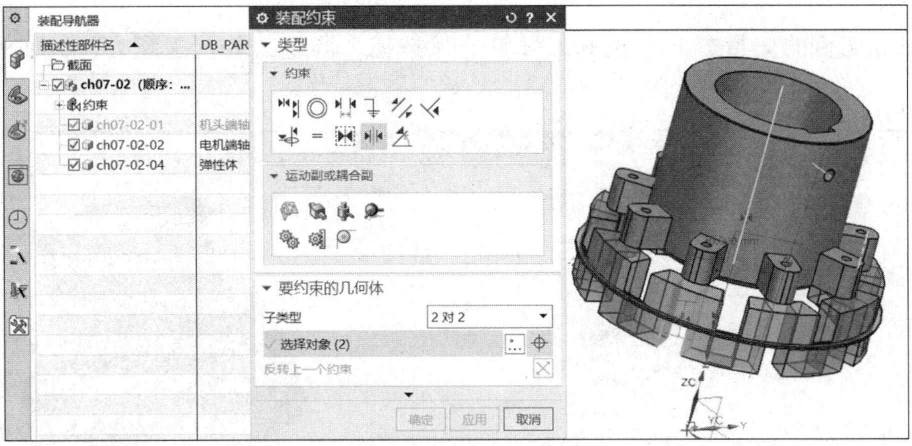

图 7.2.10　装配约束—中心（1）

藏，完成此约束的创建。此时该组件在“位置”列的图标为●，表示已经完全定位，在“约束”列表中双击该中心约束，如图 7.2.11 所示。

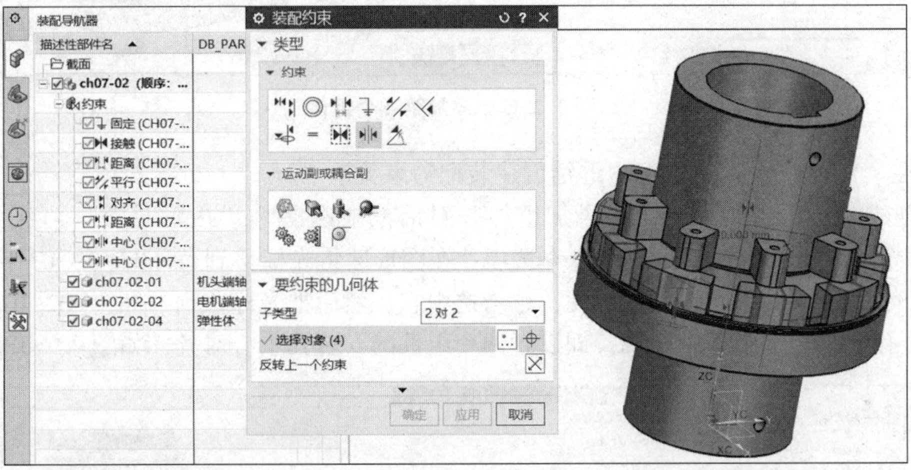

图 7.2.11　装配约束—中心（2）

（5）步骤 5：添加第 4 个组件并定位。

① 继续选择【添加组件】命令，选择“ch07-02-03. prt”，返回“添加组件”对话框。

② 在“添加组件”对话框中“位置”区域的“装配位置”下拉列表中选择“对齐”选项，然后选择选择对象(0)，在图形区自动出现此组件的预览，在图形区移动光标到下方后，单击确定其大体摆放位置。

③ 在“添加组件”对话框的“放置”区域单击“约束”单选按钮，显示出“装配约束”内容。

a. 创建中心对齐约束。在“添加组件”对话框中选择“接触对齐”选项，在“方位”下拉列表中选择自动判断中心/轴选项。在图形区将光标移到“ch07-02-03. prt”圆柱面上，其中心线自动出现，单击选中它；然后把光标移动到“ch07-02-02. prt”圆柱面上单击选中其中心线，即设置两个组件的中心对齐。选定两个轴线对象后，自动创建中心对齐

约束

b. 如新组件的矢量方向不正确，可单击按钮，调整其装配矢量方向，如图 7.2.12 所示。

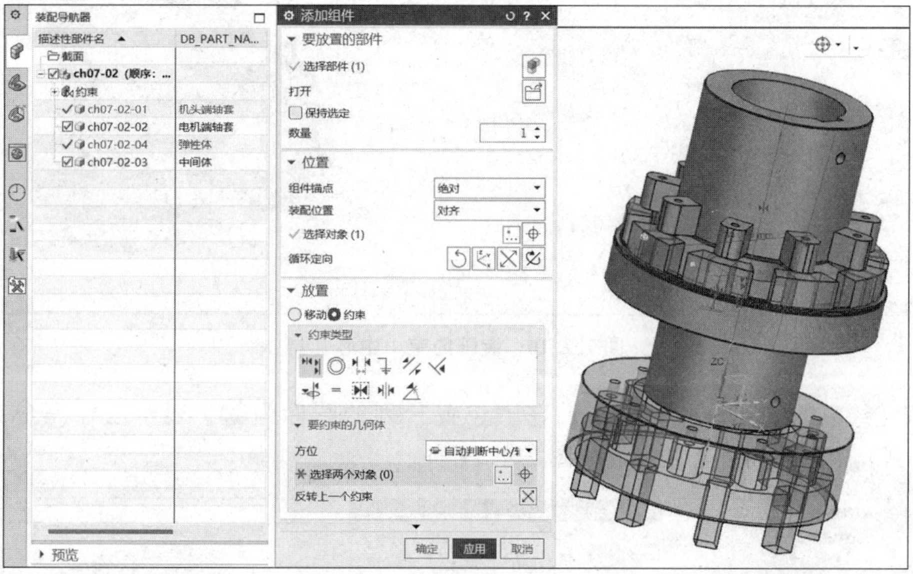

图 7.2.12　添加第 4 个组件

④ 在“添加组件”对话框中继续创建装配约束关系。

a. 创建中心对齐约束。在“添加组件”对话框中选择“接触对齐”选项，在“方位”下拉列表中选择自动判断中心/轴选项。在图形区将光标移到“ch07-02-03. prt”圆周上的某个小孔上，其中心线自动出现，单击选中它；然后把光标移到“ch07-02-02. prt”圆周上的小孔，单击选中其中心线，即设置两个组件的安装孔中心对齐，如图 7.2.13 所示。

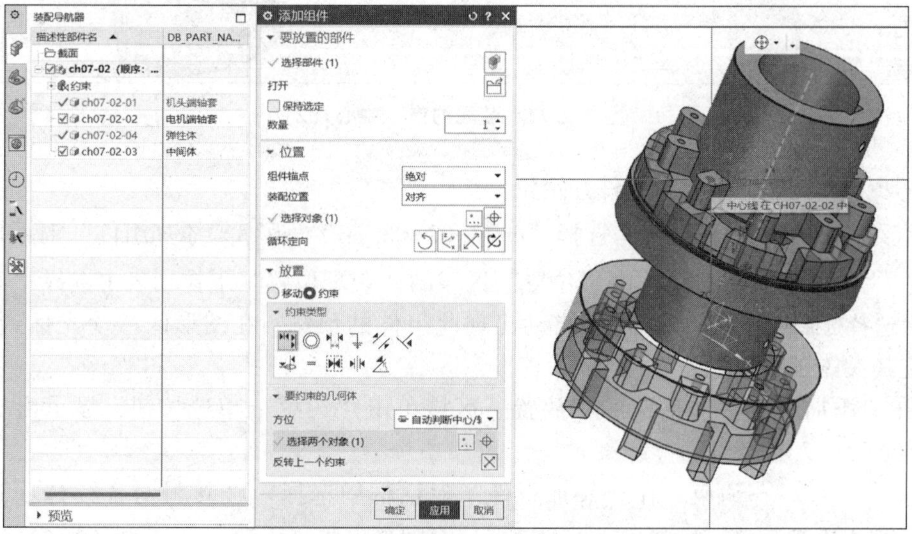

图 7.2.13　装配约束—自动判断中心/轴

选定两个轴线对象后，自动创建中心对齐约束。

b. 创建接触约束。在“添加组件”对话框中选择“接触对齐”选项，在“方位”下拉列表中选择接触选项。在图形区旋转“ch07-02-03. prt”，单击选中图 7. 2. 14 所示的两个平面对象。

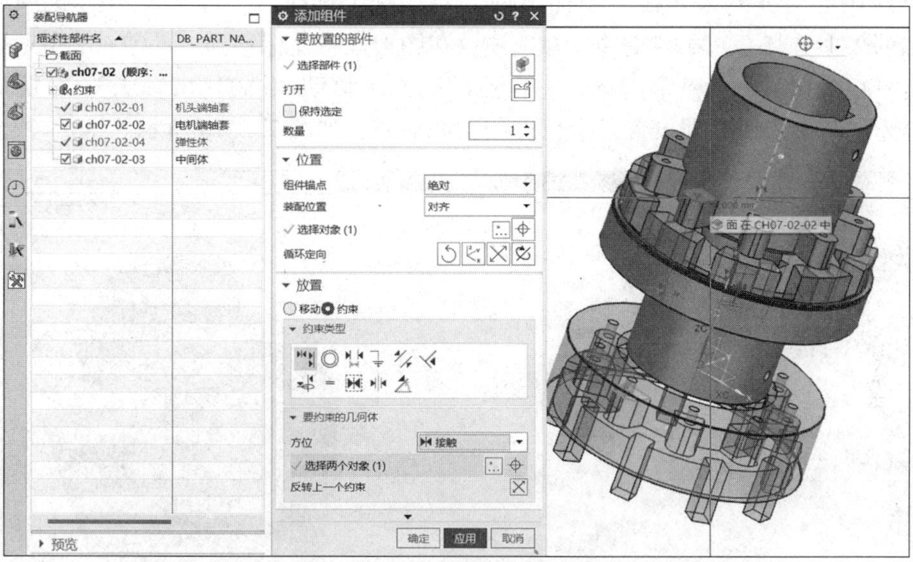

图 7. 2. 14　装配约束—接触

选定两个对象后，自动创建接触约束。单击 应用 按钮，完成此约束的创建，如图 7. 2. 15 所示。

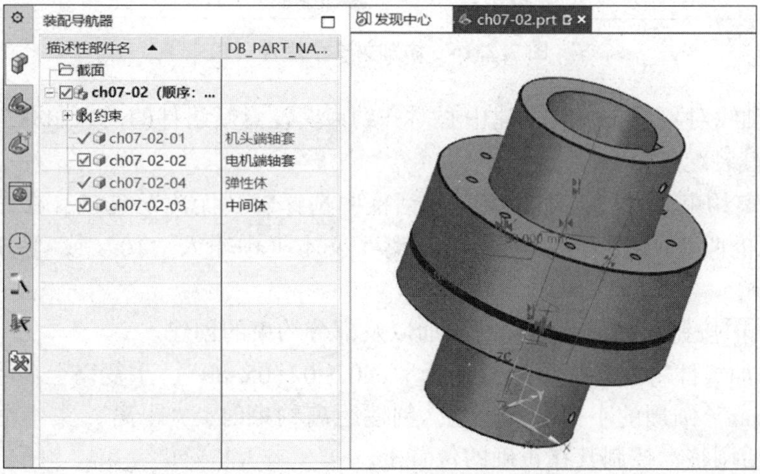

图 7. 2. 15　第 4 个组件装配完成

此时该组件在“位置”列的图标为●，表示已经完全定位。

(6) 步骤 6：添加第 5 个组件并定位

① 继续选择【添加组件】命令，选择“ch07-02-05. prt”，返回“添加组件”对话框。

② 在“添加组件”对话框中“位置”区域的“装配位置”下拉列表中选择“对齐”选

项，然后选择选择对象(0)，在图形区自动出现此组件的预览，在图形区移动光标到下方后，单击确定其大体摆放位置。

③ 在“添加组件”对话框“放置”区域单击“约束”单选按钮，显示“装配约束”内容。

a. 创建中心对齐约束。在“添加组件”对话框中选择“接触对齐”选项，在“方位”下拉列表中选择自动判断中心/轴选项。在图形区将光标移到“ch07-02-05. prt”圆柱面上，其中心线自动出现，单击选中它；然后把光标移动“ch07-02-01. prt”圆周的小孔上，单击选中其中心线，即设置两个组件的中心对齐，如图 7. 2. 16 所示。

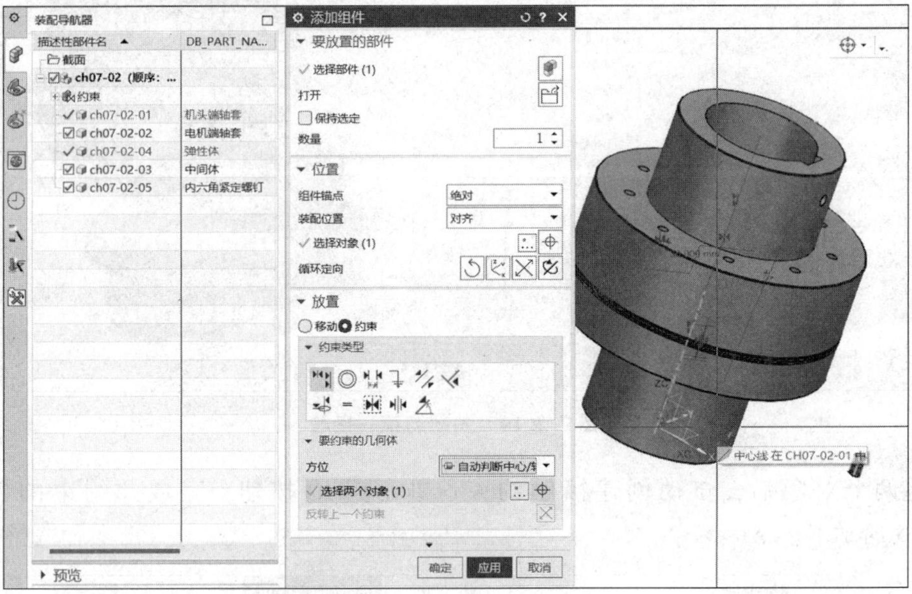

图 7. 2. 16　添加第 5 个组件（1）

选定两个轴线对象后，自动创建中心对齐约束。注意新组件的内六角孔矢量朝外，可单击按钮调整其装配矢量方向。

b. 创建距离约束。在“装配约束”对话框中选择“距离”选项，在图形区单击选中图 7. 2. 17 所示的两个平面。然后，在“距离”文本框中输入“10”或“-10”，控制其距离，按 Enter 键。

c. 单击 应用 按钮，完成此组件的添加以及部分约束的创建。

④ 在“添加组件”对话框中继续选择“ch07-02-05. prt”，重复以上步骤，将其约束到“ch07-02-02. prt”圆周的小孔上。注意，创建距离约束时，“距离”文本框中的正、负值需根据情况灵活调整，控制其在正确的位置上。

⑤ 单击 <确定> 按钮，完成此组件（数量为 2 个）的添加以及部分约束的创建，如图 7. 2. 18 所示。

（7）步骤 7：添加第 6 个组件并定位。

① 继续选择【添加组件】命令，选择“ch07-02-06. prt”，返回“添加组件”对话框。

② 在“添加组件”对话框中“位置”区域的“装配位置”下拉列表中选择“对齐”选项，然后选择选择对象(0)，在图形区自动出现此组件的预览，在图形区移动光标到下方后，

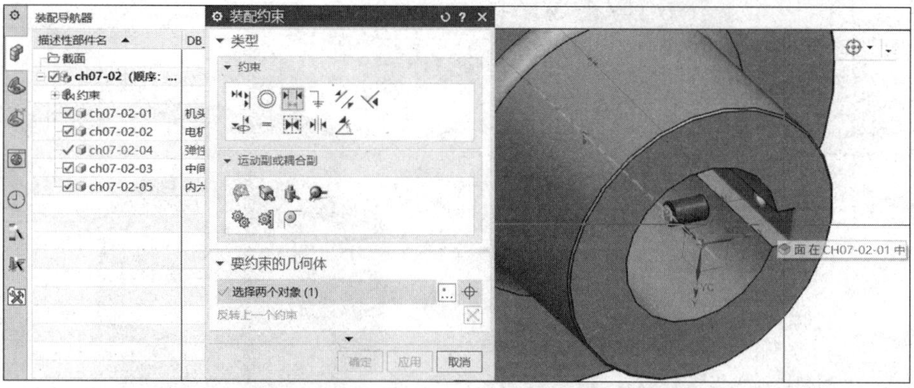

图 7.2.17 添加距离约束

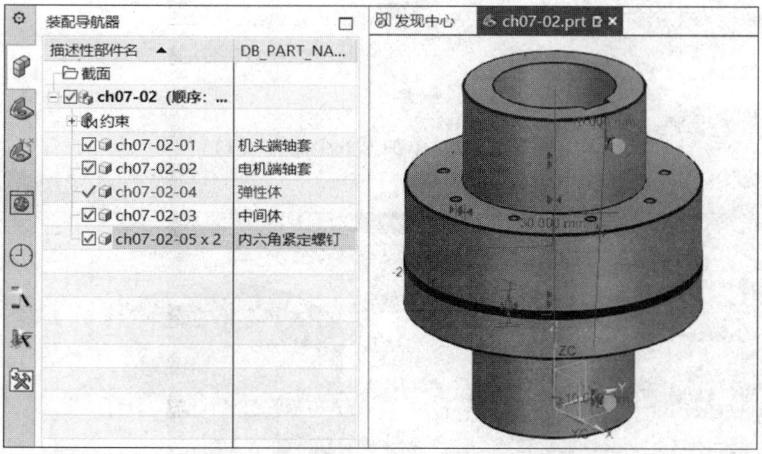

图 7.2.18 添加第 5 个组件（2）

单击确定其大体摆放位置。

③ 在“添加组件”对话框的“放置”区域单击“约束”单选按钮，显示“装配约束”内容。

a. 创建接触约束。在“添加组件”对话框中选择“接触对齐”选项，在“方位”下拉列表中选择接触选项。在图形区中旋转“ch07-02-06. prt”，单击选中图 7.2.19 所示的两个平面对象。

b. 创建中心对齐约束。在“添加组组”对话框中选择“接触对齐”选项，在“方位”下拉列表中选择自动判断中心/轴选项。在图形区光标移到“ch07-02-06. prt”圆柱面上，其中心线自动出现，单击选中它；然后把光标移动“ch07-02-03. prt”圆周的某个小孔上，单击选中其中心线，即设置两个组件的中心对齐，如图 7.2.20 所示。

选定两个轴线对象后，自动创建中心对齐约束。

c. 单击< 确定 >按钮，完成此组件的添加以及部分约束的创建。

④ 选择“组件”组中的【阵列组件】命令，在弹出的“阵列组件”对话框中进行阵列组件操作。

a. 选择“要形成阵列的组件”区域的阵列组件，然后在“装配导航器”中选择

图 7.2.19　添加第 6 个组件（1）

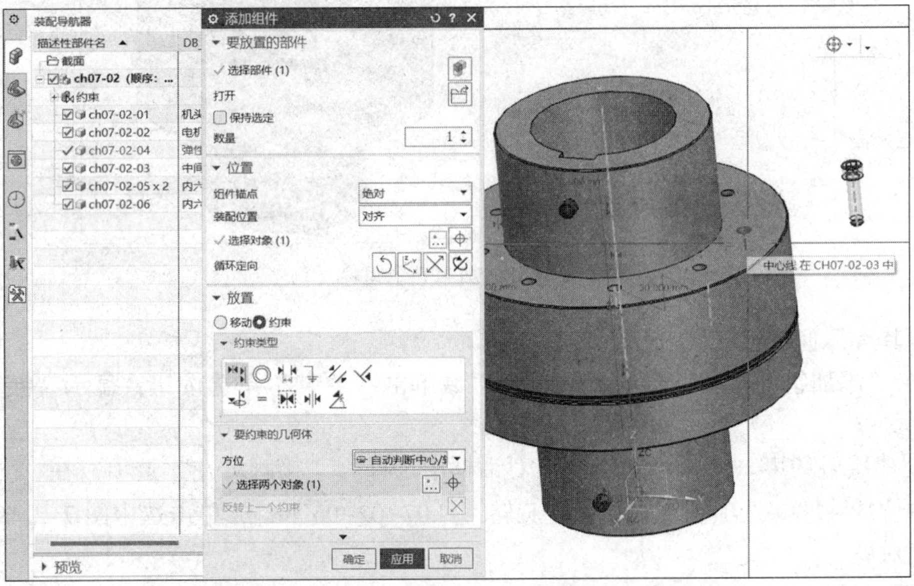

图 7.2.20　添加第 6 个组件（2）

"ch07-02-06. prt"。

b. 在"阵列定义"区域的"布局"下拉列表中选择 圆形选项；选择 指定矢量，然后在图形区单击选择竖直向上的矢量；选择 指定点，然后在图形区单击选择圆柱的中心点。

c. 在"斜角方向"区域的"间距"下拉列表中选择"数量和间距"选项，"数量"设置为 9，"节距角"设置为 40°，如图 7.2.21 所示。

d. 单击 < 确定 > 按钮，完成阵列组件操作。

图 7.2.21　阵列组件

（8）步骤 8：创建爆炸图及视图。

① 添加组件装配完成后，图形区默认显示各种约束符号，在“装配导航器”中选择 约束后单击鼠标右键，在弹出的快捷菜单中取消选择【✔ 在图形窗口中显示约束】命令，如图 7.2.22 所示。

图 7.2.22　隐藏约束符号

这样可以将图形区中所有约束符号隐藏，避免影响装配部件的浏览。

② 选择“爆炸”组中的【爆炸】命令，弹出“爆炸”对话框。在“爆炸”对话框中单击“新建爆炸”按钮，新建爆炸图后，视图自动切换到此爆炸图下，弹出“编辑爆炸”对话框。

在“编辑爆炸”对话框中可以先对组件进行移动、旋转等操作，然后单击 确定 按钮完成爆炸图的创建。

在这里直接单击 取消 按钮，先完成爆炸图的创建，之后再对组件进行编辑操作，如图 7.2.23 所示。

③ 单击“爆炸”对话框中的“编辑爆炸”按钮，弹出“编辑爆炸”对话框。在“装配导航器”中选定组件“ch07-02-02. prt”、“ch07-02-03. prt”、1 个“ch07-02-06. prt”和上方的 1 个“ch07-02-05. prt”，如图 7.2.24 所示。然后，单击鼠标中键确定，显示移动

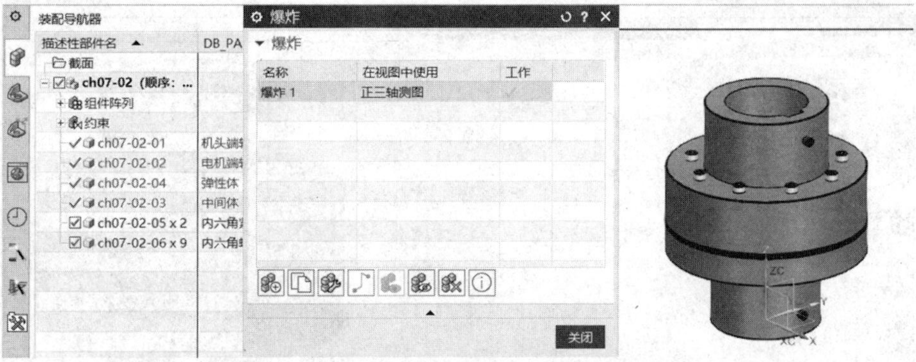

图 7.2.23 新建爆炸

手柄，沿着 Z 轴向上移动其爆炸位置。

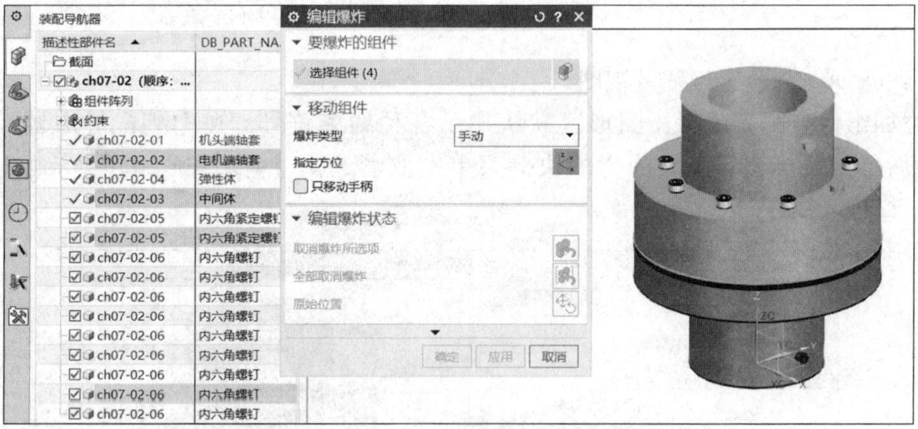

图 7.2.24 编辑爆炸（1）

④ 重复第③步，分别选定各组件，编辑移动其爆炸位置，确保爆炸后能清晰地看到所有组件的装配位置，如图 7.2.25 所示。

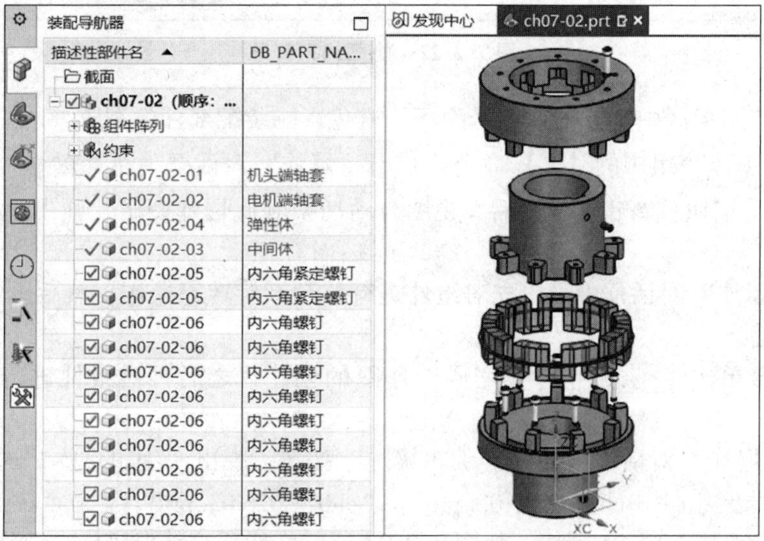

图 7.2.25 编辑爆炸（2）

⑤ 爆炸编辑完成后，单击“爆炸”对话框中的“追踪线”按钮，创建各组件之间的装配连接线关系，如图 7.2.26 所示。

创建跟踪线时，能自动捕捉相关组件的圆弧中心等，方便创建连接线。

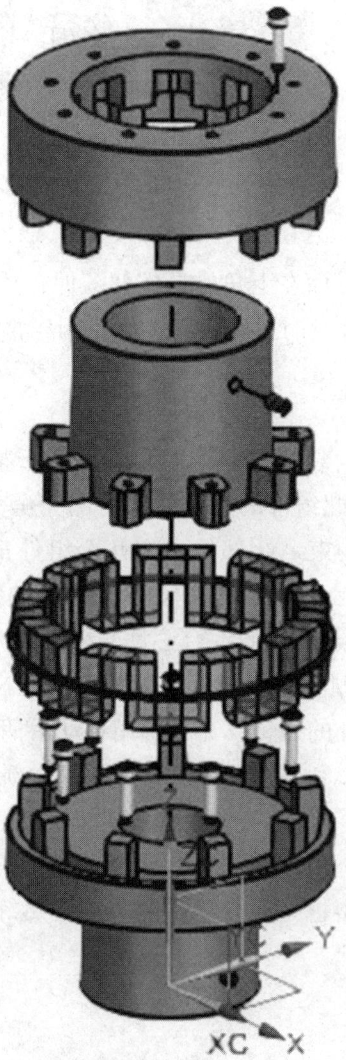

图 7.2.26　创建跟踪线

⑥ 调整爆炸图方位并保存。在图形区旋转调整视图方位到合适位置后，将左边的资源栏切换到“部件导航器”，双击模型视图行展开，在该行单击鼠标右键，在弹出的快捷菜单中选择添加视图命令，如图 7.2.27 所示。

⑦ 选择【添加视图】命令后自动创建出一个新视图，如“Trimetric#1”。

在新视图上单击鼠标右键，在弹出的快捷菜单中选择【重命名】命令修改其名称。因为这是在爆炸图“Explosion 1”中创建的视图，所以将视图名称的后缀改为“exp1”，即“Trimetric#exp1”，以方便识别，修改后按 Enter 键确定。

至此就完成了爆炸视图的创建和保存。

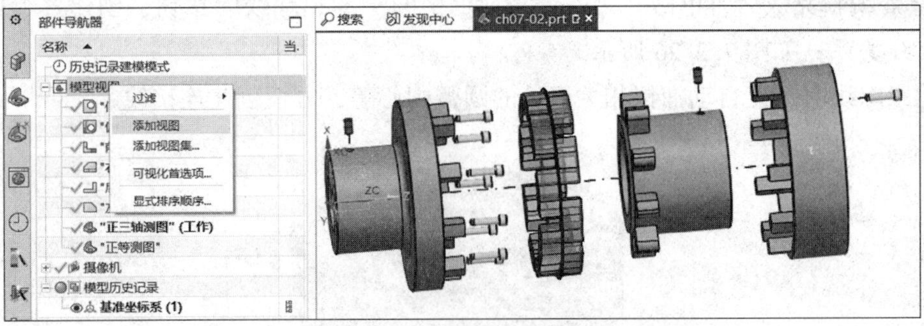

图 7.2.27　添加视图

⑧ 单击 UG NX 2212 工作界面左上角的按钮，保存整个装配文件。

建议在每一步操作完成后都及时进行保存，以免因异常情况发生而丢失文件。

7.2.2　知识点应用点评

在“实例特训——联轴器的装配设计”中，首先分析整个部件结构，确定主要组件为轴套“ch07-02-01.prt”，因为此组件的方位与装配图完全一致，所以可直接用绝对坐标系将其装配进来，然后设定固定约束。此部件中有几个组件都是同心的，因此主要使用“接触对齐”约束类型中的“接触”和“自动判断中心/轴”进行装配定位。其中弹性体“ch07-02-04.prt”的装配是难点，它的爪台必须与轴套的爪台均布排列且不能干涉，这里利用了“中心”等多个约束类型巧妙实现其定位关系。

创建爆炸图后对于爆炸组件的编辑，充分利用移动手柄的功能，可将爆炸组件移动到正确的位置；爆炸图编辑完成后，利用视图工具将其保存为新视图，才能方便地在装配图和工程图中使用。

此实例看似零件数量不多，但用到了装配约束中的多个约束类型如“接触对齐”“距离”“中心”等，这些约束类型也是最常用到的。需要熟练掌握这些约束类型，灵活运用，从而创建所需要的装配图。

7.2.3　知识点拓展

(1) 此装配实例是在生成爆炸图后将爆炸视图的方位调整为与工程图一致，即图形是水平放置的。也可以利用装配图中的基准坐标系，在装配第 1 个组件时将其与基准坐标系设定约束条件，使其变为水平放置，那么后续装配的组件也依此变为水平放置，从而与工程图保持一致。

(2) 将第 1 个组件利用约束关系装配为正确方位，可以避免组件的建模不规范或方位不正确影响整个装配部件的方位布置。

(3) 在创建爆炸图的过程中对爆炸组件进行编辑时，需要灵活掌握移动对象和移动手柄的不同使用情况。

(4) 为了避免每次打开装配时出现加载不到下级组件的问题发生，建议将装配部件和下级组件放在同一级目录下。

7.3　实例特训——进气阀的装配设计

项目任务：使用 UG NX 2212 “装配” 模块，利用已有的组件，完成图 7.3.1 所示产品的装配及爆炸图设计。

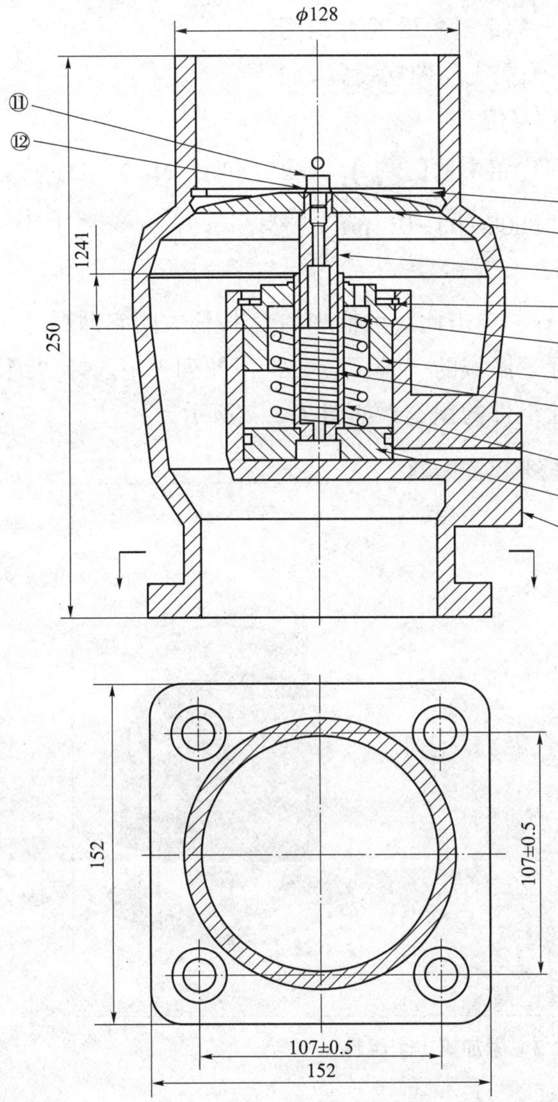

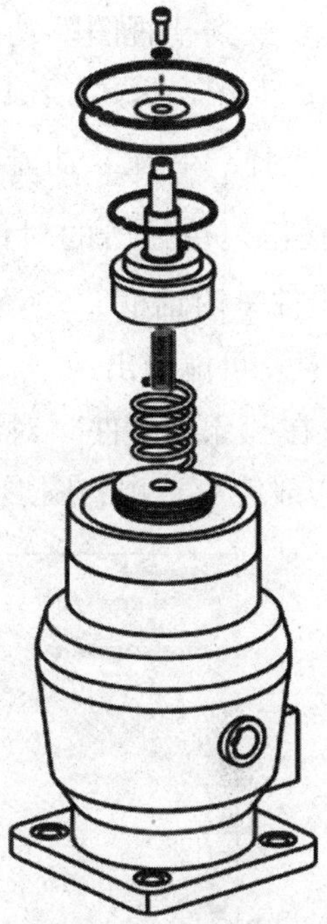

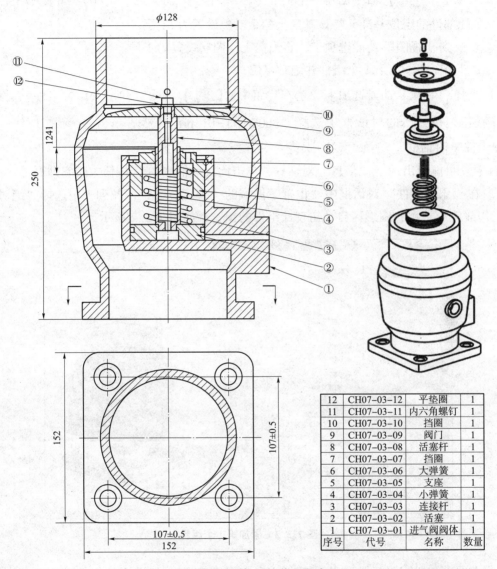

序号	代号	名称	数量
12	CH07-03-12	平垫圈	1
11	CH07-03-11	内六角螺钉	1
10	CH07-03-10	挡圈	1
9	CH07-03-09	阀门	1
8	CH07-03-08	活塞杆	1
7	CH07-03-07	挡圈	1
6	CH07-03-06	大弹簧	1
5	CH07-03-05	支座	1
4	CH07-03-04	小弹簧	1
3	CH07-03-03	连接杆	1
2	CH07-03-02	活塞	1
1	CH07-03-01	进气阀阀体	1

图 7.3.1　进气阀的装配设计

7.3.1　产品装配设计的详细步骤

（1）步骤 1：新建文件，建立基准坐标系。

① 在 UG NX 2212 软件中单击工具条中的“新建”按钮，新建一个装配文件，类型为“装

微课视频——曲面造型实例 2（NX 12.0）　**微课视频——曲面造型实例 2（NX 2212）**

配”，文件名称为“ch07-03. prt”，选定要存放的文件夹位置。

单击确定按钮后，自动进入建模环境并打开“装配”模块。

注意：为了避免打开装配部件时加载组件失败，请将装配部件和组件存放在同一级目录下。

② 将 UG NX 2212 工作界面左边的资源栏切换到“部件导航器”，切换到“主页”功能选项卡，通过【基准坐标系】命令创建一个基准坐标系，其原点为（0，0，0）。此基本坐标系用作整个装配部件的定位基准。将该基准坐标系对象设置为 61 层。

③ 切换到“视图”功能选项卡，将当前工作图层设置为 1 层。

（2）步骤 2：添加第 1 个组件并绝对定位。

① 选择“装配”功能选项卡“基本”组中的【添加组件】命令，弹出“添加组件”对话框，单击打开按钮，在弹出的对话框中选择“ch07-03-01. prt”，然后单击确定按钮，返回“添加组件”对话框。

注意：可能弹出一个“信息”对话框，单击此对话框中的按钮关闭它即可。

② 在“添加组件”对话框中“位置”区域的“装配位置”下拉列表中选择“绝对坐标系-工作部件”选项，图形区自动出现此组件的预览，如图 7. 3. 2 所示。

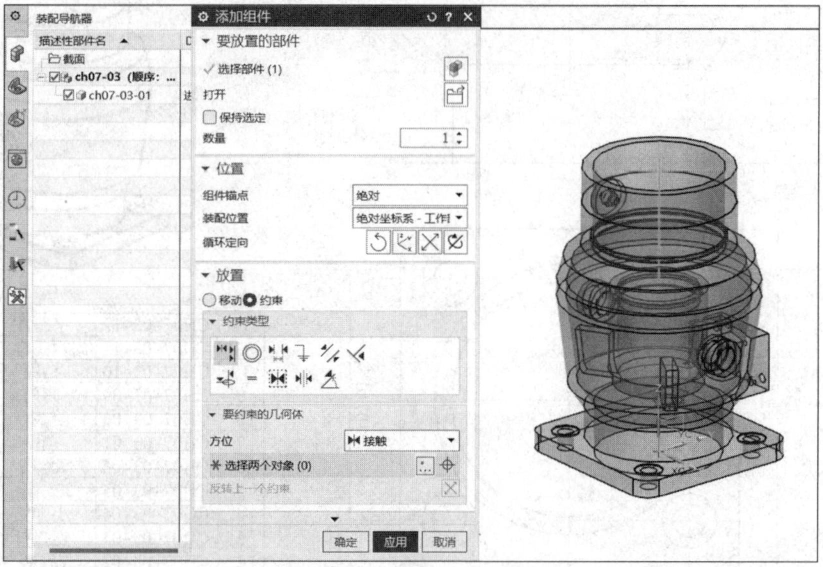

图 7. 3. 2　添加第 1 个组件

③ 此时新组件只是添加到装配部件中，但没有定位，在“添加组件”对话框的“放置”区域单击“约束”单选按钮，显示“装配约束”内容。在“添加组件”对话框的“约束类型”区域选择“固定”选择，在图形区单击选中“ch07-03-01. prt”，即设置此组件固定。

单击确定按钮，第 1 个组件就被添加到此装配部件中并且创建了固定约束。

④ 将资源栏切换到“装配导航器”，其下级显示新组件，如图 7. 3. 3 所示。

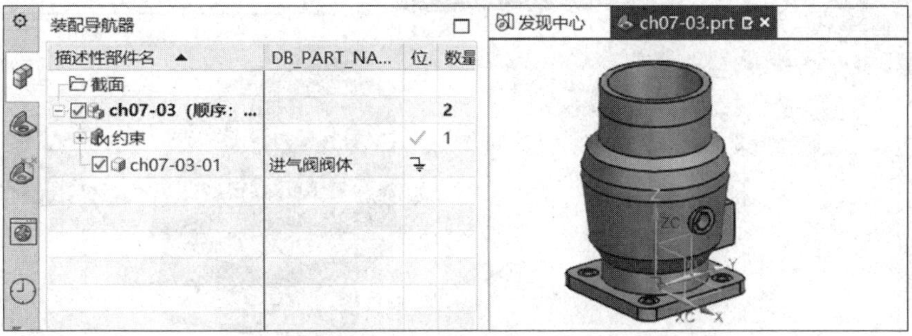

图 7.3.3　添加第 1 个组件完成

（3）步骤 3：添加第 2 个组件并定位。

① 继续选择【添加组件】命令，弹出“添加组件”对话框，单击打开按钮，选择“ch07-03-02. prt”单击点确定按钮，返回“添加组件”对话框。

② 在“添加组件”对话框中“位置”区域的“装配位置”下拉列表中选择“对齐”选项，在图形区自动出现此组件的预览，在图形区移动光标到合适位置后，单击确定其摆放位置，如图 7.3.4 所示。

图 7.3.4　添加第 2 个组件

单击“添加组件”对话框中的确定按钮，完成该组件的装配添加。

③ 此时新组件只是添加到装配部件中，但没有定位，选择【装配约束】命令，弹出“装配约束”对话框，进一步创建装配约束。

a. 创建接触约束。在“装配约束”对话框中选择“接触对齐”按钮，在“方位”下拉列表中选择接触选项。在图形区旋转显示，单击选中图 7.3.5 所示的两个平面对象。

选定两个平面对象后，自动创建接触约束，使新组件的小底面与阀体内底面贴合。

b. 创建中心对齐约束。在“装配约束”对话框中选择“接触对齐”选项，在“方位”下拉列表中选择自动判断中心/轴选项。在图形区将光标移到“ch07-03-02. prt”圆柱面上，其中心线自动出现，单击选中它；然后把光标移到“ch07-03-01. prt”圆柱面上，单击选中其中心线，即设置两个组件的中心对齐，如图 7.3.6 所示。

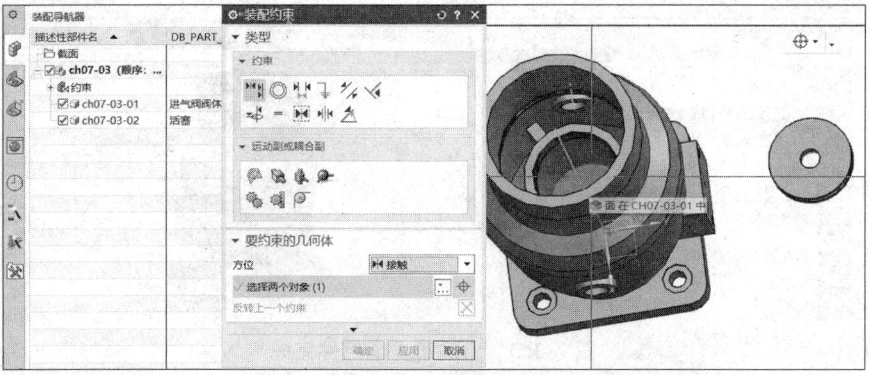

图 7.3.5　第 2 个组件装配约束（1）

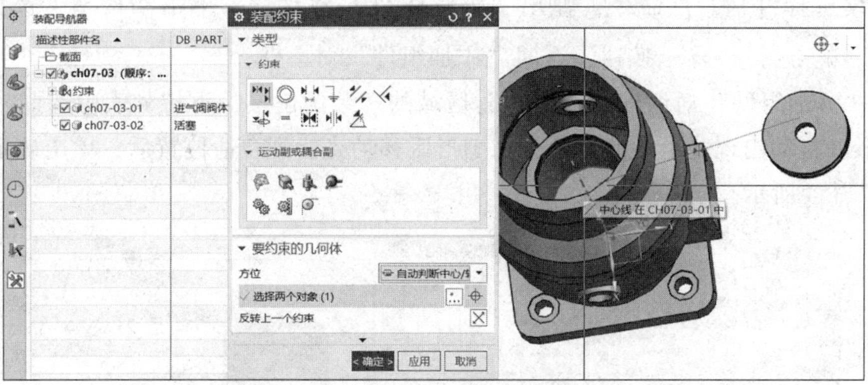

图 7.3.6　第 2 个组件装配约束（2）

选定两个对象后，自动创建中心对齐约束。

c. 单击< 确定 >按钮，完成该组件的添加以及部分约束的创建。

d. 此时该组件在“位置”列的图标为◐，虽然没有完全定位，但是仅可绕 Z 轴转动，不影响其装配位置。

（4）步骤 4：添加第 3 个组件并定位。

① 继续选择【添加组件】命令，选择“ch07-03-03. prt”，返回“添加组件”对话框。

② 在“添加组件”对话框中“位置”区域的“装配位置”下拉列表中选择“对齐”选项，在图形区自动出现此组件的预览，在图形区移动光标到合适位置后，单击确定其摆放位置，如图 7.3.7 所示。

③ 此时新组件只是添加到装配部件中，但没有定位，在“添加组件”对话框的“放置”区域单击“约束”单选按钮，显示“装配约束”内容。

a. 创建接触约束。在“添加组件”对话框中选择“接触对齐”选项，在“方位”下拉列表中选择接触选项。在图形区旋转显示，单击选中图 7.3.8 所示的两个平面对象。

选定两个对象后，自动创建接触约束，使新组件的台阶面与第 2 个组件的顶面贴合。

b. 创建中心对齐约束。在“添加组件”对话框中选择“接触对齐”选项，在“方位”下拉列表中选择自动判断中心/轴选项。在图形区将光标移“ch07-03-03. prt”圆柱面

图 7.3.7　添加第 3 个组件（1）

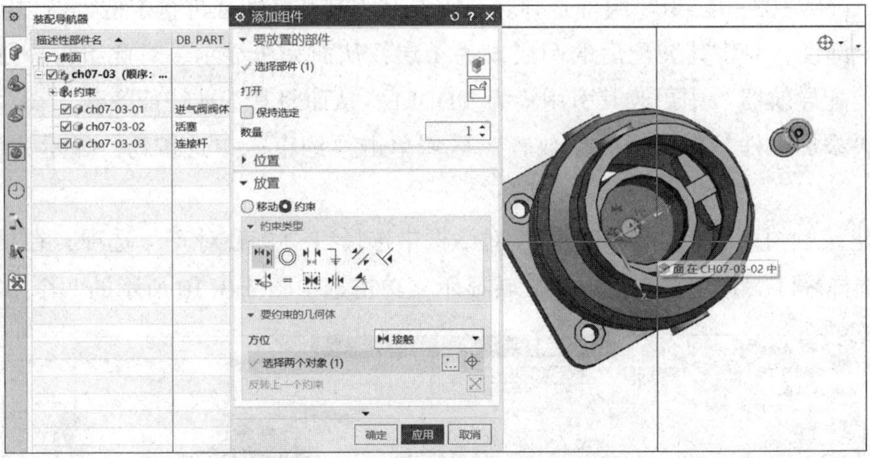

图 7.3.8　添加第 3 个组件（2）

上，其中心线自动出现，单击选中它；然后把光标移到“ch07-03-01. prt”圆柱面上，单击选中其中心线，即设置两个组件的中心对齐。

选定两个对象后，自动创建中心对齐约束。

c. 单击< 确定 >按钮，完成此组件的添加以及部分约束的创建。

注意：在操作过程中要经常保存，以免因出现异常情况而丢失数据。

（5）步骤 5：添加第 4 个组件并定位。

① 继续选择【添加组件】命令，选择“ch07-03-04. prt”，返回“添加组件”对话框。

② 在“添加组件”对话框中“位置”区域的“装配位置”下拉列表中选择“对齐”选项，然后选择选择对象(0)，在图形区自动出现此组件的预览，在图形区移动光标到下方后，单击确定其大体摆放位置。

③ 在“添加组件”对话框中展开“设置”区域，在“引用集”下拉列表中选择“整个部件”选项，在“图层选项”下拉列表中选择“按指定的”选项，在“图层”文本框中输入“1”，如图 7.3.9 所示。

图 7.3.9　添加第 4 个组件（1）

因为“ch07-03-04. prt”组件是弹簧，需要利用其基准特征进行定位，所以需要设置引用集为整个部件，并将其装配后的图层设为 1 层，从而完全显示。对此组件添加装配约束后，在“装配导航器”中更改其引用集为 MODEL，从而将其基准特征隐藏。

④在“添加组件”对话框的“放置”区域单击“约束”单选按钮，显示“装配约束”内容。

a. 创建接触约束。在“添加组件”对话框中选择“接触对齐”选项，在“方位”下拉列表中选择接触选项。在图形区旋转显示，单击选中图 7.3.10 所示的两个平面对象。

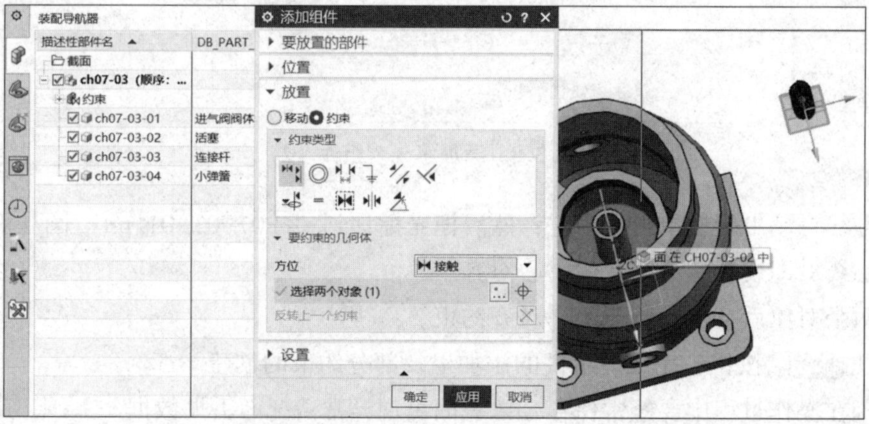

图 7.3.10　添加第 4 个组件（2）

选定两个对象后，自动创建接触约束。如接触方向不正确，则可单击按钮调整，使其反向。

b. 创建中心对齐约束。在“添加组件”对话框中选择“接触对齐”选项，在“方位”下拉列表中选择自动判断中心/轴选项。在图形区选中“ch07-03-04. prt”中间的基准轴，以及“ch07-03-03. prt”中心线，即设置两个组件的中心对齐。

选定两个对象后，自动创建中心对齐约束。

c. 单击< 确定 >按钮，完成此组件的添加以及部分约束的创建。

（6）步骤6：添加第5个组件并定位。

① 继续选择【添加组件】命令，选择“ch07-03-06. prt”，返回“添加组件”对话框。

② 按照步骤5中子步骤②~④的操作方法，创建接触约束、中心对齐约束，如图7.3.11所示。

图 7.3.11　添加第 5 个组件

③ 因为“ch07-03-06. prt”是可压缩的弹簧，即已定义为可变形组件，所以单击< 确定 >按钮后弹出“ch07-03-06”对话框，可在此对话框中调整此组件的步距参数从而控制其高度，以便准确安装，如图7.3.12所示。

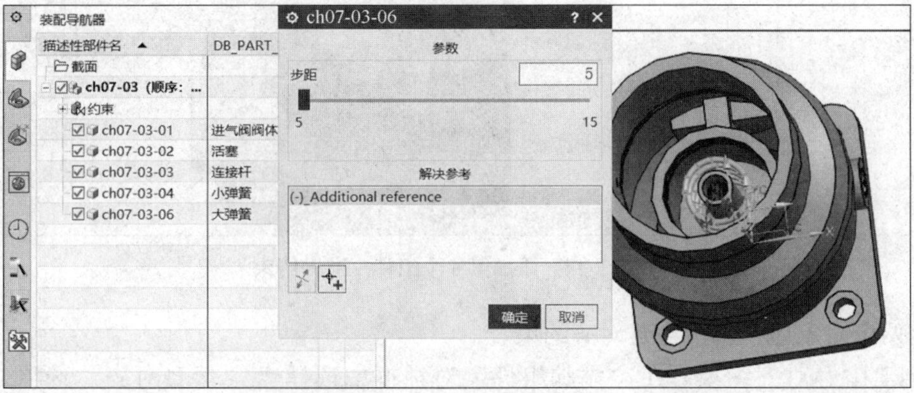

图 7.3.12　设置可变形参数

调整步距参数值后，单击 确定 按钮完成可变形参数设置。后续也可在“装配导航器”中选定此组件单击鼠标右键，在弹出的快捷菜单中选择【变形...】命令，调整其可变形参数。

（7）步骤7：添加第6个组件并定位。

① 继续选择【添加组件】命令，选择“ch07-03-05. prt”，返回“添加组件”对话框。

② 在“添加组件”对话框中“位置”区域的“装配位置”下拉列表中选择“对齐”选

项，在图形区自动出现此组件的预览，在图形区移动光标到下方后，单击确定其大体摆放位置。

③ 在“添加组件”对话框中展开“设置”区域，在“引用集”下拉列表中选择模型("MODEL")选项，在“图层选项”下拉列表选择原始的选项，如图 7.3.13 所示。

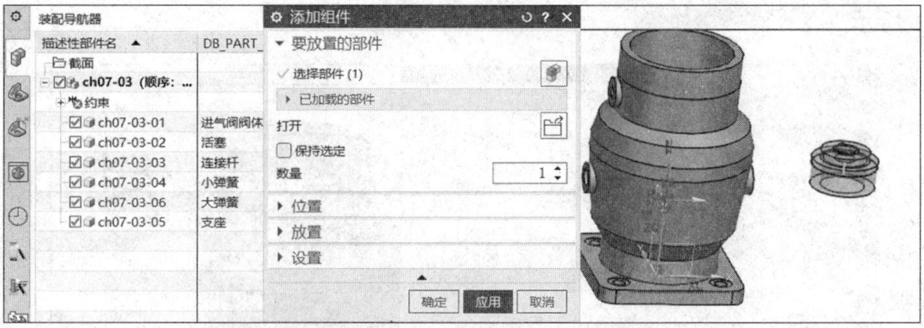

图 7.3.13　添加第 6 个组件

④ 在“添加组件”对话框的“放置”区域单击“约束”单选按钮，显示“装配约束”内容。

a. 创建对齐约束。在“添加组件”对话框中选择“接触对齐”选项，在“方位”下拉列表中选择对齐选项。在图形区旋转显示，单击选中图 7.3.14 所示的两个平面对象。

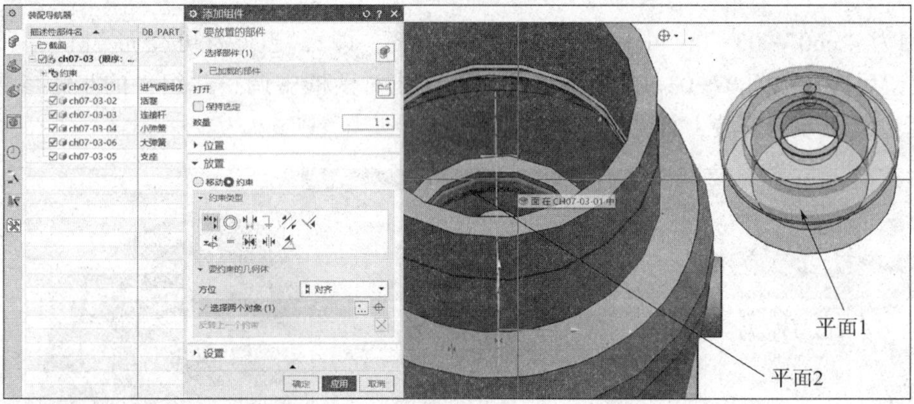

图 7.3.14　添加第 6 个组件—对齐约束

选定两个对象后，自动创建对齐约束。

b. 创建中心对齐约束。在“添加组件”对话框中选择“接触对齐”选项，在“方位”下拉列表中选择自动判断中心/轴选项。在图形区将光标移到“ch07-03-05. prt”圆柱面上，其中心线自动出现，单击选中它；然后把光标移到“ch07-03-01. prt”圆柱面上，单击选中其中心线，即设置两个组件的中心对齐。

选定两个轴线对象后，自动创建中心对齐约束。

c. 单击<确定>按钮，完成此组件的添加以及部分约束的创建。

(8) 步骤 8：继续添加其他组件并定位。

① 参照以上步骤方法，分别添加“ch07-03-07. prt”“ch07-03-08. prt”“ch07-03-09. prt”“ch07-03-10. prt”“ch07-03-11. prt”“ch07-03-12. prt”等组件并设定相应的装

配约束，如图 7.3.15 所示。

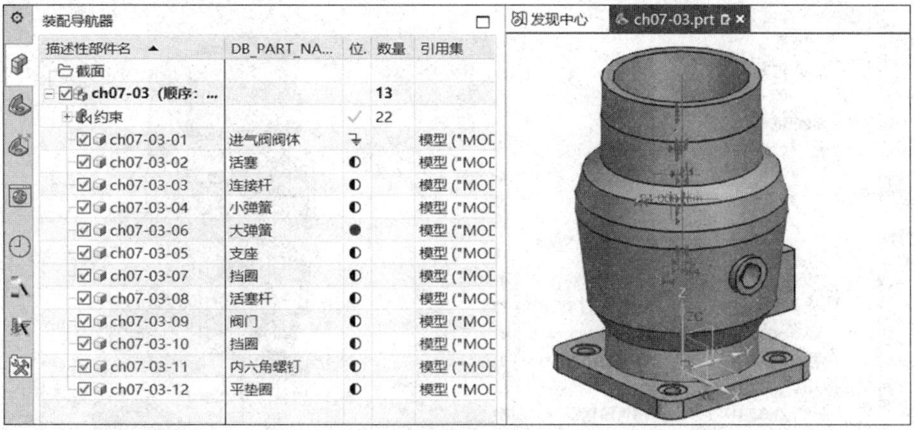

图 7.3.15 添加其他组件

② 添加组件装配完成后，图形区默认显示各种约束符号，在“装配导航器”中选择约束后单击鼠标右键，在弹出的快捷菜单中取消选择【在图形窗口中显示约束】命令，从而将图形区的所有约束符号隐藏，以避免影响装配部件的浏览。

③ 在“装配导航器”中选择截面后单击鼠标右键，在弹出的快捷菜单中选择【新建截面...】命令，弹出“视图剖切”对话框，如图 7.3.16 所示。

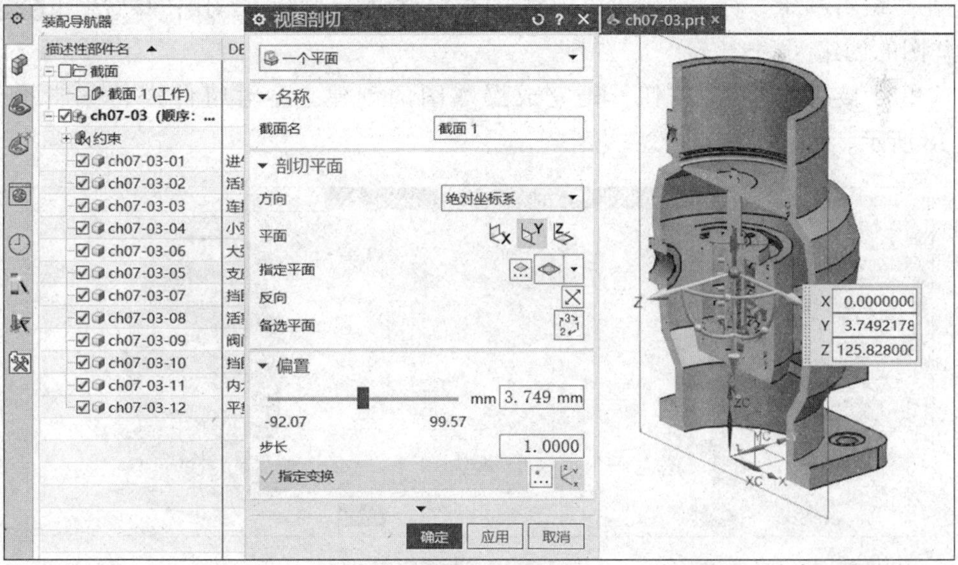

图 7.3.16 创建视图剖切（1）

a. 在“视图剖切”对话框的“平面”中单击按钮即创建一个 X-Z 截面，单击确定按钮完成剖切平面创建。通过平面进行视图剖切，可看到其内部的装配结构，如图 7.3.17 所示。

b. 当视图剖切后，如需取消剖切，可选择截面1(工作)后单击鼠标右键，在弹出的快捷菜单中选择【取消剪切】命令，将其恢复成未剖切状态。

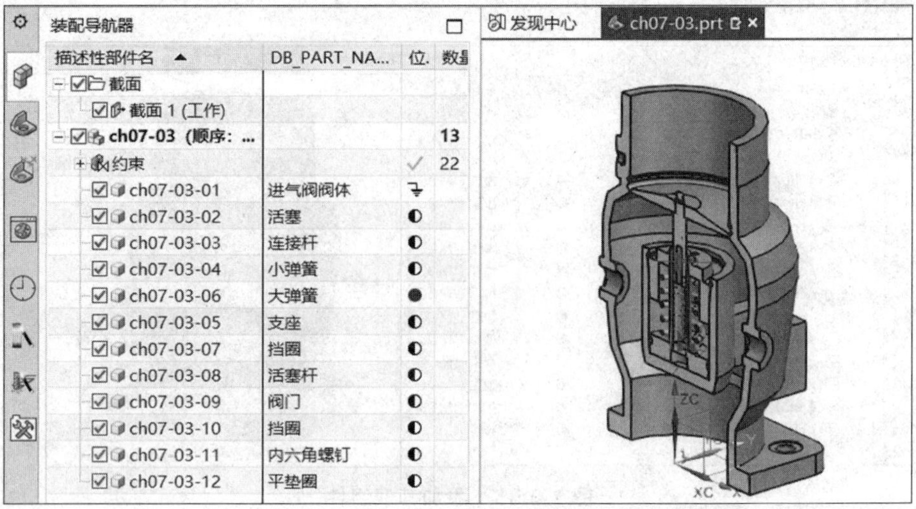

图 7.3.17　创建视图剖切（2）

（9）步骤 9：创建爆炸图及视图。

① 选择“爆炸”组中的【爆炸】命令，弹出“爆炸”对话框。在“爆炸”对话框中单击“新建爆炸”按钮，新建爆炸图后，视图自动切换到此爆炸图下，弹出“编辑爆炸”对话框。

② 在“编辑爆炸”对话框中可以先对组件进行移动、旋转等操作，然后单击 确定 按钮完成爆炸图的创建。

在这里直接单击 确定 按钮，先完成爆炸图的创建，再对组件进行编辑操作，如图 7.3.18 所示。

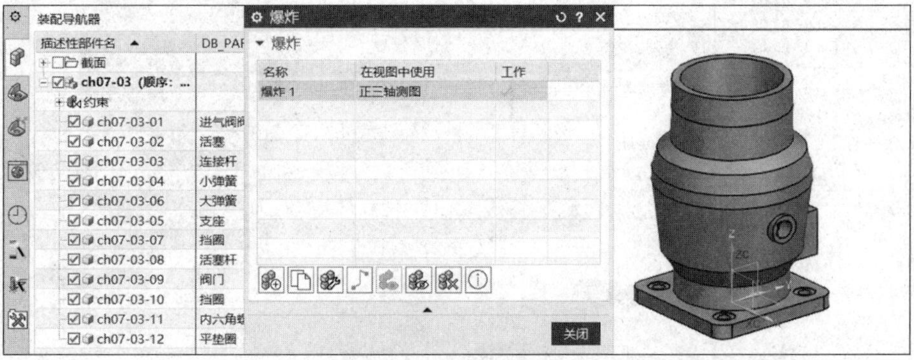

图 7.3.18　新建爆炸

③ 单击“爆炸”对话框中的“编辑爆炸”按钮，弹出“编辑爆炸”对话框。在“装配导航器”中单击选定组件“ch07-03-01.prt”，然后单击鼠标中键确定，显示移动手柄，沿着 Z 轴向下移动其爆炸位置，如图 7.3.19 所示。

④ 重复第③步，分别选定各组件编辑移动其爆炸位置，并且使其始终同心，确保爆炸后能清晰地看到所有组件的装配位置，如图 7.3.20 所示。

图 7.3.19 编辑爆炸（1）

图 7.3.20 编辑爆炸（2）

⑤ 爆炸编辑完成后，单击“爆炸”对话框中的“追踪线”按钮，创建各组件之间的装配连接线关系。

创建跟踪线时，能自动捕捉相关组件的圆弧中心等，方便创建连接线。

⑥ 调整爆炸图方位并保存。在图形区旋转调整视图方位到合适位置后，将左边的资源栏切换到“部件导航器”，双击模型视图行展开，在该行单击鼠标右键，在弹出的快捷菜单中选择【添加视图】命令。

⑦ 选择【添加视图】命令后自动创建一个新视图，如“Trimetric#1”。在新视图上单击鼠标右键，在弹出的快捷菜单中选择【重命名】命令，修改其名称。因为这是在爆炸图“Explosion 1”中创建的视图，所以将视图名称的后缀改为“exp1”，即“Trimetric#exp1”，以方

便识别，修改后按 Enter 键确定，如图 7. 3. 21 所示。

至此就完成了爆炸视图的创建和保存。

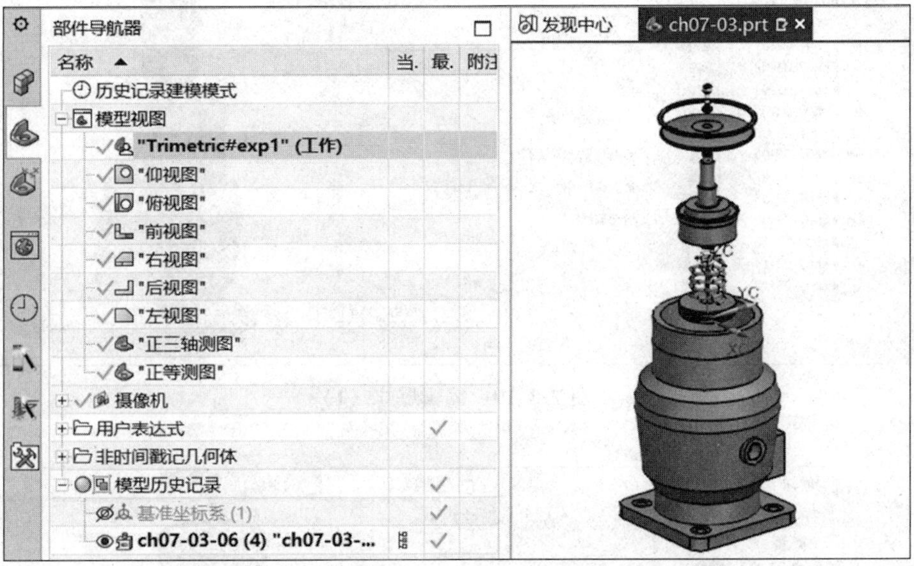

图 7. 3. 21　保存爆炸视图

⑧ 单击 UG NX 2212 工作界面左上角的按钮，保存整个装配文件。

建议在每一步操作完成后都及时进行保存，以免因异常情况发生而丢失文件。

7. 3. 2　知识点应用点评

在“实例特训——进气阀的装配设计”中，首先分析整个部件结构，确定主要组件为阀体“ch07-03-01. prt”。因为此组件的方位与装配图完全一致，所以可直接用绝对坐标系将其装配进来，然后设定固定约束。此部件中各组件都是同心的，所以主要使用“接触对齐”“距离”约束类型进行装配定位。由于所有组件都装配在阀体内部，不好选取相关约束对象，所以需要灵活切换隐藏/显示组件以及渲染样式，以方便选取正确的对象。此装配部件中有一个特殊组件“ch07-03-06. prt”是可变形组件，可以根据装配图纸要求修改其参数而自动变形进行匹配。

创建爆炸图后，可充分利用移动手柄的功能，将爆炸组件移动到正确的位置。爆炸图编辑完成后，利用视图工具将其保存为新视图，才能方便地在装配图和工程图中使用。

此实例看似零件数量不多、结构简单，但用到了常用的约束类型如“接触对齐”“距离”等，能够有效帮助读者熟悉和掌握装配功能中常用命令，并灵活运用，从而创建复杂的装配图。

7. 3. 3　知识点拓展

(1) 将第 1 个组件利用约束关系装配为正确方位，可以避免组件的建模不规范或方位不正确影响整个装配部件的方位布置。

（2）在创建爆炸图的过程中对爆炸组件进行编辑时，需要灵活掌握移动对象和移动手柄的不同使用情况。

（3）可变形组件能够根据装配图的给定条件自动变形，具有很大的灵活性，需要在建模设计中熟练掌握可变形组件的定义。

（4）为了避免每次打开装配时出现加载不到下级组件的问题发生，建议将装配部件和下级组件放在同一级目录下。

7.4　本章小结

本章主要介绍了 UG NX 2212 的装配功能和操作命令，结合具体实例着重讲解了各种装配约束、装配方法和爆炸图。需要灵活掌握装配约束的创建和编辑、阵列装配，熟悉引用集的使用以及爆炸图的创建与编辑，从而灵活运用装配功能，能逐步装配设计出复杂的产品。

7.5　练习题

1. 根据图 7.5.1 所示图形及给定的零件，完成其部件装配及爆炸图。

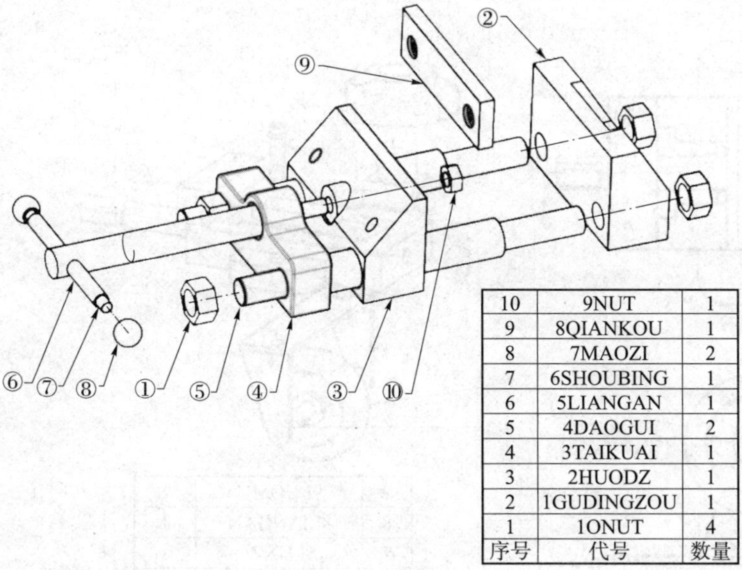

10	9NUT	1
9	8QIANKOU	1
8	7MAOZI	2
7	6SHOUBING	1
6	5LIANGAN	1
5	4DAOGUI	2
4	3TAIKUAI	1
3	2HUODZ	1
2	1GUDINGZOU	1
1	1ONUT	4
序号	代号	数量

图 7.5.1　练习题 1

本章特训及练习文件

2. 根据图 7.5.2 所示图形及给定的零件，完成其部件装配及爆炸图。

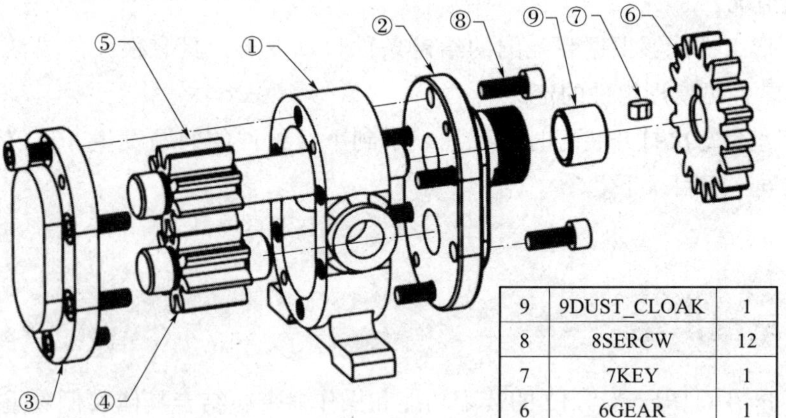

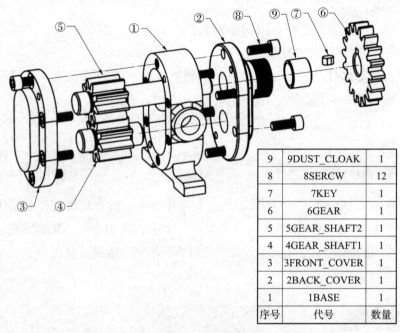

序号	代号	数量
9	9DUST_CLOAK	1
8	8SERCW	12
7	7KEY	1
6	6GEAR	1
5	5GEAR_SHAFT2	1
4	4GEAR_SHAFT1	1
3	3FRONT_COVER	1
2	2BACK_COVER	1
1	1BASE	1

图 7.5.2　练习题 2

3. 根据图 7.5.3 所示图形及给定的零件，完成其部件装配及爆炸图。

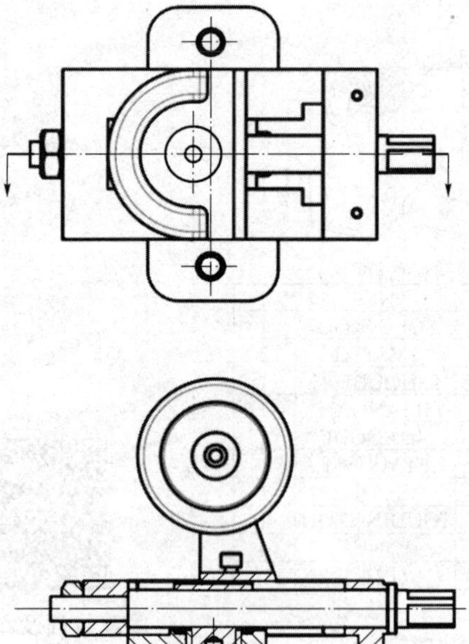

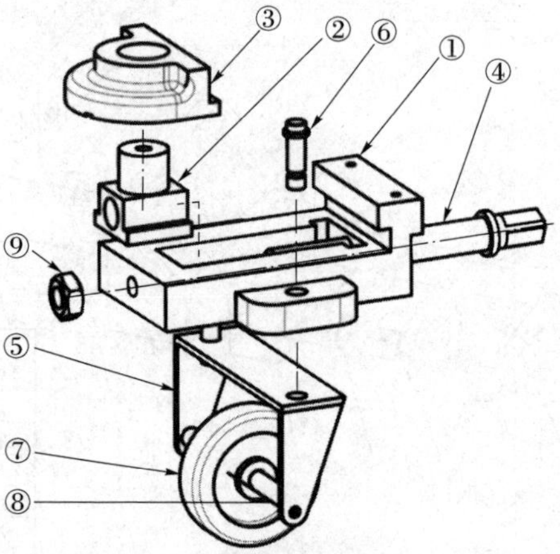

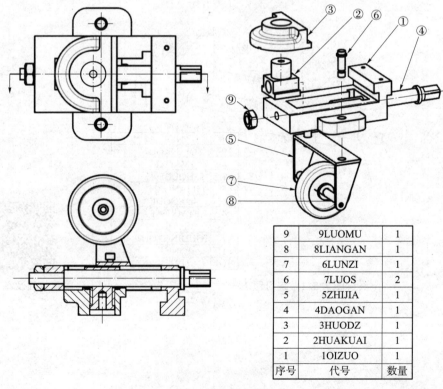

序号	代号	数量
9	9LUOMU	1
8	8LIANGAN	1
7	6LUNZI	1
6	7LUOS	2
5	5ZHIJIA	1
4	4DAOGAN	1
3	3HUODZ	1
2	2HUAKUAI	1
1	1OIZUO	1

图 7.5.3　练习题 3

第 8 章 工程图的设计

8.1 工程图的基础知识

在产品的研发、设计和制造等过程中，二维工程图是技术人员进行交流的通用语言。随着 3D 技术的发展与进步，三维模型虽然能清晰地反映产品实际结构，但还不能将所有设计信息直观地表达出来，很多设计信息，如尺寸公差、几何公差和表面粗糙度等仍然需要二维工程图将其表达清楚。

8.1.1 工程图概述

UG NX 2212 软件的“制图”模块主要为了满足二维出图功能的需要，是 UG NX 2212 软件中最重要的应用之一。使用“制图”模块可以快速创建三维模型的工程图，因此工程图样与模型完全关联，能够真实反映模型的设计信息，始终与零部件模型或装配模型保持同步更新。其主要特点如下。

（1）用户界面直观、易用、简洁，可以快速方便地创建图样。

（2）“在图纸上”工作的画图板模式能极大地提供工作效率。

（3）支持装配树结构和并行工程。

（4）可以快速地将视图放置在图纸上，能自动生成并对齐正交视图。

（5）能创建与父视图完全关联的实体剖视图。

（6）能自动生成实体中隐藏线的显示特征。

（7）能在图形窗口中编辑大多数制图对象（如尺寸、符号、线条等）。

（8）在制图过程中，基于屏幕的信息反馈和所见即所得的功能减少了许多返工和编辑工作。

（9）使用对图样进行更新的用户控件，能有效地提高工作效率。

1. 工程制图界面

UG NX 2212 工程图设计是在“制图模块”中进行的，当新建或打开一个 UG NX 文件后可通过以下方式进入“制图”模块。

（1）切换到“应用模块”功能选项卡，选择“文档”组中的【制图】命令，进入“制图”模块，如图 8. 1. 1 所示。

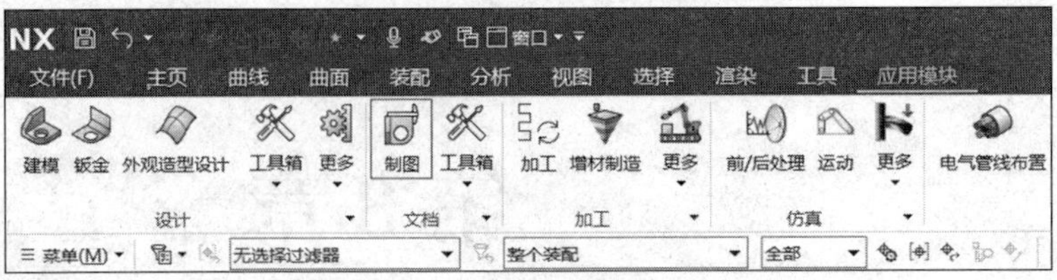

图 8. 1. 1 【制图】命令

（2）在键盘上按“Ctrl+Shift+D”组合键，进入“制图”模块。

进入“制图”模块后，未创建图纸页的制图界面如图 8. 1. 2 所示，已创建图纸页的制图界面如图 8. 1. 3 所示。

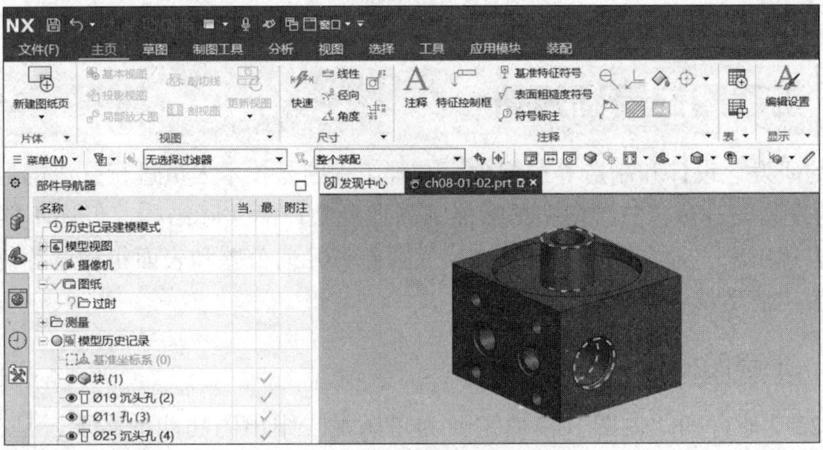

图 8. 1. 2 未创建图纸页的制图界面

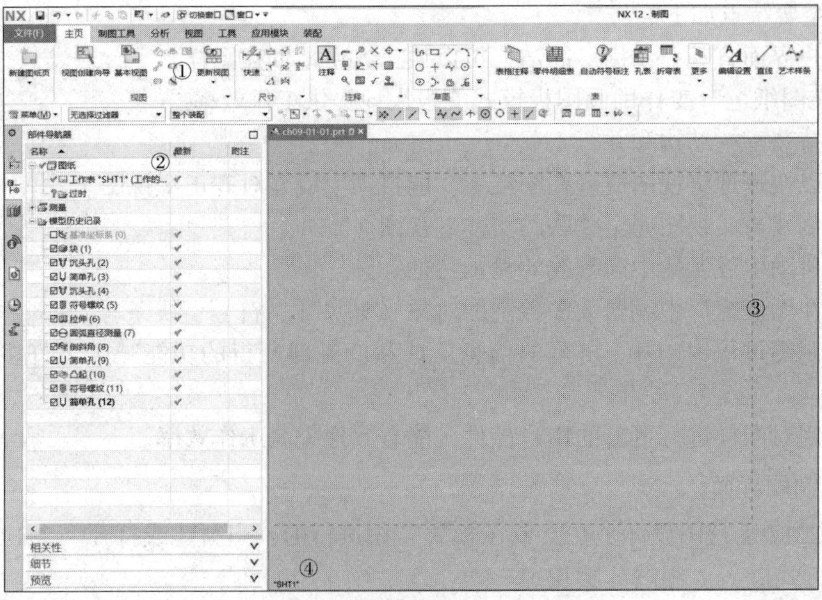

图 8. 1. 3 已创建图纸页的制图界面

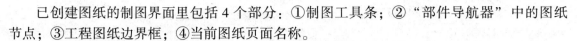

已创建图纸的制图界面里包括 4 个部分：①制图工具条；②“部件导航器”中的图纸节点；③工程图纸边界框；④当前图纸页面名称。

2. “制图”模块的下拉菜单与组

“制图”模块的下拉菜单和组都与“建模”模块有较大的差别。下面对“制图”模块中较为常用的下拉菜单和组进行介绍，以便方便、快捷灵活地使用它们。

1）下拉菜单

①【编辑】下拉菜单。

选择【菜单(M)】→【编辑(E)】命令，弹出【编辑(E)】下拉菜单，如图 8.1.4 所示。

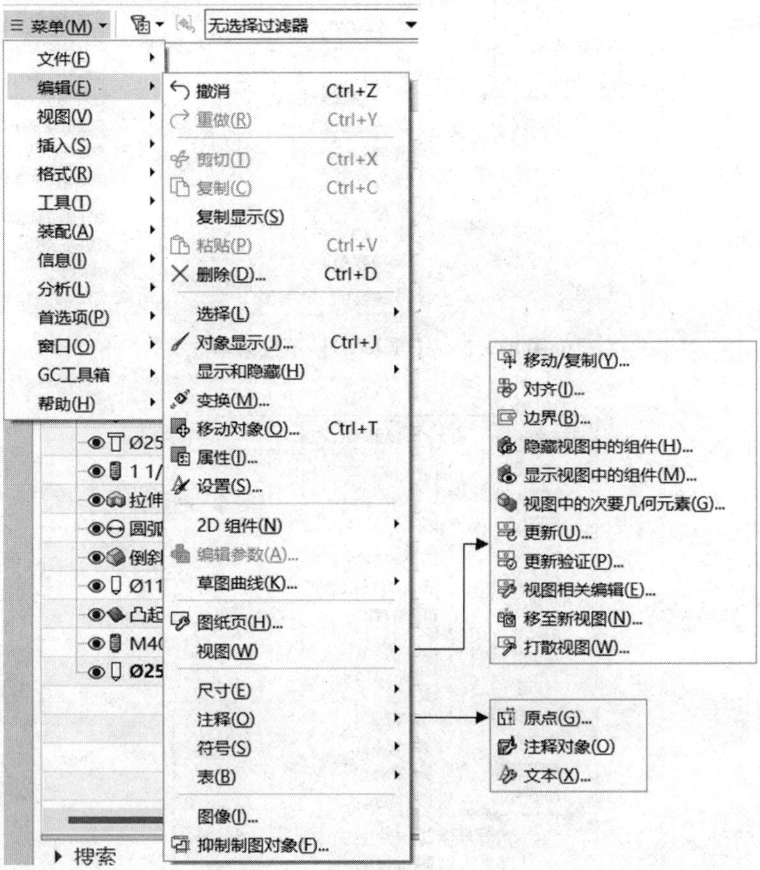

图 8.1.4　【编辑(E)】下拉菜单

②【插入】下拉菜单，如图 8.1.5 所示。

③【首选项】下拉菜单，如图 8.1.6 所示。

2）功能选项卡

进入“制图”模块后，制图常用的组显示在“主页”功能选项卡中，如图 8.1.7 所示。

“主页”功能选项卡中有多个组，主要是“片体”“视图”“尺寸”“注释”“表”“显示”，各组的主要命令已经在图 8.1.7 中罗列出来。单击每组工具条右下角的▼按钮，在其下方弹出的菜单中勾选所需要的命令即可。

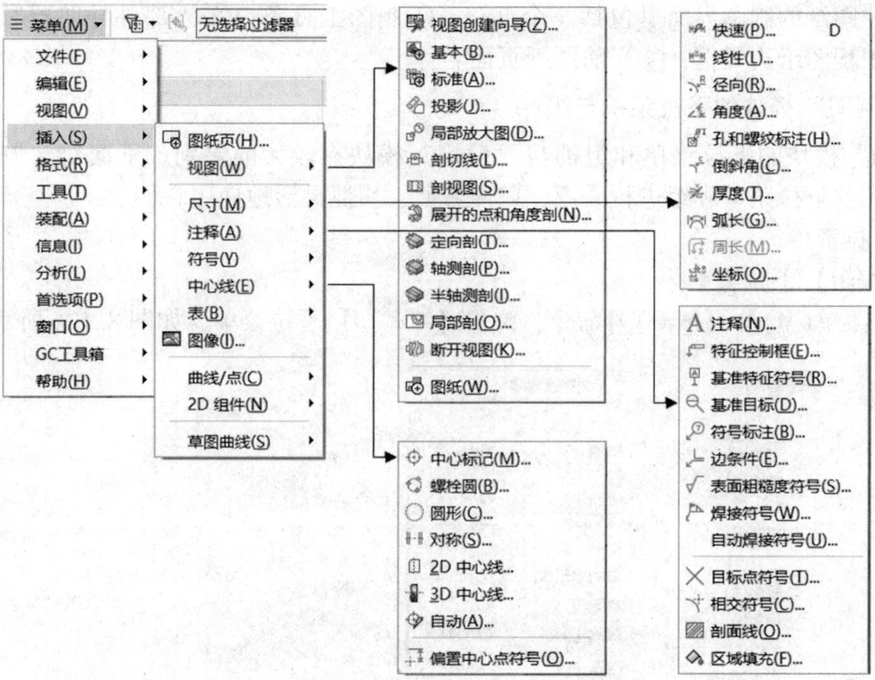

图 8. 1. 5 【插入(S)】下拉菜单

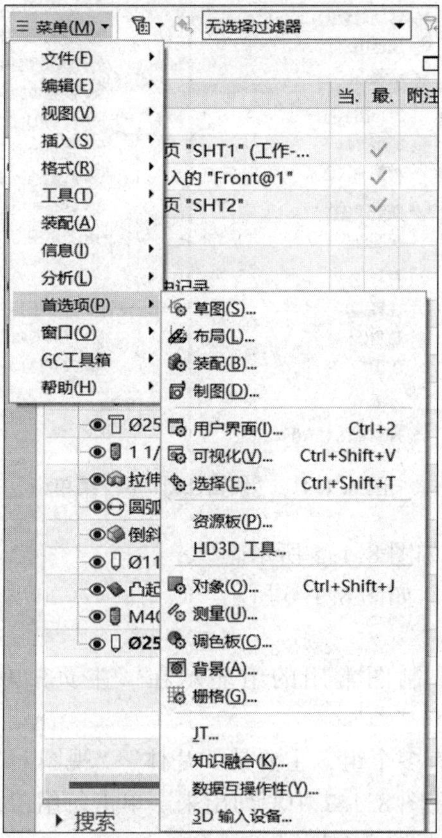

图 8. 1. 6 【首选项(P)】下拉菜单

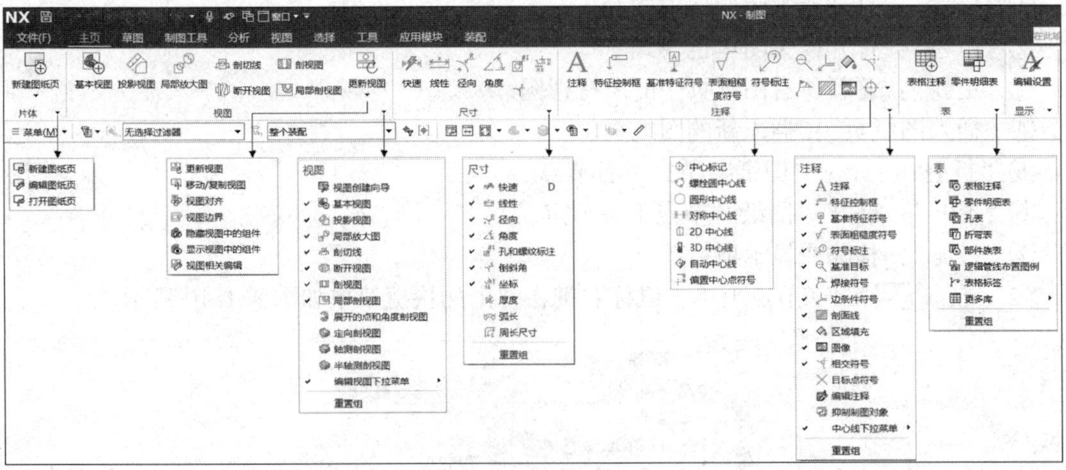

图 8.1.7 “主页”功能选项卡

3. “制图”模块的“部件导航器”

在 UG NX 2212“制图”模块的“部件导航器”（也称为“图纸导航器”）中可以编辑、查询和删除图样，如图 8.1.8 所示。

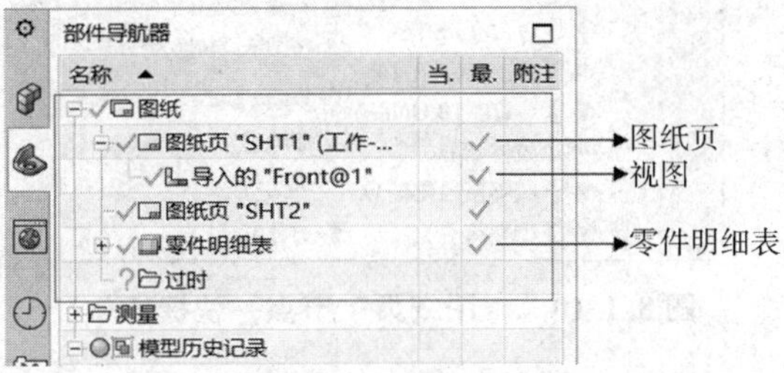

图 8.1.8 “部件导航器”

在“部件导航器”的图纸管理中有“图纸”“图纸页”和“零件明细表”等节点，其中“零件明细表”节点在图纸插入零件明细表后才会出现，在不同节点上单击鼠标右键会弹出对应不同的操作功能的快捷菜单。

(1) 在图纸节点上单击鼠标右键，弹出的快捷菜单如图 8.1.9 所示。

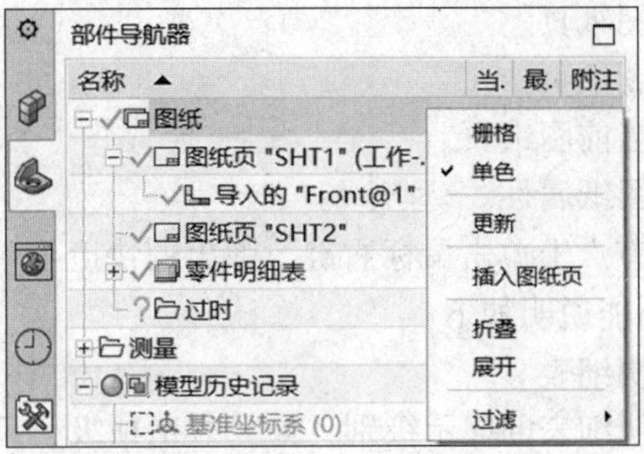

图 8.1.9 “图纸”节点—快捷菜单

快捷菜单中各选项的功能说明如下。

①“栅格”：打开或关闭栅格模式。
②“单色”：打开或关闭单色模式。
③“更新”：更新所有图纸页中的所有视图。
④“插入图纸页”：插入新的图纸页。
⑤“折叠”：折叠“图纸”节点下各节点。
⑥“展开”：展开“图纸”节点下各节点。
⑦“过滤”：移除或显示项目。
(2) 在图纸页节点上单击鼠标右键，弹出的快捷菜单如图 8.1.10 所示。

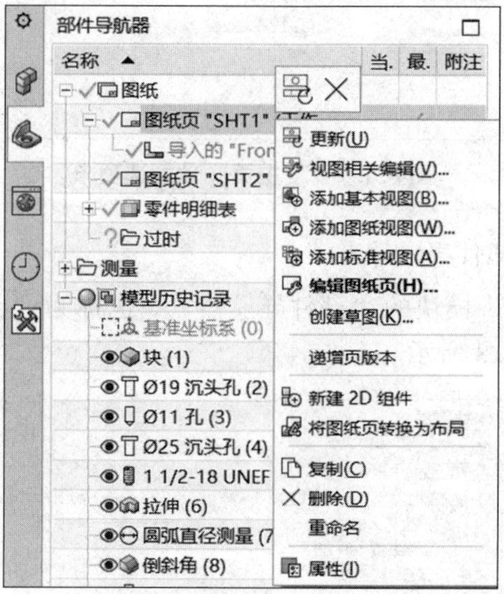

图 8.1.10　“图纸页”节点—快捷菜单

快捷菜单中各选项的功能说明如下。
①“更新”：更新该图纸页中的所有视图。
②“视图相关编辑”：编辑视图中的相关内容，如线条样式、移除线条等。
③“添加基本视图”：创建一个基本视图。
④“添加图纸视图”：创建一个图纸视图。
⑤“编辑图纸页”：编辑图纸页的相关设置。
⑥“复制”：复制当前图纸页。
⑦“删除”：删除当前图纸页。
⑧“重命名”：重命名当前图纸页。
⑨“属性”：编辑当前图纸属性。
(3) 在零件明细表节点上单击鼠标右键，弹出的快捷菜单如图 8.1.11 所示。
快捷菜单中各选项的功能说明如下：
①“隐藏”：隐藏零件明细表。
②“编辑”：编辑零件明细表的显示级别，如只显示顶级、只显示子级等。
③“设置”：设置零件明细表的样式。
④“更新零件明细表”：更新零件明细表。

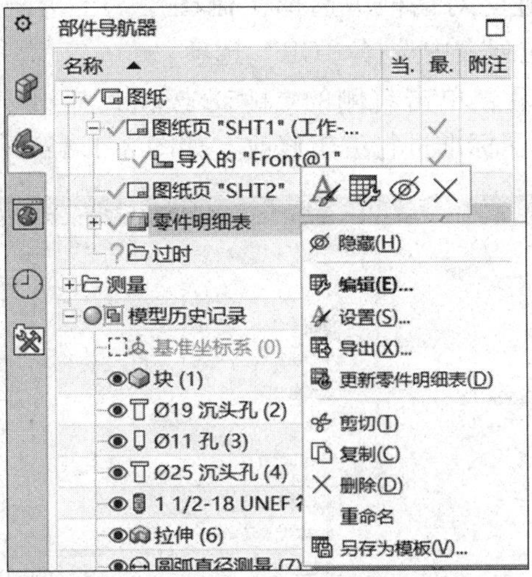

图 8.1.11　“零件明细表”节点—快捷菜单

8.1.2　用户默认设置和首选项

1. 用户默认设置和首选项的关系

UG NX 2212 软件的环境参数有两个位置，分别是用户默认设置和首选项。针对不同国家、不同区域的设计标准，包括线型、颜色等的不同，工程师必须掌握用户默认设置和首选项的关系，将其熟练地应用到产品设计工作中。

用户默认设置指的是 UG NX 2212 软件的默认设置环境，包括建模、制图和加工等默认设置环境，其只针对用户本机的设置有效，每个用户的默认设置是由用户自己设置。通俗地讲，就是每台计算机中 UG NX 2212 软件的默认设置都是由用户设置的，它们是可以不一样的。

在首选项中也可以设置建模或者制图中的一些线型、制图样式和颜色等，但是要注意这里的设置只针对当前的 UG NX 文件，即当前的“. prt”文件，也可以通俗地理解为一个 UG NX 文件自带着一个 UG NX 的环境，对这个“. prt”文件的继续操作都会继承它的首选项设置，把该“. prt”复制到其他计算机中也是如此。

UG NX 2212 软件提供了适应不同国家制图要求的制图标准默认配置文件，其所支持的制图标准有 ASME、DIN、ESKD、GB、ISO 和 JIS 等。通过在用户默认设置中选择不同的制图标准，可以简便、快速地设置或重置制图的首选项和样式，从而控制箭头的大小、线条的粗细、隐藏线的显示与否、标注的字体和字号等。系统提供的制图标准大部分都符合相应的各国家制图要求，但针对不同行业、不同区域可能有不合适之处，需要进行调整修改。

2. 定制制图标准

UG NX 2212 软件中自带的制图标准可以通过定制编辑修改，以它为基础创建新的制图标准作为企业标准，控制箭头的大小、线条的粗细、隐藏线的显示与否、标注的字体和字号等。

(1) 选择【文件(F)】→【实用工具(U)】→【用户默认设置(D)】命令，弹出“用户默认设置”对话框。

（2）在“用户默认设置”对话框中选择“制图”→“常规/设置”节点，在“标准”选项卡的“制图标准”下拉列表中选择“GB”选项。

（3）选择“GB”选项后，单击右侧的定制标准按钮，弹出“定制制图标准-GB”对话框，在该对话框中对GB制图标准进行编辑修改，如图8.1.12所示。

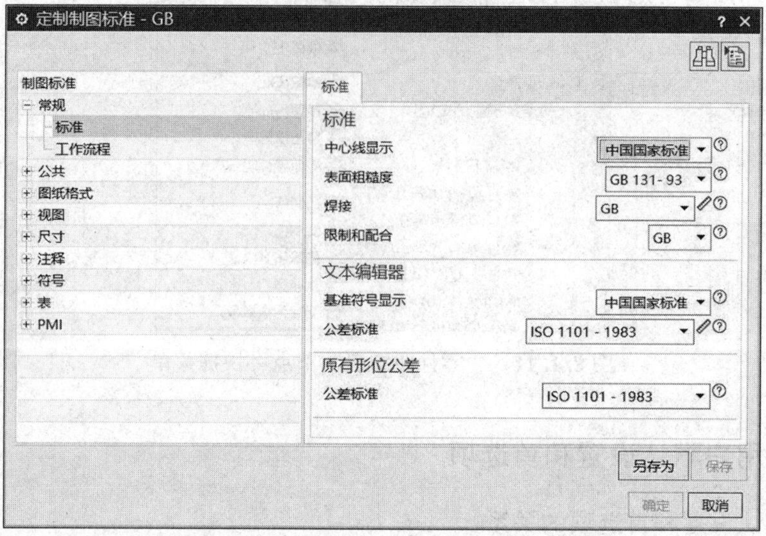

图8.1.12 “定制制图标准-GB”对话框

在“定制制图标准-GB”对话框中可以针对相应内容进行修改。由于涉及内容比较多，下面仅举例说明一些常用的设置。

① 修改工程图的配置。选择“视图”→“公共”节点，在“配置”选项卡中修改工程图的配置，如图8.1.13所示。

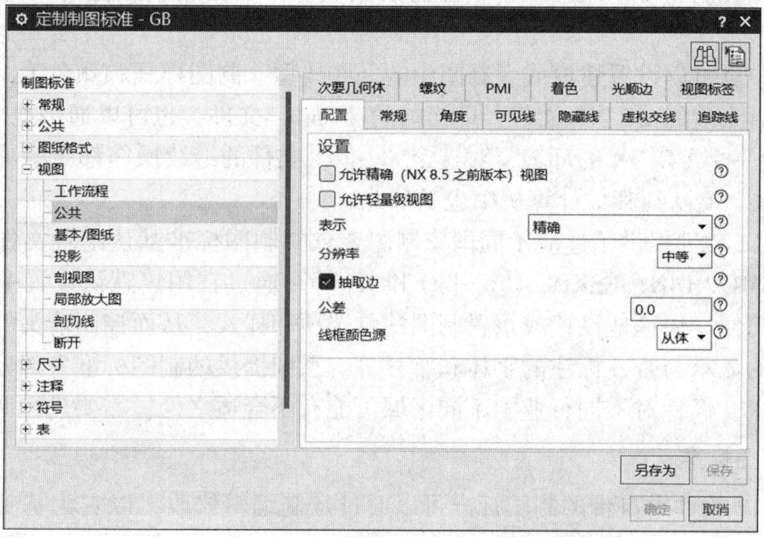

图8.1.13 “定制制图标准-GB”对话框“配置”选项卡

② 修改工程图的单位。选择“尺寸”→“文本”节点，在“单位”选项卡中修改工程图的单位，如图8.1.14所示。

图 8.1.14　“定制制图标准-GB”对话框“单位”选项卡

③ 修改工程图中注释的中心线样式。选择“注释”→“中心线”节点，在“中心线”选项卡中修改中心线的格式、尺寸等，如图 8.1.15 所示。

图 8.1.15　“定制制图标准-GB”对话框“中心线”选项卡

（4）另存为新的制图标准。在“定制制图标标准-GB”对话框中单击 另存为 按钮，弹出“另存为制图标准”对话框，输入标准名称“GB（new）”，单击 确定 按钮完成新制图标准的创建，如图 8.1.16 所示。

“定制制图标准-GB”对话框的标题自动改为“定制制图标准-GB（new）”。单击该对话框中的 取消 按钮，完成制图标准的定制。

注意：用户在“定制制图标准-GB”对话框中可以单击右上角的 “导入制图标准”按钮，系统会弹出“导入制图标准”对话框，此时可以选择相应的制图标准配置文件（后缀名为“.dpv”）进行导入，从而不需要一一设置。

图 8.1.16 “另存为制图标准”对话框

（5）设置默认的制图标准。系统返回“用户默认设置”对话框，选择“制图”→“常规/设置”节点，在“标准”选项卡的“制图标准”下拉列表中选择“GB（new）”选项，单击 确定 按钮，完成默认制图标准的设置。

注意：

① 此时系统可能弹出一个提示对话框，提示“对用户默认选项的更改将在您重新启动 NX 会话后生效”。这表示需要重启 UG NX 2212 软件后才能使新定制标准生效。

② 在 UG NX 2212 工作界面最底部有提示如下。

用户级默认值文件为：C:\Users\Administrator\AppData\Local\Siemens\NX2212\nx_GB(New)_Drafting_Standard_User.dpv。

3. 加载制图标准

在 UG NX 2212 软件中通过加载制图标准操作，可以很容易地重新设置当前 UG NX 文件的制图首选项。加载制图标准的操作方法如下。

（1）在 UG NX 2212 软件中打开范例文件，如“ch08-01-02.prt”。

（2）选择【菜单(M)】→【工具(T)】→【制图标准(D)…】命令。弹出“加载制图标准”对话框，如图 8.1.17 所示。

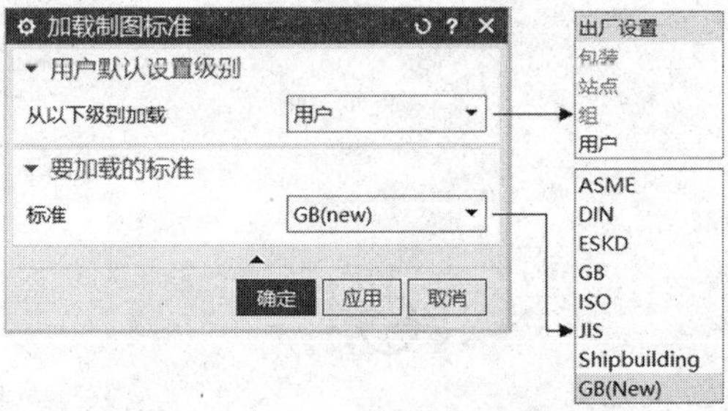

图 8.1.17 “加载制图标准”对话框

（3）在“加载制图标准”对话框的“从以下级别加载”下拉列表中选择“用户”选项，在“标准”下拉列表中选择“GB（new）”选项，然后单击 确定 按钮，完成新制图标准的加载。

加载新制图标准后，选择【菜单(M)】→【首选项(P)】→【制图(D)】命令，弹出“制图首选项”对话框，可以看到相关内容已按新制图标准进行设置，不需要用户一一设置。

注意：更改制图标准后，首选项的设置只对以后创建的制图对象起作用，已经创建的制图对象不会发生变化。

4. 各 UG NX 软件版本的定制制图标准

由于 UG NX 软件的用户定制制图标准是用户本机专用的，更换计算机或更换登录用户就无法使用，所以需要设法共享制图标准。如果知道用户定制制图标准文件的存储位置，就可以将其复制到其他计算机中进行使用。

UG NX 软件不同版本的用户定制制图标准文件位置有所不同，以计算机操作系统 Windows 10 或 Windows 11 为例，具体如下。

UG NX 2212 软件的制图样式用户默认设置文件在“C:\Users \ Administrator \ AppData \ Local \ Siemens \ NX2212”中。

（1）用户默认设置文件如下。

① NX_user. dpv；

② NX_user. xsl。

（2）定制制图标准文件如下。

① nx_GB(new)_Drafting_Standard_User. dpv；

② nx_GB(new)_Drafting_Standard_User. xsl。

（3）定制制图标准名称为“GB（new）”。

（4）当前系统的用户名为“Administrator”。

更换计算机时将对应版本的这 4 个文件复制到新计算机的同样位置然后加载对应的定制制图标准即可。

5. 制图首选项参数

在进入 UG NX 2212“制图”模块后，虽然在加载制图标准后相关参数都已经设置好，但是针对部分 UG NX 文件可能还需要做特殊设置，因此需要对“制图”模块的其他首选项参数进行调整，从而使所创建的工程图更符合制图标准。

在 UG NX 2212 软件中打开一个 UG NX 文件，进入“制图”模块后，选择【菜单(M)】→【首选项(P)】→【制图(D)】命令，弹出“制图首选项”对话框。以下针对常用的设置进行详细介绍。

1）图纸参数设置

（1）在“制图首选项”对话框中选择“图纸常规/设置”→“工作流程”节点，如图 8.1.18 所示。

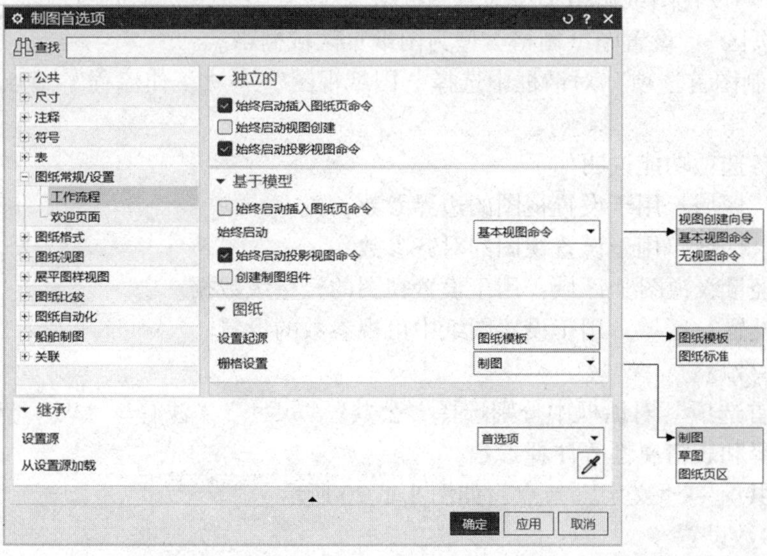

图 8.1.18 “制图首选项”对话框“图纸常规/设置”→“工作流程”节点

此节点下选项各功能说明如下。

①“独立的”区域：用于设置从独立 UG NX 文件进入“制图”模块时的命令流程。

a. ☑ 始终启动插入图纸页命令：勾选此复选框，进入“制图”模块后始终启动【插入图纸页】命令。

b. ☑ 始终启动视图创建：勾选此复选框，进入“制图”模块后始终启动【视图创建】命令。

c. ☑ 始终启动投影视图命令：勾选此复选框，在创建了基本视图后启动【投影视图】命令。

②“基于模型”区域：用于设置从模型文件（“建模”模块）进入“制图”模块时的命令流程。

a. ☑ 始终启动插入图纸页命令：勾选此复选框，进入“制图”模块后始终启动【插入图纸页】命令。

b. 始终启动：此下拉列表中有 3 个选项，分别如下。

- “视图创建向导”：创建视图时启动创建向导命令。
- “基本视图命令”：创建视图时启动基本视图命令。
- “无视图命令”：创建视图时不启动基本视图命令。
- ☑ 始终启动投影视图命令：勾选此复选框，在创建了基本视图后启动【投影视图】命令。
- ☐ 创建制图组件：勾选此复选框，在创建主模型视图后会在“装配导航器”中产生一个对应的制图组件。

③“图纸”区域：用于定义图纸设置参数来源。

a. 设置起源：此下拉列表中有 2 个选项，分别如下。

- “图纸模板”：图纸设置参数使用图纸模板中的设置。
- “图纸标准”：图纸设置参数使用用户默认设置中存储的制图标准的设置。

b. 栅格设置：此下拉列表中有 3 个选项，分别如下。

- “制图”：设置图纸栅格类型为制图栅格。
- “草图”：设置图纸栅格类型为草图栅格。
- “图纸页区”：设置图纸栅格类型为图纸页区域栅格。

(2) 在“制图首选项”对话框中选择“图纸视图”→“工作流程”节点，如图 8.1.19 所示。

此节点下各选项功能说明如下。

①“边界”区域：用于设置视图的边界参数。

②“预览”区域：用于设置视图的对齐参数。

③“智能轻量级视图”区域：用于设置视图的轻量级数据。

④“可见设置”区域：用于设置图纸中可视参数的设置。

2) 注释参数设置

在“制图首选项”对话框中分别选择“公共”“尺寸”“注释”“表”节点，可以调整文字属性、注释和表格属性等注释参数。

选择“公共”→“文字”节点，如图 8.1.20 所示。

3) 视图参数设置

在“制图首选项”对话框中选择“图纸视图”→“公共”节点，如图 8.1.21 所示，可

图 8.1.19　“制图首选项”对话框“图纸视图”→“工作流程”节点

图 8.1.20　“制图首选项”对话框“公共”→“文字”节点

以控制图样上的视图显示，包括隐藏线、可见线、光顺边和螺纹等内容。这些参数设置只对以后添加的视图有效，而对于已添加的视图则需要通过编辑视图的样式来修改。

4）视图标签参数设置

在“制图首选项”对话框中选择“图纸视图”→“基本/图纸”→“标签”节点，如图 8.1.22 所示，其功能说明如下。

图 8.1.21　“制图首选项”对话框“图纸视图”→“公共”节点

（1）控制视图标签的显示，并查看图样上成员视图的视图比例标签。

（2）控制视图标签的前缀名、字母、字母格式和字母比例数值的显示。

（3）控制视图比例的文本位置、前缀名、前缀文本比例数值、数值格式和数值比例数值的显示。

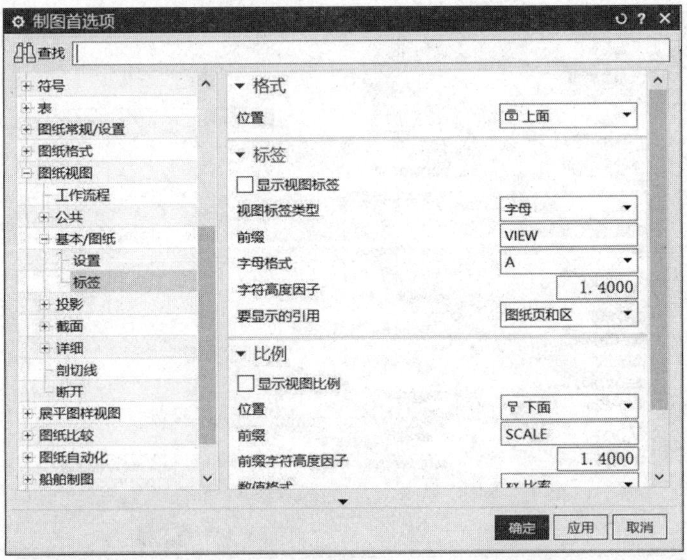

图 8.1.22　“制图首选项”对话框“图纸视图”→“基本/图纸”→“标签”节点

5）视图截面线设置

在“制图首选项”对话框中选择“图纸视图”→“截面”节点，其功能是控制以后添加到图样中的剖切线的显示样式。

8.1.3　工程图纸的管理

UG NX 2212 软件中工程图纸的管理包括工程图纸的创建、编辑和删除，以及工程图纸的图框和标题栏的导入，下面分别进行介绍。

1. 工程图纸的创建和编辑

1）工程图纸的创建

（1）在 UG NX 2212 软件中打开范例文件“ch08-01-03.prt”，选择“应用模块”功能选项卡“设计”组中的【制图】命令，进入“制图”模块。

（2）选择“主页”功能选项卡中的【新建图纸页】命令（或选择【菜单(M)】→【插入(S)】→【图纸页(H)...】命令），弹出“图纸页”对话框，如图 8.1.23 所示。

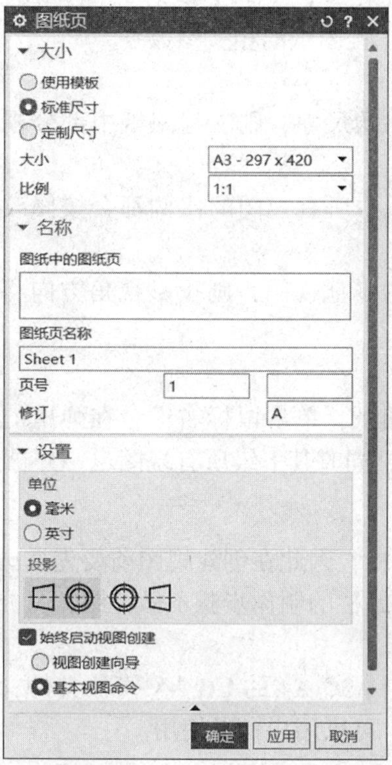

图 8.1.23　“图纸页”对话框

微课视频——工程图中图框导入方法

“图纸页”对话框中各选项功能说明如下。

①“大小”区域：用于设置图纸的大小尺寸。通常情况下单击“标准尺寸”单选按钮，再根据模型选择合适的图纸大小（如 A2、A3、A4 等）、图纸比例。

②“名称”区域：用于设置图纸页的名称，通常情况下默认即可。

③“设置”区域。

“单位”区域：用于设置图纸的单位，默认选中◉毫米。

“投影”区域：指定第一视角投影或第三视角投影。按照国标，应选择第一视角投影。注意：一旦选定且图纸中创建了视图，那么将不能修改，因此，在创建工程图纸时必须选择正确，否则影响整个工程图纸的视图方向。

④ 其他设置默认即可。

（3）单击“图纸页”对话框中的 确定 按钮，完成工程图纸的创建。同时，系统可能弹出“视图创建向导”对话框，在“视图创建向导”对话框中单击 取消 按钮，不启动视图创建向导。

（4）工程图纸创建完成后，在“部件导航器”中的图纸节点下自动生成一个“图纸页”图纸。

在图纸页名称后面带有“（工作的-活动）”，表示这是图形区当前显示的工程图纸。

2）工程图纸的编辑

对于已创建好的工程图纸，可以修改其大小、比例等。在“部件导航器”中选定要编辑的工程图纸，单击鼠标右键，在弹出的快捷菜单中选择【编辑图纸页(H)...】命令，弹出“图纸页”对话框，利用该对话框可以编辑此工程图纸的相关参数。

注意：

（1）如果将工程图纸从大的尺寸更换为小的尺寸，则工程图纸中部分视图可能超出范围，从而提示不可更改。

（2）如果修改工程图纸比例，则工程图纸中所有视图的比例都会按修改后的比例进行调整，可能影响布局。

（3）如果工程图纸中已有除基本视图外的其他视图，则投影视角方向将不能修改；只有删除其他视图，才能修改投影视角方向。

3）工程图纸的删除

在“部件导航器”中选定要删除的工程图纸，单击鼠标右键，在弹出的快捷菜单中选择【删除(D)】命令，即可删除所选图纸页，同时其下级所有视图也一并被删除。

2. 工程图纸的图框和标题栏

一张合格的工程图纸必须包括图框和标题栏，因此在创建视图前要先按国标制作图框和标题栏。由于本书篇幅有限，所以对图框和标题栏的制作步骤不做介绍，只介绍如何导入合格的图框和标题，从而快速进行下一步的操作。

（1）在本书的范例文件中已经创建了 A2、A3、A4 的 UG NX 模板文件，其中带有已制作好的标准图框和标题栏，如图 8.1.24 所示，可供用户参考使用。

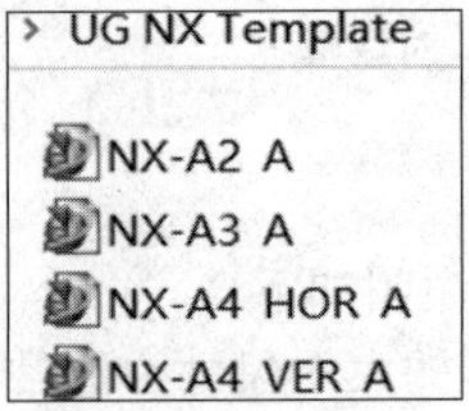

图 8.1.24　UG NX 模板文件

① 其中 A4 大小的 UG NX 模板文件有两个——“NX-A4 HOR A. prt”和“NX-A4 VER A”. prt，分别是横向和竖向的形式。

② 在 UG NX 2212 软件中打开某个 UG NX 模板文件如“NX-A3 A. prt”，可以看到其只带有 A3 的图框以及标题栏，但不带有其他模型数据，如图 8.1.25 所示。因此，可以将它导

入实际的工程图纸进行使用。

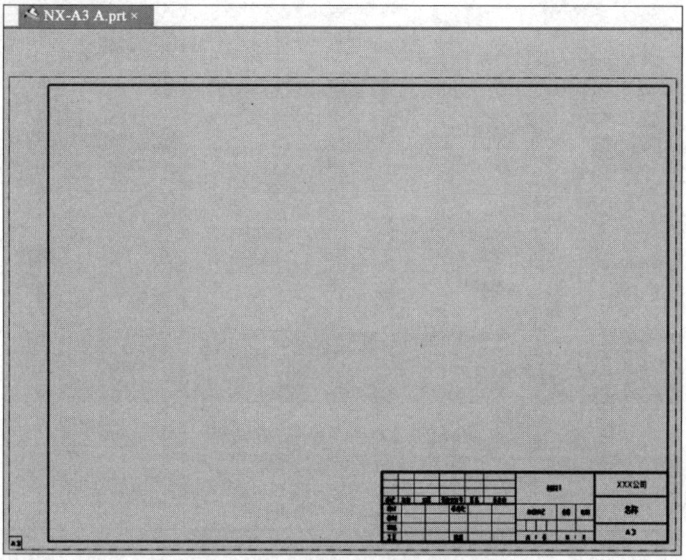

图 8. 1. 25　UG NX 模板文件

（2）在 UG NX 2212 软件中打开范例文件“ch07-01-03. prt”，切换到“制图”模块。前面已创建好一张空白的工程图纸，大小为 A3。

（3）选择【文件(F)】→【导入(M)】→【部件(P)】命令，弹出“导入部件”对话框，如图 8. 1. 26 所示。

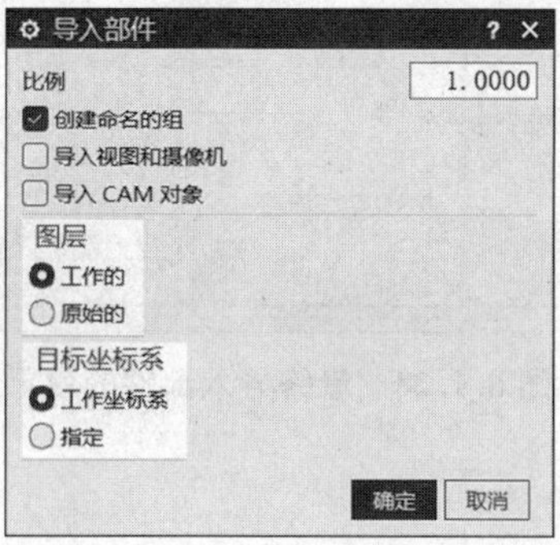

图 8. 1. 26　“导入部件”对话框

（4）在“导入部件”对话框中保持默认设置，单击确定按钮后弹出新对话框，选择要导入的模板文件，因为当前工程图纸大小是 A3，所以选择“NX-A3 A. prt”文件。

（5）单击 OK 按钮，弹出“点”对话框，指定导入点的目标位置（0，0），如图 8. 1. 27 所示。

（6）单击“点”对话框中的确定按钮，成功导入部件，可以看到工程图纸中已经加入了图框和标题栏。

单击“点”对话框中的取消按钮，关闭当前“点”对话框。

注意：不要再单击确定按钮，否则将再次导入图框和标题栏，并重叠在一起。

（7）最终导入部件的效果如图 8. 1. 28 所示。导入部件之后即可以根据部件信息修改标

图 8.1.27　“点”对话框

题栏中的相关信息。

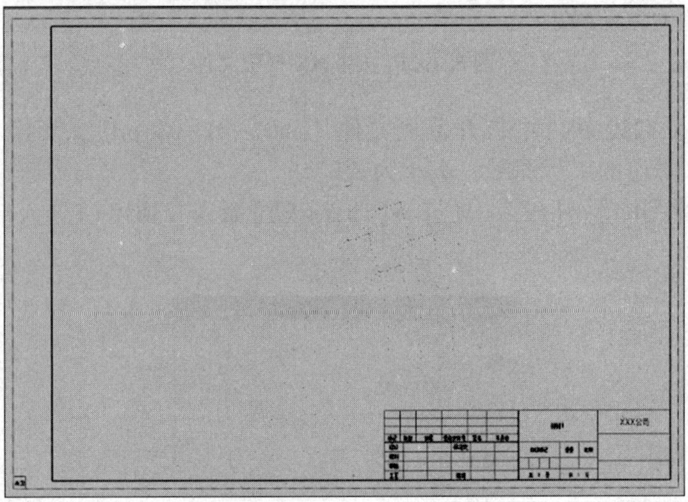

图 8.1.28　最终导入部件的效果

8.1.4　视图的创建

视图是安装三维模型的投影关系生成的，主要用来表达零部件模型的内、外部结构及尺寸。创建好工程图纸后，就可以向工程图纸中添加所需要的视图，在 UG NX 2212 软件中，视图分为基本视图、投影视图、剖视图和局部放大图等。基本视图是基于三维实体模型添加到工程图纸中的视图，所以又称为模型视图。基本视图外的视图都是基于工程图纸中的其他视图建立的，被用来当作参考的视图称为父视图。每添加一个视图，除基本视图外都需要指定父视图。

1. 基本视图

基本视图是基于三维几何模型的视图，可以独立放置在图纸页上，也可以作为其他视图的父视图。

(1)【基本视图】命令可通过以下方式找到。

①“主页”功能选项卡“视图”组→【基本视图】命令。

②【菜单(M)】→【插入(S)】→【视图(W)】→【基本(B)...】命令。

(2)“基本视图”对话框如图 8.1.29 所示。

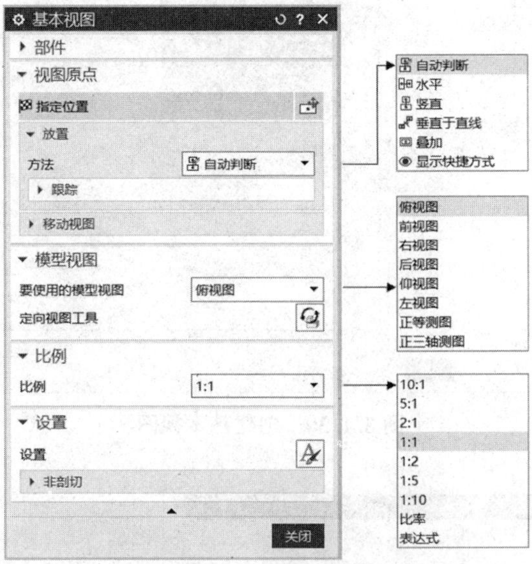

图 8.1.29 “基本视图”对话框

“基本视图”对话框中各选项的功能说明如下。

①“部件”区域：用于加载部件、显示已加载部件和最近访问的部件。

②“视图原点”区域：用于定义视图在图形区的摆放位置，例如水平、竖直、鼠标在图形区的单击位置或系统的自动判断等，默认选择“自动判断”选项即可。

③“模型视图”区域：用于定义视图的方向，例如俯视图、前视图、后视图和仰视图等；单击该区域的“定向视图工具”按钮，弹出“定向视图工具”对话框，通过该对话框可以创建自定义的视图方向。

④“比例”区域：为将要创建的基本视图指定一个特定的比例值，默认的视图比例等于该图纸页的比例。

⑤“设置”区域：用于设置基本视图的视图样式，单击该区域的“设置”按钮，弹出“设置”对话框。

在“基本视图”对话框中设置好相关参数后，在图形区自动出现基本视图的预览，移动光标到合适位置后，单击确定视图的摆放位置，如图 8.1.30 所示。

2. 投影视图

投影视图是根据所选俯视图创建的相应正交视图或辅助视图。在创建投影视图前工程图纸中必须有基本视图作为父视图，否则投影视图的命令是不可用的（灰色）。

(1)【投影视图】命令可通过以下方式找到。

①“主页”功能选项卡“视图”组→【投影视图】命令。

②【菜单(M)】→【插入(S)】→【视图(W)】→【投影(J)...】命令。

(2)“投影视图”对话框如图 8.1.31 所示。

在“投影视图”对话框中各选项的功能说明如下。

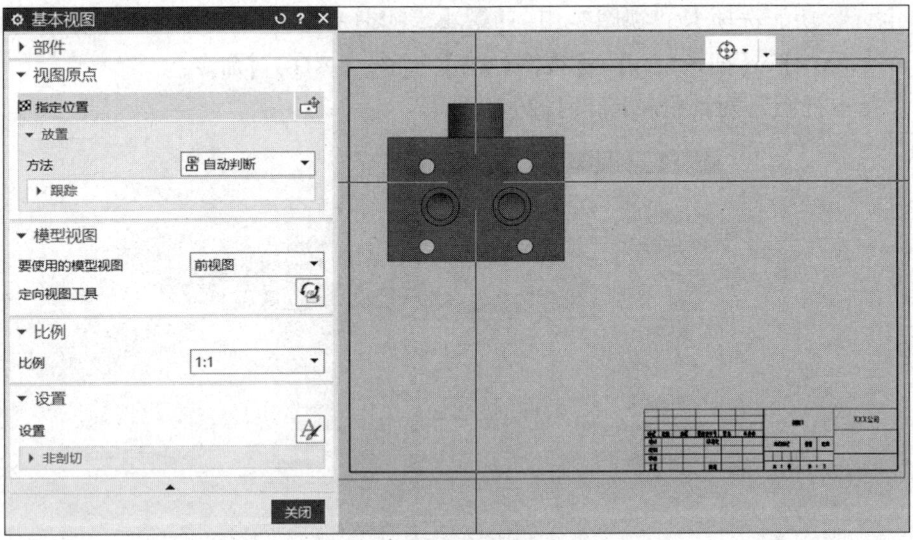

图 8.1.30　创建基本视图

图 8.1.31　“投影视图”对话框

①“父视图”区域：用于指定某个视图作为父视图。

②“铰链线”区域：用于定义铰链线作为投影方向。

③“视图原点”区域：用于定义视图在图形区的摆放位置，例如水平、竖直、鼠标在图形区的单击位置或系统的自动判断等，默认选择“自动判断”选项即可。

④“设置”区域：用于设置投影视图的视图样式，单击该区域的“设置”按钮，弹出“设置”对话框。

(3) 创建投影视图的基本步骤。

① 选择【投影视图】命令，弹出“投影视图”对话框。

② 如果工程图纸中只有一个基本视图，则其自动被作为父视图。

③ 由于“矢量选项”下拉列表中默认选择“自动判断”选项，所以在图形区移动光标，系统的铰链线及投影方向都会自动改变，移动光标到合适位置处单击，即可添加一个正

交投影视图，如图 8.1.32 所示。

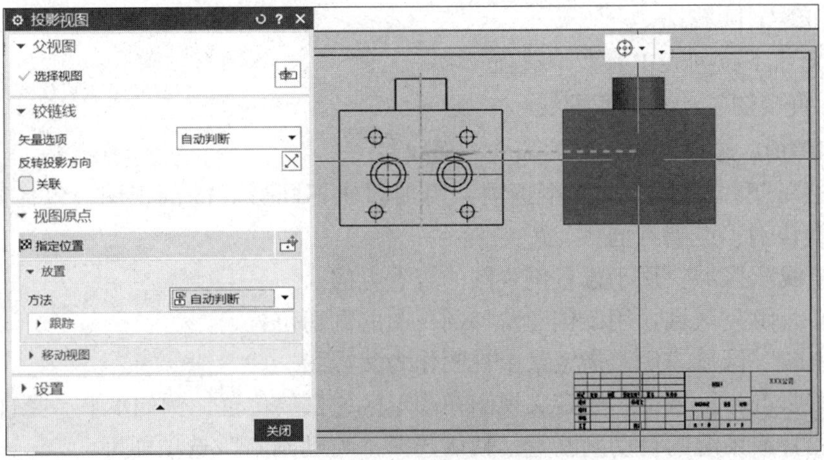

图 8.1.32 创建投影视图

④ 投影视图创建完成后，单击“投影视图”对话框中的 关闭 按钮，退出操作。

3. 剖视图

剖视图通常用来表达零部件的内部结构和形状。它是以一个假想平面为剖切面，对视图进行整体的剖切操作。【剖视图】命令可以创建具有剖切性质的视图，包括简单剖视图/阶梯剖视图、半剖视图、旋转剖视图、点到点剖视图。

(1)【剖视图】命令可通过以下方式找到。

①“主页”功能选项卡“视图”组→【剖视图】命令。

②【菜单(M)】→【插入(S)】→【视图(W)】→【剖视图(S)...】命令。

(2)“剖视图”对话框如图 8.1.33 所示。

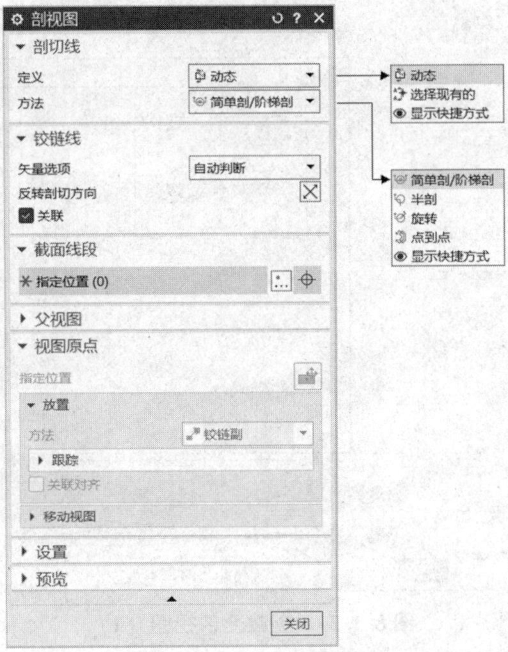

图 8.1.33 “剖视图”对话框

“剖视图”对话框中各选项的功能说明如下。

①“剖切线”区域。

a.“定义”下拉列表中有 2 个选项。

动态：直接创建动态的截面线。

选择现有的：选择已创建好的独立截面线。

b.“方法”下拉列表中有 4 个选项，用于创建不同形式的剖视图，包括简单剖/阶梯剖、半剖、旋转剖、点到点剖。

②“铰链线”区域：用于设置剖视图的查看方向。

③“截面线段”区域：用于创建阶梯剖视图的剖切位置。

④“父视图”区域：用于指定某个视图作为父视图。

⑤“视图原点”区域：用于定义视图在图形区的摆放位置，例如水平、竖直、鼠标在图形区的单击位置或系统的自动判断等，默认选择“自动判断”选项即可。

⑥“设置”区域：用于设置剖切线样式和视图样式，单击该区域的“设置”按钮，弹出“设置”对话框。

⑦“预览”区域：用于以三维方式查看剖切平面和效果以及移动视图。

下面针对不同的剖视图创建方法分别介绍。

1）全剖视图

全剖视图是一种最简单的剖视图，下面以一个范例来演示其创建的操作过程。

（1）在 UG NX 2212 软件中打开范例文件“ch08-01-04-03. prt”并进入“制图”模块，它已创建好工程图纸及基本视图。

（2）选择“主页”功能选项卡“视图”组中的【剖视图】命令，弹出“剖视图”对话框，如图 8. 1. 34 所示。

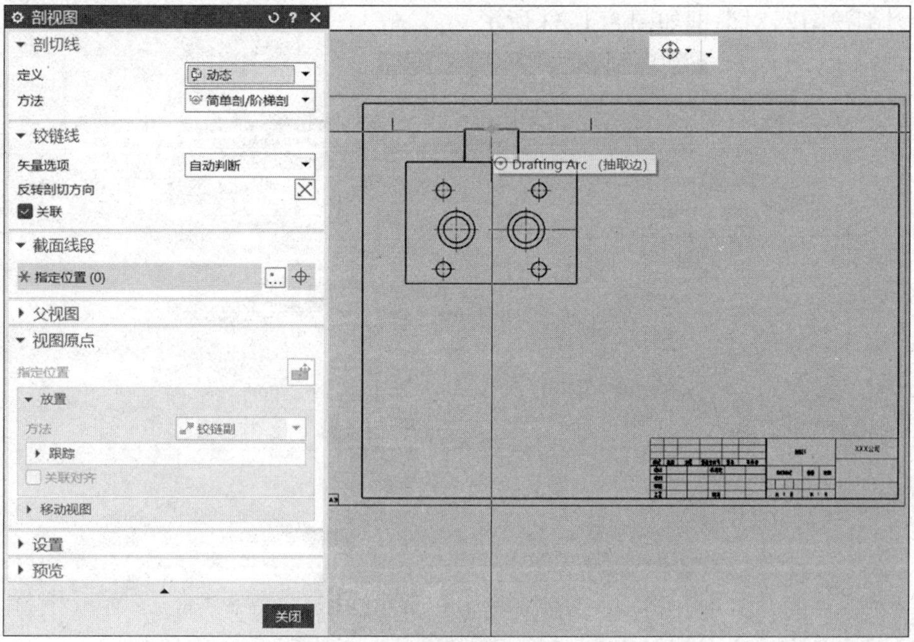

图 8. 1. 34　创建全剖视图（1）

① 定义剖切类型。在“剖切线”区域的“方法”下拉列表中选择 简单剖/阶梯剖 选项。

② 选择剖切位置。先确认上边框条中的⊙按钮被按下（即打开捕捉方式中的圆心捕捉），选取图 8. 1. 34 所示的图形区的指定圆，系统自动捕捉其圆心位置。

③ 由于“铰链线”下拉列表中默认选择“自动判断”选项，所以此时系统的铰链线将经过此剖切位置点。

说明：系统自动选择距剖切位置最近的视图作为创建剖视图的父视图。

(3) 放置剖视图。由于已定义好铰链线所经过的剖切位置点，所以在图形区移动光标，系统的铰链线将始终绕剖切位置点旋转，同时剖切方向会垂直于铰链线而自动改变，移动光标到合适位置处，如图 8. 1. 35 所示。

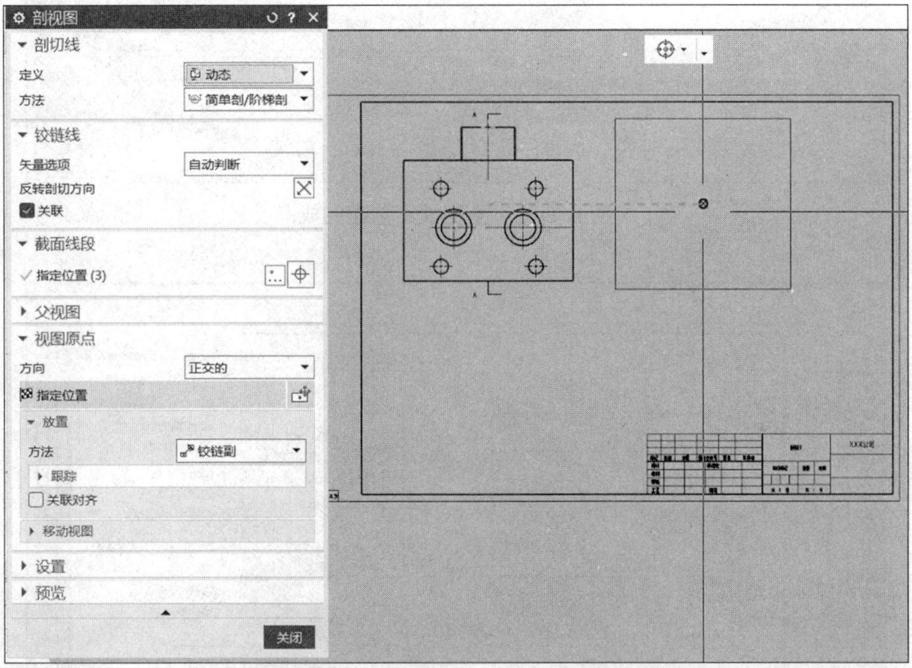

图 8. 1. 35 创建全剖视图（2）

单击即可添加一个全剖视图，如图 8. 1. 36 所示。

(4) 单击 关闭 按钮，完成剖视图的创建。

2）阶梯剖视图

阶梯剖视图也是一种全剖视图，只是阶梯剖的剖切平面一般是一组平行的平面，且剖切线为一条连续垂直的折线。下面以一个范例来演示其创建的操作过程。

(1) 在 UG NX 2212 软件中打开范例文件“ch08-01-04-03. prt”并进入“制图”模块，它已创建好工程图纸及基本视图。

(2) 选择【 剖视图】命令，弹出“剖视图”对话框。

(3) 创建全剖视图。先按照全剖视图的创建方法创建一个全剖视图，然后选定全剖视图后单击鼠标右键，在弹出的快捷菜单中选择【 编辑(E)...】命令，如图 8. 1. 37 所示。

(4) 编辑全剖视图。选择【 编辑(E)...】命令后弹出“剖视图”对话框，在该对话框

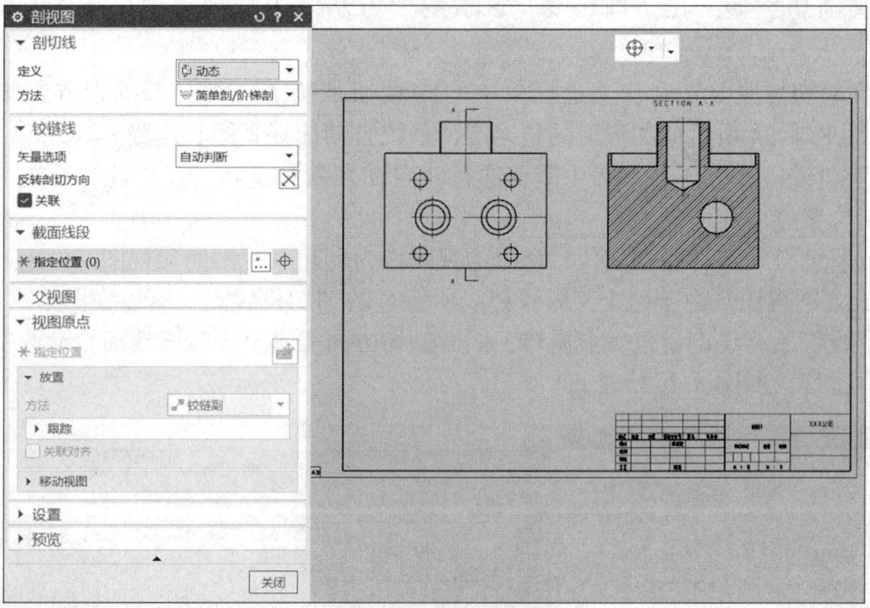

图 8.1.36　全剖视图创建完成

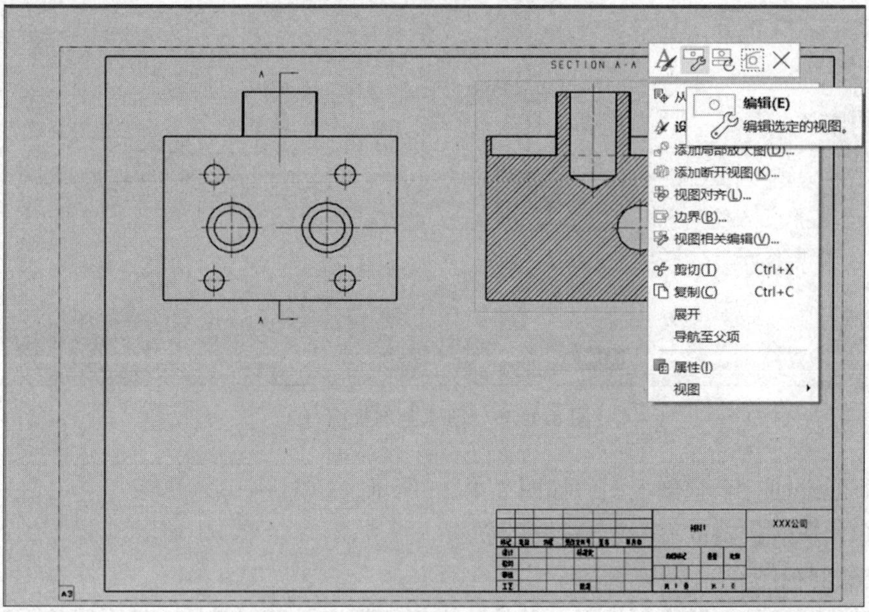

图 8.1.37　编辑全剖视图（1）

中可以看到“截面线段”区域的“指定位置（3）”，选中它，如图 8.1.38 所示。

（5）添加截面线段。确定“剖视图”对话框中的“指定位置（3）”被选中，且上边框条中的⊙按钮被按下，选取图形区的指定圆，即可在剖视图中添加截面线段。

（6）选取圆心点后单击，“剖视图”对话框中的“截面线段”区域出现“指定位置（5）”，截面线段根据选定点自动生成折弯线段并剖切，可根据需要选择多个点形成截面线段，如图 8.1.39 所示。

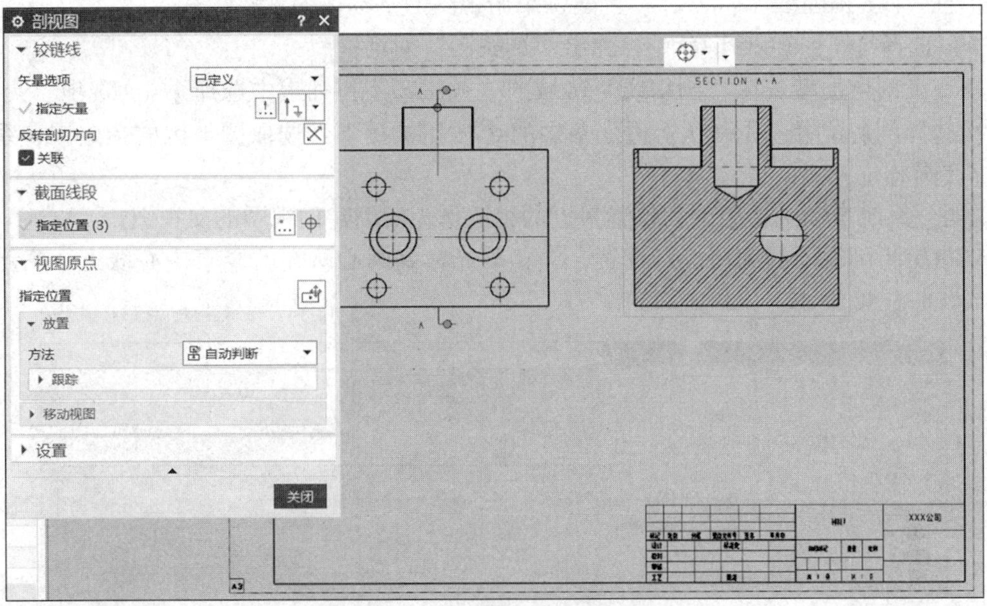

图 8.1.38　编辑全剖视图（2）

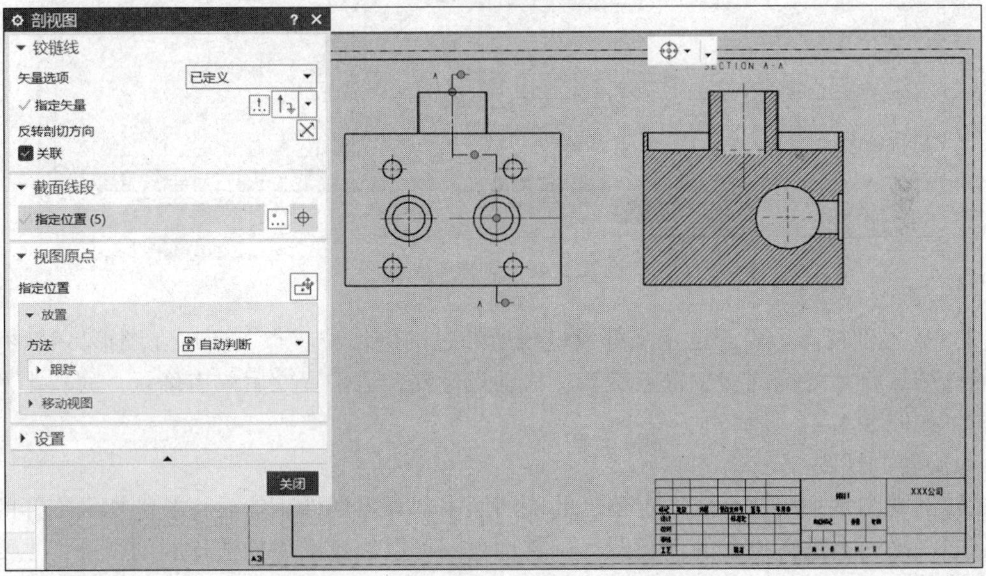

图 8.1.39　阶梯剖视图创建完成

单击 关闭 按钮，完成阶梯剖视图的创建。

说明：可拖动图形区的截面线段上的控制点-○-，移动截面线段的位置，创建合适的阶梯剖视图。

3）半剖视图

半剖视图通常用来表达对称零部件，一半剖视图表达零部件的内部结构，另一半视图表达零部件的外形。下面以一个范例来演示其创建的操作过程。

（1）在 UG NX 2212 软件中打开范例文件“ch08-01-04-03. prt”并进入“制图”模

块，新建一个工程图纸“sheet2”，创建一个俯视图的基本视图。

（2）选择【剖视图】命令，弹出“剖视图”对话框。

① 定义剖切类型。在“剖切线”区域的“方法”下拉列表中选择半剖选项。

② 选择剖切位置。先确认上边框条中的按钮被按下，选取图形区的指定圆，系统自动捕捉其圆心位置。

说明：系统自动选择距剖切位置最近的视图作为所创建剖视图的父视图。

③ 指定半剖视图的剖切终点位置，即移动光标到圆心所在的竖直中心线上，确定剖切线，如图 8.1.40 所示。

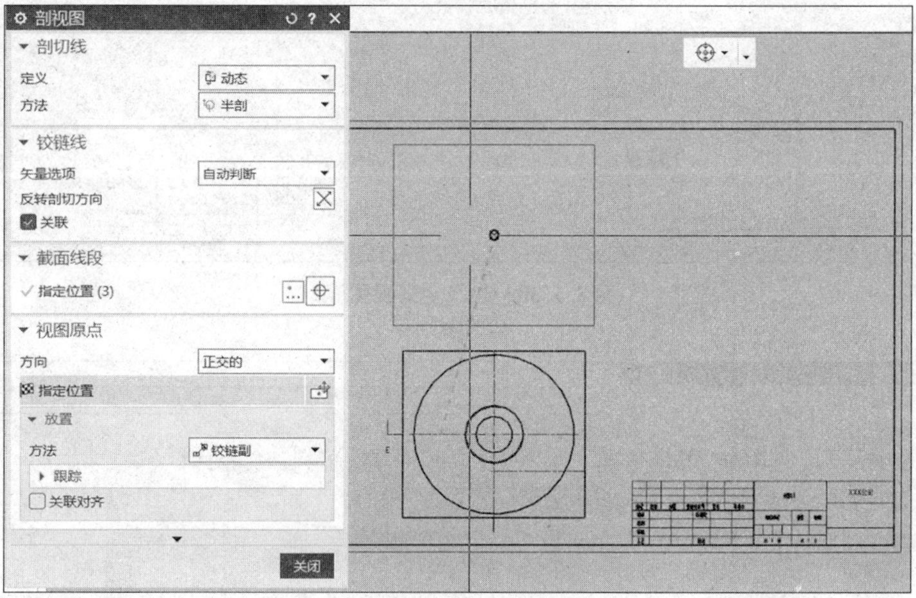

图 8.1.40　创建半剖视图

（3）放置剖视图。由于已定义好铰链线所经过的剖切位置点，所以在图形区移动光标，系统的铰链线将始终绕剖切位置点旋转，移动光标到合适位置处后单击确认，完成半剖视图的创建，如图 8.1.41 所示。

4）旋转剖视图

旋转剖视图是采用两个成一定角度的剖切面来剖开零部件，然后将被剖切面剖开的结构旋转到同一平面上进行投影的剖视图。旋转剖视图可以创建围绕轴选择的剖视图，主要用来表达具有回转特征零部件的内部形状。旋转剖视图可以包含一个旋转剖切面，也可以包含阶梯以形成多个剖切面。

旋转剖视图也是使用【剖视图】命令创建，在“剖视图”对话框中“剖切线”区域的“方法”下拉列表中选择旋转选项，大部分操作与前述相同，不同之处是要指定旋转点。在此不再举例说明。

5）点到点剖视图

点到点剖视图是使用任何父视图中连接一系列指定点的剖切线来创建一个展开的剖视图。点到点剖视图也是使用【剖视图】命令创建，在“剖视图”对话框中“剖切线”区域的“方法”下拉列表中选择点到点选项即可。

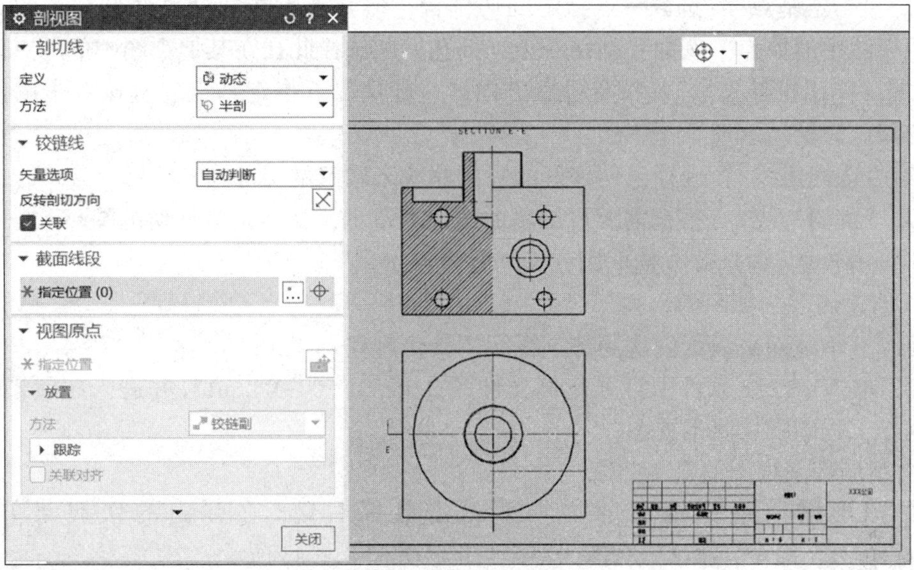

图 8.1.41 半剖视图创建完成

4. 局部剖视图

局部剖视图是通过移除零部件某个局部区域的材料来查看内部结构的视图，其常用于轴、连杆等实心零件上有小孔、槽和凹坑等局部结构需要进行表达的情况。创建局部剖视图时需要提前绘制封闭的曲线来定义要剖开的区域。

(1)【局部剖视图】命令【局部剖】命令可通过以下方式找到。

①“主页”功能选项卡“视图”组→【局部剖视图】命令。

②【菜单(M)】→【插入(S)】→【视图(W)】→【局部剖(O)...】命令。

(2)“局部剖”对话框如图 8.1.42 所示。

图 8.1.42 “局部剖”对话框

“局部剖”对话框中各选项的功能说明如下。

①“操作”区域：用于创建、编辑、删除局部剖视图。

②“创建剖视图”区域：具有以下 5 个按钮。

a. “选择视图”：在视图列表或图形区中选择已建立局部剖视图边界的视图作为父视图。

b. “指定基点”：选取一点指定剖切位置，但基点不能选择局部剖视图的点，而要选择其他视图中的原点。例如要剖切一个局部孔，则选择此孔在其他视图中的原点。

c. “指出拉伸矢量”：指定投影方向，一般情况下指定基点后直接单击鼠标中键接受系统的默认矢量。

d. “选择曲线”：选择已创建好的封闭曲线来确定剖切范围。

e. “编辑边界”：根据需要可编辑曲线边界范围，从而调节剖切范围。

③ 切穿模型：勾选此复选框则完全切透模型。

（3）创建局部剖视图的步骤。

下面以一个范例来演示创建局部剖视图的操作过程。

① 在 UG NX 2212 软件中打开范例文件“ch08-01-04-04. prt”并进入“制图”模块，它已创建好工程图纸及基本视图。

② 绘制局部剖视图的草图曲线。

a. 在图形区选中俯视图的边界并单击鼠标右键，在弹出的快捷菜单中选择【活动草图视图】命令，激活该视图为草图视图，如图 8. 1. 43 所示。

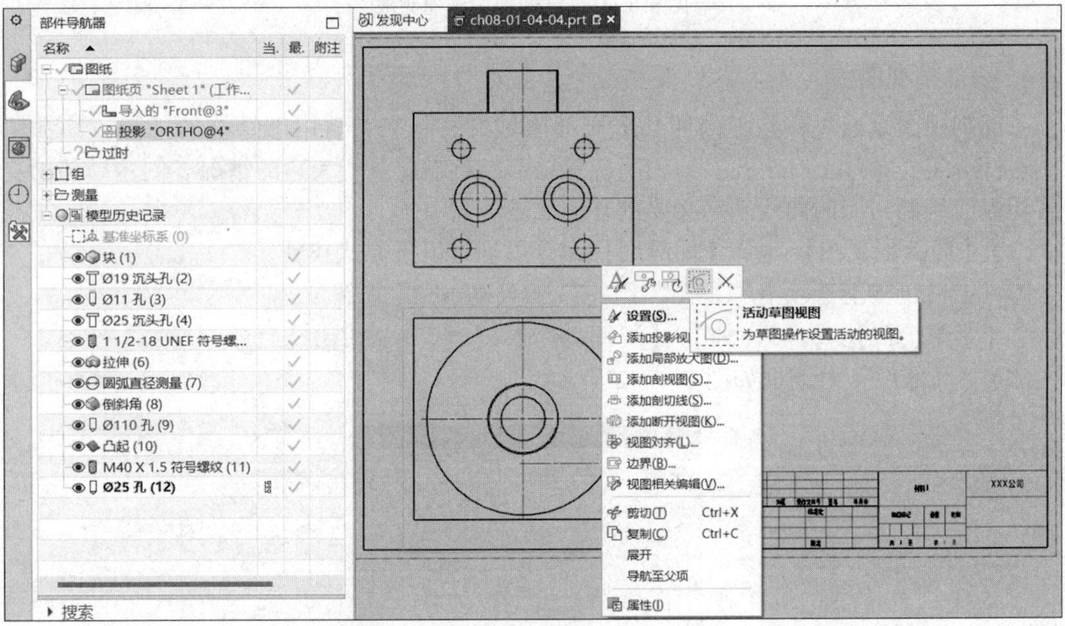

图 8. 1. 43　编辑活动草图视图（1）

激活后可以看到“部件导航器”中此视图名称后带有“(活动)”，如 投影"ORTHO@4"(活动)。

b. 选择“主页”功能选项卡“草图”组中的【样条】命令，弹出“艺术样条”对话框，选择通过点类型，在图形区确定 4 个点后勾选封闭复选框，绘制样条曲线，如图 8. 1. 44 所示。

c. 单击完成草图按钮，完成草图曲线的绘制。

③ 创建局部剖视图。选择【局部剖视图】命令，弹出“局部剖”对话框。

a. 选择视图。在“局部剖”对话框中单击创建单选按钮，在系统左下角选择一个生成局部剖的视图的提示下，单击选取ORTHO@4，此时“局部剖”对话框变成图 8. 1. 45 所示的状态。

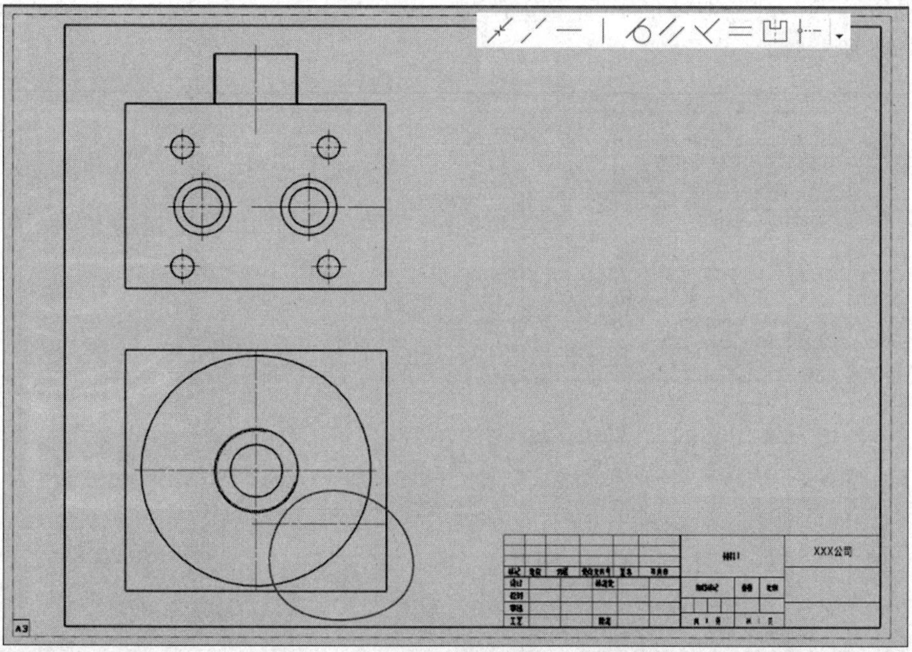

图 8.1.44 编辑活动草图视图（2）

b. 定义基点。在系统左下角定义基点-选择对象以自动判断点的提示下，选取图 8.1.46 所示的圆心作为基点。

c. 定义拉伸的矢量方向。直接单击鼠标中键接受系统的默认矢量。

d. 选择曲线确定剖切范围。单击“局部剖”对话框中的按钮，选择之前创建好的草图曲线。

图 8.1.45 创建局部剖视图（1）

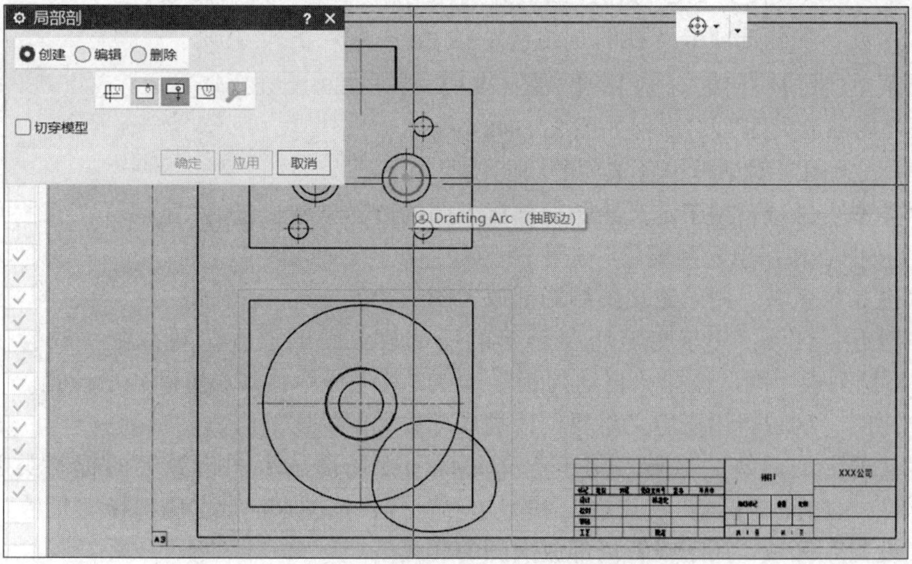

图 8.1.46 创建局部剖视图（2）

④ 单击“局部剖”对话框中的应用按钮，再单击取消按钮，完成局部剖视图的创建，如图 8.1.47 所示。

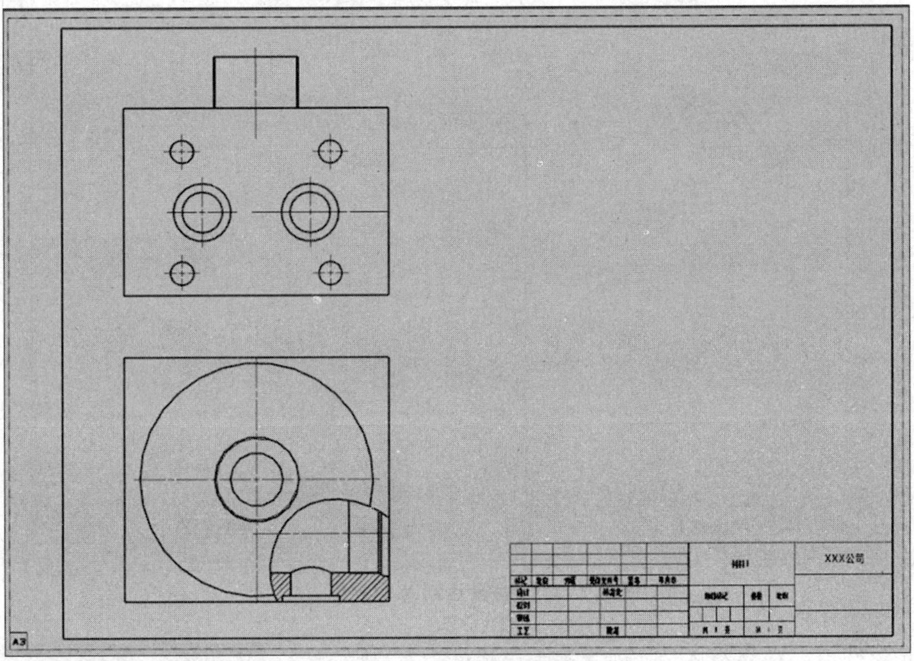

图 8.1.47　局部剖视图创建完成

5. 局部放大图

局部放大图是将现有视图的某个部位单独放大并建立一个新的视图，以便清晰地表达其内部结构和尺寸。

(1)【局部放大图】命令可通过以下方式找到。

①“主页”功能选项卡“视图”组【局部放大图】命令。

②【菜单(M)】→【插入(S)】→【视图(W)】→【局部放大图】命令。

(2)“局部放大图”对话框如图 8.1.48 所示。

“局部放大图”对话框中各选项的功能说明如下。

①“类型”区域：用于定义绘制局部放大图的边界类型，包括“圆形”“按拐角绘制矩形”和“按中心和拐角绘制矩形”3 种。

②“边界”区域：用于定义绘制局部放大图的边界位置。

③“原点”区域：用于指定将要创建的局部放大图的放置位置；在“放置”区域的“方法”下拉列表中默认选择“自动判断”选项，移动光标将其放置到合适位置。

④“比例”区域：用于定义将要创建的局部放大图的比例值。

⑤“父项上的标签”区域：用于定义父视图中局部放大图边界上的标签类型，包括“无”“圆”“注释”“标签”“内嵌”和“边界”等；按国家标准，应选择“标签”选项。

⑥“设置”区域：用于设置局部放大图的样式。

(3) 创建局部放大图的步骤。

下面以一个范例来演示创建局部放大图的操作过程。

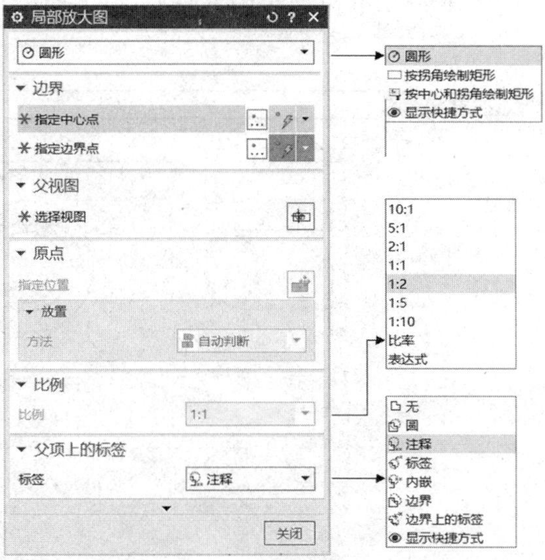

图 8.1.48　“局部放大图”对话框

① 在 UG NX 2212 软件中打开范例文件“ch08-01-04-05. prt”并进入“制图”模块，它已创建好工程图纸及基本视图。

② 选择【局部放大图】命令，弹出“局部放大图”对话框。

a. 在“类型”下拉列表中选择圆形选项，在“父项上的标签”区域的“标签”下拉列表中选择标签选项。

b. 指定边界的中心点和边界点。选取图形区中准备创建局部放大图的位置，再选取边界点，确定局部放大图的中心和边界，如图 8.1.49 所示。

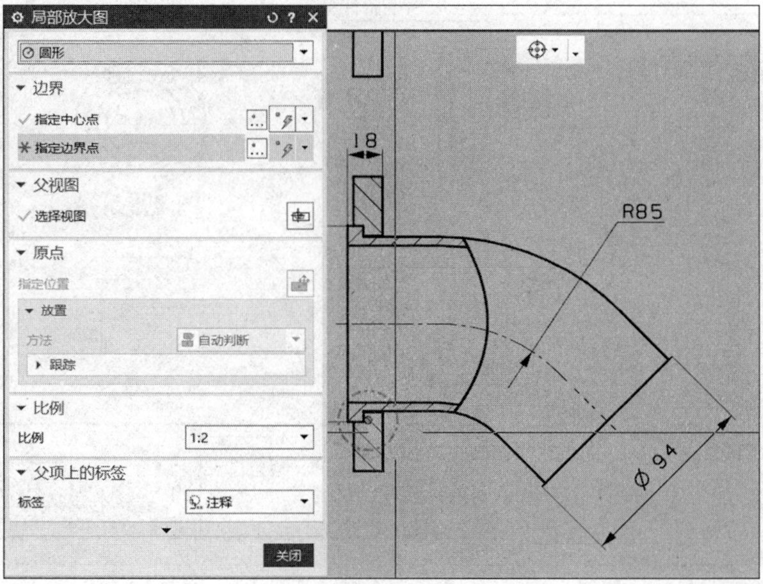

图 8.1.49　创建局部放大图（1）

说明：系统自动选择边界所在的视图作为局部放大图的父视图。

c. 指定视图的比例。在“比例”下拉列表中选择合适的比例，局部放大图按比例自动调整，如图 8.1.50 所示。

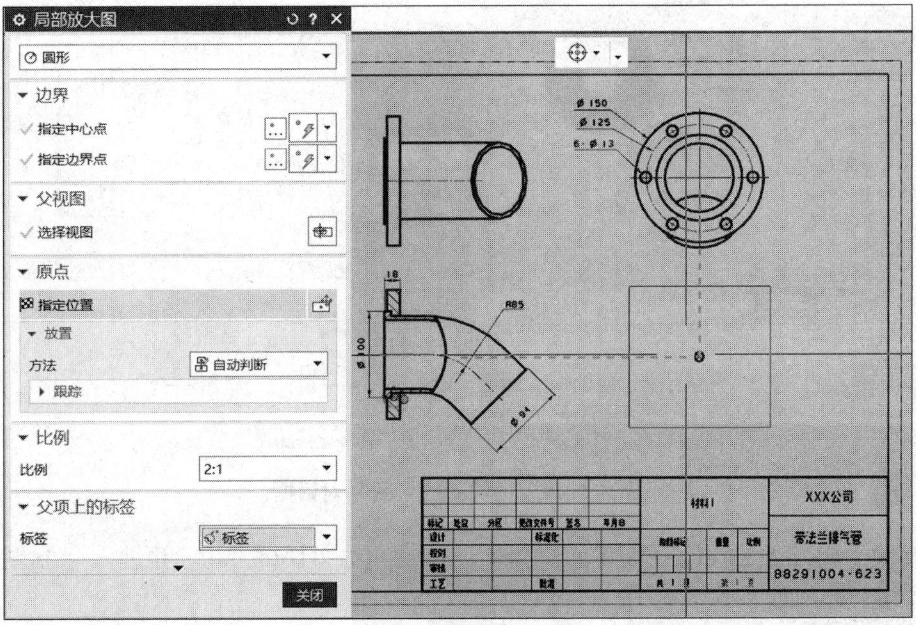

图 8.1.50　创建局部放大图（2）

③ 确定放置位置。在图形区移动光标，将局部放大图放到合适位置后单击，确定其放置位置，如图 8.1.51 所示。

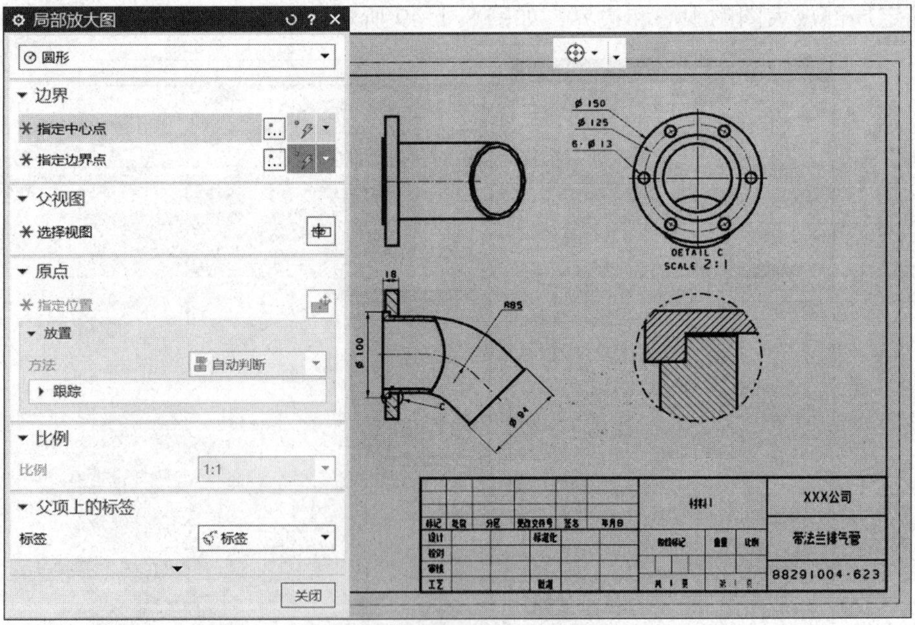

图 8.1.51　局部放大图创建完成

④ 单击“局部放大图”对话框中的 关闭 按钮，完成局部放大图的创建。

8.1.5 视图操作与编辑

1. 更新视图

在产品设计过程中，如果修改了零部件模型的形状或尺寸，则应该及时进行视图更新，以确保工程图纸处于最新的状态。

(1)【更新视图】命令【更新】命令可通过以下方式找到。

①“主页”功能选项卡“视图”组→【更新视图】命令。

②“编辑（E）”→【视图(W)】→【更新(U)...】命令。

(2)“更新视图”对话框如图 8.1.52 所示。

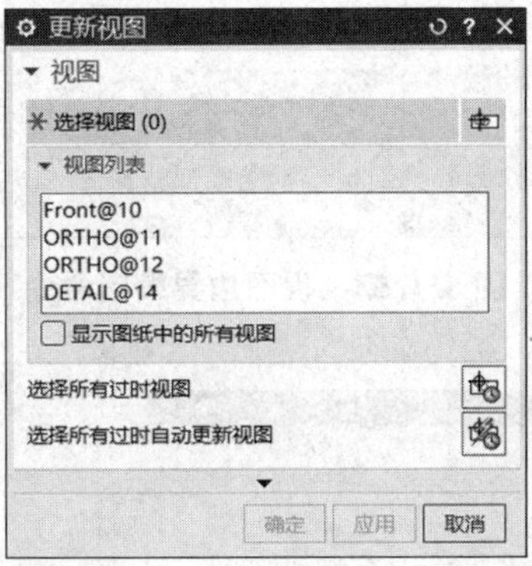

图 8.1.52 “更新视图”对话框

“更新视图”对话框中各选项的功能说明如下。

① 显示图纸中的所有视图：勾选此复选框，则列出此零部件所有图纸页面上的视图，可供选择；取消勾选此复选框，则只列出当前显示的图纸页面上的视图。

② 选择所有过时视图：用于选择工程图纸中的所有过时视图。单击 应用 按钮，则更新这些视图。

③ 选择所有过时自动更新视图：用于选择工程图纸中的所有过时视图并自动更新。

2. 视图边界编辑

通过编辑视图边界可以在视图中只显示需要的几何特征，同时隐藏不需要的几何特征。

在需要编辑的视图上单击鼠标右键，在弹出的快捷菜单中找到【边界(B)...】命令，如图 8.1.53 所示。

选择【边界(B)...】命令，弹出“视图边界”对话框，如图 8.1.54 所示。

“视图边界”对话框中各选项的功能说明如下。

(1) 自动生成矩形 下拉列表：定义视图边界的类型，有 4 种选项，分别如下。

①“断裂线/局部放大图”：用于截断视图和局部放大图中视图边界的创建。

②“手工生成矩形”：用于手工绘制一个矩形，包括要显示的几何特征的范围。

③“自动生成矩形”：针对基本视图类型的默认边界。

④“由对象定义边界”：用于根据所选择的对象自动生成其视图边界，当对象模型有变化时也会自动更新边界。

(2) 锚点：用于定义视图在工程图纸中的固定位置，当模型发生变化后此视图仍保留在

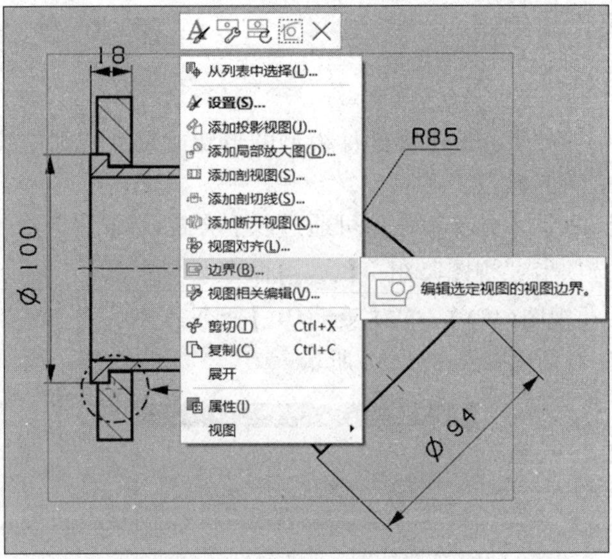

图 8.1.53 视图边界编辑命令

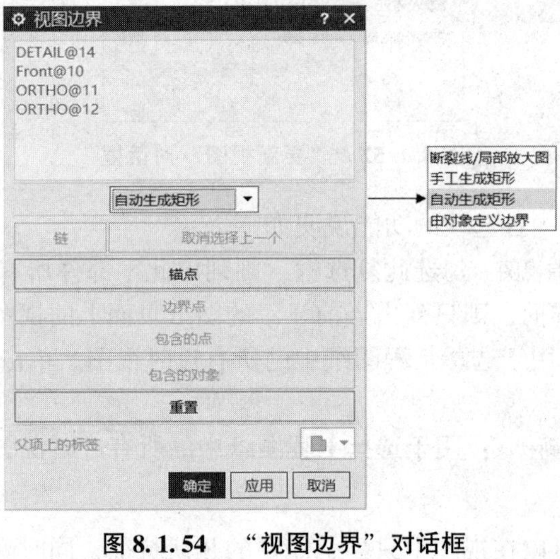

图 8.1.54 “视图边界”对话框

工程图纸中的特定位置。

(3) **包含的点**：仅在边界类型设置为“由对象定义边界”时可用，用于定义包含在视图边界内的点。

(4) **包含的对象**：仅在边界类型设置为“由对象定义边界”时可用，用于定义包含在视图边界内的几何对象。

(5) **重置**：用于恢复本次操作的参数设定。

3. 活动草图视图

工程图纸中的每个成员视图都有一个独立的空间，在这个空间中只能显示属于此成员视图的所有对象，用户也可以在此空间中创建新的对象（如线段或者曲线等），这些新的对象只与其所在的成员视图相关，不会显示在其他视图或者实体模型中。例如创建局部剖视图时，需要提前在对应视图中创建其边界曲线。

在资源栏“部件导航器”图纸页某个视图中单击鼠标右键，在弹出的快捷菜单中选择【活动草图视图】命令，如图 8.1.55 所示。

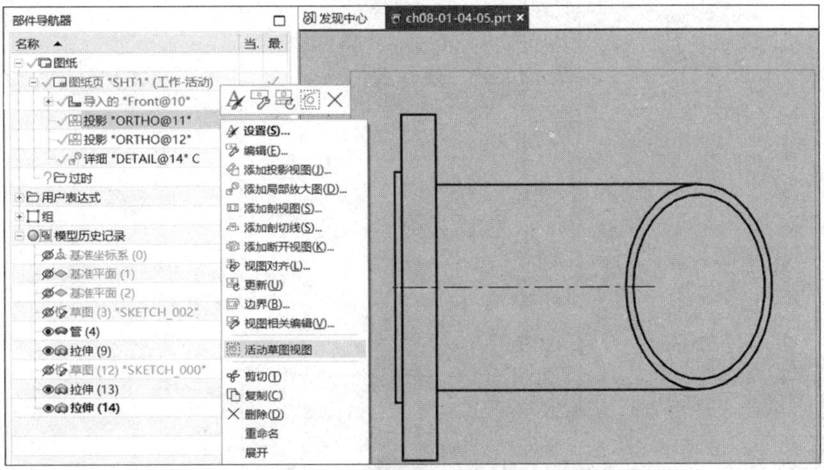

图 8.1.55　【活动草图视图】命令

（1）选择此命令，激活该视图为草图视图。激活后可以看到“部件导航器”中此视图名称后带有“（活动）”，如 投影"ORTHO@4"(活动)。

（2）激活后就可以通过“草图”组中的相关命令进行添加曲线等操作。

4. 视图相关编辑

在 UG NX 2212 软件中，在工程图纸上创建的视图和三维模型都是互相关联的，但是根据制图标准的要求，还需要添加或删除某些制图对象或更改某些制图对象的显示等，这就需要用到视图相关编辑的功能。

在需要编辑的视图上单击鼠标右键，在弹出的快捷菜单中找到【视图相关编辑(V)...】命令，如图 8.1.56 所示。

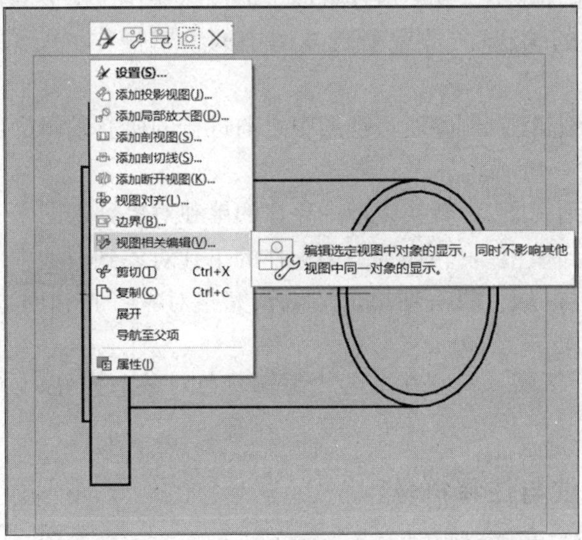

图 8.1.56　【视图相关编辑】命令

选择此命令，弹出“视图相关编辑”对话框，如图 8.1.57 所示。

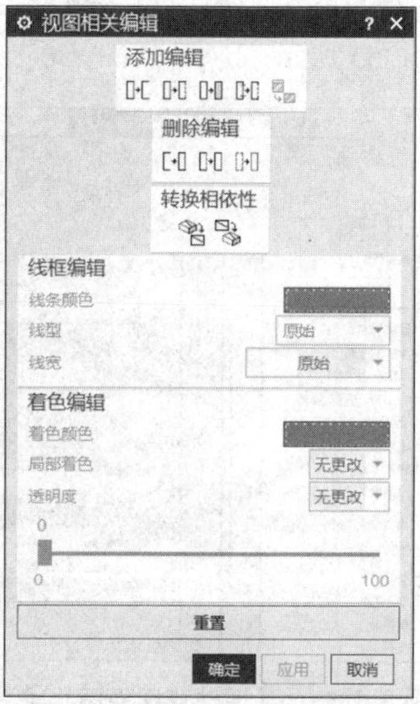

图 8.1.57　“视图相关编辑”对话框

“视图相关编辑”对话框中各选项的功能说明如下。

(1)“添加编辑”区域：用于在视图中添加编辑制图对象，操作按钮分别如下。

① “擦除对象”：将所选对象隐藏起来，无法擦除有尺寸标注的对象。

② “编辑完整对象”：编辑所选对象的显示样式，包括对象的线型、线宽和颜色。

③ “编辑着色对象”：编辑视图中某一部分的显示方式。

④ “编辑对象段”：编辑视图中所选对象的某个片段的显示方式。

⑤ “编辑剖视图背景”：编辑剖视图的背景，仅针对剖视图可用。

(2)“删除编辑”区域：用于删除“添加编辑”区域中的对应操作，即恢复原始状态。

① “删除选定的擦除”：删除所选视图中的擦除操作，使被隐藏对象显示出来。

② “删除选定的编辑”：删除所选视图中的编辑操作，使编辑对象恢复原有显示方式。

③ “删除所有编辑”：删除所选视图中之前进行的所有编辑操作。

(3)“转换相依性”区域。

① “模型转换到视图”：转换模型中存在的单独对象到视图中。

② “视图转换到模型”：转换视图中存在的单独对象到模型中。

(4)“线框编辑”区域：只有在单击“编辑完整对象”按钮时才可用，用于设定对象编辑后的显示样式。

(5)“着色编辑”区域：只有在单击“编辑着色对象”按钮时才可用，用于设定对象编辑后的着色样式。

8.1.6　尺寸标注与注释符号

工程图纸的标注是工程图纸的一个重要组成部分，也是反映零部件尺寸和公差信息的最重要的方式。通过标注功能，可以在工程图纸中添加尺寸、形位公差、制图符号和文本注释等内容。

1. 中心线

按照制图标准，在工程图纸的视图中需要绘制中心线来表达相应的几何特征。UG NX 2212 软件提供了专门的【中心线】命令，以便添加各种类型的中心线。

中心线命令可通过以下方式找到。

(1) “主页”功能选项卡“注释”组→【⊕ ▾】下拉菜单→相应的中心线命令，如图 8.1.58 所示。

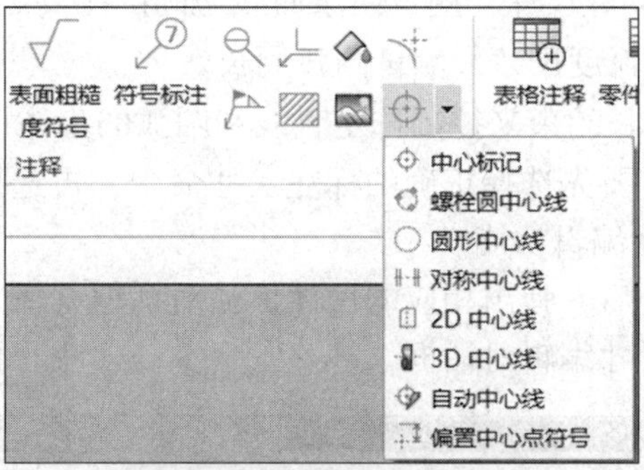

图 8.1.58 各种中心线命令

(2)【菜单(M)】→【插入(S)】→【中心线(E)】命令。

选择某个中心线命令后，在弹出的对话框中按照提示选择对象后，系统自动按设定的中心线尺寸在视图中添加中心线。

2. 尺寸标注

尺寸标注是工程图纸中的一个重要内容。UG NX 2212 软件提供了丰富的尺寸标注命令。

(1) 尺寸标注命令可通过以下方式找到。

①“主页”功能选项卡“尺寸”组→各种尺寸标注命令，如图 8.1.59 所示。

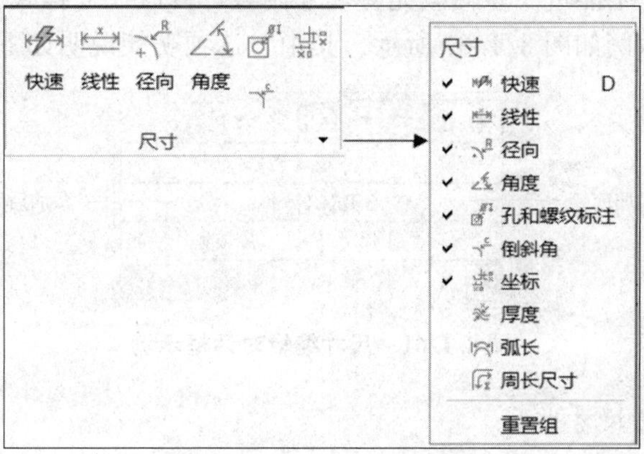

图 8.1.59 尺寸标注命令

②【菜单(M)】→【插入(S)】→【尺寸(M)】命令。

(2)“尺寸”组中的尺寸标注命令。

“尺寸”组中各尺寸标注命令的功能说明如下。

① 快速：系统根据选取的对象及光标位置自动判断尺寸类型并创建一个尺寸。

② 线性：在两个对象或点位置之间创建线性尺寸。

③ 径向：创建圆形对象的半径或直径尺寸。

④ 角度：在两条不平行的直线之间创建一个角度尺寸。

⑤ 坐标：创建一个坐标尺寸，测量从公共点沿一条坐标基线到某一位置的距离。

⑥ 倒斜角：在倒斜角曲线上创建倒斜角尺寸。

⑦ 厚度：创建一个厚度尺寸，测量两条曲线之间的距离。

⑧ 弧长：创建一个弧度尺寸来测量圆弧周长。

⑨ 周长尺寸：创建周长约束来控制选定直线和圆弧的集体尺寸。

注意：在标注尺寸前，要先选择正确的标注尺寸命令，再选择要标注尺寸的对象。

(3) 尺寸标注中的尺寸编辑功能。

选择某个尺寸标注命令后，弹出相应的尺寸标注对话框（图 8.1.60），在选定好标注对象生成尺寸的同时会显示尺寸编辑对话框。

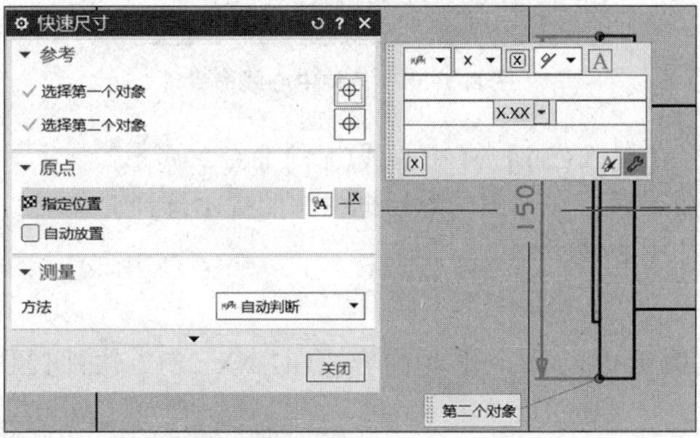

图 8.1.60　尺寸标注对话框示例

在尺寸编辑对话框中能进一步修改完善尺寸内容，修改尺寸样式，添加前缀、后缀内容等。尺寸编辑对话框示例如图 8.1.61 所示，其中各选项功能说明如下。

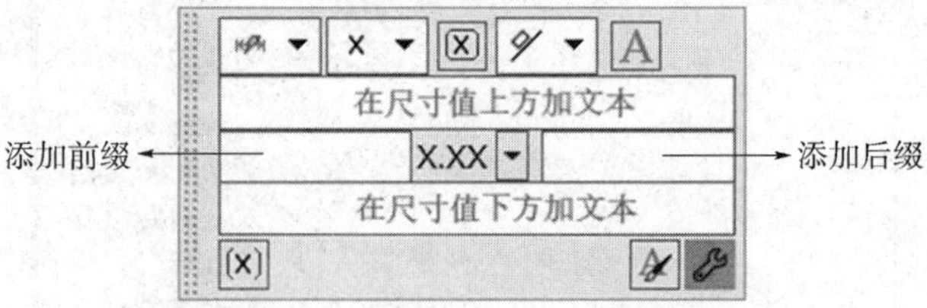

图 8.1.61　尺寸编辑对话框示例

①：用于设置尺寸类型。

②：用于设置尺寸公差。

③：用于设置检测尺寸。

④：用于设置尺寸文本的位置，需要按照制图标准选择正确的形式。

⑤ A：用于添加注释文本，注释文本可多行。单击此按钮，弹出“附加文本”对话框。

⑥ X.XX：用于设置尺寸精度。

⑦ (x)：用于设置为参考尺寸。

⑧ ：用于设置尺寸显示和放置等参数。单击此按钮，弹出“设置”对话框。

3. 注释编辑器

“注释编辑器”具有文本注释、形位公差和特殊符号标注的功能。利用“注释编辑器”可在工程图纸中添加技术要求等内容。

(1)【注释】命令可通过以下方式找到。

①“主页”功能选项卡“注释”组→【A 注释】命令。

②【菜单(M)】→【插入(S)】→【注释(A)】→【A 注释(N)...】命令。

(2)“注释”对话框如图 8.1.62 所示。

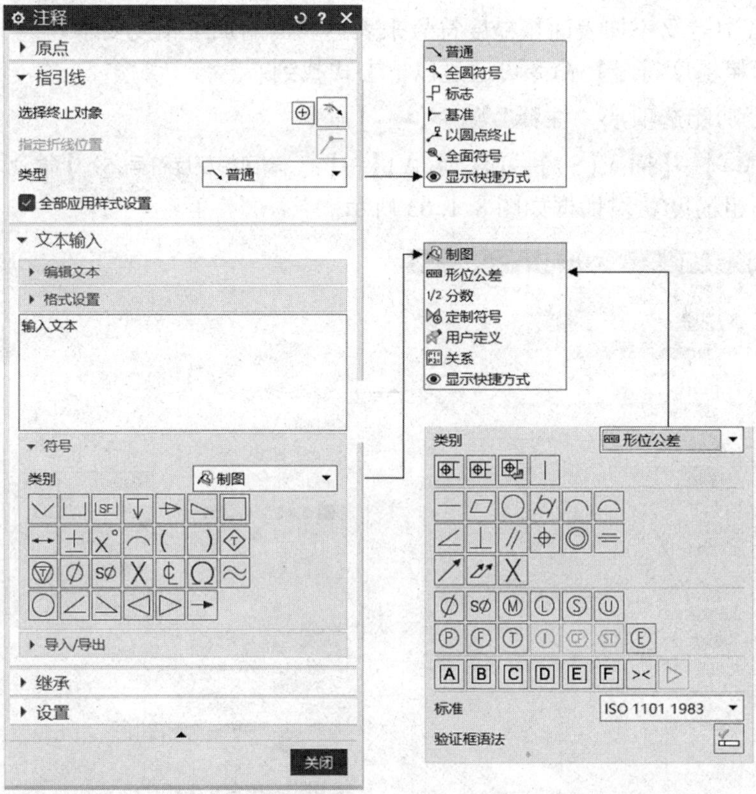

图 8.1.62 “注释”对话框

“注释”对话框中各选项的功能说明如下。

①“原点”区域：用于指定注释的位置。

②“指引线”区域：用于定义指引线的类型和样式。“类型”下拉列表中有 5 个选项。单击“选择终止对象”的按钮后，在图形区选定某个点则创建指引线。

③“文本输入”区域：用于指定文本内容和文本格式。

a. 编辑文本区域：用于编辑注释，主要包括清除、剪切、粘贴和复制文本等功能。

b. 格式设置区域：用于设置文本字体、文本比例和文本格式等。

c. 符号区域：该区域的“类型”下拉列表中包括“制图”“形位公差”“分数”“定制符号”“用户定义”和“关系”6个选项。

- 制图：显示常用的制图符号，单击某个符号按钮即可将其添加到输入区中。
- 形位公差：显示图8.1.62所示的形位公差符号，单击某个符号按钮即可添加相应的符号到输入区中。当在“标准”下拉列表中选择不同的标准时，所激活的符号按钮有所不同。

④“继承”区域：指定要继承的注释对象，可将其样式参数继承应用到当前文本对象中。

⑤“设置”区域：用于设置文本、符号、箭头等的样式。

在“注释”对话框中输入文本内容后，在图形区自动显示预览，移动光标到合适位置后单击即可创建相应的注释内容。

4. 表面粗糙度符号

在工程图纸中需要添加表面粗糙度符号来表达表面的加工精度要求。

(1)【表面粗糙度符号】命令可通过以下方式找到。

①“主页”功能选项卡“注释”组→【表面粗糙度符号】命令。

②【菜单(M)】→【插入(S)】→【注释(A)】→【表面粗糙度符号(S)...】命令。

(2)“表面粗糙度”对话框如图8.1.63所示。

图8.1.63 “表面粗糙度”对话框

“表面粗糙度”对话框中各选项的功能说明如下。

①“原点”区域：用于指定表面粗糙度符号的位置。

②“指引线”区域：用于定义指引线的类型和样式。“类型”下拉列表中有 3 个选项。

③“属性”区域：用于设定材料去除方式、符号类型、表面粗糙度数值等。

④“继承”区域：指定要继承的表面粗糙度对象，可将它的属性等参数继承到当前对象中。

⑤“设置”区域：用于设置文本的倾斜角度、尺寸、文字、单位及表面粗糙度符号等。

8.1.7　工程图纸转换

由于目前 CAD/CAM/CAE 软件很多，不同 CAD/CAM/CAE 软件的数据格式并不一致，所以存在不同 CAD/CAM/CAE 软件间的数据交换问题。由于 UG NX 2212 软件的工程图纸需要打开 UG NX 2212 软件后才能查看和使用，而 UG NX 2212 软件需要专业设计人员才能灵活使用，且打开 UG NX 2212 软件需要一定时间，所以它不适合非产品设计人员使用，也不方便直接查阅或存档，这就需要将其工程图纸转换为其他格式。

1. 将工程图纸转换成 PDF 格式

大部分企业都是将 UG NX 2212 工程图纸转换成 PDF 格式进行，使用并存档，转换成 PDF 格式后工程图纸中的数据不会改变，从而形成固定的版本，同时 PDF 格式很通用，可以在任何计算机上查看，通过 PDF 格式打印后工程图纸的线条格式等都能保持原有样式且符合制图标准。

下面以一个范例来演示将工程图纸转换成 PDF 格式的操作过程。

(1) 在 UG NX 2212 软件中打开范例文件“ch08-01-07. prt”并进入“制图”模块，它已创建好一张工程图纸。

(2) 选择【文件(F)】—【导出(E)】—【PDF】命令，如图 8. 1. 64 所示。

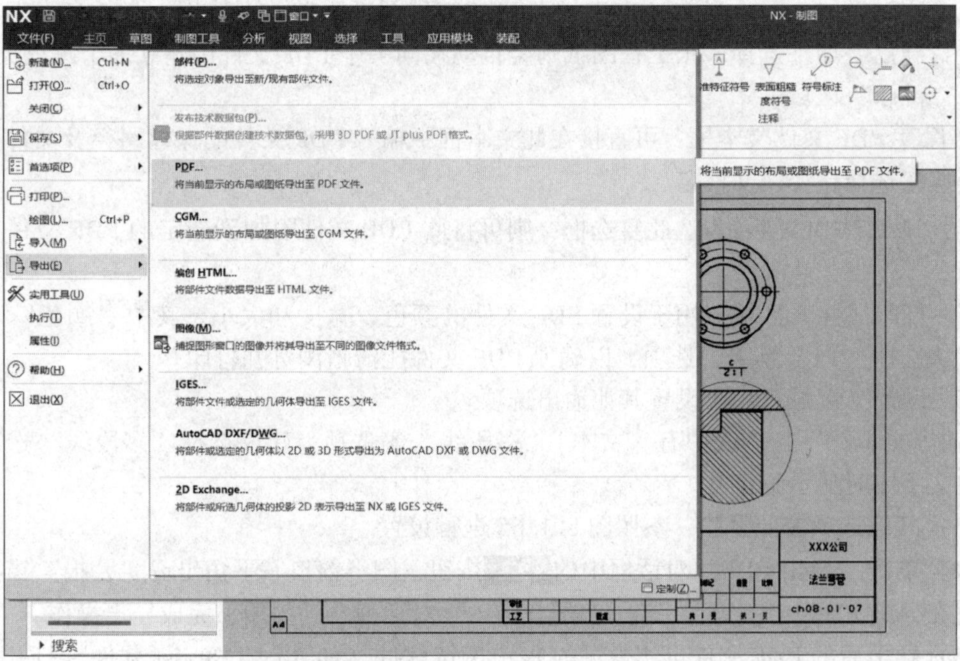

图 8. 1. 64　【PDF】命令

(3) 弹出“导出 PDF”对话框，如图 8.1.65 所示。

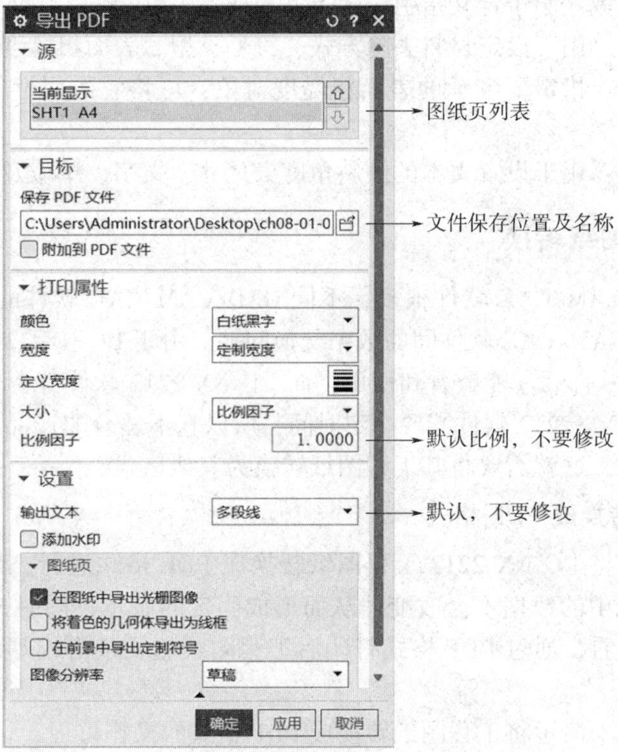

图 8.1.65　“导出 PDF”对话框

“导出 PDF”对话框中各选项的功能说明如下。

①“源”区域：显示当前 UG NX 文件中的工程图纸列表。可选择 1 张或多张工程图纸同时进行导出，如果选择多张工程图纸则会自动在同一个 PDF 文件中建立多个图纸页。

②“目标”区域。

a. 保存 PDF 文件文本框：可直接在此文本框中输入 PDF 文件的保存路径及文件名，或单击按钮选择路径及文件名。

b. 附加到PDF文件：勾选此复选框，则可将此 PDF 文件附加到选定的 PDF 文件中作为新页面。

③“打印属性”区域：用于设置 PDF 文件的颜色、宽度和大小。其中“颜色”下拉列表中默认选择“白纸黑字”选项，以确保 PDF 文件能清晰浏览并打印。

④“设置”区域：用于设置其他输出选项。

“输出文本”下拉列表中有“文本”“多段线”等选项，建议选择“多段线”选项以避免有中文字体时显示不正常。

(3) 其他选项按照经验，参照图 8.1.65 进行设置。

(4) 单击“导出 PDF”对话框中的 确定 按钮，图形窗口右下角出现“警报”窗口，提示“正在导出 PDF…”，等待一会，“导出 PDF”对话框自动关闭，完成导出操作。

(5) 导出后的 PDF 文件可用常见的 PDF 阅读软件（如 Adobe Reader 软件）打开，工程图纸效果基本与 UG NX 2212 软件中保持一致。用 PDF 阅读软件打开 PDF 文件后，可以直接打印 PDF 文件。

补充说明：

(1) 从 UG NX 6.0 到 UG NX 2212 的不同版本，工程图纸都是先转换成 PDF 格式再进行打印，打印后的效果能与 UG NX 软件中保持一致。

(2) 如果直接在 UG NX 2212 软件中通过选择【文件(F)】→【打印(P)】命令进行打印操作，则打印效果不好，会存在粗细线不分、文字粗浅不一等问题。

2. 将工程图纸转换成 DWG 格式

UG NX 2212 软件可以以文件的输入和输出方式实现数据转换，可以将工程图纸转换成 DWG 格式，以便在 AutoCAD 软件中打开并编辑。

下面以一个范例来演示将工程图纸转换成 DWG 格式的操作过程。

(1) 在 UG NX 2212 软件中打开范例文件“ch08-01-07.prt”并进入“制图”模块，它已创建好一张工程图纸。

(2) 选择【文件(F)】→【导出(E)】→【AutoCAD DXF/DWG】命令。

(3) 弹出“导出 AutoCAD DXF/DWG 文件”对话框，如图 8.1.66 所示。

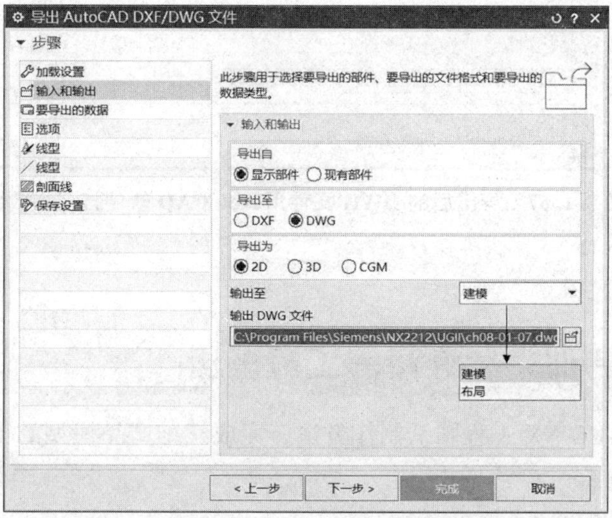

图 8.1.66 “导出 AutoCAD DXF/DWG 文件”对话框

“导出 AutoCAD DXF/DWG 文件”对话框中各选项的功能说明如下。

①“导出自”区域：指定要导出的源。有 2 个单选按钮◉显示部件和○现有部件可供选择。

②“导出至”区域：指定输出的文件格式有 2 个单选按钮“DXF”和“DWG”可供选择。

③“导出为”区域：指定输出的数据形式。有 3 个单选按钮“2D”“3D”“CGM”可供选择，默认应选择“2D”数据形式。

④“输出至”下拉列表：指定输出到 AutoCAD 软件中的布局形式。此下拉列表中的选项说明如下。

“建模”：输出到 AutoCAD 软件中的“模型”下，能随意编辑，默认应选择此选项。

“布局”：输出到 AutoCAD 软件中的“Layout1”“Layout2”……下，不能编辑图形线条。

⑤“输出 DWG 文件”文本框：指定输出文件的存储位置及文件名。

（4）设置好相关参数后，单击 确定 按钮，自动弹出 DOS 窗口，DOS 窗口中的命令自动结束后，即完成导出操作。

（5）导出后的 DWG 文件用 AutoCAD 软件打开的效果如图 8.1.67 所示。

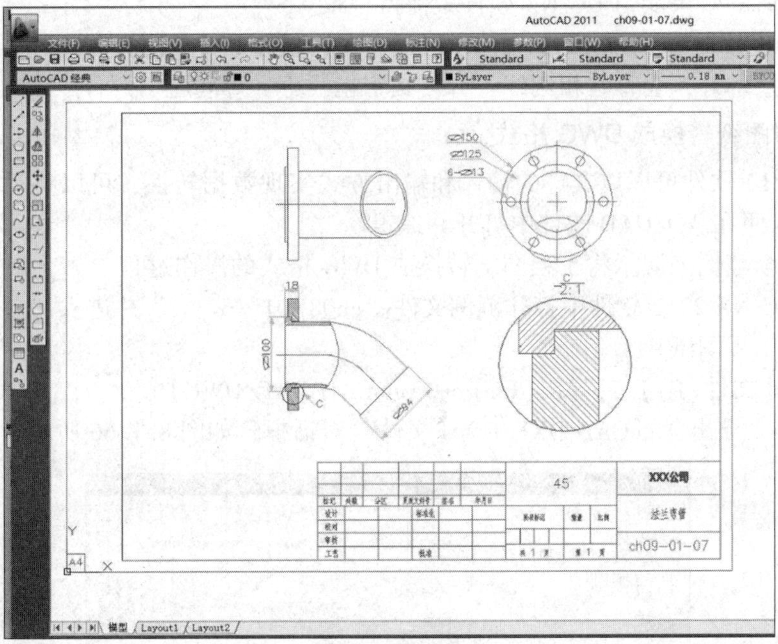

图 8.1.67 导出后的 DWG 文件用 AutoCAD 软件打开的效果

8.2 实例特训——连接筒工程图纸

项目任务：使用 UG NX 工程图纸制作方法，完成三维产品模型的工程图纸，如图 8.2.1 所示。

8.2.1 产品工程图纸设计的详细步骤

（1）步骤 1：隐藏非实体对象层。

① 在 UG NX 2212 软件中打开“ch08－02.prt”文件，切换到“应用模块”功能选项卡，选择【建模】命令进入“建模”模块（如打开文件后直接进入“建模”模块，则不需要切换环境）。此模型中显示有基准坐标系、基准面、草图等非实体对象。

微课视频——工程图实例 1（NX 12.0）

微课视频——工程图实例 1（NX 2212）

② 切换到“视图”功能选项卡，选择“层”组中的【图层设置】命令，弹出“图层设置”对话框。在该对话框中，取消勾选图层 31、61 数字前的复选框，即可取消显示 31、61 图层中的对象，从而隐藏非实体对象，如图 8.2.2 所示。然后，单击 关闭 按钮退出“图层设置”对话框。

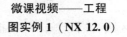

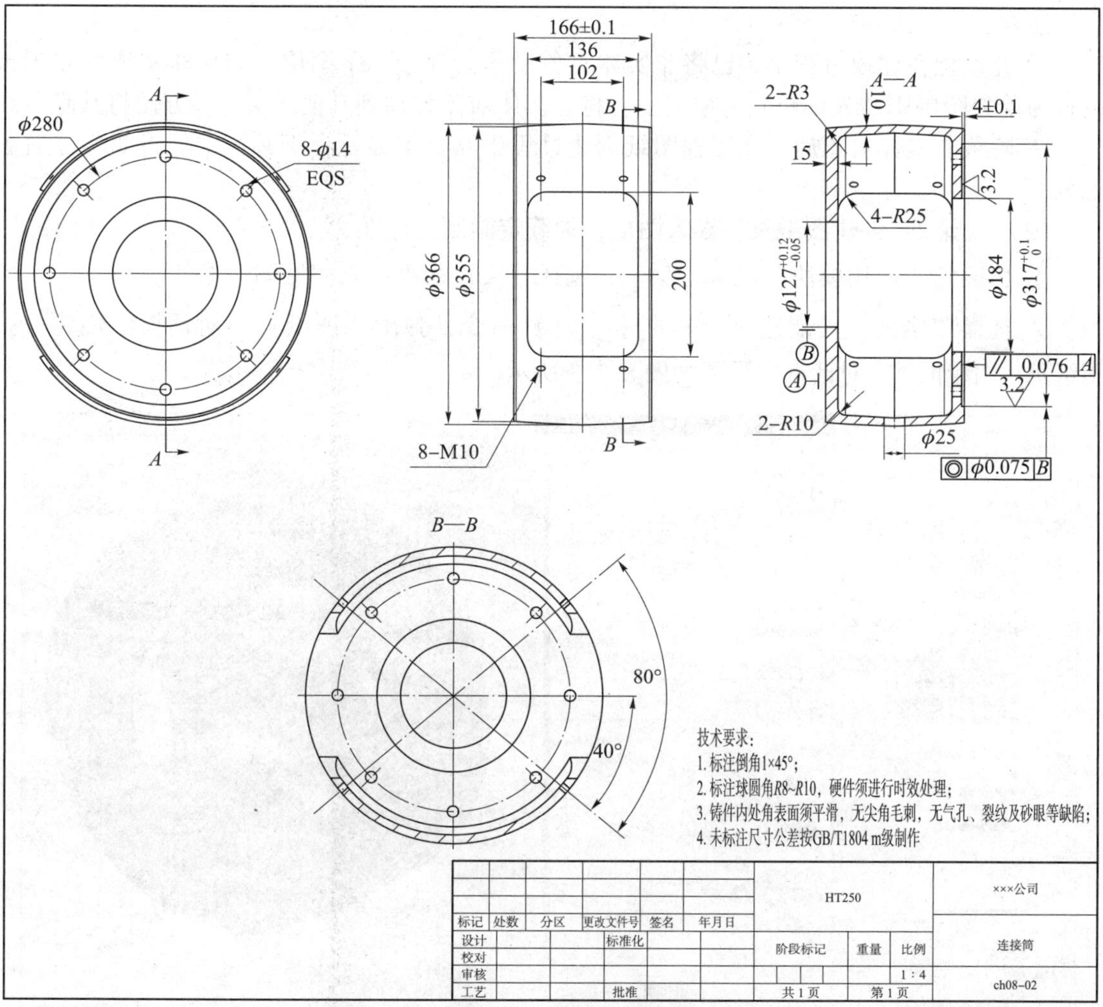

图 8.2.1　连接筒工程图纸

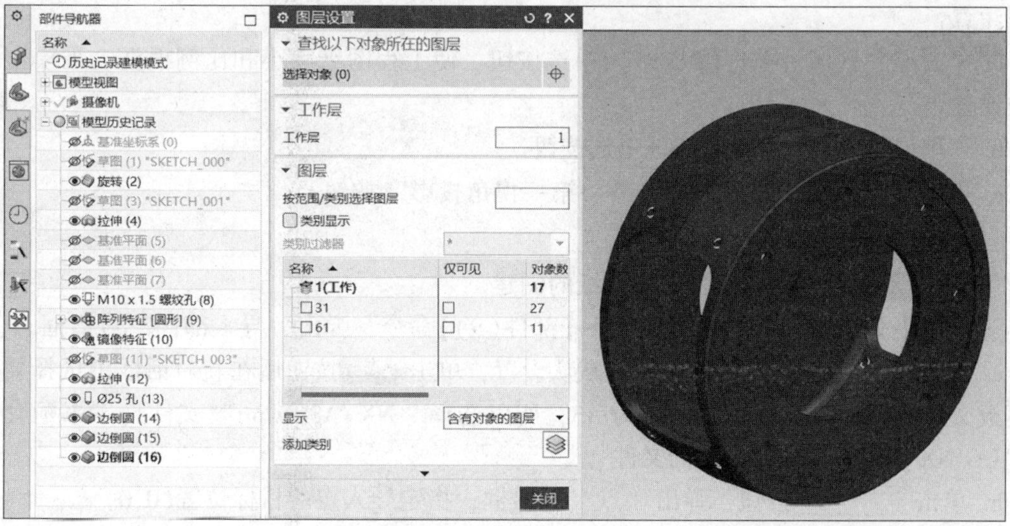

图 8.2.2　取消显示图层

注意：

① 此模型在建模过程中，已将非实体对象设置为 31 或 61 图层。如果非实体对象未被设置为单独图层则需先编辑其对象显示，将非实体对象移动到其他图层，以方便将其隐藏。

② 隐藏非实体对象后，在工程图纸创建过程中默认不显示，不必再重复将非实体对象隐藏。

（2）步骤 2：创建图纸页，导入图框，加载定制制图标准。

① 切换到“应用模块”功能选项卡，选择【制图】命令进入“制图”模块。

② 选择“主页”功能选项卡中的【新建图纸页】命令，弹出“图纸页”对话框，创建一张图纸页。“图纸页”对话框的设置如图 8.2.3 所示。

图 8.2.3　新建图纸页

注意：

a. “大小”区域：单击 标准尺寸单选按钮，使工程图纸大小和比例根据三维模型的大小被设置。

b. “单位”区域：单击 毫米单选按钮。

c. “投影”区域：需要单击 “第一视角投影”按钮。

☐始终启动视图创建—不勾选。

单击 确定 按钮，完成一张工程图纸的创建。

③ 选择【文件(F)】→【导入(M)】→【部件(P)】命令，弹出“导入部件”对话框。

a. 在“导入部件”对话框中保持默认设置，单击 确定 按钮后在新对话框中选择要导入的模板文件，因为该工程图纸大小为 A3，所以选择“NX-A3 A.prt”文件（本书配套资源中“UG NX Template”目录中的文件）。

b. 单击 OK 按钮，弹出“点”对话框，指定导入点的目标位置(0,0)。

c. 单击“点”对话框中的 确定 按钮后成功导入部件，可以看到工程图纸中已经加入了图框和标题栏。

d. 单击“导入部件”对话框中的 取消 按钮，完成导入图框文件的操作。

④ 根据部件信息添加标题栏中的相关信息，分别双击标题栏中的对应单元格，输入基本信息后按 Enter 键，主要包括部件名称、部件代号、材料、比例等内容，如图 8.2.4 所示。

						HT250			×××公司
标记	处数	分区	更改文件号	签名	年月日				
设计			标准化			阶段标记	重量	比例	连接筒
校对									
审核								1∶4	ch08-02
工艺			批准			共 1 页	第 1 页		

图 8.2.4 添加标题栏中的相关信息

注意：如果当前模型无下级子零件，则需要把图框中的零件明细栏删除。

⑤ 单击 UG NX 2212 工作界面左上角的▣按钮，保存当前文件。

⑥ 参考本书 8.1.2 节的内容加载定制制图标准“GB（new）”，此处不再重复介绍。

⑦ 选择【菜单(M)】→【首选项(P)】→【制图(D)】命令，弹出“制图首选项”对话框。在该对话框中选择“图纸视图”→“公共”→“常规”节点。

在“工作流程”区域取消勾选□带中心线创建复选框，使创建的视图不自动带中心线。

其他设置都已继承已加载的定制制图标准“GB（new）”，基本不用特殊设置。

⑧ 单击“制图首选项”对话框中的 确定 按钮，完成制图首选项的设置。

(3) 步骤 3：创建基本视图和投影视图。

① 选择“视图”组中的【基本视图】命令，弹出“基本视图”对话框，在“要使用的模型视图”下拉列表中选择“前视图”选项，如图 8.2.5 所示。

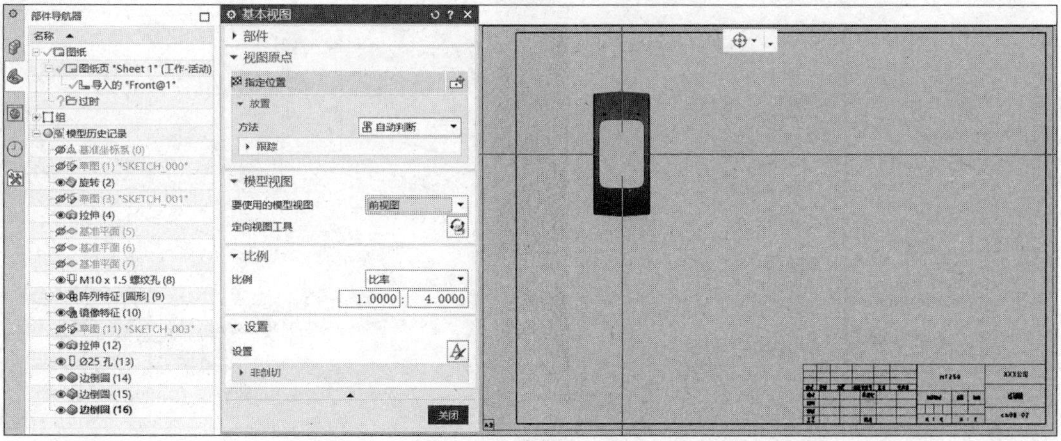

图 8.2.5 创建基本视图

在图形区移动光标到合适位置后单击，创建一个基本视图。

单击“基本视图”对话框中的 关闭 按钮，退出基本视图的创建。

② 选择“视图”组中的【投影视图】命令，弹出“投影视图”对话框，如图 8.2.6 所示。

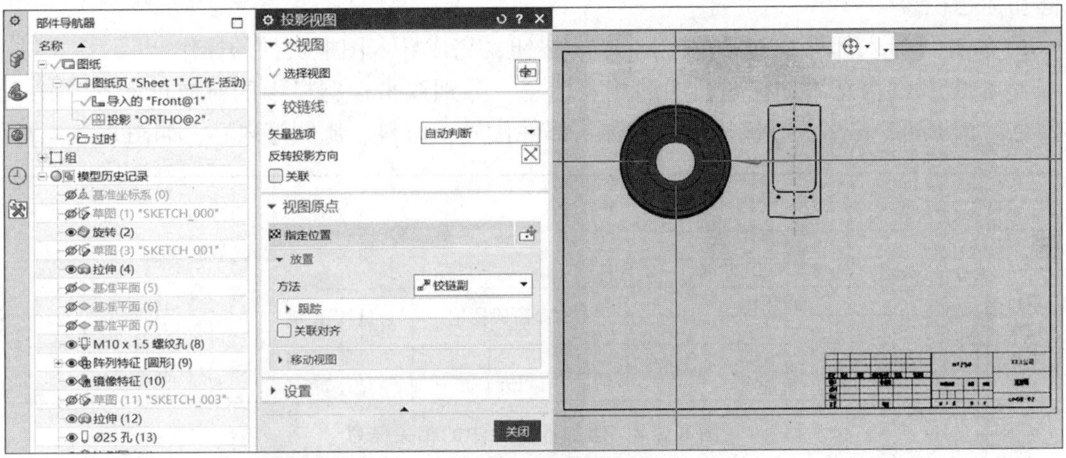

图 8.2.6　创建投影视图

在“父视图”区域自动选择当前唯一的基本视图作为父视图。

a. 在图形区移动光标，使系统的铰链线矢量方向水平向左，移动光标到左方位置处单击，创建一个右视图。

b. 单击“投影视图”对话框中的 关闭 按钮，退出投影视图的创建。

(4) 步骤 4：创建剖视图 A-A、B-B。

① 选择“视图”组中的【 剖视图】命令，弹出“剖视图”对话框。

a. 在“剖切线”区域的“定义”下拉列表中选择“动态”选项，在“方法”下拉列表中选择“简单剖/阶梯剖”选项。

b. 在“截面线段”区域选择右视图的中心作为截面线段的位置点，如图 8.2.7 所示。

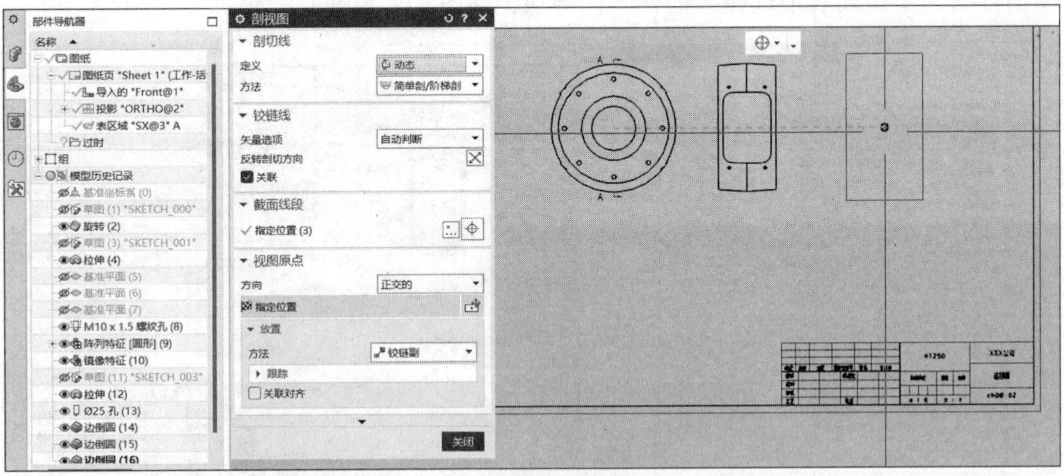

图 8.2.7　创建剖视图（1）

注意：要取消勾选“视图原点”区域的□关联对齐复选框，即取消剖视图和父视图之间的关联对齐，以免移动剖视图的位置时父视图也关联移动。

c. 在图形区移动光标，使系统的铰链线矢量方向水平向右，移动光标到右方位置处单击，创建一个全剖视图 A-A，如图 8.2.8 所示。

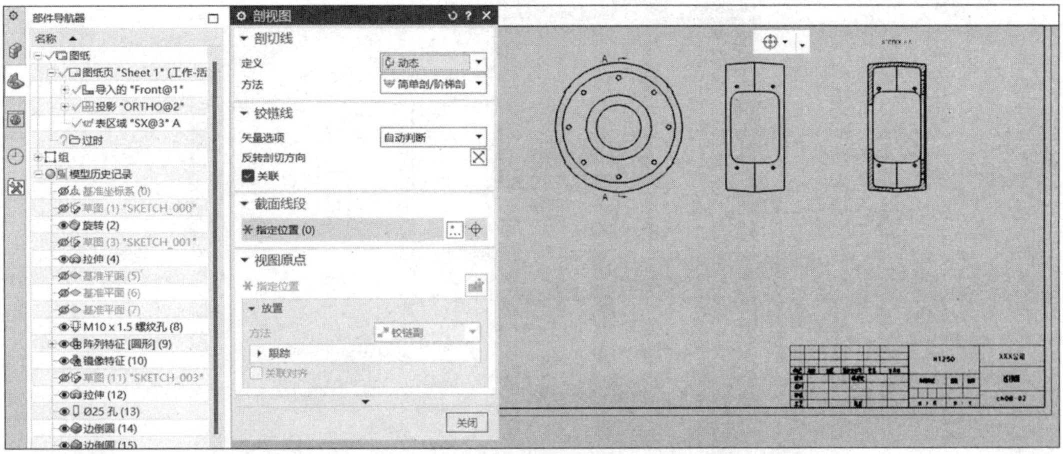

图 8.2.8　创建剖视图（2）

② 不关闭“剖视图”对话框，继续创建剖视图。

a. 在“截面线段”区域选择主视图中右侧的圆孔中心作为截面线段的位置点，如图 8.2.9 所示。

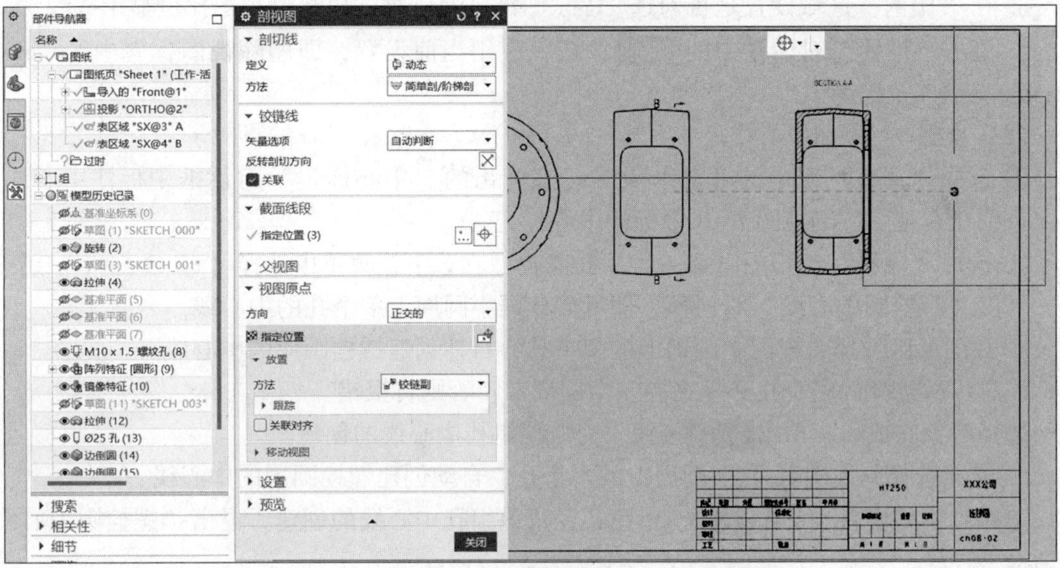

图 8.2.9　创建剖视图（3）

注意：要取消勾选“视图原点”区域的□关联对齐复选框。

b. 在图形区移动光标，使系统的铰链线矢量方向水平向右，移动光标到右方位置处单击，创建一个剖视图 B-B。

c. 单击“剖视图”对话框中的 关闭 按钮，退出剖视图的创建。

③ 在图形区选定剖视图 B-B，移动它到下方。调整好各视图以及视图标签的位置，如图 8.2.10 所示。

④ 在图形区分别双击剖视图 A-A 和 B-B，弹出“设置”对话框。在“设置”对话框中左侧选择“截面”→“标签”节点，设置如下。

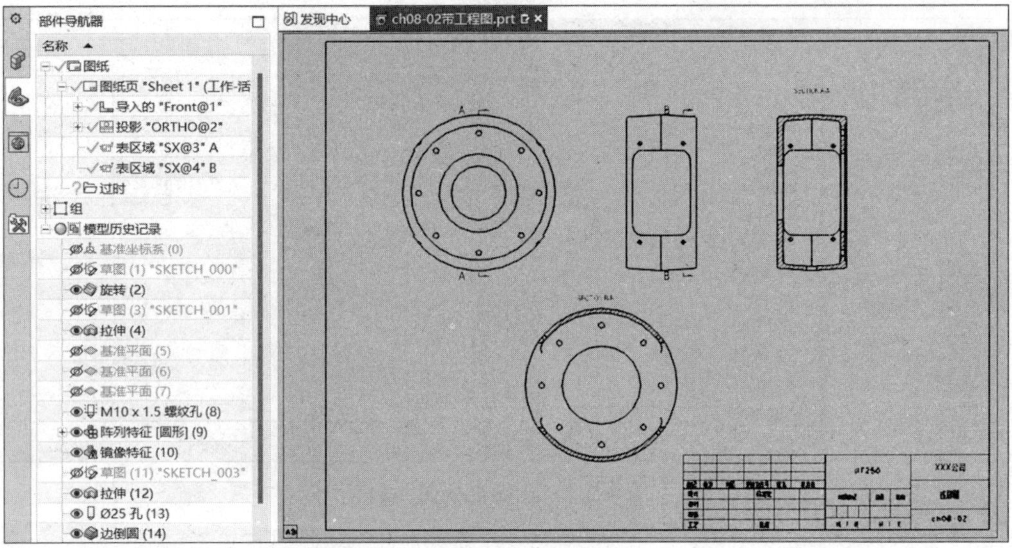

图 8.2.10　创建剖视图（4）

a. 在“标签”区域删除“前缀”文本框中的内容。

b. 在“比例”区域设置是否勾选☐显示视图比例复选框，以控制视图比例显示或隐藏。

c. 单击“设置”对话框中的 确定 按钮，应用当前设置，即删除视图标签中的“SECTION”文字以及比例值。

（5）步骤 5：添加中心线。

① 选择“注释”组中的【⊕】命令，在弹出的“中心标记”对话框中标注中心线符号，分别在右视图、剖视图 B-B 中标注中心标记。

② 选择“注释”组中的【⊕ ▾】下拉菜单，在该下拉菜单中选择【螺栓圆中心线】命令，弹出“螺栓圆中心线”对话框，即可创建同一圆周上多个孔的中心线。

a. 在图形区选择右视图中圆周上的多个孔，自动创建螺栓圆周的中心线。

注意：所选择的多个孔必须在同一个圆周上，否则将报错。

选择对象完成后，单击 应用 按钮，完成该组孔中心线的创建。

b. 继续选择剖视图 B-B 中圆周上的多个孔，自动创建螺栓圆周的中心线。

选择对象完成后，单击 < 确定 > 按钮，完成该组孔中心线的创建，退出“螺栓圆中心线”对话框。

③ 选择“注释”组中的【⊕ ▾】下拉菜单，在该下拉菜单中选择【3D 中心线】命令，即可创建圆柱、管道类特征的中心线，如剖视图 B-B 圆周上的孔。

④ 选择“注释”组中的【⊕ ▾】下拉菜单，在该下拉菜单中选择【2D 中心线】命令，即可创建两个对象之间的中心线。在弹出对话框的“类型”下拉列表中有根据点、基于曲线两种类型，根据需要选择相应类型，从而创建视图中的其他中心线。

⑤ 全部中心线创建完成的效果如图 8.2.11 所示。

（6）步骤 6：标注尺寸。

① 选择“尺寸”组中的【快速】命令，弹出“快速尺寸”对话框。

a. 在“快速尺寸”对话框的“方法”下拉列表中选择自动判断选项，根据对话框中

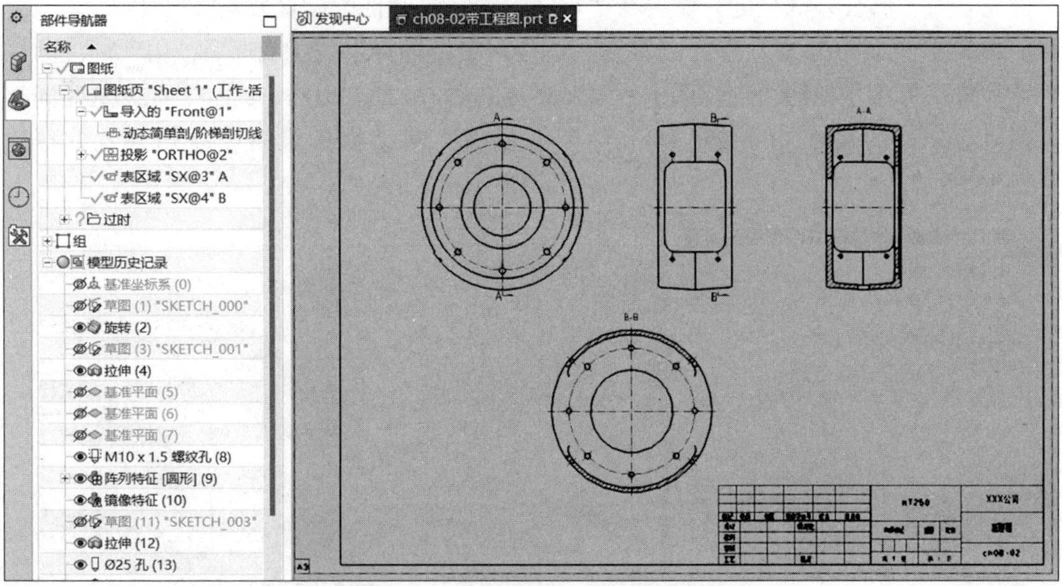

图 8.2.11　全部中心线完成的效果

的提示依次标注线性尺寸，如图 8.2.12 所示。

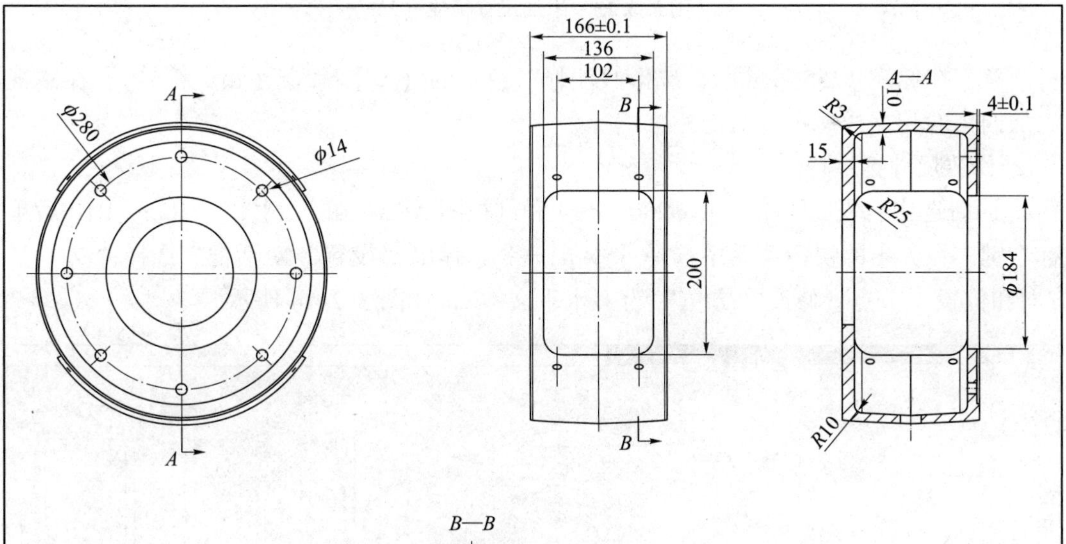

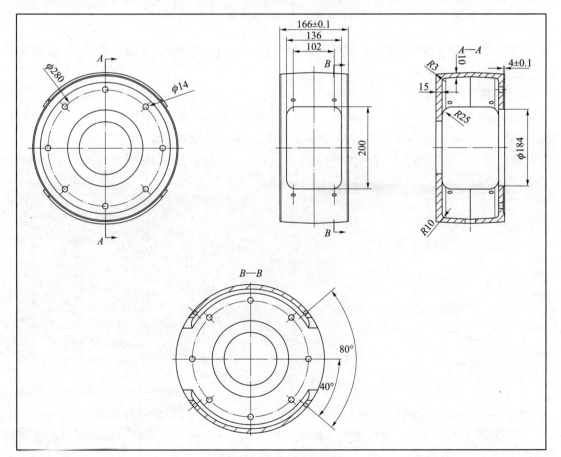

图 8.2.12　添加尺寸标注（1）

注意：对于有公差的尺寸，需要在“尺寸编辑”对话框中设置公差格式及数值。

b. 在“快速尺寸”对话框的“方法”下拉列表中选择圆柱式选项，用于标注圆柱类的尺寸。依次标注主视图、剖视图上的 $\phi366$、$\phi355$、$\phi127$、$\phi184$、$\phi317$、$\phi25$ 这些同类尺寸。对于有公差的尺寸如 $\phi127$，要在“尺寸编辑”对话框中设置公差格式及数值，如图 8.2.13 所示。

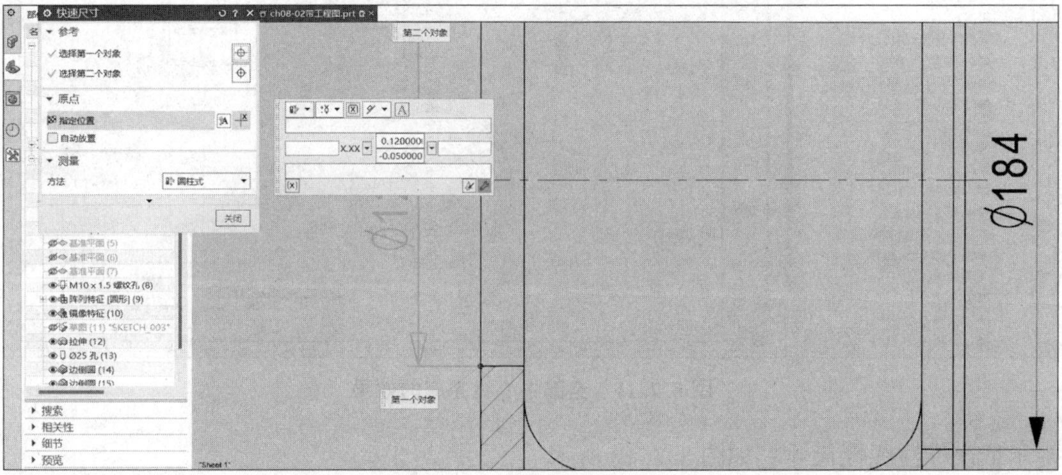

图 8.2.13　添加尺寸标注（2）

注意：在标注 $\phi355$ 尺寸前，选择“注释”组中的【】命令（相交符号），在主视图中添加四角的相交线。

② 修改尺寸标注样式。

a. 同时选中右视图中的尺寸 $\phi280$、$\phi14$ 和剖视图 A-A 中的尺寸 R3、R25、R10 后单击鼠标右键，在弹出的快捷菜单中选择【】命令，弹出“设置”对话框。选择“文本”→“方向和位置”节点，修改“方位”为“水平文本”，如图 8.2.14 所示。

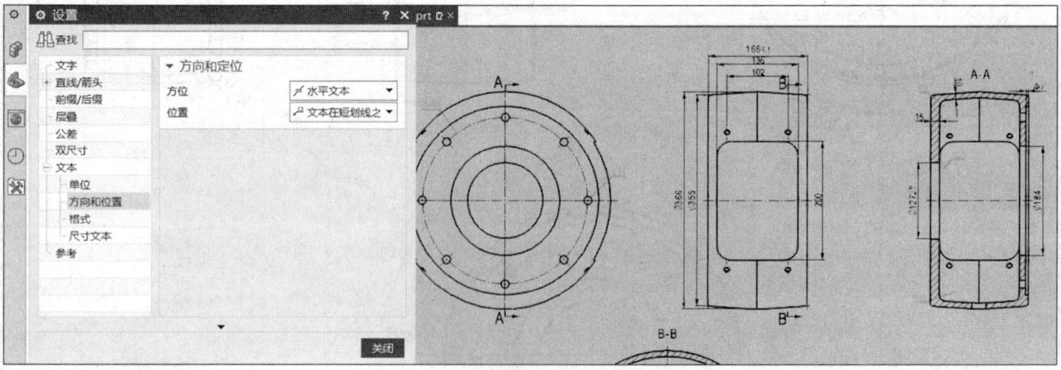

图 8.2.14　修改尺寸标注样式

选中剖视图 B-B 中的尺寸 40°、80°后单击鼠标右键，同样设置其样式为水平文本。

b. 分别双击尺寸 $\phi14$、R3、R25、R10，在其“尺寸编辑”对话框中添加对应的前缀或后缀，如“8-”“4-”“2-”等，表示有多处相同尺寸。

(7) 步骤 7：添加文字注释。

① 添加注释——螺纹规格、技术要求等

a. 选择“注释”组中的【A注释】命令，弹出“注释”对话框。在该对话框的“文本输入”区域输入螺纹规格内容“8-M10”。

b. 单击“注释”对话框“指引线”区域“选择终止对象”中的按钮，在图形区单击指定对象上的某点，如图 8.2.15 所示。

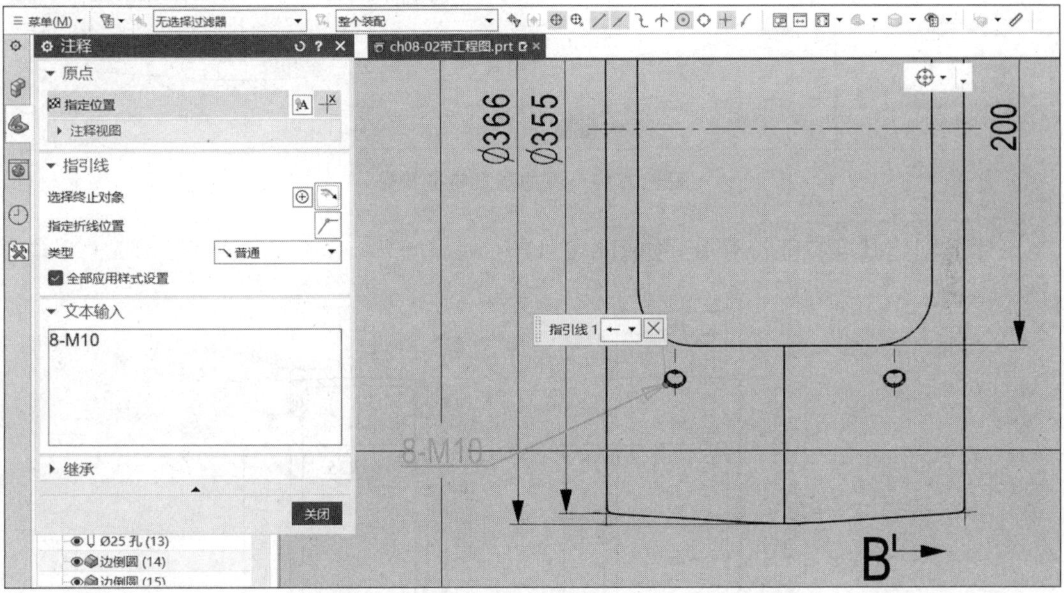

图 8.2.15　添加文字注释和指引线

c. 在图形区移动光标将文字和指引线放置在合适位置后单击，完成文字注释和指引线的创建。

d. 用同样的操作方法，但不单击按钮，在主视图 8-ϕ14 尺寸下方添加“EQS”注释；在右下角空白区域添加技术要求内容，完成后单击“注释”对话框中关闭按钮，退出当前操作。

注意：在放置文字注释的过程中，如果出现一个原点位置链接的图标，可按住键盘上的 Alt 键取消其链接关系。

② 添加基准特征符号。

a. 选择“注释”组中的【基准特征符号】命令，弹出“基准特征符号”对话框。在该对话框“指引线”区域的“类型”下拉列表中选择基准选项；在“基准标识符”区域的“字母”文本框中输入“A”；单击按钮，可以调整设置符号文字的大小、间距等样式。

b. 单击“选择终止对象”的按钮，在图形区单击选择基准特征所在对象上的某点。

c. 在图形区移动光标将注释文字和指引线放置在合适位置后单击，完成一个基准特征符号 A 的创建，如图 8.2.16 所示。

d. 重复以上操作，在“基准标识符”区域的“字母”文本框中输入“B”，同样在

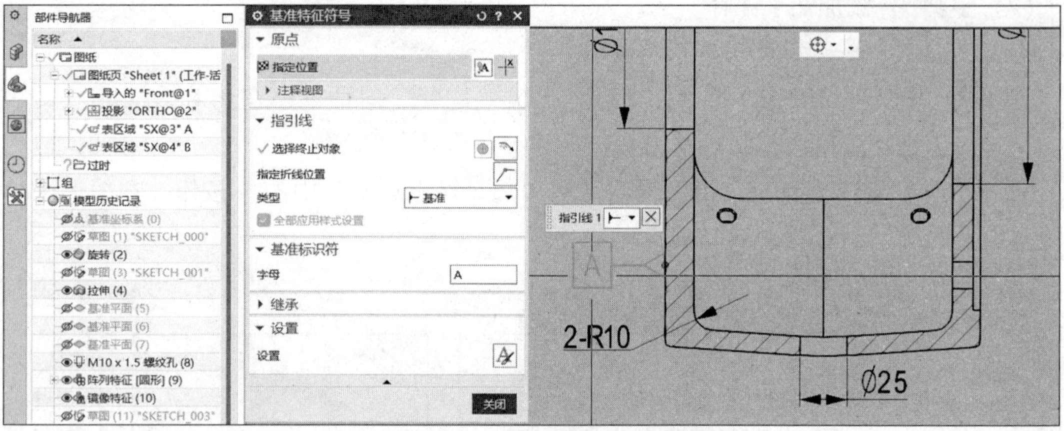

图 8.2.16　添加基准特征符号

ϕ127 尺寸上创建基准特征符号 B，如图 8.2.17 所示。

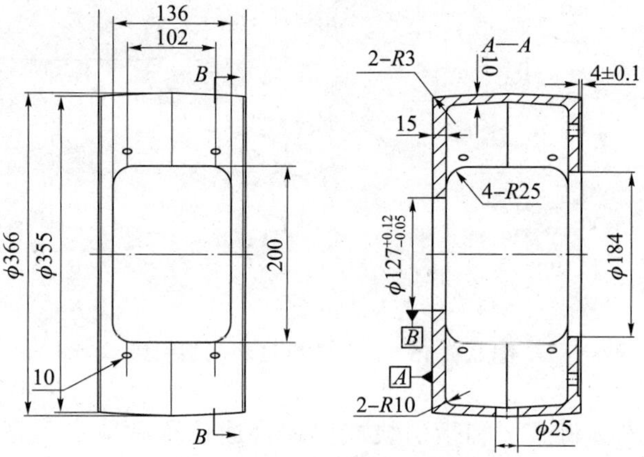

图 8.2.17　添加基准特征符号完成

单击“基准特征符号”对话框中的 关闭 按钮，退出操作。

③ 添加注释——形位公差。

a. 选择【注释】命令，弹出“注释”对话框，同时自动显示“常规”功能选项卡，如图 8.2.18 所示。

b. 选择“常规”功能选项卡中的【特征控制框】命令，弹出“特征控制框”对话框，在该对话框中选择特性、框形式、公差值和基准符号，如图 8.2.19 所示。

单击“特征控制框”对话框中的 确定 按钮，返回“注释”对话框。在“注释”对话框中单击“选择终止对象”的按钮，在图形区单击选择对象上的某点，确定放置位置。

c. 继续重复以上操作，添加其他形位公差，如图 8.2.20 所示。

单击“注释”对话框中的 关闭 按钮，退出此操作。

④ 插入表面粗糙度符号。选择“注释”组中的【表面粗糙度符号】命令，弹出“表面粗糙度”对话框，在该对话框中选择符号、输入数值，如图 8.2.21 所示。单击“设置”区域的 设置...

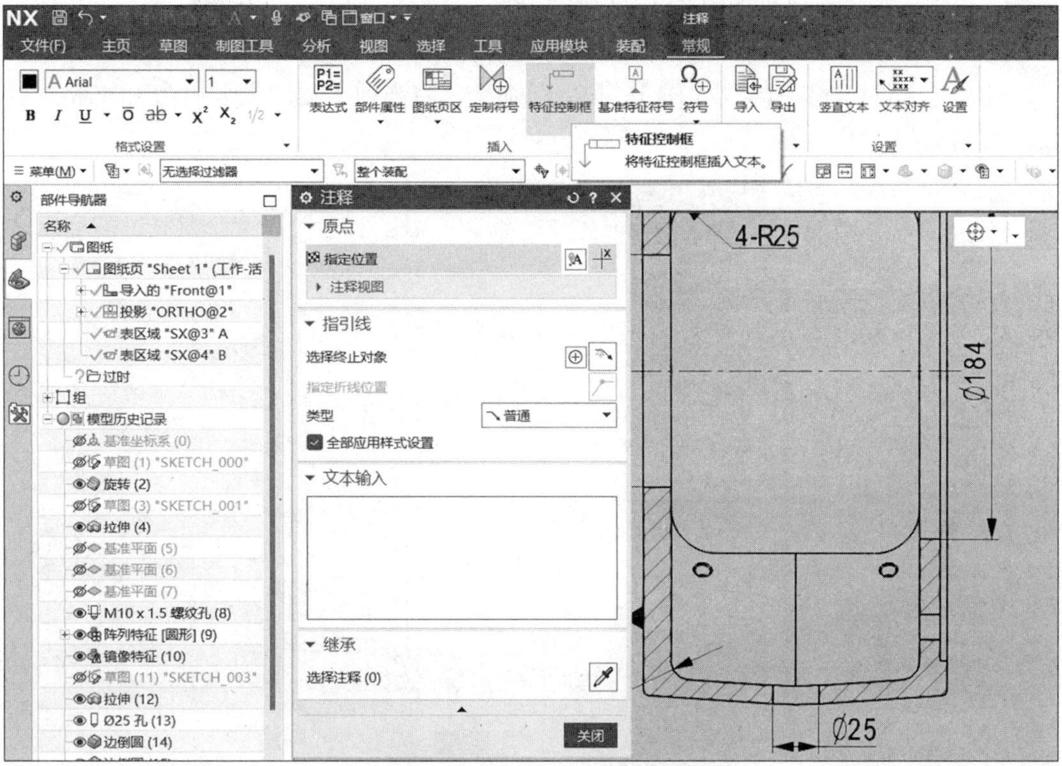

图 8.2.18　添加形位公差（1）

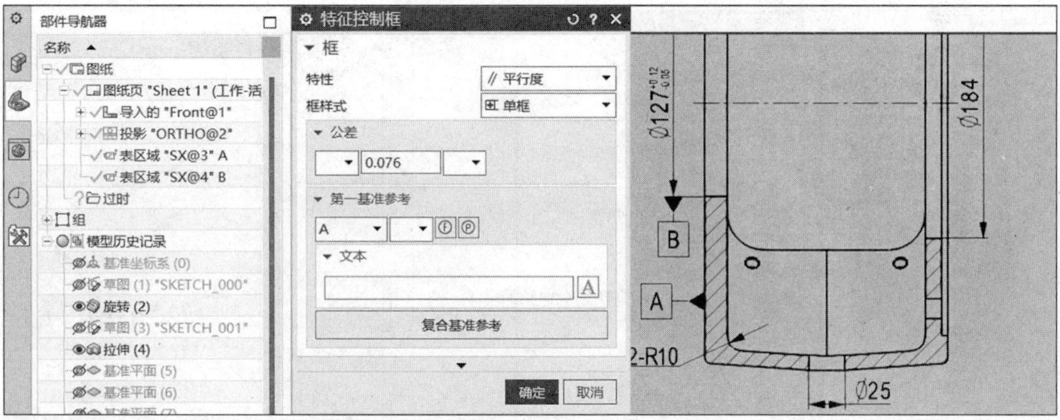

图 8.2.19　添加形位公差（2）

按钮，可以调整设置符号文字的大小、间距等样式。

在图形区移动光标，将表面粗糙度符号放置在对应的视图线或尺寸线上单击，完成添加操作。

重复以上步骤，创建完成其他表面粗糙度符号后，单击“表面粗糙度”对话框中的关闭按钮，退出此操作。

⑤为了避免部分视图没有及时更新，可选择“视图”组中的【更新视图】命令，将所有视

图更新。工程图纸完成效果如图 8.2.22 所示。

单击 UG NX 2212 工作界面左上角的按钮，保存当前文件。

⑥ 选择【文件(F)】→【导出(E)】→【PDF】命令，将当前工程图纸导出为 PDF 格式，以方便随时浏览和使用。

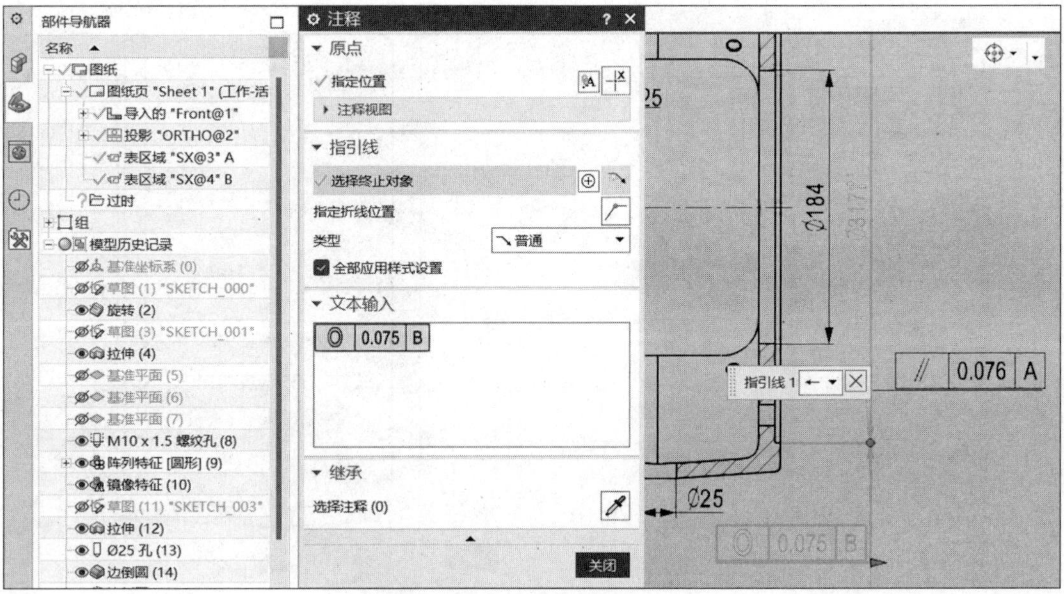

图 8.2.20　添加形位公差完成

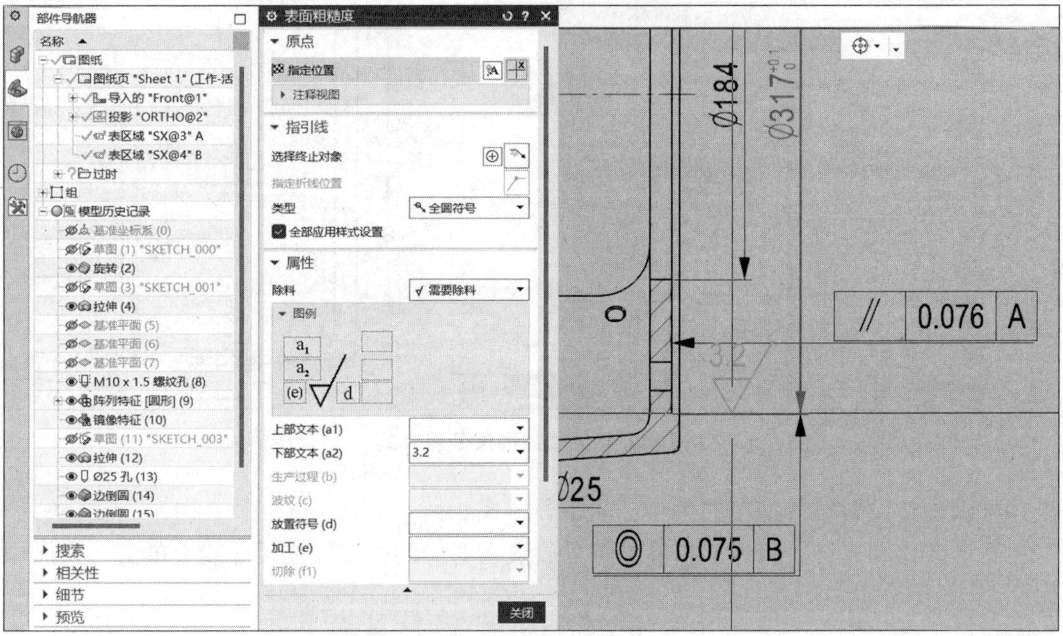

图 8.2.21　添加表面粗糙度符号

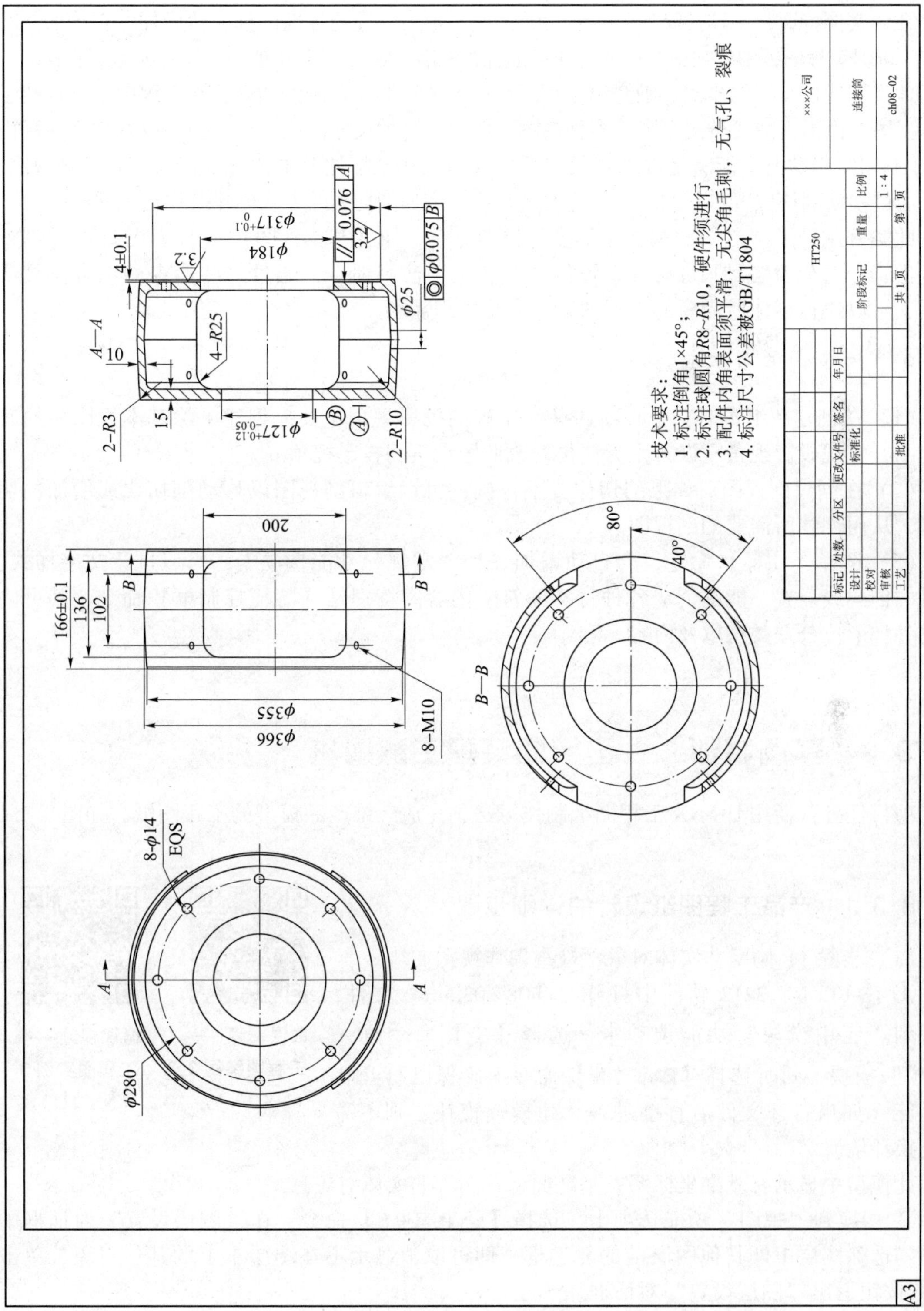

图 8. 2. 22　工程图纸完成效果

8.2.2 知识点应用点评

在“实例特训——连接筒工程图纸”中，首先导入合适的标准图框，然后加载正确的制图标准，确保工程图纸中的视图、尺寸、注释都符合标准，之后才开始进行视图的创建及标注。

此实例通过具体的步骤详细介绍了图纸页的创建、制图标准的加载；在工程图纸中创建了基本视图、投影视图、全剖视图等多种视图；创建了各种尺寸标注、形位公差以及文字注释内容。“制图”模块基本能满足常见工程图纸的视图表达及标注要求，对于特殊位置的剖视图，可以通过移动剖切位置将其剖切到相应位置，或以增加剖切线的方式创建阶梯剖视图。

此实例用到了“制图”模块中的多种视图命令，如【基本视图】、【投影视图】、【剖视图】等命令，以及各种尺寸标注、形位公差和文字注释命令，通过这些命令的综合及灵活运用，可以快速创建所需要的工程图纸，满足工程需求。

8.2.3 知识点拓展

（1）在创建图纸页时，务必要选择好正确的投影视角。如果创建了除基本视图外的其他视图，发现投影视角有误，则无法再修改此图纸页的投影视角。

（2）在创建剖视图后如果剖切位置不正确，可以编辑剖视图以移动剖切线或增加剖切位置，从而创建所需要的剖视图。

（3）选择【注释】命令，会自动增加一个“常规”功能选项卡，可以进行文字样式、符号的创建或设置，能够创建各种特殊的符号内容。特别是【特征控制框】命令，其可以创建各种形位公差类型以及内容。

8.3 实例特训——进气阀装配工程图纸

项目任务：使用UG NX工程图纸制作方法，完成三维产品模型的工程图纸，如图8.3.1所示。

8.3.1 产品工程图纸设计的详细步骤

微课视频——工程图实例2（NX 12.0）

微课视频——工程图实例2（NX 2212）

（1）步骤1：隐藏非实体对象，检查爆炸视图。

① 在UG NX 2212软件中打开“ch08-03.prt”文件，切换到“应用模块”功能选项卡，选择【建模】命令进入“建模”模块，同时选择【装配】命令，确保已打开装配功能（如果打开文件后直接进入“建模”模块，则不需要切换环境）。

此模型中显示有基准坐标系、基准面、草图等非实体对象。

② 切换到“视图”功能选项卡，选择【图层设置】命令，在“图层设置”对话框中取消勾选除图层1外其他图层前的复选框，即可取消显示不在图层1上的其他对象，单击 关闭 按钮退出“图层设置”对话框。

注意：此装配在建模装配过程中，已将所有组件都放在图层1上，且将非实体对象设置为图层1以外的其他图层。如果未如此设置，则需要灵活调整。

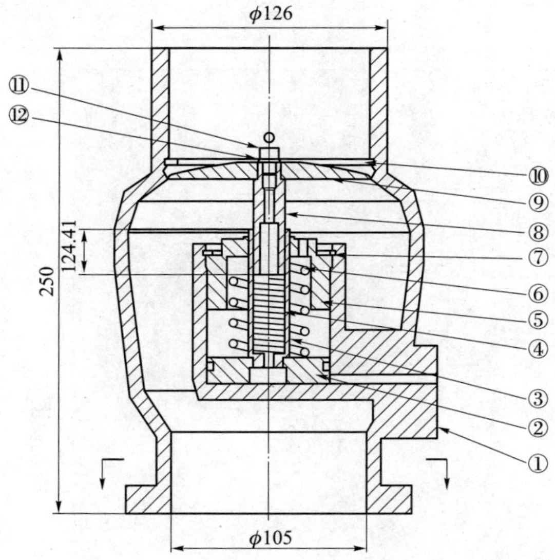

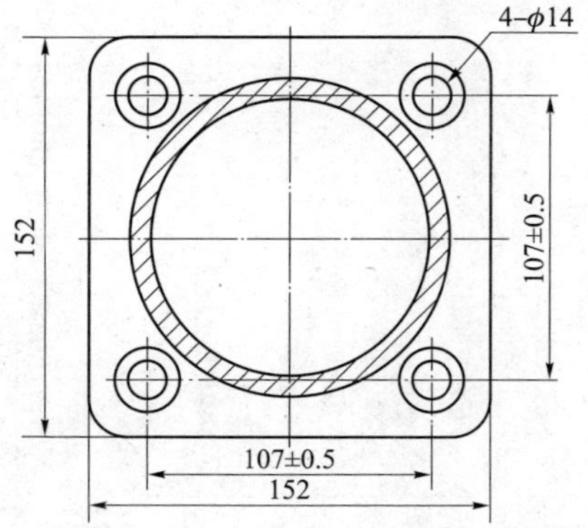

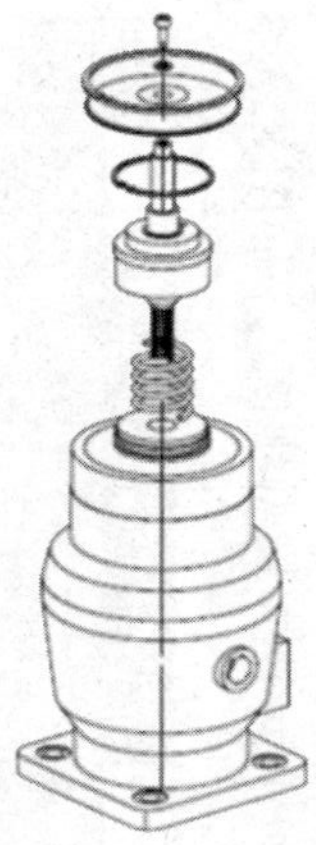

技术要求：

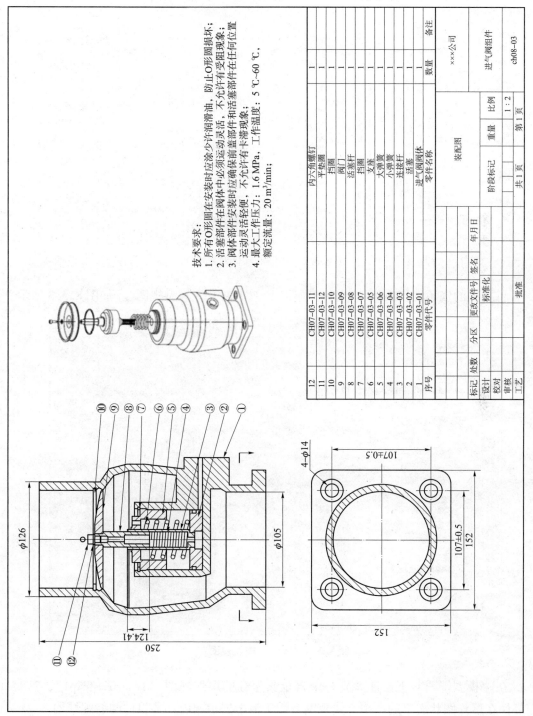

1. 所有O形圆在安装时应涂少许润滑油，防止O形圆损坏；
2. 活塞部件在阀体中必须运动灵活，不允许有受阻现象；
3. 阀体部件安装时应确保前盖部件和活塞部件在任何位置运动灵活轻便，不允许有卡滞现象；
4. 最大工作压力：1.6 MPa，工作温度：5 ℃~60 ℃，额定流量：20 m^3/min；

序号	零件代号	零件名称	数量	备注
12	CH07-03-11	内六角螺钉	1	
11	CH07-03-12	平垫圈	1	
10	CH07-03-10	挡圈	1	
9	CH07-03-09	阀门	1	
8	CH07-03-08	活塞杆	1	
7	CH07-03-07	挡圈	1	
6	CH07-03-05	支座	1	
5	CH07-03-06	大弹簧	1	
4	CH07-03-04	小弹簧	1	
3	CH07-03-03	连接杆	1	
2	CH07-03-02	活塞	1	
1	CH07-03-01	进气阀阀体	1	

标记	处数	分区	更改文件号	签名	年月日	装配图			×××公司
设计			标准化			阶段标记	重量	比例	进气阀组件
校对									
审核								1：2	ch08-03
工艺			批准			共 1 页		第 1 页	

图 8. 3. 1　进气阀装配工程图纸

③ 隐藏非实体对象后，在工程图纸的视图创建过程中默认不会显示非实体对象，不必重复隐藏非实体对象，如图 8.3.2 所示。

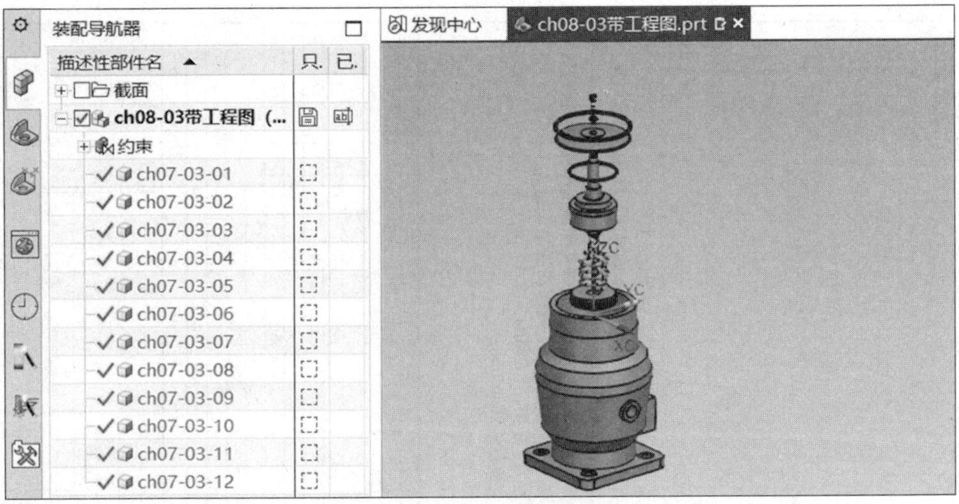

图 8.3.2　隐藏非实体对象

④ 将左侧的资源栏切换到“部件导航器”，双击展开“模型视图”，如图 8.3.3 所示。

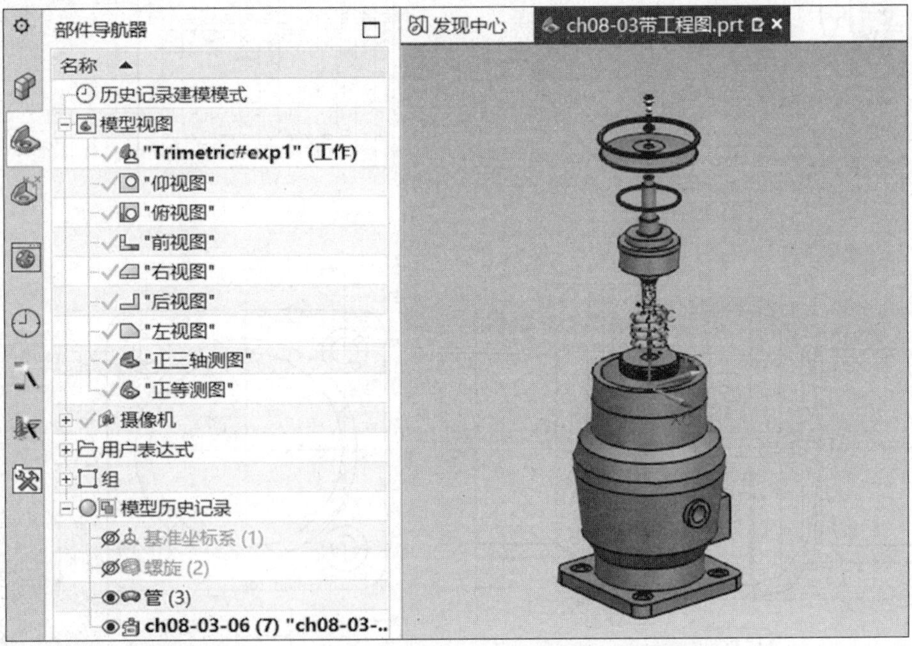

图 8.3.3　展开“模型视图”

a. 在“模型视图”下应能看到一个自定义保存的爆炸视图“Trimetric#exp1”，这是此装配部件在爆炸图状态下的一个立体视图，用于清晰展示其内部各组件的装配结构。

b. 在“模型视图”下随意双击其他视图，再切换到爆炸视图，观察其显示情况。确保此爆炸视图保存了正确的爆炸图形式，以便在工程图纸中使用。

（2）步骤 2：创建图纸页，导入图框、零件明细表。

① 切换到“应用模块”功能选项卡，选择【制图】命令进入“制图”模块。

② 选择“主页”功能选项卡中的【新建图纸页】命令，弹出“图纸页”对话框，创建一张图纸页。“图纸页”对话框设置如图 8.3.4 所示。

图 8.3.4　新建图纸页

注意：

a. 在“单位”区域单击毫米单选按钮。

b. 在“投影”区域单击“第一视角投影”按钮。

c. 不勾选始终启动视图创建复选框。

单击“圆纸页”对话框中的确定按钮，完成一张工程图纸的创建。

③ 选择【文件(F)】—【导入(M)】—【部件(P)】命令，弹出“导入部件”对话框，根据当前图纸大小选择相应的图框文件进行导入，如“NX-A3 A. prt”图框文件（本书配套资源中“UG NX Template”目录中的文件）。

④ 根据部件信息添加标题栏中的相关信息。分别双击标题栏中对应的单元格，输入基本信息后按 Enter 键，主要包括部件名称、部件代号、材料、比例等内容，如图 8.3.5 所示。

						装配图			×××公司
标记	处数	分区	更改文件号	签名	年月日				
设计		标准化				阶段标记	重量	比例	进气阀组件
校对									
审核								1 : 2	ch08-03
工艺		批准				共 1 页	第 1 页		

图 8.3.5　添加标题栏信息

⑤ 插入零件明细表，编辑零件明细信息。

注意：上一步导入的图框文件如带有零件明细栏，则不需要重复添加。

需要在零件明细栏上单击鼠标右键，在弹出的快捷菜单中选择【更新零件明细表(D)】命令，以自动显示零件内容列表。

a. 选择“表”组中的【零件明细表】命令，在图形区显示零件明细表。

b. 在图形区移动光标，将零件明细表移动到合适位置后单击确定放置位置。

系统自带的零件明细表默认显示有序号 PC NO、零件代号 PART NAME、数量 QTY 这 3 项。

c. 在图形区移动光标到零件明细表左上角后单击鼠标右键，在弹出的快捷菜单中选择相应命令可进行各种操作，类似 Word、Excel 软件中的表格操作。

在零件明细表中选定一列后单击鼠标右键可插入列，双击单元格可修改其内容，如图 8.3.6 所示。

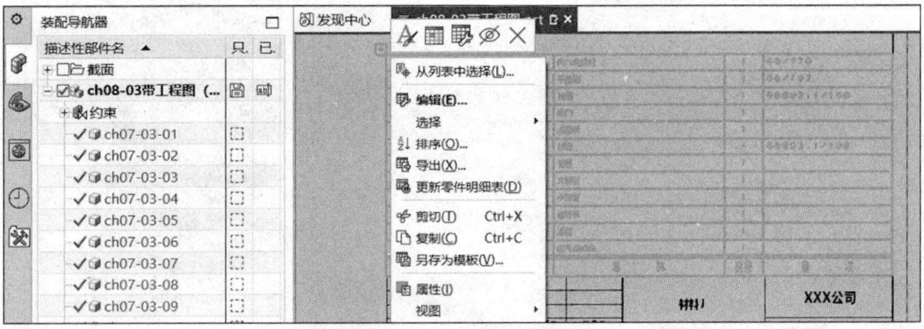

图 8.3.6　编辑零件明细表

快捷菜单中主要命令说明如下。

- 编辑(E)...：编辑零件明细表的显示级别，如只显示顶级、只显示子级等。
- ：设置零件明细表的样式。
- ：设置零件明细表中的单元格、边框样式、对齐方式等。
- 导出(X)...：导出零件明细表中的数据。
- 排序(O)...：设置零件明细表中数据的排序方式。
- 更新零件明细表(D)：更新零件明细表。
- 显示符号标注(O)：在具体视图上右键快捷菜单中显示，可按零件明细表自动标注零件序号。

d. 在零件明细表上单击鼠标右键，在弹出的快捷菜单中选择【排序(O)...】命令，弹出“排序”对话框，在该对话框中勾选某个复选框进行排序，如图 8.3.7 所示。

单击“排序”对话框中的确定按钮，则按所选列数据的大小进行顺序或倒序排列。

e. 在零件明细表中“零件名称”列的空白单元格上单击鼠标右键，在弹出的快捷菜单中选择【编辑文本】命令，在弹出的“文本”对话框中输入“<W $ =@ DB_PART_NAME>”，依次选中某个或多个单元格设置其文本内容，如图 8.3.8 所示。

因为每个组件中已提前定义了“DB_PART_NAME”属性作为其零件名称，所以可在装配图中直接引用此属性，从而自动获取其对应的属性值。

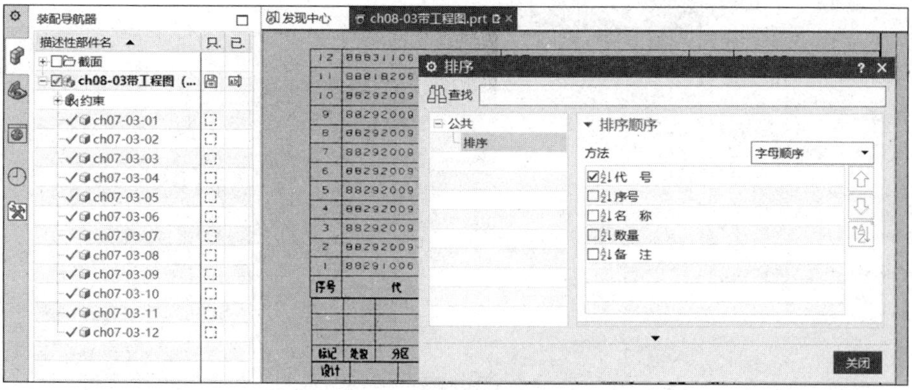

图 8.3.7　零件明细表排序

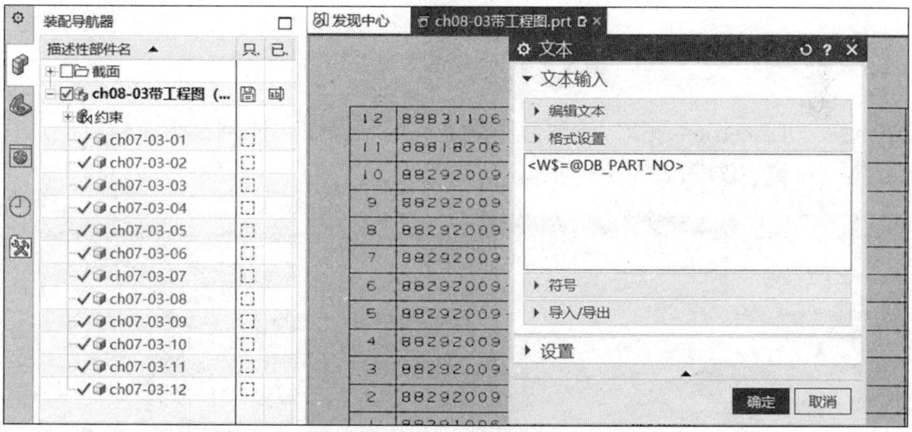

图 8.3.8　零件明细表设置零件名称

⑥ 单击 UG NX 2212 工作界面左上角的按钮，保存当前文件。

(3) 步骤 3：加载默认设置、制图首选项设置。

① 请参考本书 8.1.2 节的内容加载定制制图标准“GB（new）”，此处不再重复介绍。

② 选择【菜单(M)】→【首选项(P)】→【制图(D)】命令，弹出“制图首选项”对话框。在该对话框中选择“图纸视图”→“公共”→“常规”节点。

在“工作流程”区域取消勾选□带中心线创建复选框，使创建的视图不自动带中心线。

其他设置都已继承已加载的“GB（new）”制图标准，基本不用特殊设置。

③ 单击“制图首选项”对话框中的 确定 按钮，完成制图首选项的设置。

(4) 步骤 4：创建基本视图和爆炸视图。

① 选择“主页”功能选项卡“视图”组中的【基本视图】命令，弹出“基本视图”对话框，如图 8.3.9 所示。

a. 在“基本视图”对话框中，在“要使用的模型视图”下拉列表中选择“右视图”选项，作为基本视图。在图形区移动光标到合适位置后单击，创建一个基本视图作为当前工程图纸的主视图。

b. 单击“基本视图”对话框中的 关闭 按钮，退出此操作。

② 继续选择【基本视图】命令，弹出“基本视图”对话框。在“要使用的模型视图”

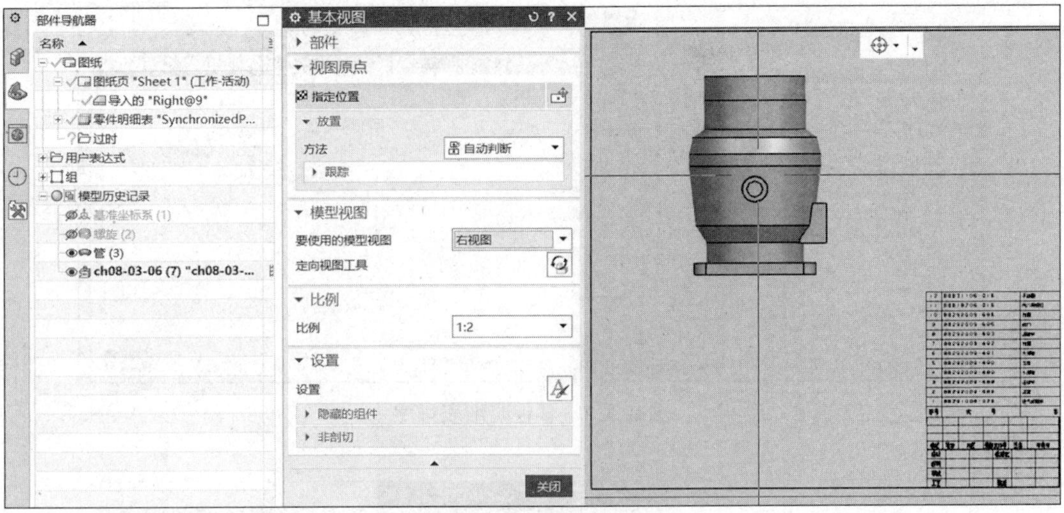

图 8.3.9　创建基本视图（1）

下拉列表中选择“Trimetric#exp1”选项，作为基本视图；在“比例”下拉列表中选择“1∶5”选项，作为视图比例，如图 8.3.10 所示。

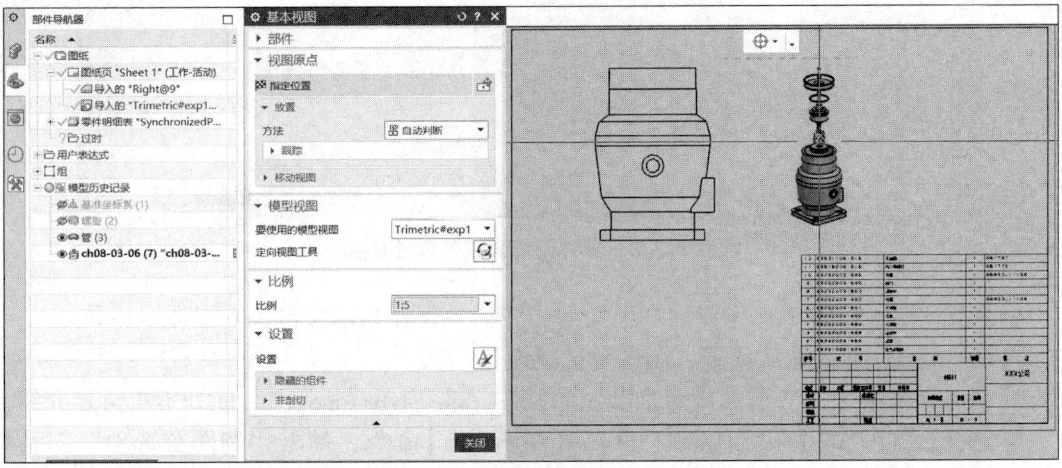

图 8.3.10　创建基本视图（2）

a. 在图形区移动光标到合适位置后单击，创建一个基本视图。

b. 单击“基本视图”对话框中的 关闭 按钮，退出基本视图的创建。

(5) 步骤 5：创建剖视图 A-A、局部剖视图。

① 选择“视图”组中的【 剖视图】命令，弹出“剖视图”对话框。

a. 在“截面线段”区域选择主视图中下方线段上某点作为截面线段的位置点。

注意：要勾选“视图原点”区域的 关联对齐复选框，即保持剖视图和父视图之间的关联对齐。当移动剖视图的位置时，父视图也关联移动。

b. 在图形区移动光标，使系统的铰链线矢量方向水平向右，移动光标到右方位置处单击，创建一个全剖视图 A-A。

c. 单击“剖视图”对话框中的 关闭 按钮，退出剖视图的创建，如图 8.3.11 所示。

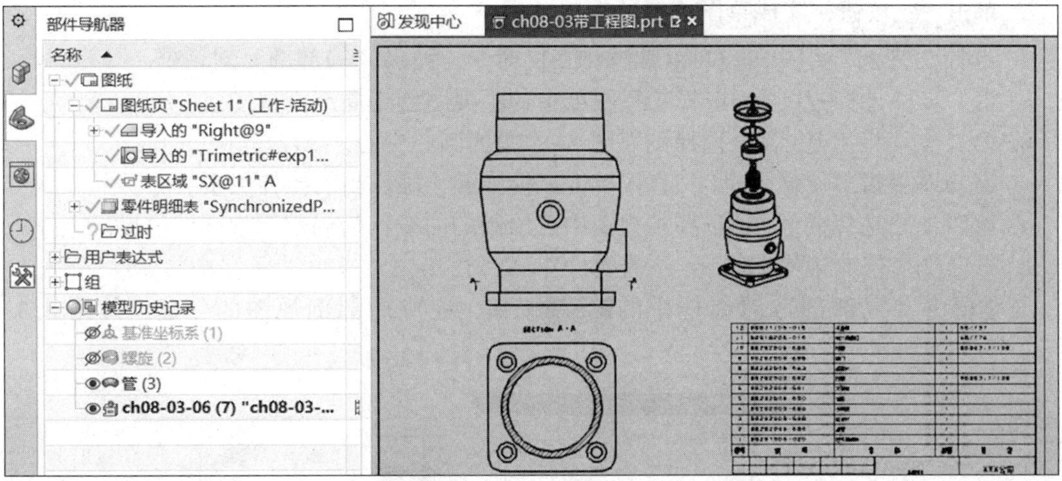

图 8.3.11　创建剖视图

② 在主视图上绘制局部剖视图的草图曲线。

a. 在图形区选中主视图的边界并单击鼠标右键，在弹出的快捷菜单中选择【活动草图视图】命令，激活该视图为草图视图。激活后可以看到"部件导航器"中此视图名称后带"(活动)"，如导入的"Right@9"(活动)。

b. 选择"草图"功能选项卡"草图"组中的【样条】命令，弹出"艺术样条"对话框，选择通过点类型，在图形区确定 4~5 个点后勾选封闭复选框，绘制包含整个主视图的样条曲线，如图 8.3.12 所示。

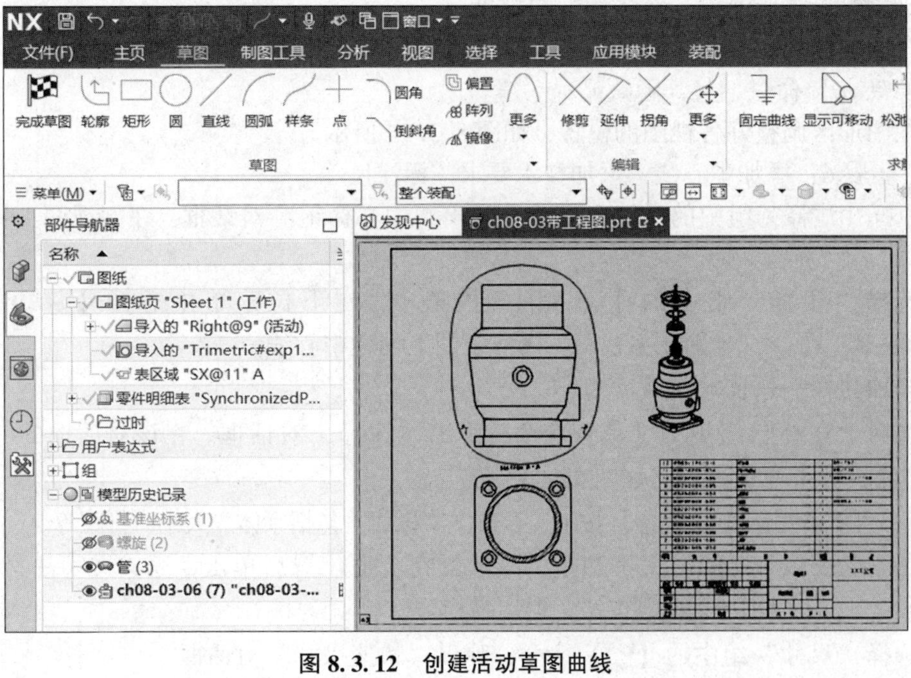

图 8.3.12　创建活动草图曲线

此样条曲线必须是封闭的，且包含整个主视图。

c. 单击完成草图按钮，完成草图曲线的绘制。

③ 选择“视图”组中的【局部剖视图】命令，弹出“局部剖”对话框。

a. 第一步“选择视图”：选择工程图纸中的主视图创建局部剖视图。

b. 第二步“指出基点”：选择剖视图 A-A 中的圆心中心。

c. 第三步“指出拉伸矢量”：直接单击鼠标中键，确认当前拉伸矢量。

d. 第四步“选择曲线”：选择主视图中已绘制的曲线作为局部剖视图的边界。

e. 第五步“修改边界曲线”：不需要操作。

直接单击“局部剖”对话框中的确定按钮，完成局部剖视图的创建，如图 8.3.13 所示。

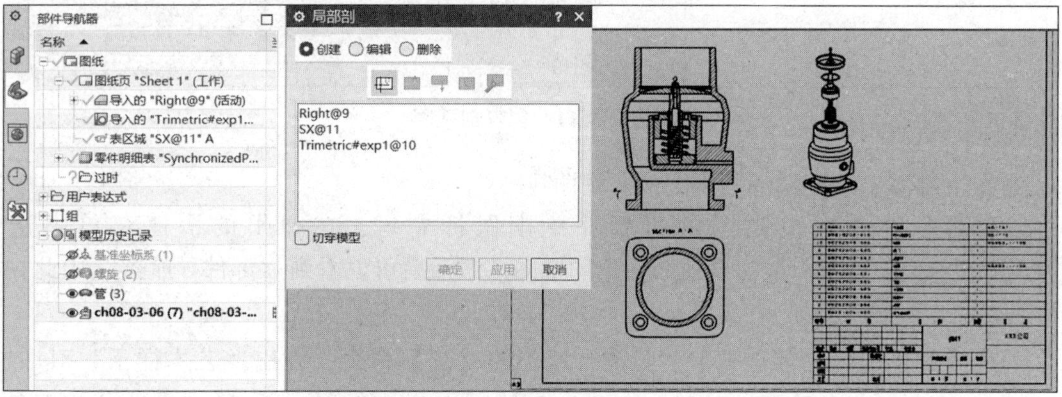

图 8.3.13　局部剖视图创建完成

单击取消按钮，退出“局部剖”对话框。

④ 在图形区选定截面线标签 A 和剖视图标签后单击鼠标右键，在弹出的快捷菜单中选择【隐藏(H)】命令，将其隐藏显示。

⑤ 在图形区调整好各视图的位置，如图 8.3.14 所示。

(6) 步骤 6：添加中心线，添加技术要求，标注尺寸。

① 选择“注释”组中的【】命令，弹出“中心标记”对话框，在剖视图上标注中心标记。

② 选择“注释”组中的【】下拉菜单，在下拉菜单中选择【2D 中心线】、【3D 中心线】命令，分别在主视图、爆炸视图上创建中心线。

③ 添加注释——技术要求。

a. 选择“注释”组中的【注释】命令，弹出“注释”对话框。在该对话框的“文本输入”区域输入技术要求内容，如图 8.3.15 所示。

注意：可单击对话框中【】按钮，调整文字样式，包括字体、大小、行距等。

b. 在图形区移动光标将文字和指引线放置在合适位置后单击，完成文字注释的创建。单击“注释”对话框中的关闭按钮，退出操作。

④ 选择“尺寸”组中的【快速】命令，弹出“快速尺寸”对话框。

a. 在“快速尺寸”对话框的“方法”下拉列表中选择自动判断选择，根据提示依次标注线性尺寸、安装孔尺寸。

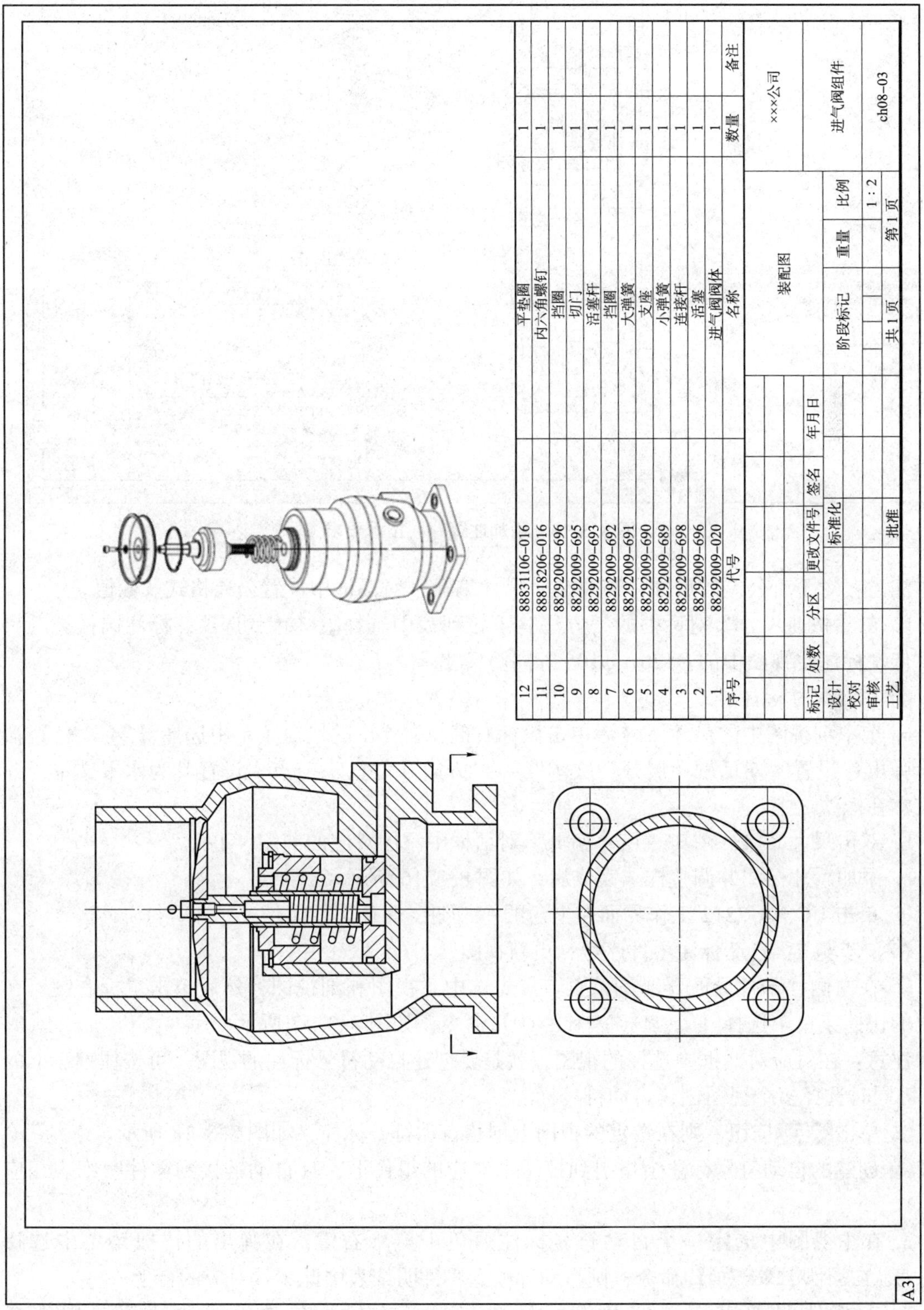
12 88831106-016 平垫圈 1
11 88818206-016 内六角螺钉 1
10 88292009-696 挡圈 1
9 88292009-695 切门 1
8 88292009-693 活塞杆 1
7 88292009-692 挡圈 1
6 88292009-691 大弹簧 1
5 88292009-690 支座 1
4 88292009-689 小弹簧 1
3 88292009-698 连接杆 1
2 88292009-696 活塞 1
1 88292009-020 进气阀阀体 1
序号 代号 名称 数量 备注
标记 处数 分区 更改文件号 签名 年月日
设计 标准化
校对
审核
工艺 批准
装配图
阶段标记 重量 比例
1 : 2
共 1 页 第 1 页
×××公司
进气阀组件
ch08-03
A3

图 8.3.14　视图创建完成

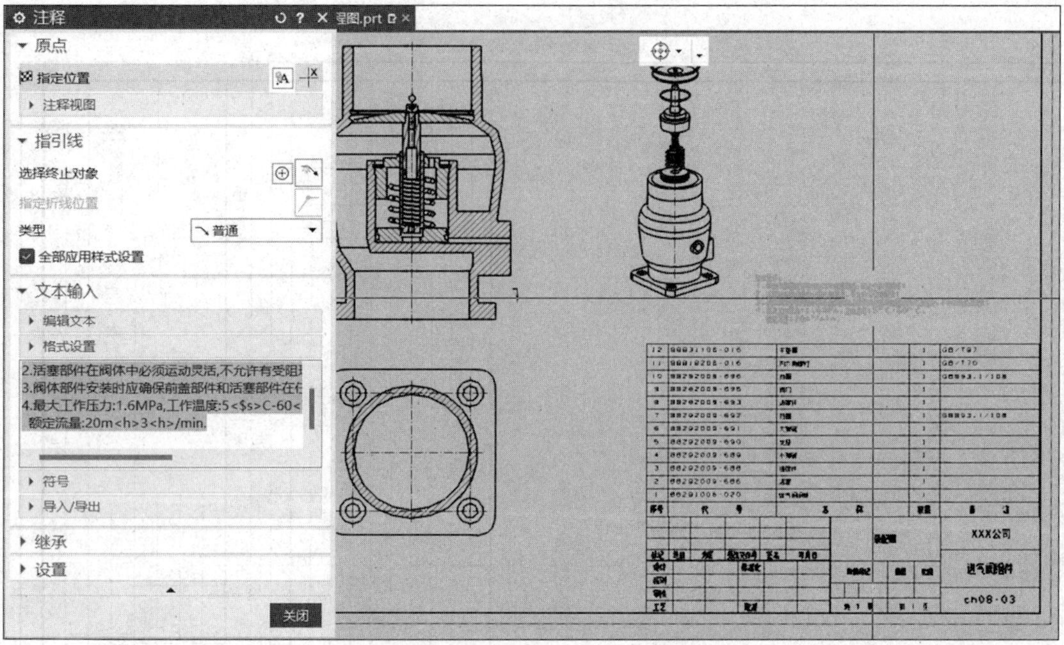

图 8.3.15　添加注释——技术要求

注意：对于有公差的尺寸，需要在“尺寸编辑”对话框中设置公差格式及数值。

b. 在“快速尺寸”对话框的“方法”下拉列表中选择 圆柱式选项，标注圆柱类的尺寸。依次标注主视图中的 $\phi 120$、$\phi 105$ 等同类尺寸。

⑤ 修改尺寸标注样式。

a. 选中剖视图中的尺寸 $\phi 14$ 后单击鼠标右键，在弹出的快捷菜单中选择【 设置...】命令，弹出“设置”对话框。展开“文本”→“方向和位置”节点，设置其为水平文本，并且文本在短线之上。

b. 双击尺寸 $\phi 14$，在其“尺寸编辑”对话框中添加对应的前缀“4-”。

c. 添加尺寸标注并调整样式完成后，如图 8.3.16 所示。

⑥ 单击 UG NX 2212 工作界面左上角的 按钮，保存当前文件。

（7）步骤 7：自动标注零件序号，更新视图。

① 在左侧“部件导航器”图纸页节点先选中主视图和剖视图，然后单击鼠标右键，在弹出的快捷菜单中选择【 显示符号标注(O)】命令，如图 8.3.17 所示。

注意：在对应对话框中选择的视图，就是要创建自动符号标注的视图。可按住键盘上的 Ctrl 键同时选择多个视图创建自动符号标注。

② 单击 确定 按钮，则在选定的视图上创建自动符号标注，如图 8.3.18 所示。

③ 创建的自动符号标注会指引到视图中对应的组件上，且自动链接到零件明细表相应的行中。

a. 在主视图中选定一个自动符号标注后单击鼠标右键，在弹出的快捷菜单中选择【 导航至零件明细表行(P)】命令，则自动导航到零件明细表中此零件对应的行上。

b. 在零件明细表中选定某一行后单击鼠标右键，在弹出的快捷菜单中选择【 导航至标注(N)】命令，则自动导航到视图中此零件对应的符号标注上。

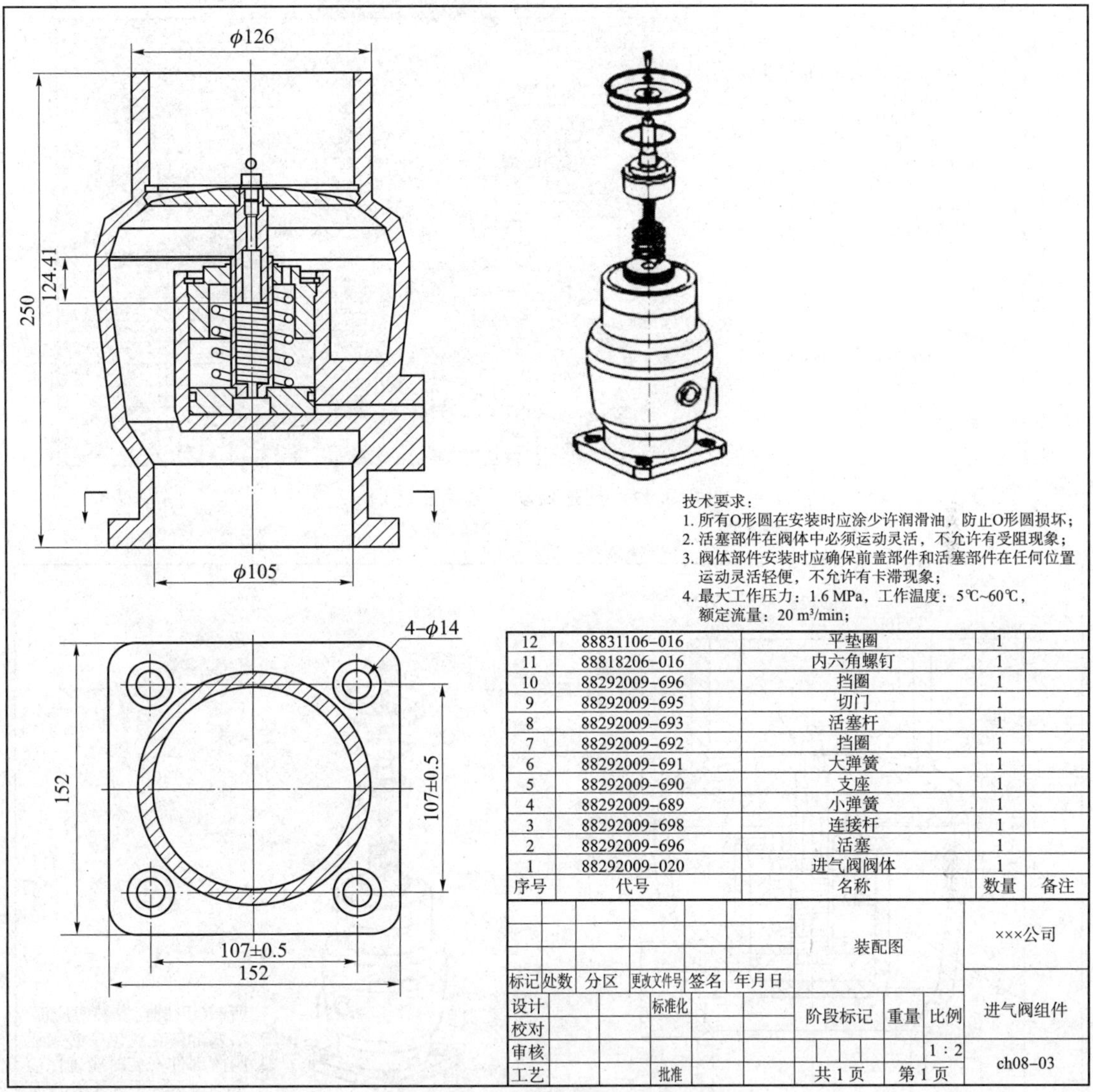
φ126
124.41
250
φ105
4–φ14
152
107±0.5
107±0.5
152
技术要求：
1. 所有O形圈在安装时应涂少许润滑油，防止O形圈损坏；
2. 活塞部件在阀体中必须运动灵活，不允许有受阻现象；
3. 阀体部件安装时应确保前盖部件和活塞部件在任何位置运动灵活轻便，不允许有卡滞现象；
4. 最大工作压力：1.6 MPa，工作温度：5℃~60℃，额定流量：20 m³/min；

序号	代号	名称	数量	备注
12	88831106-016	平垫圈	1	
11	88818206-016	内六角螺钉	1	
10	88292009-696	挡圈	1	
9	88292009-695	切门	1	
8	88292009-693	活塞杆	1	
7	88292009-692	挡圈	1	
6	88292009-691	大弹簧	1	
5	88292009-690	支座	1	
4	88292009-689	小弹簧	1	
3	88292009-698	连接杆	1	
2	88292009-696	活塞	1	
1	88292009-020	进气阀阀体	1	

标记	处数	分区	更改文件号	签名	年月日	装配图		×××公司
设计		标准化				阶段标记	重量	比例	进气阀组件
校对								
审核								1∶2	ch08-03
工艺		批准				共 1 页	第 1 页	

图 8.3.16　添加尺寸标注

通过以上两种方式可以很方便地找到相应的符号标注或者零件。

④ 由于自动创建的自动符号标注排列不整齐、比较凌乱，所以需要手动进行调整。

a. 双击符号标注①，弹出“符号标注”对话框，修改指引线的终止对象以及符号大小等，如图 8.3.19 所示。

b. 依次双击各个符号标注，弹出“符号标注”对话框，修改其指引线的终止对象以及符号大小等。

c. 选择各个符号标注后按住鼠标左键，将其拖动到合适位置，使其排列整齐，如图 8.3.20 所示。

⑤ 设置特殊零件（如“内六角螺钉”）时，在剖视图、局部放大图中不剖切。

a. 单击“视图”组右侧的▼按钮，在“编辑视图”下拉列表中勾选【视图中剖切】命令。

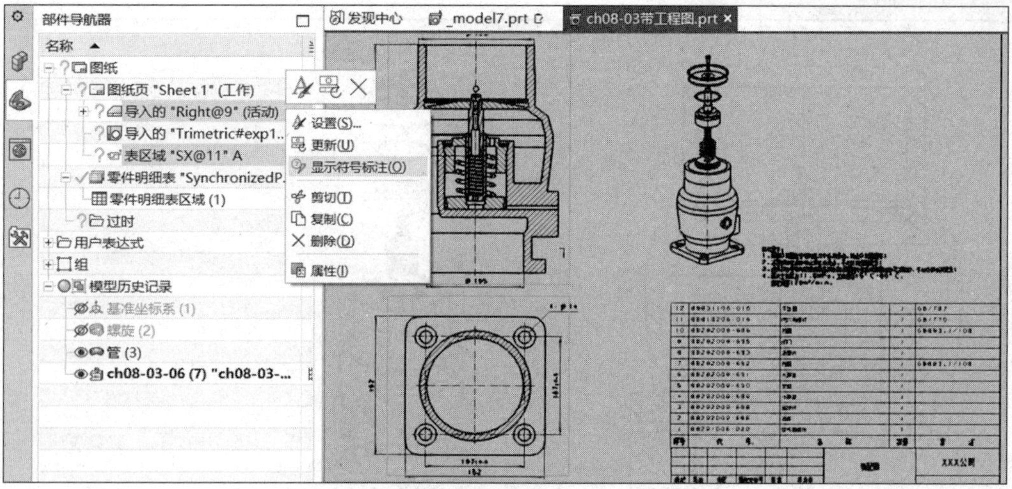
部件导航器
名称
图纸
图纸页 "Sheet 1" (工作)
导入的 "Right@9" (活动)
导入的 "Trimetric#exp1..
表区域 "SX@11" A
零件明细表 "SynchronizedP..
零件明细表区域 (1)
过时
用户表达式
组
模型历史记录
基准坐标系 (1)
螺旋 (2)
管 (3)
ch08-03-06 (7) "ch08-03-...
设置(S)...
更新(U)
显示符号标注(O)
剪切(T)
复制(C)
删除(D)
属性(I)
发现中心
_model7.prt
ch08-03带工程图.prt
XXX公司

图 8.3.17　创建自动符号标注（1）

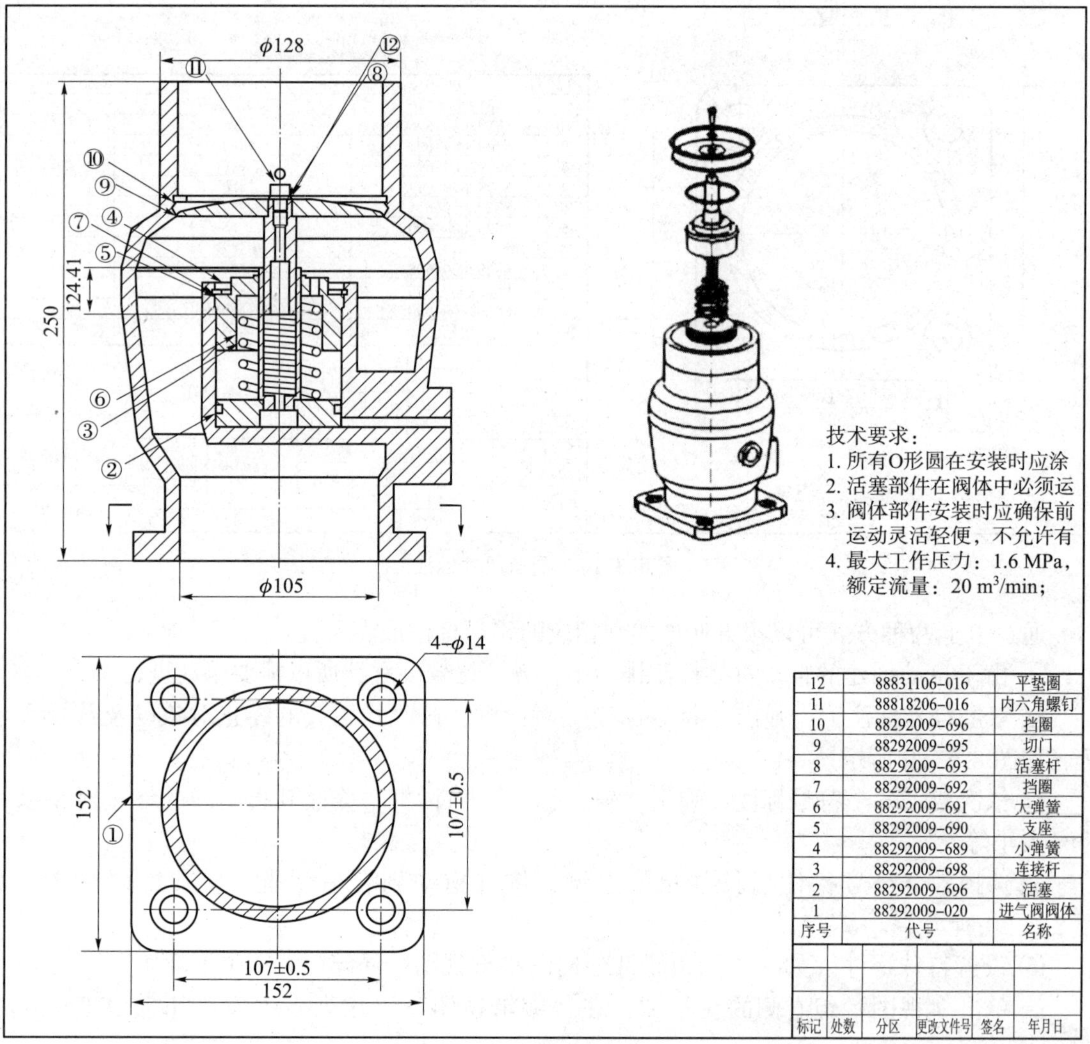
ϕ128
⑪
⑫
⑧
⑩
⑨
⑦
④
⑤
124.41
250
⑥
③
②
ϕ105
4−ϕ14
152
①
107±0.5
107±0.5
152
技术要求：
1. 所有O形圆在安装时应涂
2. 活塞部件在阀体中必须运
3. 阀体部件安装时应确保前
运动灵活轻便，不允许有
4. 最大工作压力：1.6 MPa，
额定流量：20 m³/min；
12 88831106-016 平垫圈
11 88818206-016 内六角螺钉
10 88292009-696 挡圈
9 88292009-695 切门
8 88292009-693 活塞杆
7 88292009-692 挡圈
6 88292009-691 大弹簧
5 88292009-690 支座
4 88292009-689 小弹簧
3 88292009-698 连接杆
2 88292009-696 活塞
1 88292009-020 进气阀阀体
序号 代号 名称
标记 处数 分区 更改文件号 签名 年月日

图 8.3.18　创建自动符号标注（2）

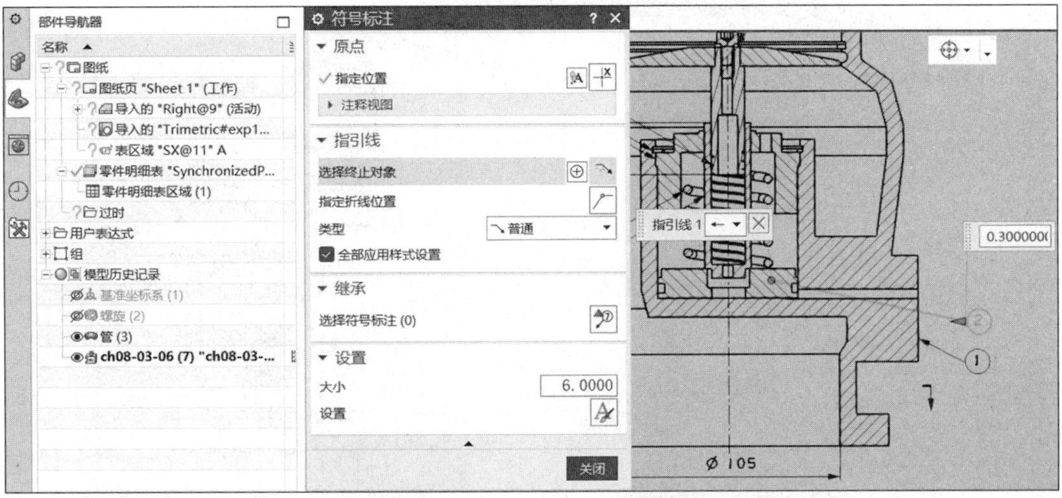

图 8. 3. 19　修改符号标注指引线

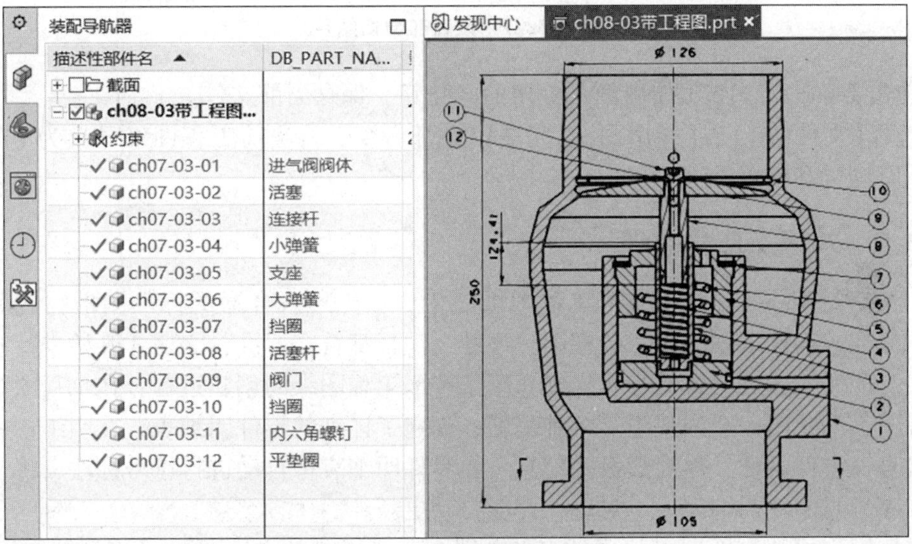

图 8. 3. 20　修改符号标注完成

b. 单击【更新视图】命令下的按钮，选择【视图中剖切】命令，弹出“视图中剖切”对话框。

c. 在“视图中剖切”对话框的“视图列表”区域选择主视图，在“体或组件”区域选择“ch08-03-11”组件。

d. 在“操作”区域单击变成非剖切单选按钮，如图 8. 3. 21 所示。

e. 单击确定按钮，即可将选定的组件在对应视图中设置为非剖切，但需要对视图进行更新才能看到变化。

⑥ 选择【更新视图】命令，选择所有视图进行更新。更新后，部分符合标注的指引线可能变为虚线，需要重新编辑，使其指向正确的对象。

⑦ 工程图纸完成效果如图 8. 3. 22 所示。

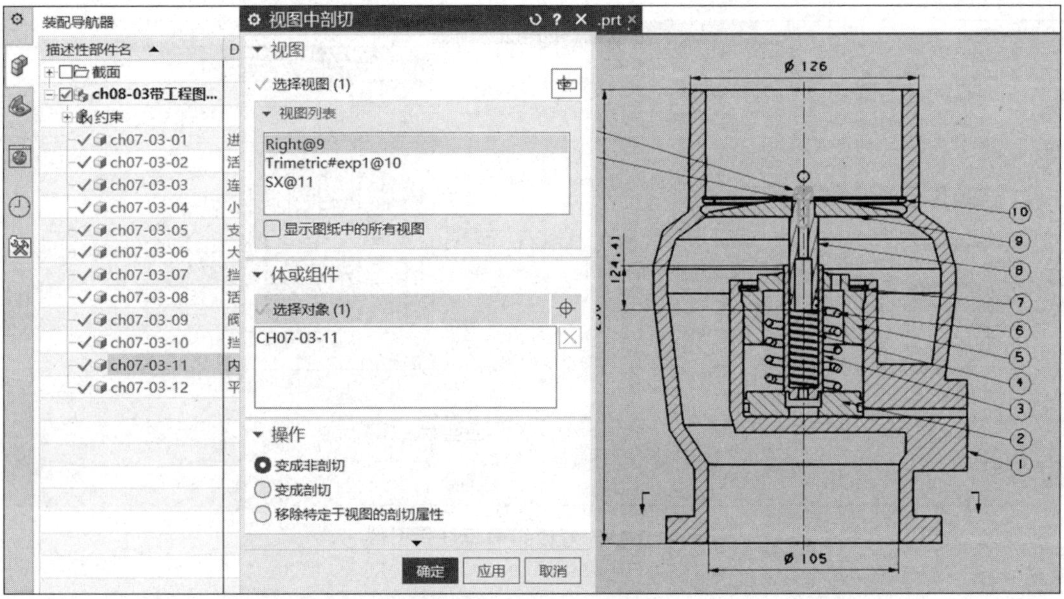

图 8.3.21　设置非剖切组件

⑧ 单击 UG NX 2212 工作界面左上角的按钮，保存当前文件。

⑨ 选择【文件(F)】→【导出(E)】完成【PDF】命令，将当前工程图纸导出为 PDF 格式，以方便随时浏览和使用。

8.3.2　知识点应用点评

在“实例特训——进气阀装配工程图纸”中，首先导入合适的标准图框，然后加载正确的制图标准，确保工程图纸中的视图、尺寸、注释都符合标准，之后才开始进行视图的创建及标注。此实例通过具体的步骤详细介绍了装配工程图纸的创建过程；在工程图纸中创建了基本视图、剖视图、全剖视图等多种视图；创建了详细的零件明细表，在明细栏中自动获取零件代号、零件名称、零件数量等信息；在零件明细表中自动进行符号标注，将工程图纸中的零件序号与零件明细表一一对应，并能自动更新。

此实例用到了“制图”模块中的多种视图命令，如【基本视图】、【剖视图】、【局部剖视图】等，以及各种尺寸标注和零件明细表命令，通过这些命令的综合及灵活运用，可以快速创建所需要的装配工程图纸，满足工程需求。

8.3.3　知识点拓展

（1）在创建图纸页时，务必要选择好正确的投影视角。如果创建了除基本视图外的其他视图，发现投影视角有误，则无法再修改此图纸页的投影视角。

（2）装配图中的零件明细表应自动获取各零件的相关属性信息，如零件代号、零件名称、零件备注信息等，这些信息需要提前在零件中定义统一的属性名称，如 DB_PART_NAME，然后在零件明细表的单元格中引用对应属性，以减少烦琐的手工输入，提高工作效率。

（3）装配图中零件明细表各行的顺序可以手动调整。切不可删除某行，可通过零件明细表的快捷菜单如【编辑】等命令进行灵活操作，还可以选择想要在零件明细表中出现的零件。

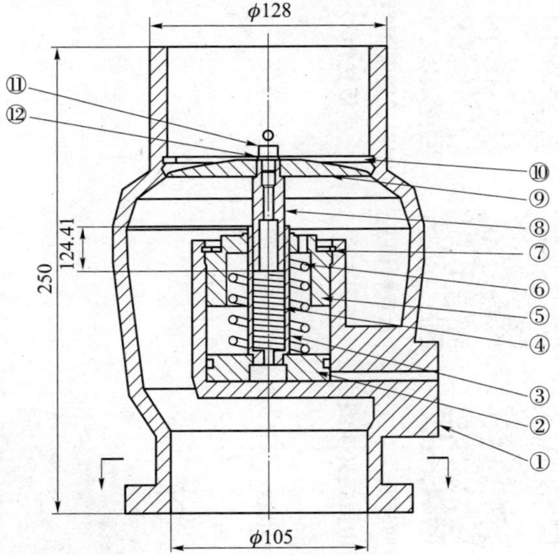

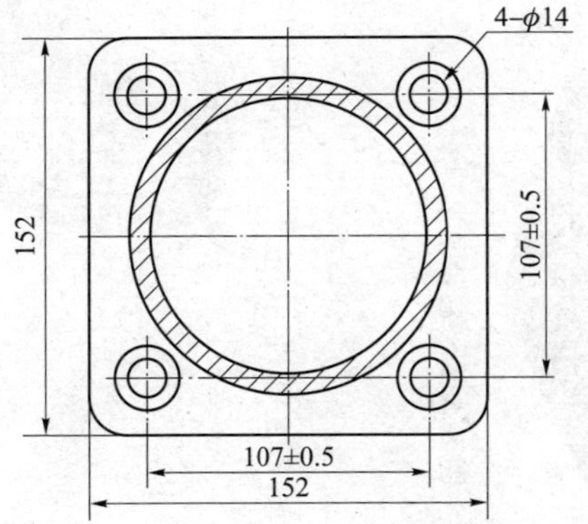

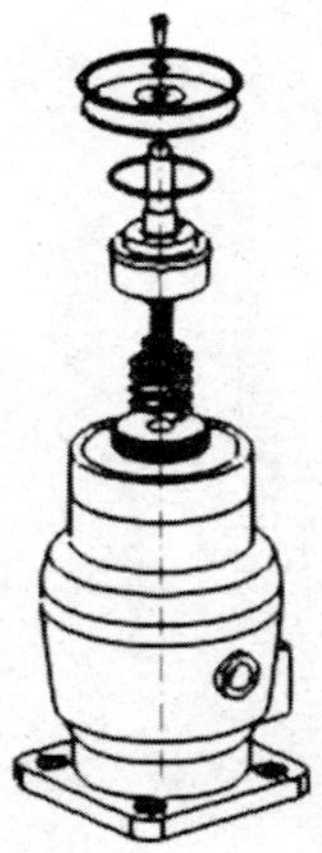

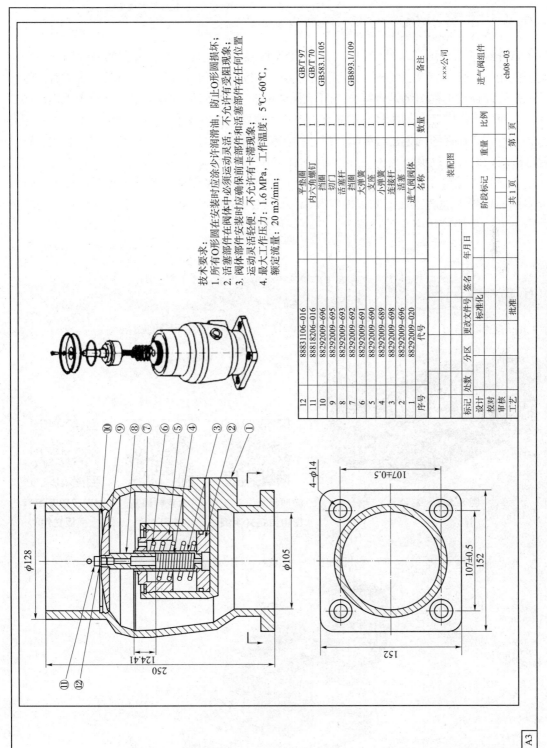

技术要求：
1. 所有O形圆在安装时应涂少许润滑油，防止O形圆损坏；
2. 活塞部件在阀体中必须运动灵活，不允许有受阻现象；
3. 阀体部件安装时应确保前盖部件和活塞部件在任何位置运动灵活轻便，不允许有卡滞现象；
4. 最大工作压力：1.6 MPa，工作温度：5℃~60℃，额定流量：20 m3/min；

序号	代号	名称	数量	备注
12	88831106-016	平垫圈	1	GB/T 97
11	88818206-016	内六角螺钉	1	GB/T 70
10	88292009-696	挡圈	1	GB583.1/105
9	88292009-695	切门	1	
8	88292009-693	活塞杆	1	
7	88292009-692	挡圈	1	GB893.1/109
6	88292009-691	大弹簧	1	
5	88292009-690	支座	1	
4	88292009-689	小弹簧	1	
3	88292009-698	连接杆	1	
2	88292009-696	活塞	1	
1	88292009-020	进气阀阀体	1	

标记	处数	分区	更改文件号	签名	年月日	装配图		×××公司
设计		标准化				阶段标记	重量	比例	进气阀组件
校对									
审核									ch08-03
工艺		批准				共 1 页	第 1 页		

A3

图 8. 3. 22　工程图纸完成效果

8.4 本章小结

本章介绍了工程图的基础知识、工程图纸实例两方面内容。在工程图的基础知识中介绍了制图的用户默认设置及首选项、工程图纸的管理和创建、尺寸标注与注释符号等内容。制图的用户默认设置是工程图纸是否符合制图标准的关键，配置好后可以事半功倍，大大提高制图效率。工程图纸的管理和创建是本章的重点内容，要熟练掌握基本视图、投影视图、剖视图和局部放大图等各种视图的创建与编辑。尺寸标注和注释符号的内容比较繁杂，应结合用户默认设置进行统一设置，确保格式统一且符合制图标准。

本章通过具体的工程实践案例，详细介绍了从三维模型创建所需的工程图的过程，可以结合实例操作深入理解工程图知识内容及相关命令，不断地积累总结，逐渐地设计出正确的工程图，进一步提高数字化设计能力。

8.5 练习题

1. 根据图 8. 5. 1 所示三维模型，利用“制图”模块生成工程图纸。

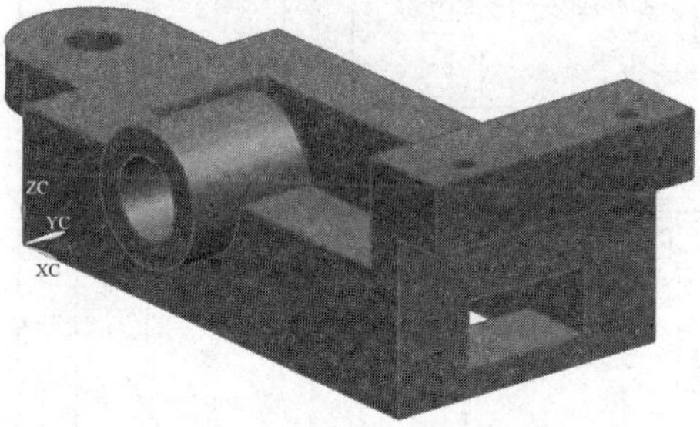

图 8. 5. 1　练习题 1

微课视频——工程图中自定义明细栏

本章特训及练习文件

制图配置及图框模板文件

2. 根据图 8. 5. 2 所示三维模型，利用“制图”模块生成工程图纸。

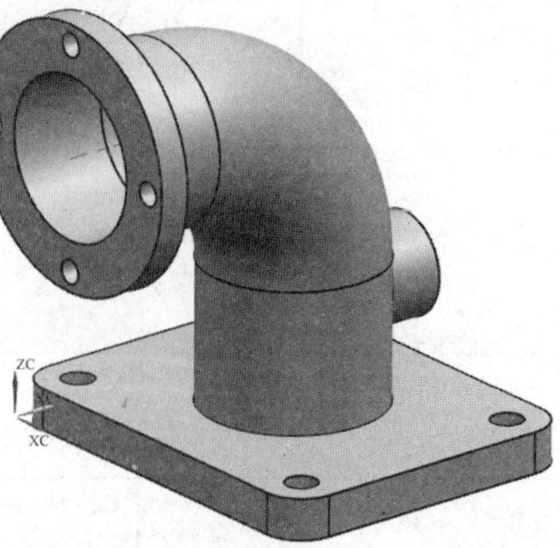

图 8. 5. 2　练习题 2

3. 根据图 8.5.3 所示三维模型，利用“制图”模块生成工程图纸。

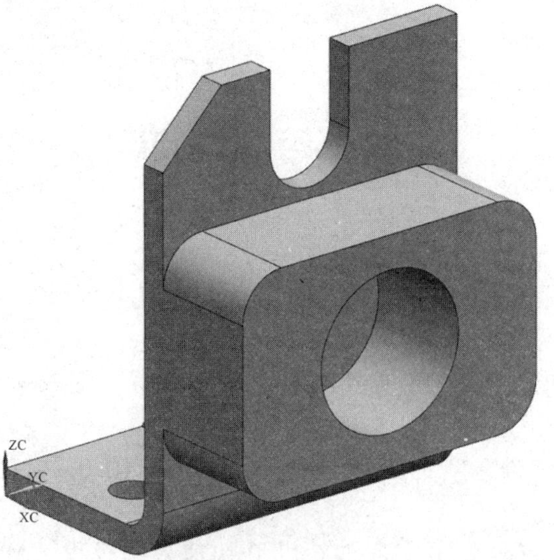

图 8.5.3　练习题 3

参 考 文 献

［1］李福送，吕勇．三维 CAD 基础教程——基于 UG NX 12.0［M］．北京：北京理工大学出版社，2020.

［2］陈佰江，赵鹏展．UG8.5 实战项目化教程［M］．西安：西安电子科技大学出版社，2017.

［3］田卫军．产品三维造型 CAD 设计基础—UG NX 10.0［M］．西安：西北工业大学出版社，2017.

［4］北京兆迪科技有限公司．UG NX 12.0 快速入门教程［M］．北京：机械工业出版社，2018.